文系
数学Ⅰ・A／Ⅱ・B＋C
（ベクトル）
最重要問題
100

東進ハイスクール・東進衛星予備校 講師
寺田英智
TERADA Eichi

はしがき PREFACE

本書は，「入試でよく出題されるテーマから厳選された問題にとり組み，詳細な解説により問題を理解し，実力を養成する」という，シンプルなコンセプトを追求した問題集です．受験生にとって本当に必要な「最重要問題」だけを，「生徒目線」で十分に詳しく解説しています．ただ，大学入試に頻出する問題を厳選とはいっても，個人の主観的な経験や断片的な問題分析では，客観的な正しい選定であるとはいえません．本書の問題選定に際しては，理数系の専門スタッフを招集し，大規模な大学入試問題の分析・集計を行いました．

まず，数学Ⅰ・A，Ⅱ・B，Ⅲ・Cの各単元ごとに，問題の項目・手法等で分類した「テーマ」を計270個設定（例：「因数分解」「確率の計算」など），全国の主要な国公立大105校・私立大100校（右表参照）の最新入試問題を各5～10年分，合計15,356問を収集し，文系／理系に分けて，各問をテーマ別に分類・集計しました．本書では，この分析結果を踏まえ，文系学部で「よく出題されている問題」と「応用の利く問題」を厳選．出題回数の多いテーマ，または単体での出題数は多くなくとも他分野との融合が多いテーマの典型問題を「最重要問題」として100問収録しました．

また，本書では「受験生に寄り添った，十分な解説」にも強くこだわりました．解説編の「着眼」「解答」は，できるだけ自然で，受験本番でも受験生の皆さんが思いつきやすい，使いやすい方針を優先して作成しています．「詳説」においては，別解はもちろんのこと，やや発展的な見方・考え方から，受験生が陥りやすい思い込み，誤りなどまで，詳細に解説しています．

本書を利用することで，上位私大（明青立法中・関関同立レベル）に合格する力が十分身につくと同時に，あらゆる難関大（早慶・旧七帝大・上位国公立大レベル）の入試問題に臨むための，確固たる実力が完成します．第一志望校合格という大願成就のために本書が十分に活用されれば，これ以上の喜びはありません．

最後になりましたが，本書を出版するにあたり，東進ブックスの皆様には企画段階から完成まで大変なご尽力を賜りました．また，堀博之先生，村田弘樹先生には本書の内容に関して適切なご助言を頂戴しました．他にも多くの方々のご助力を頂き，完成に至りました．ここに御礼申し上げます．

2023年12月
寺田英智

【入試分析大学一覧】

国公立大学

No.	大学名	文系	理系	合計
1	東京大	28問	35問	63問
2	京都大	28問	27問	55問
3	北海道大	14問	38問	52問
4	東北大	24問	27問	51問
5	名古屋大	17問	18問	35問
6	大阪大	18問	27問	45問
7	九州大	24問	24問	48問
8	東京医歯大	0問	25問	25問
9	東京工業大	0問	29問	29問
10	東京農工大	0問	27問	27問
11	一橋大	30問	0問	30問
12	筑波大	9問	26問	35問
13	お茶の水女子大	15問	29問	44問
14	東京都立大	27問	32問	59問
15	大阪公立大	48問	63問	111問
16	横浜国立大	15問	15問	30問
17	横浜市立大	0問	44問	44問
18	千葉大	25問	44問	69問
19	埼玉大	24問	26問	50問
20	信州大	14問	53問	67問
21	金沢大	18問	25問	43問
22	神戸大	18問	25問	41問
23	岡山大	24問	20問	44問
24	広島大	0問	44問	44問
25	熊本大	12問	48問	60問
26	名古屋市立大	28問	32問	60問
27	名古屋工業大	15問	8問	23問
28	京都府立大	0問	37問	37問
29	兵庫県立大	42問	50問	92問
30	防衛医科大	0問	56問	56問
−	その他大学	1038問	1425問	2463問
	合計	1555問	2379問	3934問

私立大学

No.	大学名	文系	理系	合計
1	早稲田大	226問	31問	257問
2	慶應義塾大	174問	250問	424問
3	上智大	58問	49問	107問
4	東京理科大	48問	235問	283問
5	国際基督教大	21問	0問	21問
6	明治大	120問	217問	337問
7	青山学院大	345問	123問	468問
8	立教大	254問	76問	330問
9	法政大	146問	92問	238問
10	中央大	146問	23問	169問
11	学習院大	148問	47問	195問
12	関西学院大	292問	85問	377問
13	関西大	150問	118問	268問
14	同志社大	70問	42問	112問
15	立命館大	65問	85問	150問
16	北里大	0問	401問	401問
17	國學院大	127問	0問	127問
18	武蔵大	107問	9問	116問
19	成蹊大	62問	3問	65問
20	成城大	30問	0問	30問
21	京都女子大	55問	0問	55問
22	日本大	228問	363問	591問
23	東洋大	31問	46問	77問
24	駒澤大	235問	86問	321問
25	専修大	66問	0問	66問
26	京都産業大	55問	54問	109問
27	近畿大	66問	138問	204問
28	甲南大	64問	32問	96問
29	龍谷大	21問	67問	88問
30	私立医科大群	0問	418問	418問
−	その他大学	2110問	2812問	4922問
	合計	5520問	5902問	11422問

※主要な国公立大105校・私立大100校の入試問題を各5～10年分(2022～2012年度)，「大問単位」で計15,356問を分類・集計した．「私立医科大群」は，自治医科大，埼玉医科大，東京慈恵会医科大，聖マリアンナ医科大，東京医科大，日本医科大，愛知医科大，大阪医科大，関西医科大，金沢医科大，川崎医科大などの合算．

本書の構成 STRUCTURE

❶**問題**…最初に，大学入試に最も頻出する（かつ応用の利く）典型的な問題が掲載されています．問題は基本的に単元ごとに章立てされていますが，実際の大学入試問題を使用しているため，いくつかの単元を横断した問題もあります．各問題には次のように3段階の「頻出度」が明示されています。

〈頻出度：★★★＝最頻出　★★☆＝頻出　★☆☆＝標準〉

※学習における利便性を重視して，問題（全100問）だけを収録した別冊**【問題編】**も巻末に付属しています（とり外し可）．

❷**着眼**…着想の出発点や，問題を解くうえでの前提となる知識などに関する確認です．受験生が思いつきやすい，自然な発想を重視しています．

❸**解答**…入試本番を想定した解答例です．皆さんが解答を読んだ際に理解しやすいよう，「行間を埋めた」答案になっています．本番の答案はもう少し簡素でもよい部分はあるでしょう．

❹**詳説**…実践的な「別解」や，「解答」で理解不十分になりやすい部分，つまずきやすい部分などの説明がされています．

〈表記上の注意点〉

本書の「解答」「詳説」では，多くの受験生が無理なく読めるよう，記号などの扱い方を次のように定めています．

- 記号$\cap$，$\cup$，$\in$などは必要に応じて用いる．ただし，「実数全体の集合」を表す$\mathbb{R}$などは用いない．「実数xについて」などと言葉で説明する．
- 記号$\Longrightarrow$，$\Longleftarrow$，$\Longleftrightarrow$などは必要に応じて用いる．
- 記号$\neg$，$\wedge$，$\vee$などは用いず，「pかつq」などと言葉で説明する．
- 記号$\exists$，$\forall$を用いず，「どのような実数xでも」などと言葉で説明する．
- 連立方程式などの処理において，教科書等で一般的に認められた記法を用いる．
  具体的には，p，qは「pまたはq」，$\begin{cases} p \\ q \end{cases}$ は「pかつq」の意味で用いる．
- ベクトルは，必要に応じて成分を縦に並べて表す．例えば，$\vec{p}=(a,\ b,\ c)$を $\vec{p}=\begin{pmatrix} a \\ b \\ c \end{pmatrix}$ と表すことがある．

本書での使用を避けた記号を答案で用いることは，何ら否定されることではありません．例えば，自分で答案を作るときに

$$\exists x\in\mathbb{R};x^2-2ax+1\leqq 0 \iff a^2-1\geqq 0$$
$$\iff a\leqq -1 \vee 1\leqq a$$

などと表しても，全く問題ありません．このように表記したい人は，すでに論理記号の扱いには十分慣れていると思いますので，適宜，解答を読みかえてください．ただし，無理に記号を用いようとして，問題を正しく理解することからかえって遠ざかることもあります．論理記号を用いるのは，ある程度理解している（考察できる）ことをより精度高く議論・記述するため，あるいは簡潔明瞭に表現するためであることを忘れてはなりません．常に，「自分の理解に穴がないか？」「納得して先に進めているか？」を意識して問題に向き合うことが大切です．

学習方法 HOW TO STUDY

1 ▶入試本番を想定して，一題ずつ丁寧に問題にとり組む.

本書は，「教科書の章末問題程度までは，ある程度解ける学力がある」ことを前提にした，上位私大・難関大の入試本番に向けたステップで利用してほしい問題集です．今の自分の力で，どのテーマの問題は解けるのか，どこまで説明できるのか，理解していない部分を判断するため，まずは自分の力で問題に真剣に向き合うことが大切です．できないことは，次にできるようになればよいのです．自分に足りないことを見つめ直し，実力の向上を目指しましょう．

2 ▶「着眼」「解答」「詳説」と照らし合わせ，答案を検討する.

問題にとり組んだら，解説の「着眼」「解答」「詳説」をしっかりと読み，考え，自分の解答と照らし合わせましょう．何ができないのか，何に気づけば解答まで至れたのか，一題一題，時間をかけて検討しましょう．これは，答えが合っていたとしても必ず行ってほしいプロセスです．値が一致することはもちろん大切ですが，それが必ずしも問題に対する「解答」になっていることを意味するとは限りませんし，ましてやその問題への理解が十分であることを意味するものではありません．量をこなすよりも「一題から多くの学びを得る」ことを目指しましょう．

3 ▶再度問題にとり組み，自力で解けるか，より良い解答が可能かを吟味する.

上記1･2を終えたら，解答･詳説を十二分に理解できている問題を除き，再度，その問題にとり組み，完全な答案を作成してみましょう．じっくりとり組みたい人は1つの問題を解いた直後でよいでしょうし，テンポよく解き進められる人は章ごとにこの作業を行ってもよいでしょう．解答・詳説を理解したつもりでも，実際には「目で追っただけ」のことが往々にしてあります．改めて解き直すことで，自分の頭が整理され，理解不十分な箇所を洗い出すことにもつながります．

「はしがき」でも述べたように，本書の問題をすべて自力で解けるようになれば，上位の私大･国公立大で合格点を獲得できる十分な実戦力が身につくと同時に，あらゆる難関大に通じる土台(ハイレベルへの基礎力)が完成します．むやみに多くの問題集にとり組む必要はありません．まずはこの1冊の内容を余すことなくマスターし，その後，各志望校の過去問演習に進みましょう．

【訂正のお知らせはコチラ】 

本書の内容に万が一誤りがございました場合は，弊社HP（東進WEB書店）の本書ページにて随時公表いたします。恐れ入りますが，こちらで適宜ご確認ください。☞

目次 CONTENTS

第1章 数と式，関数，方程式と不等式 数学ⅠⅡ

第2章 図形と三角比 数学Ⅰ

第3章 三角関数，指数・対数関数 数学Ⅱ

第4章 図形と方程式 数学Ⅱ

第5章 微分・積分 数学Ⅱ

解説 第1章

数と式，関数，方程式と不等式

数学 I II
問題頁 P.1
問題数 19 問

1. 値の計算

〈頻出度 ★★★〉

1 $x=\dfrac{\sqrt{3}-\sqrt{2}}{\sqrt{3}+\sqrt{2}}$，$y=\dfrac{\sqrt{3}+\sqrt{2}}{\sqrt{3}-\sqrt{2}}$ のとき，$x+y$ の値と x^3+y^3 の値を求めなさい．

（秋田大）

2 α を 2 次方程式 $x^2-5x-1=0$ の正の解とする．このとき，次の値を求めよ．

$$\alpha-\frac{1}{\alpha},\ \alpha^2+\frac{1}{\alpha^2},\ \alpha+\frac{1}{\alpha},\ \alpha^3-\frac{1}{\alpha^3},\ \alpha^3+\frac{1}{\alpha^3}$$

（青山学院大 改題）

3 $\dfrac{2+\sqrt{3}}{2-\sqrt{3}}+\dfrac{4}{\sqrt{5}-1}$ の整数部分 a，小数部分 b を求めよ．

（日本大）

着眼 VIEWPOINT

1 対称式の基本的な処理ができるか，を確認する問題です．x^3+y^3 や，$a^2+b^2+c^2+ab+bc+ca$ のような，どの 2 つの文字を入れかえても同じ値になる多項式を対称式といいます．**x，y の対称式は，$x+y$（和）と xy（積）のみで表される**という性質をもち，これを利用して計算を進めましょう．この問題に限りませんが，**厄介な計算になりそうなとき，より簡単な形に書き換えられないか**，を検討することが大切です．

2 要領は1と同じです．和と積，つまり $\alpha+\dfrac{1}{\alpha}$ と $\alpha\cdot\dfrac{1}{\alpha}\ (=1)$ で整理したい，という気持ちで式をみるとよいでしょう．

3 「整数部分」「小数部分」という用語は，（日常的な感覚とは少しずれているかもしれませんが）その意味を知らなくてはなりません．

> **整数部分，小数部分**
>
> 実数 x について，$n\leqq x<n+1$ を満たす整数 n を x の**整数部分**，$x-n$ を x の**小数部分**という．

例えば，$-\pi$ について，$-4\leqq-\pi<-3$ が成り立つので，$-\pi$ の整数部分は -4，小数部分は $-\pi+4$ となります．この問題では，値の計算，整理をしてこれを調べる必要があります．無理数の小数表記は問題で与えられないことが多いです．次の値は知っておくと便利でしょう．

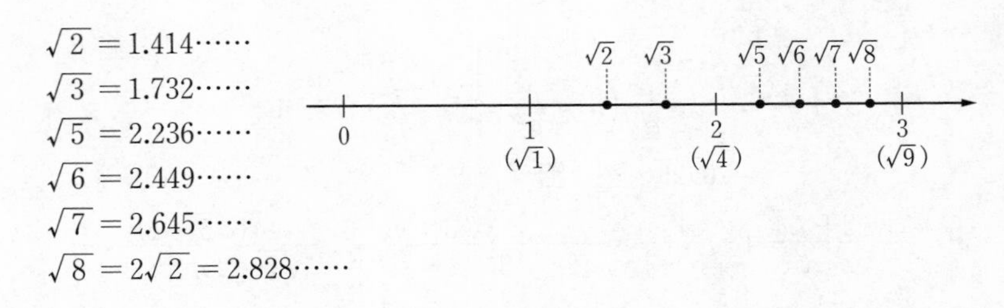

解答 ANSWER

1
$$x+y=\frac{(\sqrt{3}-\sqrt{2})^2+(\sqrt{3}+\sqrt{2})^2}{(\sqrt{3}+\sqrt{2})(\sqrt{3}-\sqrt{2})}$$
$$=\frac{(5-2\sqrt{6})+(5+2\sqrt{6})}{(\sqrt{3})^2-(\sqrt{2})^2}$$
$$=10$$
$$xy=\frac{\sqrt{3}-\sqrt{2}}{\sqrt{3}+\sqrt{2}}\cdot\frac{\sqrt{3}+\sqrt{2}}{\sqrt{3}-\sqrt{2}}=1 \quad \cdots\cdots(*)$$

したがって，
$$x^3+y^3=(x+y)^3-3xy(x+y)$$
$$=10^3-3\cdot1\cdot10$$
$$=\mathbf{970} \quad \cdots\cdots \text{答}$$

← $(x+y)^3=x^3+3x^2y+3xy^2+y^3$ より，$x^3+y^3=(x+y)^3-3xy(x+y)$

2 $\alpha^2-5\alpha-1=0\ (\alpha>0)$ の両辺を α で割って，
$$\alpha-5-\frac{1}{\alpha}=0$$
$$\alpha-\frac{1}{\alpha}=\mathbf{5} \quad \cdots\cdots ①\text{答}$$

①より，
$$\alpha^2+\frac{1}{\alpha^2}=\left(\alpha-\frac{1}{\alpha}\right)^2+2=5^2+2=\mathbf{27} \quad \cdots\cdots ②\text{答}$$

である．②より，
$$\left(\alpha+\frac{1}{\alpha}\right)^2=\left(\alpha^2+\frac{1}{\alpha^2}\right)+2=27+2=29$$

← $x^2+y^2=(x+y)^2-2xy$ で $x=\alpha$，$y=\dfrac{1}{\alpha}$

$\alpha+\dfrac{1}{\alpha}>0$ なので，$\alpha+\dfrac{1}{\alpha}=\mathbf{\sqrt{29}}$ ……③答

ゆえに，①，②より，
$$\alpha^3-\frac{1}{\alpha^3}=\left(\alpha-\frac{1}{\alpha}\right)\left(\alpha^2+\frac{1}{\alpha^2}+1\right)=5(27+1)$$
$$=\mathbf{140} \quad \cdots\cdots \text{答}$$

← $x^3-y^3=(x-y)(x^2+y^2+xy)$ で，$x=\alpha$，$y=\dfrac{1}{\alpha}$

また，②，③より，

$$\alpha^3+\frac{1}{\alpha^3}=\left(\alpha+\frac{1}{\alpha}\right)\left(\alpha^2+\frac{1}{\alpha^2}-1\right)=\sqrt{29}\,(27-1)$$

$$=\mathbf{26\sqrt{29}}\quad\cdots\cdots\text{答}$$

3

$$\frac{2+\sqrt{3}}{2-\sqrt{3}}+\frac{4}{\sqrt{5}-1}=\frac{(2+\sqrt{3})^2}{(2-\sqrt{3})(2+\sqrt{3})}+\frac{4(\sqrt{5}+1)}{(\sqrt{5}-1)(\sqrt{5}+1)}$$

$$=7+4\sqrt{3}+\sqrt{5}+1$$

$$=8+4\sqrt{3}+\sqrt{5}\quad\cdots\cdots①$$

ここで，$1.7<\sqrt{3}<1.8$，$2.2<\sqrt{5}<2.3$ より，

$$4\times1.7<4\sqrt{3}<4\times1.8$$

$$4\times1.7+2.2<4\sqrt{3}+\sqrt{5}<4\times1.8+2.3$$

$$9<4\sqrt{3}+\sqrt{5}<9.5$$

すなわち，$17<8+4\sqrt{3}+\sqrt{5}<17.5$ である．

したがって，①の整数部分は　$a=\mathbf{17}$　……答

また，①の小数部分は

$$b=8+4\sqrt{3}+\sqrt{5}-a$$

$$=\mathbf{4\sqrt{3}+\sqrt{5}-9}\quad\cdots\cdots\text{答}$$

詳説 EXPLANATION

▶1　先に x^2+y^2 の値を求めておき，x^3+y^3 は因数分解を利用して求めてもよいでしょう．

別解

(*)までは「解答」と同じ．

$$x^2+y^2=(x+y)^2-2xy=10^2-2\cdot1=98$$

$$x^3+y^3=(x+y)(x^2+y^2-xy)$$

$$=10(98-1)$$

$$=\mathbf{970}\quad\cdots\cdots\text{答}$$

2. 因数分解

〈頻出度 ★★★〉

1 $2x^2+3xy-2y^2-10x-5y+12$ を因数分解せよ．（京都産業大）

2 $yz^2-y^2z+2xyz-xy^2+x^2y-x^2z-xz^2$ を因数分解せよ．（名古屋経済大）

3 $x^3(y-z)+y^3(z-x)+z^3(x-y)$ を因数分解せよ．（福島大）

着眼 VIEWPOINT

やや見通しの悪い多項式の因数分解を行うとき，まずは次の「原則」を押さえておくとよいでしょう．

・すべての項に**共通な因数があれば，くくり出す**．

・（最も次数の低い）**1つの文字のみに着目して**，その文字に関して降べきの順に**式を整理**する．例えば，x，y，z の式なら，「x に着目する」と決める．

ただし，原則はあくまでも原則です．これらに縛られすぎず，「うまいこと組み合わせて，良い形を作る」感覚で進められると頼もしいでしょう．（☞詳説）

解答 ANSWER

1 x について式を整理すると，

$$\begin{aligned}(\text{与式})&=2x^2+(3y-10)x-(2y^2+5y-12)\\&=2x^2+(3y-10)x-(2y-3)(y+4)\\&=\boldsymbol{(2x-y-4)(x+2y-3)}\quad\cdots\cdots\text{答}\end{aligned}$$

← x に着目して，「2次」「1次」「定数」の順に並べている．

2 z について式を整理すると，

$$\begin{aligned}(\text{与式})&=(y-x)z^2+(2xy-x^2-y^2)z-xy(y-x)\\&=(y-x)z^2-(y-x)^2z-xy(y-x)\\&=(y-x)\{z^2-(y-x)z-xy\}\\&=(y-x)(z+x)(z-y)\\&=\boldsymbol{(x-y)(y-z)(z+x)}\quad\cdots\cdots\text{答}\end{aligned}$$

← $y-x$ をくくり出した．

3 x について式を整理すると，

$$\begin{aligned}(\text{与式})&=(y-z)x^3-(y^3-z^3)x+yz(y^2-z^2)\\&=(y-z)x^3-(y-z)(y^2+yz+z^2)x+yz(y-z)(y+z)\\&=(y-z)\{x^3-(y^2+yz+z^2)x+yz(y+z)\}\\&=(y-z)\{(z-x)y^2+z(z-x)y-x(z-x)(z+x)\}\\&=(y-z)(z-x)\{y^2+zy-x(z+x)\}\\&=(y-z)(z-x)\{(y-x)z+(y-x)(y+x)\}\\&=(y-z)(z-x)(y-x)\{z+(y+x)\}\\&=\boldsymbol{(x-y)(y-z)(x-z)(x+y+z)}\quad\cdots\cdots\text{答}\end{aligned}$$

← $y-z$ をくくり出した．

← { } の中を y で整理した．

詳説 EXPLANATION

▶[1]　２次式の部分のみを先に因数分解しておき，１次以下は「係数を調整」してしまう手もあります．

別解

$$(\text{与式}) = (2x-y)(x+2y)-10x-5y+12 \quad \cdots\cdots①$$

である．これが，実数a，bにより

$$(\text{与式}) = (2x-y+a)(x+2y+b) \quad \cdots\cdots②$$

と因数分解できるとする．②を展開して

$$
\begin{aligned}
② &= (2x-y)(x+2y)+a(x+2y)+b(2x-y)+ab \\
&= (2x-y)(x+2y)+(a+2b)x+(2a-b)y+ab
\end{aligned}
$$

①と②の係数を比較して，

$$\begin{cases} a+2b=-10 \\ 2a-b=-5 \\ ab=12 \end{cases} \quad \text{すなわち} \quad (a,\ b)=(-4,\ -3)$$

したがって，②より　$(\text{与式}) = \boldsymbol{(2x-y-4)(x+2y-3)}$　……**答**

▶[3]　与えられた式に対称性が見つかれば，いくつかの因数は即座にわかってしまいます．あとは，足りない文字を補えばよいでしょう．([2]も同様に考えることができます．）着眼で示した基本的な考え方は押さえておくべきですが，型にはめ込むことに固執しないようにしましょう．

別解

与式でxをyにおき換えると０になる．同様に，yをzにおき換えても，zをxにおき換えても０である．つまり，与式は，
$x-y$，$y-z$，$z-x$を因数にもつ．与式を展開したとき，それぞれの項は４次式であることから，実数a，b，cにより

$$(\text{与式}) = (x-y)(y-z)(z-x)(ax+by+cz)$$

と表される．この式を展開したときの各項の係数を比較する．例えば，x^3yの係数に着目することで，$a=-1$を得る．同様にして，$a=b=c=-1$である．したがって，

$$(\text{与式}) = \boldsymbol{-(x-y)(y-z)(z-x)(x+y+z)} \quad \cdots\cdots\text{答}$$

3. 解と係数の関係①

〈頻出度 ★★★〉

2 次方程式 $x^2-2x+4=0$ の 2 つの解を α, β とする．このとき，次の問いに答えなさい．

(1) 多項式 x^3+8 を実数を係数とする 1 次式と 2 次式の積に因数分解しなさい．

(2) $\alpha^2+\beta^2$ の値を求めなさい．

(3) $\alpha^3+\beta^3$ の値を求めなさい．

(4) (1)を利用して，$\alpha^{10}+\beta^{10}$ の値を求めなさい．　　（福島大）

着眼 VIEWPOINT

$x^2-2x+4=0$ の解は $1\pm\sqrt{3}\,i$ です．これでは, $\alpha^{10}+\beta^{10}$ など高次の計算はしたくありません．このようなときは，解と係数の関係を利用しましょう．

2 次方程式の解と係数の関係

x の 2 次方程式 $ax^2+bx+c=0\ (a\neq 0)$ の 2 つの解を α, β とするとき，

$$\alpha+\beta=-\frac{b}{a},\quad \alpha\beta=\frac{c}{a}$$

問題 **1** と同様, (2)(3)は，与えられた式を和 $\alpha+\beta$ と積 $\alpha\beta$ で整理して，解と係数の関係を用いればよいでしょう．(4)は厄介ですが, (1)を利用せよということでしょう．また，解と係数の関係を用いずに，与えられた方程式を用いて値を求める，つまり式の次数を下げていく方法も考えられます．(☞詳説)

解答 ANSWER

(1) $x^3+8=x^3+2^3=\boldsymbol{(x+2)(x^2-2x+4)}$ ……答

(2) $x^2-2x+4=0$ に関して，解と係数の関係から，

$\alpha+\beta=2,\ \alpha\beta=4$ ……①

したがって，

$\alpha^2+\beta^2=(\alpha+\beta)^2-2\alpha\beta=2^2-2\cdot4=\boldsymbol{-4}$ ……答

(3) $\alpha^3+\beta^3=(\alpha+\beta)^3-3\alpha\beta(\alpha+\beta)$

$=2^3-3\cdot4\cdot2$

$=\boldsymbol{-16}$ ……答

⇐ $\alpha^3+\beta^3=(\alpha+\beta)(\alpha^2+\beta^2-\alpha\beta)$ として，(2)の結果を用いてもよい．

(4) (1)より，

$\alpha^3+8=(\alpha+2)(\alpha^2-2\alpha+4)$

であり，$\alpha^2-2\alpha+4=0$ だから，$\alpha^3+8=0$，すなわち $\alpha^3=-8$ である．

同様に，$\beta^3=-8$ であることから，

$$\begin{aligned}\alpha^{10}+\beta^{10}&=(\alpha^3)^3\cdot\alpha+(\beta^3)^3\cdot\beta\\&=(-8)^3\cdot\alpha+(-8)^3\cdot\beta\\&=-512(\alpha+\beta)\\&=-512\cdot 2\quad(①より)\\&=\mathbf{-1024}\quad\cdots\cdots 答\end{aligned}$$

詳説 EXPLANATION

▶和と積で整理することにこだわらなくても，次のように値を求める式の次数を下げていくことが可能です．

別解

(2)　①までは「解答」と同じ．α，β は $x^2-2x+4=0$ の解なので，

$$\alpha^2=2\alpha-4,\ \beta^2=2\beta-4\quad\cdots\cdots②$$

が成り立つ．したがって，

$$\begin{aligned}\alpha^2+\beta^2&=2\alpha-4+2\beta-4\\&=2(\alpha+\beta)-8\\&=2\cdot2-8=\mathbf{-4}\quad\cdots\cdots 答\end{aligned}$$

(3)　②より，

$$\begin{aligned}\alpha^3+\beta^3&=\alpha\cdot\alpha^2+\beta\cdot\beta^2\\&=\alpha(2\alpha-4)+\beta(2\beta-4)\\&=2(\alpha^2+\beta^2)-4(\alpha+\beta)\\&=2\cdot(-4)-4\cdot2=\mathbf{-16}\quad\cdots\cdots 答\end{aligned}$$

▶上の別解と同様に考えて，順次，次数を下げることも可能です．

$$\alpha^2=2\alpha-4,\ \beta^2=2\beta-4$$

$n=1$，２，３，……に対して，一つ目の式の両辺に α^n を，二つ目の式の両辺に β^n を掛けることで

$$\alpha^{n+2}=2\alpha^{n+1}-4\alpha^n,\ \beta^{n+2}=2\beta^{n+1}-4\beta^n$$

が成り立ちます．辺々の和をとると

$$\alpha^{n+2}+\beta^{n+2}=2(\alpha^{n+1}+\beta^{n+1})-4(\alpha^n+\beta^n)$$

すなわち，$I_n=\alpha^n+\beta^n$ として，

$$I_{n+2}=2I_{n+1}-4I_n\ \ (n=1,\ 2,\ 3,\ \cdots)\quad\cdots\cdots③$$

が成り立ちます．$I_1=2$，$I_2=-4$ なので，この式で $n=1$，2，……と順に代入して調べることで，I_3，I_4，……と順に値が得られ，(4)の I_{10} の値も求められます．また，③は $n=0$ のときも成り立つことに注意して，$I_0=\alpha^0+\beta^0=2$，$I_1=\alpha+\beta=2$ から(2)，(3)，(4)の答えを求めてもよいでしょう．

4.　解と係数の関係②

〈頻出度 ★★★〉

3 次方程式 $x^3+2x^2+3x+4=0$ の 3 つの解を α，β，γ とするとき，次の問いに答えよ.

(1)　$\alpha^2+\beta^2+\gamma^2$ の値 S を求めよ.

(2)　$\alpha^2\beta^2+\beta^2\gamma^2+\gamma^2\alpha^2$ の値 T を求めよ.

(3)　3 次方程式 $x^3+px^2+qx+r=0$ が $\alpha^2+\beta^2$，$\beta^2+\gamma^2$，$\gamma^2+\alpha^2$ を解にもつように定数 p，q，r の値を定めよ.

（成蹊大）

着眼 VIEWPOINT

3 次方程式の解と係数の関係を用いる，典型的な問題です.

3 次方程式の解と係数の関係

$a\neq0$ とする．x の 3 次方程式 $ax^3+bx^2+cx+d=0$ の 3 つの解を α，β，γ とすると，

$$\boldsymbol{\alpha+\beta+\gamma=-\frac{b}{a},\ \alpha\beta+\beta\gamma+\gamma\alpha=\frac{c}{a},\ \alpha\beta\gamma=-\frac{d}{a}}\quad\cdots\cdots(*)$$

$x^3+2x^2+3x+4=0$ の 3 つの解を求めようとしても，うまくいきません．3 つの解が α，β，γ であることから，この式は $(x-\alpha)(x-\beta)(x-\gamma)=0$，と表されます．この式を整理すると

$$x^3-(\alpha+\beta+\gamma)x^2+(\alpha\beta+\beta\gamma+\gamma\alpha)x-\alpha\beta\gamma=0$$

であることより，与式と比較して

$$\alpha+\beta+\gamma=-2,\ \alpha\beta+\beta\gamma+\gamma\alpha=3,\ \alpha\beta\gamma=-4$$

が得られます．((*)と同じことです.) このように，解と係数の関係は因数分解された式から容易に導けます．(忘れたら，自分で導くとよいでしょう.) また，(3) は見かけ上の文字を減らさないと，以降の計算でつまずきかねません.

解答 ANSWER

(1)　解と係数の関係より，次が成り立つ.

$$\alpha+\beta+\gamma=-2,\ \alpha\beta+\beta\gamma+\gamma\alpha=3,\ \alpha\beta\gamma=-4\quad\cdots\cdots①$$

したがって，

$$S=\alpha^2+\beta^2+\gamma^2$$

$= (\alpha+\beta+\gamma)^2-2(\alpha\beta+\beta\gamma+\gamma\alpha)$

$= (-2)^2-2\cdot 3$

$= \mathbf{-2}$ ……答

(2)　$T=\alpha^2\beta^2+\beta^2\gamma^2+\gamma^2\alpha^2$

$= (\alpha\beta+\beta\gamma+\gamma\alpha)^2-2\alpha\beta\gamma(\alpha+\beta+\gamma)$

$= 3^2-2\cdot(-4)\cdot(-2)$

$= \mathbf{-7}$ ……答

(3)　x の3次方程式 $x^3+px^2+qx+r=0$ の3つの解が $\alpha^2+\beta^2$，$\beta^2+\gamma^2$，$\gamma^2+\alpha^2$ であることから，解と係数の関係より，

$(\alpha^2+\beta^2)+(\beta^2+\gamma^2)+(\gamma^2+\alpha^2)=-p$

$(\alpha^2+\beta^2)(\beta^2+\gamma^2)+(\beta^2+\gamma^2)(\gamma^2+\alpha^2)+(\gamma^2+\alpha^2)(\alpha^2+\beta^2)=q$

$(\alpha^2+\beta^2)(\beta^2+\gamma^2)(\gamma^2+\alpha^2)=-r$

が成り立つ．

したがって，(1)，(2)，つまり

$(S=)\alpha^2+\beta^2+\gamma^2=-2$ ……②

$(T=)\alpha^2\beta^2+\beta^2\gamma^2+\gamma^2\alpha^2=-7$ ……③

とすれば，①～③より，

$p=-2(\alpha^2+\beta^2+\gamma^2)=-2S=\mathbf{4}$ ……答

$q=(-2-\gamma^2)(-2-\alpha^2)+(-2-\alpha^2)(-2-\beta^2)+(-2-\beta^2)(-2-\gamma^2)$

$=(\alpha^2\beta^2+\beta^2\gamma^2+\gamma^2\alpha^2)+4(\alpha^2+\beta^2+\gamma^2)+12$

$=T+4S+12=\mathbf{-3}$ ……答

$r=-(-2-\alpha^2)(-2-\beta^2)(-2-\gamma^2)$

$=(\alpha^2+2)(\beta^2+2)(\gamma^2+2)$

$=\alpha^2\beta^2\gamma^2+2(\alpha^2\beta^2+\beta^2\gamma^2+\gamma^2\alpha^2)+4(\alpha^2+\beta^2+\gamma^2)+8$

$=(\alpha\beta\gamma)^2+2T+4S+8$

$=(-4)^2+2\cdot(-7)+4\cdot(-2)+8=\mathbf{2}$ ……答

5. 展開式の係数

〈頻出度 ★★★〉

(1) $(2x^2-1)^{10}+(3x^2+1)^{10}$ の展開式における x^2 の係数を求めよ.

(2) $(x^2-x-1)^{10}$ の展開式における x^6 の係数を求めよ.　（国際医療福祉大）

着眼 VIEWPOINT

式の展開，整理をしたときの係数を調べる問題です.

2 項展開

$$(a+b)^n=\sum_{k=0}^{n}{}_n\mathrm{C}_k\cdot a^{n-k}b^k$$

$$\left(={}_n\mathrm{C}_0\cdot a^n+{}_n\mathrm{C}_1\cdot a^{n-1}b+{}_n\mathrm{C}_2a^{n-2}b^2+\cdots\cdots+{}_n\mathrm{C}_n\cdot b^n\right)$$

上の式は，「$a^{n-k}b^k$ を作るには，n 個の $(a+b)$ のうち，a を $n-k$ 個，b を k 個とり出して積を作る．そのとり出し方（並べ方）は ${}_n\mathrm{C}_k\left(=\dfrac{n!}{k!(n-k)!}\right)$ 通りである」と理解できます．結果を覚えていることが悪いわけではないのですが，「　」の部分を理解して使うことが大切です．文字が 3 つ，4 つでも同様に，並べ方に対応づけて係数を調べることができます.

解答 ANSWER

(1) $(2x^2-1)^{10}$ を展開したとき，x^2 の係数は

$${}_{10}\mathrm{C}_9\cdot 2^1\cdot(-1)^9=-20 \quad\cdots\cdots①$$

である．また，$(3x^2+1)^{10}$ を展開したとき，x^2 の係数は

$${}_{10}\mathrm{C}_9\cdot 3^1\cdot 1^9=30 \quad\cdots\cdots②$$

である.

①，②より，$(2x^2-1)^{10}+(3x^2+1)^{10}$ を展開したときの x^2 の係数は，

$$(-20)+30=\mathbf{10} \quad\cdots\cdots 答$$

(2) $(x^2-x-1)^{10}$，すなわち $\{x^2+(-x)+(-1)\}^{10}$ について，この展開式のそれぞれの項は，

x^2 を p 個，$-x$ を q 個，-1 を r 個　……③　$(p+q+r=10)$

の積をとったものである．このときの x の指数は $2p+q$ なので，$2p+q=6$ となる 0 以上の整数の組 $(p,\ q,\ r)$ を調べる.

(i) $p=0$ のとき

$2p+q=6$ より $q=6$，$p+q+r=10$ より $r=4$ である.

(ii) $p=1$ のとき

$2p+q=6$ より $q=4$，$p+q+r=10$ より $r=5$ である．

(iii) $p=2$ のとき

$2p+q=6$ より $q=2$，$p+q+r=10$ より $r=6$ である．

(iv) $p=3$ のとき

$2p+q=6$ より $q=0$，$p+q+r=10$ より $r=7$ である．

つまり，

$$(p,\ q,\ r)=(0,\ 6,\ 4),\ (1,\ 4,\ 5),\ (2,\ 2,\ 6),\ (3,\ 0,\ 7)$$

のときに限り，③の積は x^6 となる．したがって，x^6 の係数は，

$$\frac{10!}{6!4!}(-1)^6\cdot(-4)^4+\frac{10!}{1!4!5!}(-1)^4\cdot(-1)^5+\frac{10!}{2!2!6!}(-1)^2\cdot(-1)^6+\frac{10!}{3!7!}(-1)^0\cdot(-1)^7$$

$$=210+1260-1260-120$$

$$=\mathbf{90}$$ ……**答**

詳説 EXPLANATION

▶①は次のように理解できます．

$$(2x^2-1)^{10}=\underbrace{\{2x^2+(-1)\}\{2x^2+(-1)\}\cdots\cdots\{2x^2+(-1)\}}_{10\text{個の }2x^2+(-1)\text{ の積}}$$

10個の $\{2x^2+(-1)\}$ それぞれから，$2x^2$ か -1 をとり出して積をとるわけです．x^2 を作るには，「$2x^2$ を1個，-1 を9個とり出す」他ないので，どの｛　｝から $2x^2$ をとり出すか(……(*))を考えて，

$$\underbrace{{}_{10}\mathrm{C}_1}_{(*)}\cdot(2x^2)^1\cdot(-1)^9=10\cdot2x^2\cdot(-1)=-20x^2$$

と求められます．②も同様に考えられます．

▶(1)の式は「公式」の通りに書けば

$$(2x^2-1)^{10}+(3x^2+1)^{10}=\sum_{k=0}^{10}{}_{10}\mathrm{C}_k(2x^2)^{10-k}(-1)^k+\sum_{j=0}^{10}(3x^2)^{10-j}1^j$$

と表されます．確かに，それぞれの Σ の $k=9$，$j=9$ のときの項のみ抜き出せばよいのですが，公式を無理に覚えて使おうとしても答えにはたどり着けないでしょう．

6. 2次関数の最大・最小①

〈頻出度 ★★★〉

aを実数とする．$1 \leqq x \leqq 5$ で定義された関数 $f(x) = -x^2 + ax + a^2$ がある．次の問いに答えよ．

(1) $f(x)$ の最大値を a を用いて表せ．

(2) $f(x)$ の最小値が11となる a の値を求めよ．

(3) $f(x)$ の最小値が正となる a の値の範囲を求めよ．（名城大）

着眼 VIEWPOINT

2次関数の最大値，最小値を調べる問題です．まずは，**定義域と，放物線の軸の位置関係に着目**して，最大値（最小値）をとる x の値で状況を分けることを徹底しましょう．「解答」のように，まず図をかいてしまい（このときに x 軸や y 軸をかく必要はなく，単に状況の分類ができればよい），それぞれの状況になる a の範囲を調べ，最大値，最小値を調べる，という手順で進めましょう．

後半，(2)，(3)で問われている最小値に関する考察は，式のみで進めるよりも，最小値 m の変化をグラフでかいてしまった方が説明しやすいでしょう．**図で説明できる内容は図に任せる**ことは，この問題に限らず大切です．

解答 ANSWER

$$f(x) = -x^2 + ax + a^2$$
$$= -\left(x - \frac{a}{2}\right)^2 + \frac{5}{4}a^2$$

したがって，放物線 $y = f(x)$ の軸は $x = \frac{a}{2}$ である．

(1) 放物線の軸の位置に着目することで，最大値をとる x の値に関して場合分けを行う．

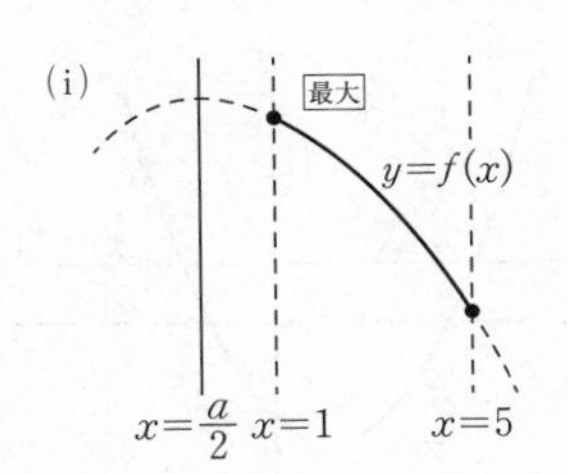

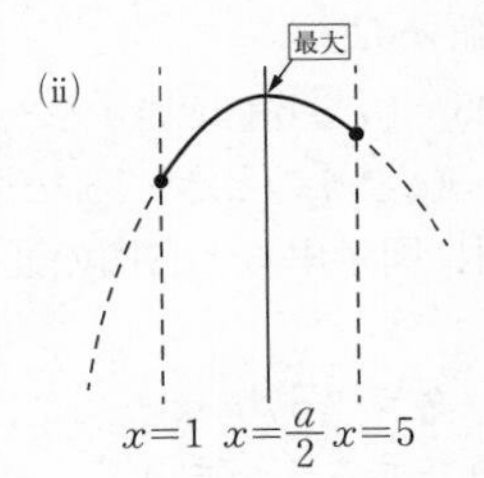

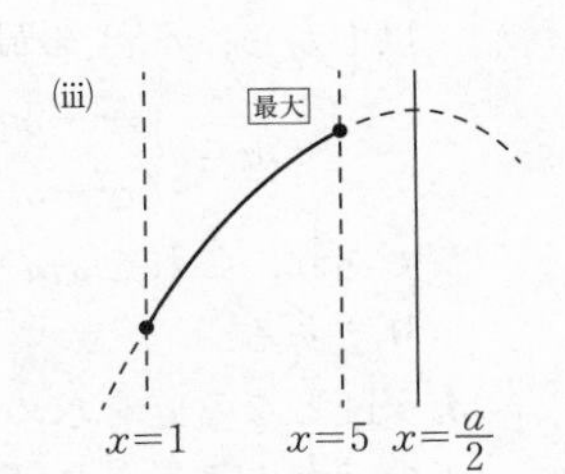

(i) $\dfrac{a}{2} \leqq 1$ のとき $(a \leqq 2)$

最大値は，$f(1) = a^2 + a - 1$

(ii) $1 \leqq \dfrac{a}{2} \leqq 5$ のとき $(2 \leqq a \leqq 10)$

最大値は，$f\left(\dfrac{a}{2}\right) = \dfrac{5}{4}a^2$

← 等号を(i)～(iii)のどこにつけるか，は気にせず，両方に入れておけばよいでしょう．

(iii) $5 \leqq \dfrac{a}{2}$ のとき $(a \geqq 10)$

最大値は，$f(5) = a^2 + 5a - 25$

以上から，$f(x)$ の最大値は $\begin{cases} \boldsymbol{a^2+a-1} & \textbf{(}\boldsymbol{a \leqq 2}\textbf{ のとき)} \\ \boldsymbol{\dfrac{5}{4}a^2} & \textbf{(}\boldsymbol{2 \leqq a \leqq 10}\textbf{ のとき)} \\ \boldsymbol{a^2+5a-25} & \textbf{(}\boldsymbol{a \geqq 10}\textbf{ のとき)} \end{cases}$ ……答

(2) 放物線の軸の位置に着目することで，最小値をとる x の値に関して場合分けを行う．

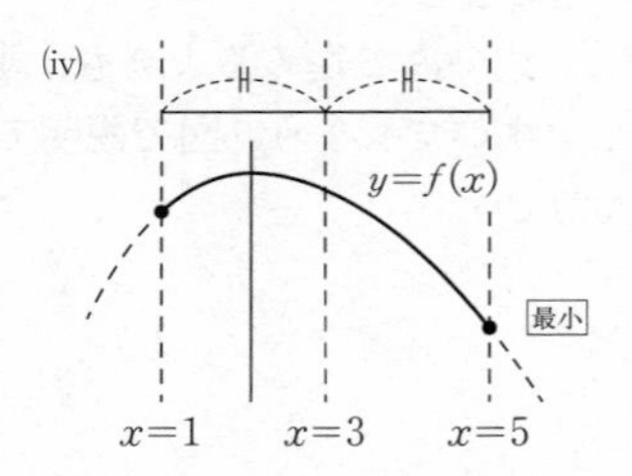

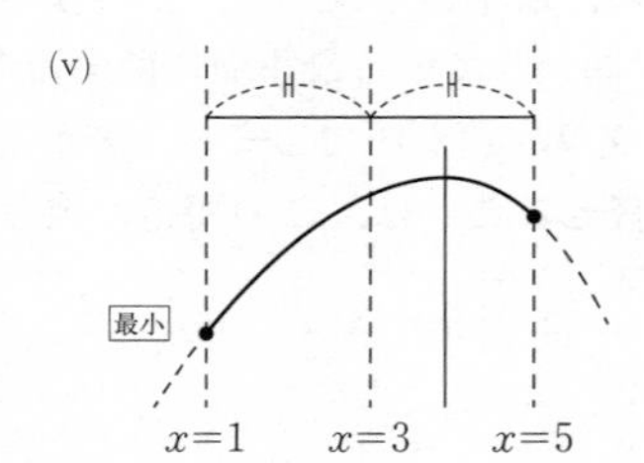

(iv) $\dfrac{a}{2} \leqq 3$ のとき $(a \leqq 6)$

最小値は，$f(5) = a^2 + 5a - 25$

(v) $3 \leqq \dfrac{a}{2}$ のとき $(a \geqq 6)$

最小値は，$f(1) = a^2 + a - 1$

以上から，$f(x)$ の最小値 m は

$$m = \begin{cases} a^2+5a-25 & (a \leqq 6 \text{ のとき}) \cdots\cdots ① \\ a^2+a-1 & (a \geqq 6 \text{ のとき}) \cdots\cdots ② \end{cases}$$

であり，これを am 平面に図示すると右図の通りである．

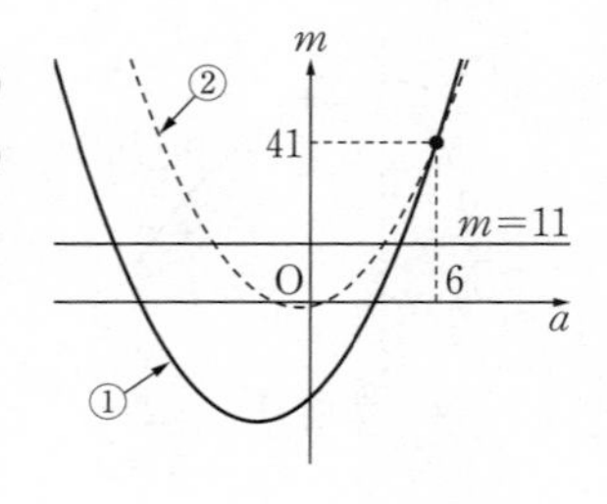

$m=11$ となる a を求める．グラフより，①のときのみ考えれば十分である．つまり，

$$a^2+5a-25=11$$
$$a^2+5a-36=0$$
$$(a-4)(a+9)=0$$
$$\therefore\quad a=4,\ -9$$

以上より，求める a は，$a=\mathbf{4,\ -9}$ ……答

(3) (2)のグラフより，$m=0$ となる a の値を調べる．下図より，$a\leqq6$ のときのみ考えれば十分である．

$$a^2+5a-25=0$$
$$\therefore\quad a=\frac{-5\pm5\sqrt{5}}{2}$$

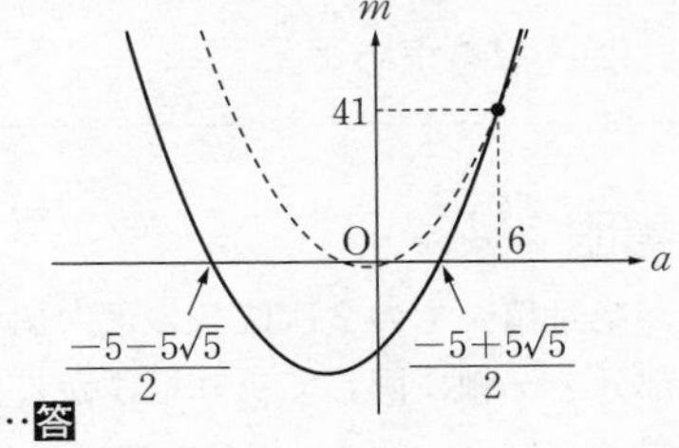

以上より，$m>0$ となる a の範囲は

$$\boldsymbol{a<\frac{-5-5\sqrt{5}}{2},\quad \frac{-5+5\sqrt{5}}{2}<a}\quad ……答$$

詳説 EXPLANATION

▶(2)で調べた $1\leqq x\leqq5$ における $f(x)$ の最小値は，次のように考えてもよいでしょう．

別解

(2) $y=f(x)$ は上に凸な放物線である．したがって，$1\leqq x\leqq5$ における $f(x)$ の最小値は

$$f(1)=a^2+a-1,\ f(5)=a^2+5a-25$$

のうち，小さい方(一致するときはその値)である．

$$f(5)-f(1)=4a-24=4(a-6)$$

であることから，$a-6$ の符号に着目して，

$a\geqq6$ のとき　$f(5)\geqq f(1)$,

$a\leqq6$ のとき　$f(5)\leqq f(1)$

である．つまり，最小値 m は

$$m=\begin{cases}f(5)=a^2+5a-25 & (a\leqq6\text{ のとき})\\ f(1)=a^2+a-1 & (a\geqq6\text{ のとき})\end{cases}$$

である．以下，「解答」と同じ．

また，軸 $x=\dfrac{a}{2}$ が $x=3$ より右か左かを考えても同じ結論が導かれます．

7.　2次関数の最大・最小②

〈頻出度 ★★★〉

t を実数とする．関数 $f(x) = (2-x)|x+1|$ に対して，$t \leqq x \leqq t+1$ における $f(x)$ の最大値を M とする．

(1)　$y=f(x)$ のグラフの概形をかけ．

(2)　M を求めよ．

（芝浦工業大 改題）

着眼 VIEWPOINT

絶対値つきの２次関数の最大値を求めます．$y=(2-x)(x+1)$ のグラフのどの部分を x 軸に関して折り返すかに注意しなくてはなりません．(2)では「区間の両端での値が一致する」ときのパラメタの値を，等式条件から求めます．

解答 ANSWER

(1)　$x+1$ の正負で場合分けすると

$$f(x) = \begin{cases} (x-2)(x+1) & (x \leqq -1 \text{のとき}) \\ -(x-2)(x+1) & (x \geqq -1 \text{のとき}) \end{cases}$$

したがって，$y=f(x)$ のグラフは右図の実線部分である．

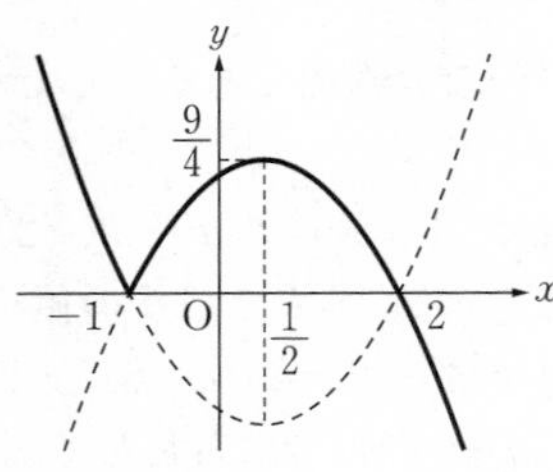

← $(2-x)|x+1|$ は $x=2$, -1 で 0 となり，$x=2$ で符号を正から負に変えるので，$y=f(x)$ の概形はすぐ読みとれる．

(2)

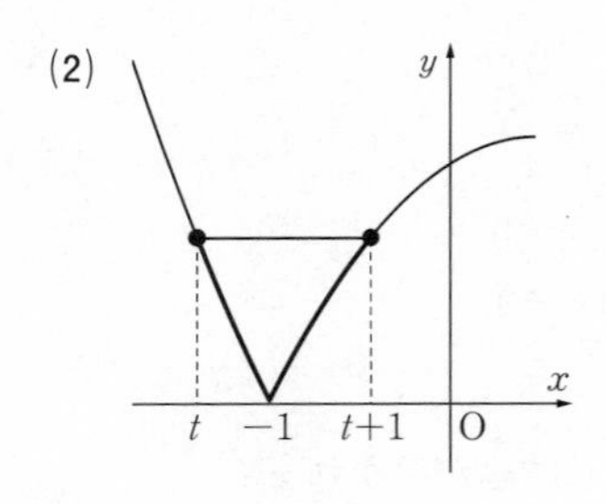

$$f(t)=f(t+1) \text{ かつ } t<-1<t+1$$

が成り立つのは，左図のときである．これを満たす t は，

$$(t-2)(t+1) = (1-t)(t+2) \text{ かつ}$$
$$-2<t<-1$$
$$\Leftrightarrow t=\pm\sqrt{2} \text{ かつ } -2<t<-1$$
$$\Leftrightarrow t=-\sqrt{2}$$

したがって，最大値をとる x 座標の位置で場合分けすると，次のようになる．

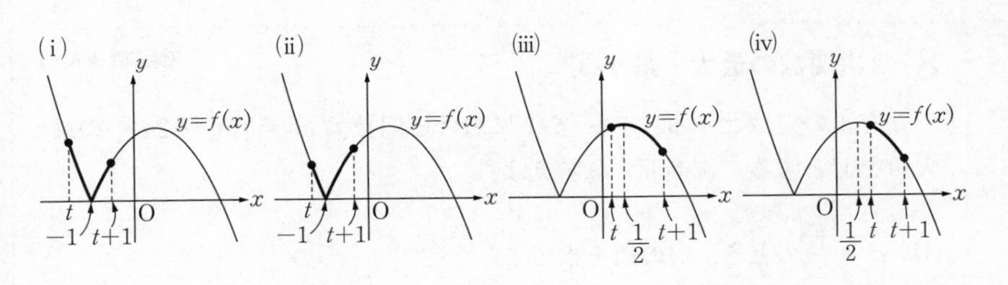

(i) $t \leqq -\sqrt{2}$ のとき

$M=f(t)=(t-2)(t+1)=t^2-t-2$

(ii) $t \geqq -\sqrt{2}$ かつ $t+1 \leqq \frac{1}{2}$ のとき $\left(-\sqrt{2} \leqq t \leqq -\frac{1}{2}\right)$

$M=f(t+1)=-(t+1-2)(t+1+1)=-t^2-t+2$

(iii) $t \leqq \frac{1}{2} \leqq t+1$ のとき $\left(-\frac{1}{2} \leqq t \leqq \frac{1}{2}\right)$

$M=f\left(\frac{1}{2}\right)=\frac{9}{4}$

(iv) $\frac{1}{2} \leqq t$ のとき

$M=f(t)=-(t-2)(t+1)=-t^2+t+2$

以上，(i)〜(iv)から，最大値Mは

$$M=\begin{cases} t^2-t-2 & (t \leqq -\sqrt{2} \text{ のとき}) \\ -t^2-t+2 & \left(-\sqrt{2} \leqq t \leqq -\frac{1}{2} \text{ のとき}\right) \\ \frac{9}{4} & \left(-\frac{1}{2} \leqq t \leqq \frac{1}{2} \text{ のとき}\right) \\ -t^2+t+2 & \left(t \geqq \frac{1}{2} \text{ のとき}\right) \end{cases}$$ ……**答**

8. ２次関数の最大・最小③

〈頻出度 ★★★〉

aを正の定数とする．$0 \leqq x \leqq 1$における関数$f(x)=|x(x-2a)|$の最大値をMとする．次の問いに答えよ．

(1) $a=\dfrac{1}{2}$のとき，Mの値を求めよ．

(2) Mをaの式で表せ．

(3) $M=\dfrac{1}{2}$のとき，aの値を求めよ．

（岐阜聖徳学園大）

着眼 VIEWPOINT

絶対値のついた関数のグラフに関する問題です．絶対値がついている分，問題6，7と比べると扱いにくいですが，考え方は変わりません．ざっとグラフをかきながら，状況を分類していきましょう．後半の問題は，「図で説明できる内容は図に任せる」に則り，最大値Mのグラフを利用するとよいでしょう．

解答 ANSWER

(1) $a=\dfrac{1}{2}$のとき，$f(x)=|x(x-1)|$である．

$y=f(x)$のグラフは右図の通り．

$0 \leqq x \leqq 1$において$f(x)$は$x=\dfrac{1}{2}$で最大値

$f\left(\dfrac{1}{2}\right)=\dfrac{1}{4}$をとる．

よって，求める値は，$M=f\left(\dfrac{1}{2}\right)=\mathbf{\dfrac{1}{4}}$ ……答

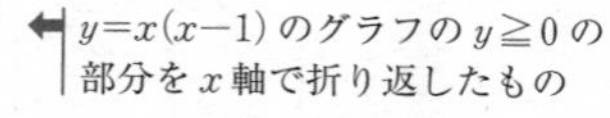

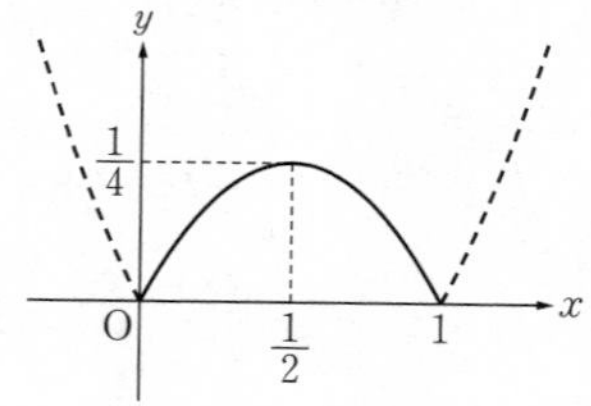

(2) $y=f(x)$のグラフは，放物線$y=x(x-2a)$の$y \leqq 0$の部分をx軸で$y \geqq 0$側に折り返したものである．

$y=x(x-2a)$はx軸とO(0, 0)，A$(2a, 0)$で交わることから，放物線の軸，点Aの位置，区間の端に着目して場合分けして考える．

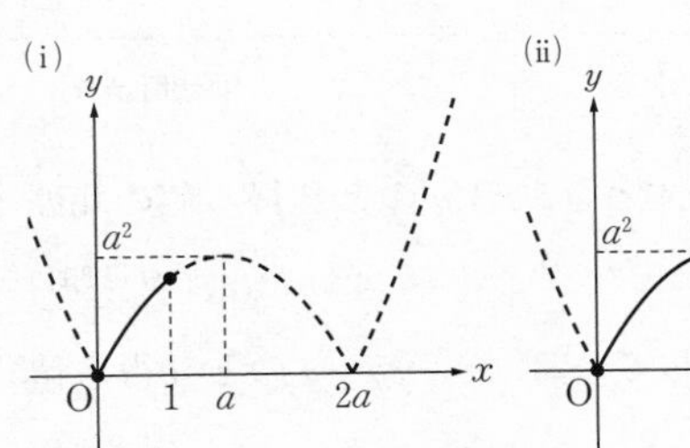

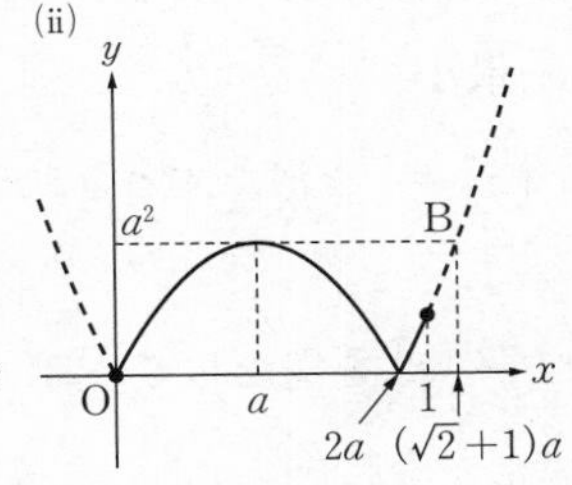

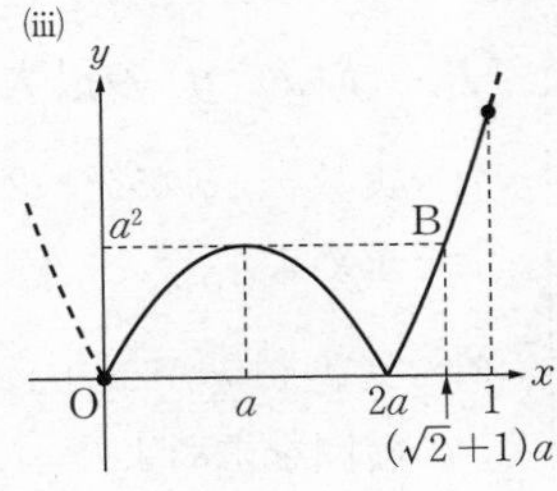

ここで，図中の点Bの x 座標を調べる．$x^2-2ax=a^2$ より，

$$(x-a)^2-a^2=a^2$$
$$(x-a)^2=2a^2$$
$$x-a=\pm\sqrt{2}\,a$$

$x>0$ より，Bの x 座標は $x=(\sqrt{2}+1)a$ である．

(i) $1\leqq a$ のとき

$$M=f(1)=|1-2a|=2a-1$$

← $1\leqq a$ より $1-2a\leqq1-2\cdot1=-1$

(ii) $a\leqq1\leqq(\sqrt{2}+1)a$ のとき $(\sqrt{2}-1\leqq a\leqq1)$

$$M=f(a)=a^2$$

(iii) $(\sqrt{2}+1)a\leqq1$ のとき $(0<a\leqq\sqrt{2}-1)$

$$M=f(1)=|1-2a|=1-2a$$

← $0<a\leqq\sqrt{2}-1$ より $1-2a\geqq1-2(\sqrt{2}-1)=3-2\sqrt{2}=\sqrt{9}-\sqrt{8}>0$

以上から $M=\begin{cases}\mathbf{1-2a} & (\mathbf{0<a\leqq\sqrt{2}-1}\ \text{のとき}) \cdots\cdots① \\ \mathbf{a^2} & (\mathbf{\sqrt{2}-1\leqq a\leqq 1}\ \text{のとき}) \cdots\cdots② \\ \mathbf{2a-1} & (\mathbf{1\leqq a}\ \text{のとき}) \cdots\cdots③\end{cases}$ ……**答**

(3) **(2)**のグラフを aM 平面に図示すると，右下図の太線部分の通り．

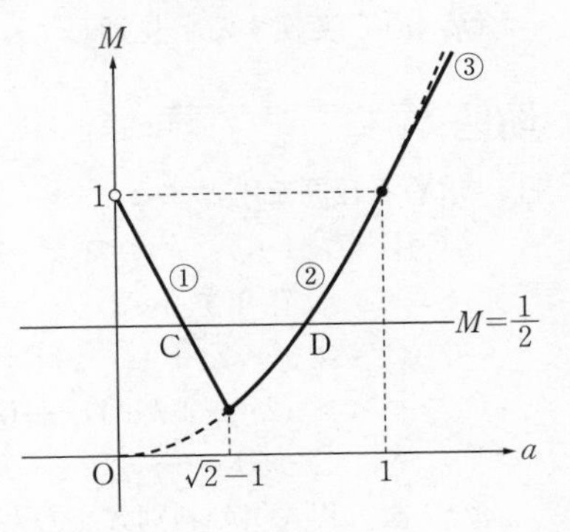

このグラフと直線 $M=\frac{1}{2}$ (……④) の共有点の a 座標が求めるものである．

①と④の共有点Cの x 座標は，

$$1-2a=\frac{1}{2}\quad すなわち\quad a=\frac{1}{4}$$

これは，$0<a\leqq\sqrt{2}-1$ に含まれる．

②と④の共有点Dの x 座標は，

$$a^2=\frac{1}{2}\quad すなわち\quad a=\pm\frac{1}{\sqrt{2}}$$

$\sqrt{2}-1\leqq a\leqq1$ より，$a=\frac{1}{\sqrt{2}}$ である．以上から，$a=\mathbf{\frac{1}{4}}$，$\mathbf{\frac{1}{\sqrt{2}}}$ ……**答**

9. $f(x,\ y)$の最大・最小

〈頻出度★★★〉

1　実数x，yが$x^2-2x+y^2=1$を満たすとき，$x+y$のとり得る値の範囲を求めよ．

（頻出問題）

2　実数x, yが$x^2+xy+y^2=3$を満たしている．$x+xy+y$のとり得る値の範囲を求めよ．

（頻出問題）

着眼 VIEWPOINT

関数の“入力”にあたる変数が存在する条件から，値域を求める問題です．この問題が単独で出題されることもありますが，他の単元の問題の中で，複合的に扱われることも多いです．次の読みかえを行います．

関数の値域

x, yがある範囲Iを動くときの関数$f(x,\ y)$の値域をWとする．このとき

$k\in W \iff f(x,\ y)=k$を満たす$(x,\ y)\in I$が存在する

「$f(x,\ y)$はある値kをとれるだろうか？」これを「$f(x,\ y)=k$になるための変数x, yはうまいこと（定義域の中に）とれるだろうか？」と読みかえているということです．（☞詳説）

2は，与えられている式がいずれもx，yの対称式なので，いったん$(x+y,\ xy)=(u,\ v)$と変換すると見通しよく解けるでしょう．

解答 ANSWER

1　求める範囲をWとする．

$k\in W \iff x+y=k$ かつ $x^2-2x+y^2=1$を満たす実数の組$(x,\ y)$が存在する

$\iff x^2-2x+(k-x)^2=1$を満たす実数xが存在する

$\iff$ $(2x^2-2(k+1)x+(k^2-1)=0$（……①）を満たす実数xが存在する）　……②

xの2次方程式①の判別式をDとすれば，②は$D\geqq 0$と同値なので，

$(k+1)^2-2(k^2-1)\geqq 0$

$k^2-2k-3\leqq 0$

$-1\leqq k\leqq 3$

したがって，求める範囲は　$\boldsymbol{-1\leqq x+y\leqq 3}$　……**答**

2 $(x+y,\ xy)=(u,\ v)$ とおき換える．$(u,\ v)$ の存在する範囲を W とすれば

$(u,\ v)\in W$

$\Longleftrightarrow x^2+xy+y^2=3$ かつ $\begin{cases} x+y=u \\ xy=v \end{cases}$ を満たす実数 $x,\ y$ が存在する

$\Longleftrightarrow (x+y)^2-xy=3$(……①) かつ $\begin{cases} x+y=u \\ xy=v \end{cases}$ (……②) を満たす実数 $x,\ y$ が存在する

$\Longleftrightarrow u^2-v=3$(……③) かつ ②を満たす実数 $x,\ y$ が存在する

ここで，②を満たす $x,\ y$ は，t の 2 次方程式 $t^2-ut+v=0$ の 2 解であることから，②を満たす実数 $x,\ y$ が存在する条件は

$(-u)^2-4v\geqq 0$　すなわち　$u^2-4v\geqq 0$　……④

である．したがって，$u,\ v$ の満たすべき条件は③かつ④であり，図示すると右図の実線部分である．

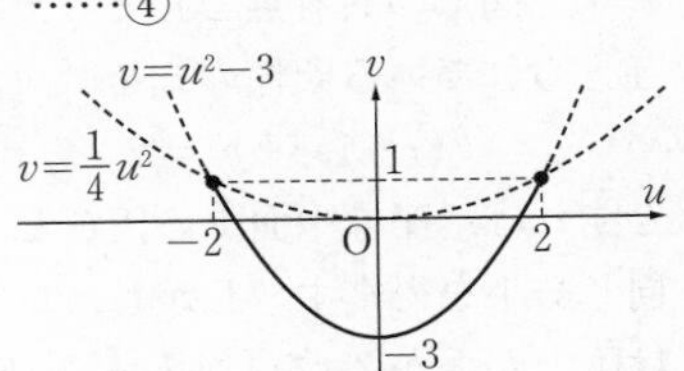

このもとで，$z=x+xy+y$ とおくと，

$$\begin{aligned} z&=u+v \\ &=u+(u^2-3) \\ &=\left(u+\frac{1}{2}\right)^2-\frac{13}{4} \end{aligned}$$

であり，右上図より u は $-2\leqq u\leqq 2$ を動く．

したがって，右図から，求める範囲は

$$-\frac{13}{4}\leqq x+xy+y\leqq 3$$ ……**答**

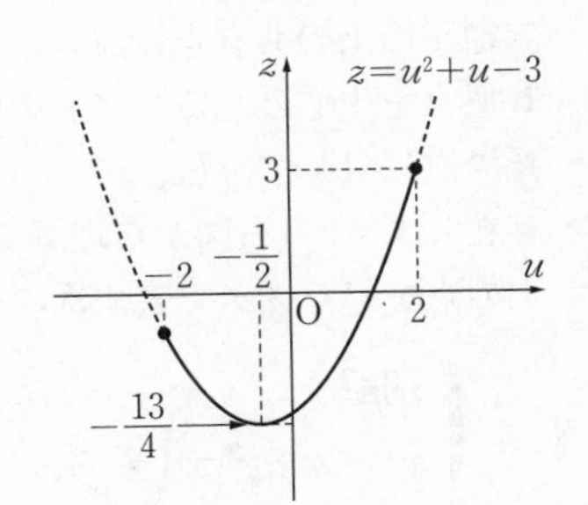

詳説 EXPLANATION

▶次の例は正しく説明できますか．

例　実数 $x,\ y$ が $x^2+4xy+5y^2=1$ を満たして動くとき，x のとり得る値の範囲を求めよ．

座標の変換をするなどの説明も考えられますが，この問題の「解答」に即した説明を考えてみましょう．x のとり得る値の範囲を W とします．

・「$x=0$ になれるか？」と聞かれれば，与えられた式に $x=0$ を代入し，

$5y^2=1$ から，$y=\pm\dfrac{1}{\sqrt{5}}$ のときに $x=0$ となるので，$x=0$ になれる，

つまり，0 は W に含まれることがわかります．

・「$x=4$ になれるか？」と聞かれれば，与えられた式に $x=4$ を代入します．

$4^2+16y+5y^2=1$　すなわち　$5y^2+16y+15=0$

であり，(判別式)<0 から，この式を満たす実数 y が存在しません．つまり，

4はWに含まれない，とわかります．この「相手になるyが存在するか？」をあらゆるxで行えばよいのです．つまり，

$X \in W$　「XはWに含まれるか？」

$\Longleftrightarrow X^2+4X\cdot y+5y^2=1$（……(*)）を満たす実数$y$が存在する

「$x=X$となるためのyは，うまいことととれるか？」

と考えます．

(*)を整理して得たyの２次方程式は$5y^2+4Xy+(X^2-1)=0$，この式の判別式をDとして，$D \geqq 0$から

$$(2X)^2-5(X^2-1) \geqq 0 \Longleftrightarrow -\sqrt{5} \leqq X \leqq \sqrt{5}$$

であり，xの値域が$-\sqrt{5} \leqq x \leqq \sqrt{5}$，とわかります．

▶1　図形の共有点として考えてもよいですが，実は，「解答」と同じことです．与えられている条件の式を

$$C:(x-1)^2+y^2=2$$

とすれば，座標平面上の円Cと，直線$x+y=k$の共有点が存在する条件を考え，同じ結果を得ます．しかし，このkが，「解答」で考えているkと同じもので，「kはW上か否か？」を「対応する$(x,\ y)$が存在するか？」と読みかえ，この$(x,\ y)$を座標平面上の共有点に読みかえているにすぎません．

▶原点を中心とする半径rの円周上，つまり$x^2+y^2=r^2$上の任意の点に対して，$(x,\ y)=(r\cos\theta,\ r\sin\theta)$となる実数$\theta$が存在します．（右図から理解できるでしょう．）このことから，C上の点をパラメタで表す次の解答も考えられます．

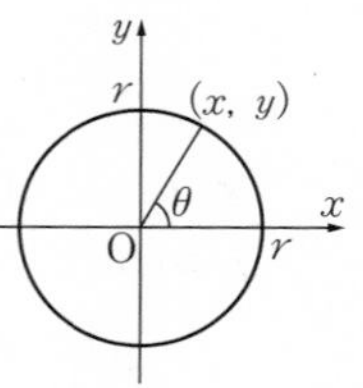

別解

$x^2-2x+y^2=1$から，$(x-1)^2+y^2=2$である．これを満たすどのような$(x,\ y)$に対しても，

$$\begin{cases} x-1=\sqrt{2}\cos\theta \\ y=\sqrt{2}\sin\theta \end{cases} \quad すなわち \quad \begin{cases} x=\sqrt{2}\cos\theta+1 \\ y=\sqrt{2}\sin\theta \end{cases}$$

を満たす実数θが存在する．このとき

$$x+y=(\sqrt{2}\cos\theta+1)+\sqrt{2}\sin\theta=2\sin\left(\theta+\frac{\pi}{4}\right)+1$$

と変形できる．θが実数全体を動くとき，$2\sin\left(\theta+\frac{\pi}{4}\right)$は$-2 \leqq 2\sin\left(\theta+\frac{\pi}{4}\right) \leqq 2$を動くので，$x+y$の値域は　$\boldsymbol{-1 \leqq x+y \leqq 3}$　……**答**

▶2　③かつ④を満たす$(u,\ v)$の範囲Wまで得たら（ここまでは「解答」と同じ），$x+xy+y$の値域は，$u+v=k$をuv平面上の直線に見て，Wとの共有点が存在する条件から説明してもよいでしょう．

10. 2次方程式の解の配置①

〈頻出度 ★★★〉

2 次方程式 $x^2-2ax+2a+3=0$ (……①) について，次の問いに答えよ．

(1) ①が正の解と負の解を 1 つずつもつように，定数 a の値の範囲を求めよ．

(2) ①が異なる 2 つの実数解をもち，その 2 つがともに 1 以上 5 以下であるように，定数 a の値の範囲を求めよ．（頻出問題）

着眼 VIEWPOINT

「解の配置」とよばれる，方程式の解が定められた範囲に存在する条件を考える問題です．指数，対数，三角関数との融合問題が非常に多く，十分に練習しておきたいところです．解のとり得る値の範囲に制約があるときは，方程式の解をグラフ同士の共有点の x 座標に読みかえて考えましょう．この問題であれば，「解答」のように，①の左辺を $f(x)$ として，**方程式の解を，放物線 $y=f(x)$ と x 軸（$y=0$）との共有点にみる**とよいでしょう．このとき，調べる**区間の「端」での y 座標，放物線の「軸」の位置，「頂点」の y 座標に着目**し，式を立てていきましょう．

解答 ANSWER

$x^2-2ax+2a+3=0$ ……①

①の左辺を $f(x)$ とする．方程式 $f(x)=0$ の解は，放物線 $y=f(x)$ と $y=0$（x 軸）の共有点の x 座標と同じである．

(1) 右図から，求める条件は

$f(0)<0$ である．つまり

$2a+3<0$

$\boldsymbol{a<-\frac{3}{2}}$ ……答

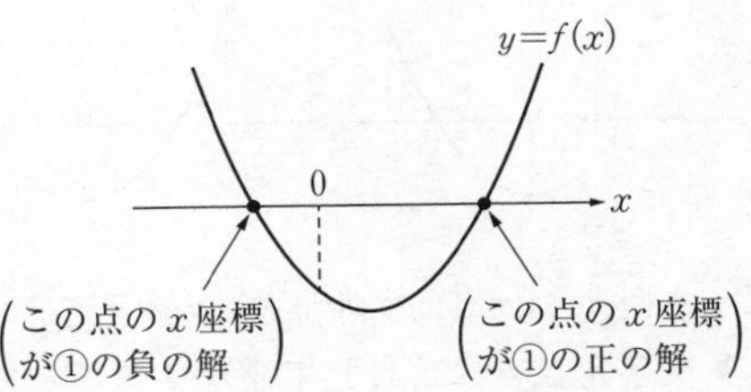

(2) $f(x)=x^2-2ax+2a+3$

$=(x-a)^2-a^2+2a+3$

したがって，右図から，求める条件は，

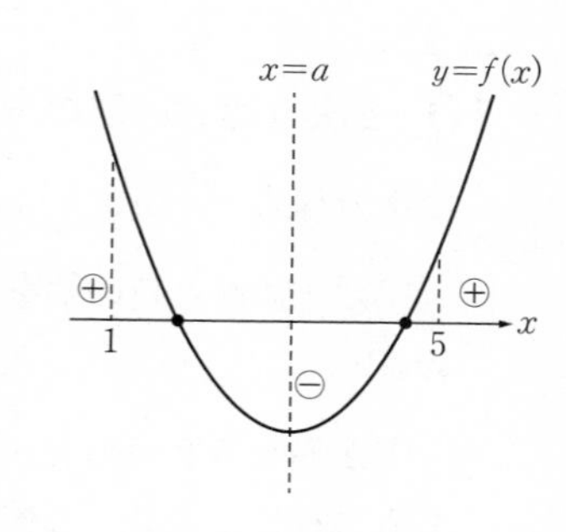

$$\begin{cases} f(1) \geqq 0 \\ f(5) \geqq 0 \\ 1 \leqq a \leqq 5 \\ -a^2+2a+3<0 \end{cases}$$

である．すなわち，

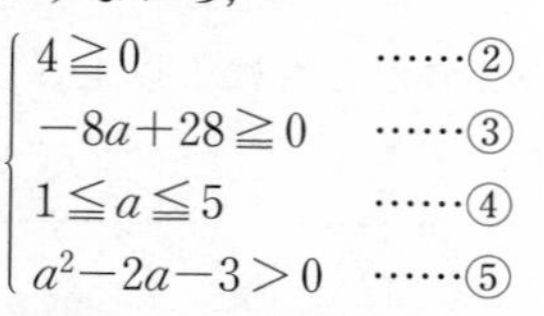

$$\begin{cases} 4 \geqq 0 & \cdots\cdots② \\ -8a+28 \geqq 0 & \cdots\cdots③ \\ 1 \leqq a \leqq 5 & \cdots\cdots④ \\ a^2-2a-3>0 & \cdots\cdots⑤ \end{cases}$$

②は常に成立する．③，④，⑤を a について解くと

$$\begin{cases} a \leqq \dfrac{7}{2} & \cdots\cdots③' \\ 1 \leqq a \leqq 5 & \cdots\cdots④' \\ a<-1,\ a>3 & \cdots\cdots⑤' \end{cases}$$

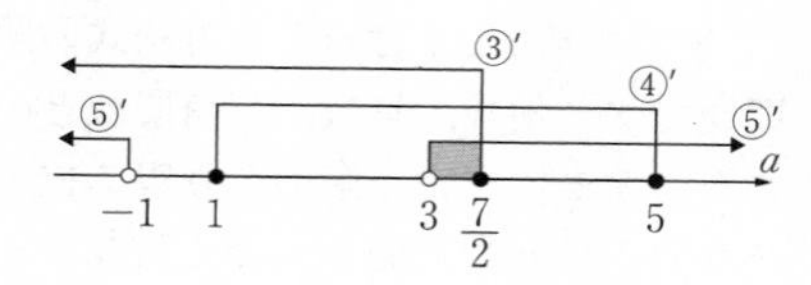

求める範囲は③′，④′，⑤′の共通部分であり　$\boldsymbol{3<a \leqq \dfrac{7}{2}}$　……答

詳説 EXPLANATION

▶「解答」の式②，③は「端」での y 座標，④は「軸」の位置，⑤は「頂点」の y 座標に関する条件です．次の図のように，②～⑤のうち「1つだけ成り立たない」状況を考えれば，この連立不等式で必要十分であると納得がいくでしょう．

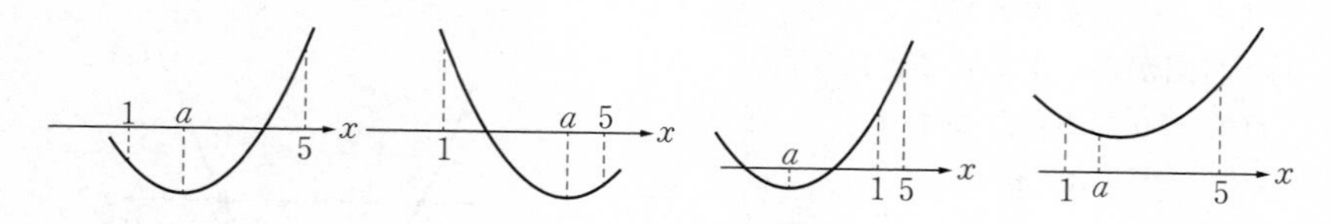

また，⑤は（①の判別式）>0 と考えてもよいでしょう．同じ式が得られます．

▶文字定数 a に着目して整理することで，「動かない放物線」と「回転する直線」の共有点から考えることもできます．

別解

①より

$$x^2+3=2a(x-1) \quad \cdots\cdots⑥$$

⑥より，この方程式の解は，放物線 $C：y=x^2+3$ と直線 $L：y=2a(x-1)$ の共有点の x 座標と同じである．直線 L は点 $(1,\ 0)$ を通り，傾き $2a$ である

ことに注意する．また，①より

$$(x-a)^2=(a-3)(a+1)$$

であることから，この方程式は $a=-1$，3 で重解をもち，重解は $x=a$ である．つまり，C，L について，

$a=-1$ のとき，L の傾きが $2a=-2$ となり，C との接点は $(-1,\ 4)$

$a=3$ のとき，L の傾きが $2a=6$ となり，C との接点は $(3,\ 12)$

であることに注意する．

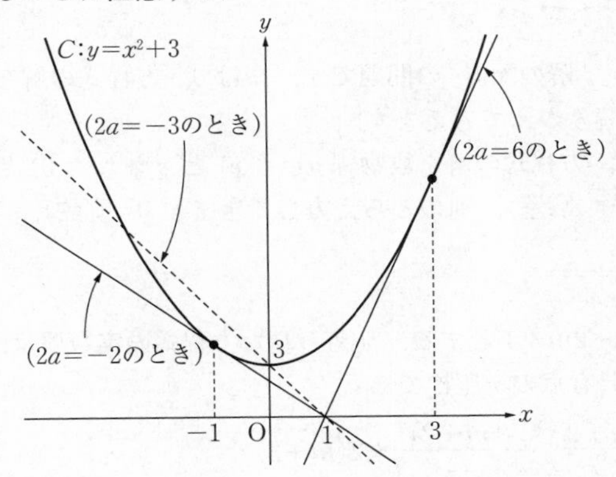

(1)　図より，①の解，つまり C と L の共有点が $x<0$，$x>0$ に一つずつ存在するのは，$2a<-3$ のとき（図の点線よりも L の傾きが小さいとき）である．したがって，

$$2a<-3 \quad \text{すなわち} \quad \boldsymbol{a<-\frac{3}{2}} \quad \cdots\cdots \text{答}$$

(2)　L が C 上の点 $(5,\ 28)$ を通るのは，$(1,\ 0)$ と $(5,\ 28)$ の 2 点を通ることから，傾きを考えて，

$$2a=\frac{28}{5-1} \quad \text{すなわち} \quad a=\frac{7}{2}$$

のときである．したがって，求める範囲は　$\boldsymbol{3<a\leqq\frac{7}{2}}$　……答

11. 2次方程式の解の配置②

〈頻出度 ★★★〉

mは実数とする．xの 2 次方程式 $x^2-(m+2)x+2m+4=0$ の $-1\leqq x\leqq 3$ の範囲にある実数解がただ 1 つであるとき，mの値の範囲を求めよ．ただし，重解の場合，実数解の個数は 1 つと数える．　（信州大）

着眼 VIEWPOINT

問題10に引き続き,「解の配置」の問題です．やはり，方程式の解をグラフ同士の共有点のx座標に読みかえて考えます．

左辺を$f(x)$として，方程式の解を放物線$y=f(x)$とx軸$(y=0)$との共有点にみるのが定番ですが（☞解答），別のとらえ方もできます（☞詳説）.

解答 ANSWER

$f(x)=x^2-(m+2)x+2m+4$ とする．与えられた方程式の実数解は，$y=f(x)$のグラフとx軸との共有点のx座標である．

$$f(x)=\left(x-\frac{m+2}{2}\right)^2-\frac{(m+2)^2}{4}+2(m+2)$$

$$=\left(x-\frac{m+2}{2}\right)^2-\frac{(m+2)(m-6)}{4} \quad \cdots\cdots①$$

となる．区間 $-1\leqq x\leqq 3$ に $f(x)=0$ を満たすxがただ 1 つ存在する条件を求める．区間内の$f(x)=0$ の解により，次のように場合分けする．

(i) $f(x)=0$ が，$-1<x<3$ に重解でない解をただ 1 つだけもつとき

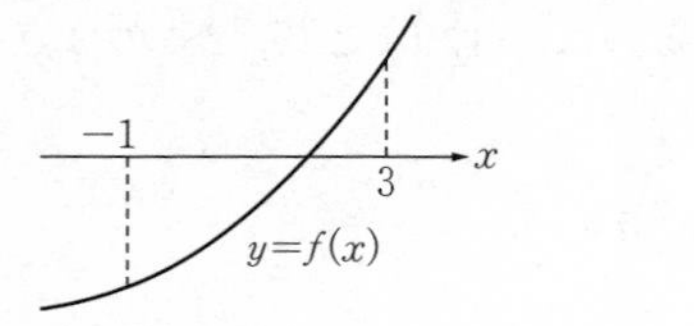

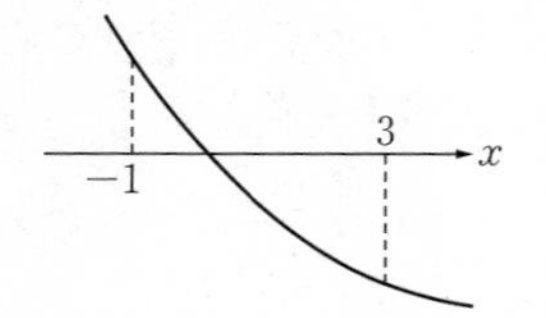

求める条件は，$f(-1)$と$f(3)$の符号が異なることと同値である．つまり

$f(-1)f(3)<0$

$(3m+7)(-m+7)<0$

$m<-\dfrac{7}{3},\ 7<m$

(ii) $f(x)=0$ が $-1<x<3$ に重解をもつとき

①より

$$(m+2)(m-6)=0 \quad \text{かつ} \quad -1<\frac{m+2}{2}<3$$

$$\Leftrightarrow m=-2,\ 6 \quad \text{かつ} \quad -4<m<4$$

$$\Leftrightarrow m=-2$$

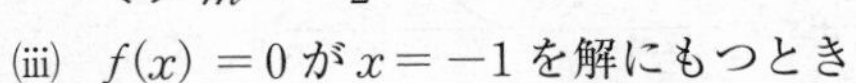
(iii) $f(x)=0$ が $x=-1$ を解にもつとき

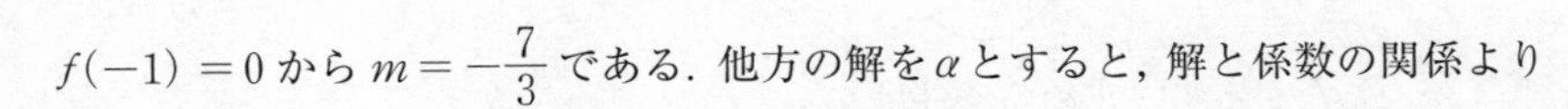
$f(-1)=0$ から $m=-\frac{7}{3}$ である．他方の解を α とすると，解と係数の関係より

$$m+2=-1+\alpha \quad \text{すなわち} \quad \alpha=m+3=\frac{2}{3}$$

この値は $-1\leqq\alpha\leqq3$ を満たすので，$m=-\frac{7}{3}$ は不適．

(iv) $f(x)=0$ が $x=3$ を解にもつとき

$f(3)=0$ から $m=7$ である．他方の解を α とすると，解と係数の関係より

$$m+2=3+\alpha \quad \text{すなわち} \quad \alpha=m-1=6$$

この値は $-1\leqq\alpha\leqq3$ を満たさないので，$m=7$ は適する．

以上，(i)～(iv)から，求める範囲は　$\boldsymbol{m<-\frac{7}{3},\ m=-2,\ m\geqq7}$　……**答**

詳説 EXPLANATION

▶放物線 $y=f(x)$ の軸の位置で場合分けしてもよいでしょう．

別解

①までは「解答」と同じ．$y=f(x)$ のグラフの軸 $x=\frac{m+2}{2}$ と区間 $-1\leqq x\leqq3$ の位置関係によって次のように場合分けする．

(i) $\frac{m+2}{2}\leqq-1$ のとき $(m\leqq-4)$

$f(x)$ は $-1\leqq x\leqq3$ で常に増加する．$m\leqq-4$ より，

$$f(-1)=3m+7\leqq3\cdot(-4)+7=-5<0,$$
$$f(3)=-m+7\geqq-(-4)+7=11>0$$

となるので，このときは常に条件を満たす．

(ii) $-1<\frac{m+2}{2}<3$ のとき $(-4<m<4)$

$f(x)$ は $-1 \leqq x \leqq \dfrac{m+2}{2}$ で減少し，$\dfrac{m+2}{2} \leqq x \leqq 3$ で増加する．また，$-4 < m < 4$ より，$f(3) = -m+7 > 0$ である．

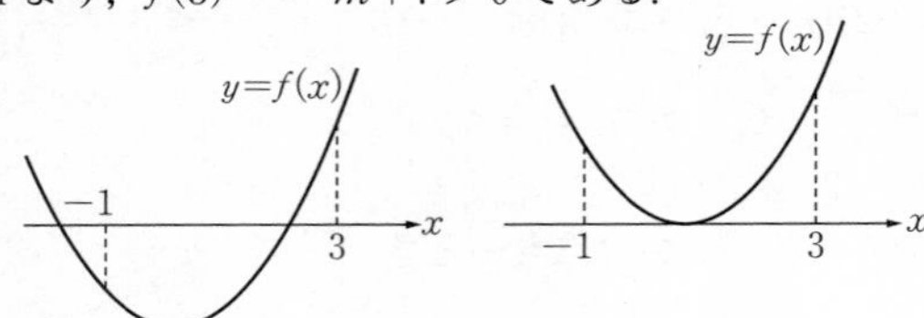

したがって，求める条件は，

$$\left(f(-1) < 0 \text{ または } f\left(\frac{m+2}{2}\right) = 0\right) \text{ かつ } -4 < m < 4$$

$$\Leftrightarrow \left(3m+7 < 0 \text{ または } -\frac{(m+2)(m-6)}{4} = 0\right) \text{ かつ } -4 < m < 4$$

$$\Leftrightarrow -4 < m < -\frac{7}{3} \quad \text{または} \quad m = -2$$

(iii)　$\dfrac{m+2}{2} \geqq 3$ のとき $(m \geqq 4)$

$f(x)$ は $-1 \leqq x \leqq 3$ で常に減少する．

$$f(-1) = 3m+7 \geqq 3 \cdot 4 + 7 = 19 > 0$$

より，この場合に求める条件は，

$$f(3) \leqq 0 \quad \text{かつ} \quad m \geqq 4$$

$$\Leftrightarrow -m+7 \leqq 0 \quad \text{かつ} \quad m \geqq 4$$

$$\Leftrightarrow m \geqq 7$$

である．

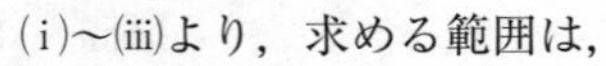
(i)〜(iii)より，求める範囲は，

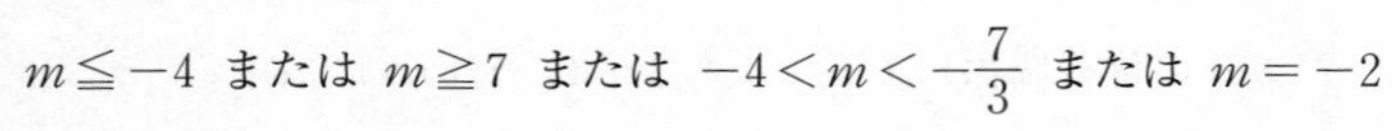

$$m \leqq -4 \text{ または } m \geqq 7 \text{ または } -4 < m < -\frac{7}{3} \text{ または } m = -2$$

すなわち，$\boldsymbol{m < -\dfrac{7}{3}}$，$\boldsymbol{m = -2}$，$\boldsymbol{m \geqq 7}$　……答

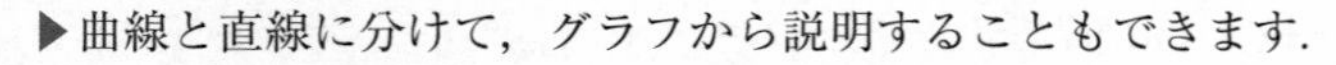
▶曲線と直線に分けて，グラフから説明することもできます．

別解

$x^2 - (m+2)x + 2m + 4 = 0$ から

$$x^2 - 2x + 4 = m(x-2)$$

x の方程式 $f(x) = 0$ の $-1 \leqq x \leqq 3$ における実数解は，座標平面上の放物線の一部 $C : y = x^2 - 2x + 4 \ (-1 \leqq x \leqq 3)$ と，直線 $L : y = m(x-2)$ の共

有点の x 座標と同じである．また，Lは傾きmの値にかかわらず点$(2,\ 0)$を通ることに注意する．

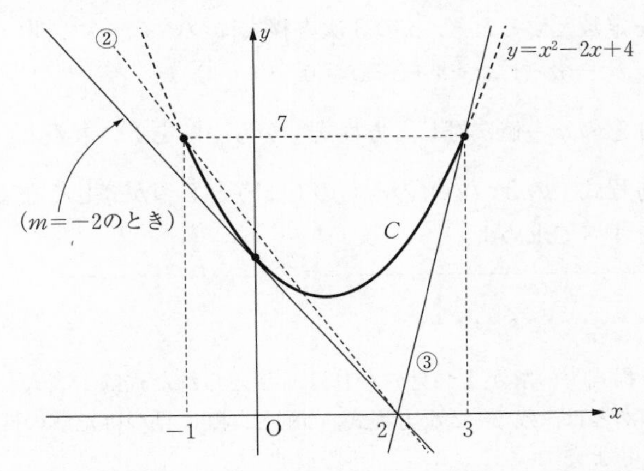

CとLが接するのは，①が重解をもつときであり，接点の x 座標は①の重解である．①の判別式$=0$ より，CとLが接するのは $m=-2$, 6 のときだが，重解が $x=\dfrac{m+2}{2}$ であることから

$m=-2$ のとき，重解は $x=0$ ($-1 \leqq x \leqq 3$ に含まれる)

$m=6$ のとき，　重解は $x=4$ ($-1 \leqq x \leqq 3$ に含まれない)

したがって，$m=-2$ は求める範囲に含まれ，CとLは上の図のような関係である．図の直線②，③の傾きを調べる．いずれも点$(2,\ 0)$を通ることに注意して，

直線②は点$(-1,\ 7)$を通るので，　$m=\dfrac{0-7}{2-(-1)}=-\dfrac{7}{3}$

直線③は点$(3,\ 7)$を通るので，　$m=\dfrac{7-0}{3-2}=7$

上図より，求める範囲は

$$\boldsymbol{m<-\frac{7}{3},\ m=-2,\ m\geqq 7}$$ ……**答**

12. 3次方程式が重解をもつ条件

〈頻出度 ★★★〉

a を定数とするとき，x の3次方程式について，次の問いに答えよ．

$$x^3+(a-1)x^2+x+3-a=0 \quad \cdots\cdots①$$

(1) 任意の a の値に対し，方程式①がもつ解を1つ求めよ．

(2) 方程式①の3つの解のうちのちょうど2つが等しくなるような a の値をすべて求めよ．

（立命館大 改題）

着眼 VIEWPOINT

3次方程式①の解が1つ見つかれば，与えられた式は1次式と2次式の積で表せます．あとは，残る「2次方程式」の解と，既に見つけた解の関係を丁寧に追っていきましょう．

解答 ANSWER

(1) ①の左辺を $f(x)$ とする．

$$f(-1)=-1+(a-1)-1+3-a=0$$

したがって，①は a の値にかかわらず $\boldsymbol{x=-1}$ を解にもつ． ……答

(2) (1)より，$f(x)$ は $x+1$ を因数にもつ．したがって，①は

$$(x^2-1)a+x^3-x^2+x+3=0$$
$$(x-1)(x+1)a+(x+1)(x^2-2x+3)=0$$
$$(x+1)\{x^2-2x+3+a(x-1)\}=0$$
$$(x+1)\{x^2+(a-2)x+3-a\}=0$$

← x^3-x^2+x+3 は $x+1$ を因数にもつ（はず）なので，
x^3-x^2+x+3
$=(x+1)(x^2+kx+3)$
と表される．係数を比較して，$k=-2$ を得る．

ここで，

$$x^2+(a-2)x+3-a=0 \quad \cdots\cdots②$$

とする．「①の3つの解のちょうど2つが等しくなる」ためには，「①が重解をもつこと」が必要である．次の2つの場合(i)，(ii)を考えればよい．

(i) 方程式②が $x=-1$ 以外の重解をもつ

(ii) ②が $x=-1$ と，-1 以外の解をもつ

(i)，(ii)それぞれの場合について調べる．

(i) ②が $x=-1$ 以外の重解をもつとき

（②の判別式）$=0$ より，

$$(a-2)^2-4(3-a)=0$$
$$a^2-8=0$$
$$\therefore \quad a=\pm 2\sqrt{2}$$

このとき，②の重解は

$$x=-\frac{a-2}{2}=\pm\sqrt{2}+1$$

であり，-1と一致しないので，条件を満たす．

← （②の左辺）$=\left(x+\frac{a-2}{2}\right)^2\cdots$ と平方完成できるので，②の重解は $x=-\frac{a-2}{2}$ である．

(ii) ②が$x=-1$と，-1以外の解をもつとき

②に$x=-1$を代入して，

$$(-1)^2+(a-2)\cdot(-1)+3-a=0$$

$$\therefore\quad a=3$$

このとき，②は

$$x^2+x=0\quad すなわち\quad x=0,\ -1$$

したがって，残りの解は$x=0$であり，-1と一致しないので，条件を満たす．

以上より，求めるaは，

$$a=\pm2\sqrt{2},\ 3$$ ……**答**

詳説 EXPLANATION

▶(1)において，式①をaで整理して説明してもよいでしょう．

別解

①をaで整理すると，

$$(x^2-1)a+x^3-x^2+x+3=0$$

$$(x-1)(x+1)a+(x+1)(x^2-2x+3)=0 \quad \cdots\cdots③$$

したがって，等式③がどのようなaでも成り立つ条件は，

$$(x-1)(x+1)=0\quad かつ\quad (x+1)(x^2-2x+3)=0$$

$$\Leftrightarrow x=-1$$

したがって，①はaの値にかかわらず $\boldsymbol{x=-1}$ を解にもつ．　……**答**

13. 高次方程式の虚数解

〈頻出度 ★★★〉

a，b を実数，i を虚数単位とする．

$x=a+\sqrt{5}\,i$ が $x^3-ax^2+x+b=0$ の解であるような $(a,\ b)$ と，そのときの実数解を求めよ．

（福岡大 改題）

着眼 VIEWPOINT

次の事実は，証明なしに用いてもよいでしょう．（☞詳説）

実数係数の n 次方程式の解

実数を係数とする x の n 次方程式 $f(x)=0$ の解の1つが $a+bi$（a，b は実数）のとき，$a-bi$ もこの方程式の解である．

このことと，3次方程式の解と係数の関係を利用すれば解答を得られます．

3次方程式の解と係数の関係

x の3次方程式 $ax^3+bx^2+cx+d=0\ (a\neq 0)$ の3つの解を α，β，γ とするとき，

$$\alpha+\beta+\gamma=-\frac{b}{a},\quad \alpha\beta+\beta\gamma+\gamma\alpha=\frac{c}{a},\quad \alpha\beta\gamma=-\frac{d}{a}$$

解答 ANSWER

$a+\sqrt{5}\,i$（a は実数）が実数係数の3次方程式 $x^3-ax^2+x+b=0$ の解であることより，$a-\sqrt{5}\,i$ もこの方程式の解である．この方程式のもう1つの解を γ とする．解と係数の関係より，次が成り立つ．

$$\begin{cases}(a+\sqrt{5}\,i)+(a-\sqrt{5}\,i)+\gamma=a\\(a+\sqrt{5}\,i)(a-\sqrt{5}\,i)+(a-\sqrt{5}\,i)\gamma+\gamma(a+\sqrt{5}\,i)=1\\(a+\sqrt{5}\,i)(a-\sqrt{5}\,i)\gamma=-b\end{cases}$$

$$\therefore\ \begin{cases}\gamma=-a & \cdots\cdots①\\a^2+2a\gamma+4=0 & \cdots\cdots②\\(a^2+5)\gamma=-b & \cdots\cdots③\end{cases}$$

①を②に代入して

$4-a^2=0$　すなわち　$a=\pm 2$　……④

④を①，③に代入して，

$a=2$ のとき，　$\gamma=-2$，$b=-(a^2+5)\gamma=18$

$a=-2$ のとき，　$\gamma=2$，　$b=-18$

したがって，求める値は，

$(a,\ b)=(2,\ 18)$，実数解は -2
または，
$(a,\ b)=(-2,\ -18)$，実数解は 2 ……**答**

詳説 EXPLANATION

▶「解答」の別表現にすぎませんが，次のように考えてもよいでしょう．

$x=a+\sqrt{5}\,i$ から $x-a=\sqrt{5}\,i$ です．この式の両辺を2乗して ……(*)

$$(x-a)^2=(\sqrt{5}\,i)^2$$
$$x^2-2ax+a^2=-5$$
$$x^2-2ax+(a^2+5)=0 \quad \cdots\cdots⑤$$

与えられた方程式の左辺は，⑤の左辺で割り切れます．つまり

$$(x-\gamma)\{x^2-2ax+(a^2+5)\}=0$$

と表されるので，これより a，γ を求めることもできます．

(*)の部分について，

$$(x-a)^2=-5 \iff x-a=\pm\sqrt{5}\,i$$

ですから，「解答」と同様に「$x=a+\sqrt{5}\,i$ と $x=a-\sqrt{5}\,i$ をともに解にもつ」ことから考えているにすぎません．

▶複素数の相等，つまり A，B，C，D を実数とするとき

$$A+Bi=C+Di \iff A=C \quad かつ \quad B=D \quad \cdots\cdots(*)$$

であることを利用すれば，次のように $(a,\ b)$ を求めることができます．$(a,\ b)$ を求めたあとは，⑤の左辺で与式の左辺を割るなどすれば，実数解 γ を得られます．

別解

$a+\sqrt{5}\,i$ が $x^3-ax^2+x+b=0$ の解であることより

$$(a+\sqrt{5}\,i)^3-a(a+\sqrt{5}\,i)^2+(a+\sqrt{5}\,i)+b=0$$
$$(a^3+3\sqrt{5}\,a^2i-15a-5\sqrt{5}\,i)-a(a^2+2\sqrt{5}\,ai-5)+(a+\sqrt{5}\,i)+b=0$$
$$(-9a+b)+(\sqrt{5}\,a^2-4\sqrt{5})i=0 \quad \cdots\cdots⑥$$

⑥が成り立つことから

$$-9a+b=0 \quad かつ \quad \sqrt{5}\,a^2-4\sqrt{5}=0$$

← $C=D=0$ として(*)により書き換えた．

すなわち

$$b=9a \quad かつ \quad a^2=4$$

$\therefore\ (a,\ b)=(\pm2,\ \pm18)$ （複号同順）

14. 不等式の成立条件

〈頻出度 ★★★〉

実数 a，b を定数とし，関数 $f(x)=(1-2a)x^2+2(a+b-1)x+1-b$ を考える．次の問いに答えなさい．

(1) すべての実数 x に対して $f(x)\geqq 0$ が成り立つような実数の組 $(a,\ b)$ の範囲を求め，座標平面上に図示しなさい．

(2) $0\leqq x\leqq 1$ を満たす，すべての実数 x に対して $f(x)\geqq 0$ が成り立つような実数の組 $(a,\ b)$ の範囲を求め，座標平面上に図示しなさい．

（兵庫県立大）

着眼 VIEWPOINT

「区間内で常に不等式 $f(x)\geqq 0$ が成り立つ（必要十分）条件」を求める問題です．要領は問題9と変わらず，**説明が難しければ，グラフで考える**ということです．$y=f(x)$ と $y=0$（x 軸）との位置関係に着目します．ただし，$1-2a$ の符号によって状況が変わるので，この点には十分注意しましょう．

解答 ANSWER

(1) $f(x)=(1-2a)x^2+2(a+b-1)x+1-b$

「すべての実数 x に対して $f(x)\geqq 0$ が成り立つ」(……①) ような a，b の条件を求める．

(i) $1-2a=0$ のとき $\left(a=\dfrac{1}{2}\right)$

$f(x)=(2b-1)x+1-b$ なので，①となる条件は，「$f(x)$ は 0 以上の値をとる定数関数であること」である．つまり，

$$2b-1=0 \quad かつ \quad 1-b\geqq 0$$

$$\Leftrightarrow b=\frac{1}{2}$$

(ii) $1-2a<0$ のとき $\left(a>\dfrac{1}{2}\right)$

$y=f(x)$ のグラフは上に凸な放物線．

したがって，$|x|$ が十分大きい x をとることで，$f(x)<0$ となる実数 x が必ず存在し，①を満たさない．

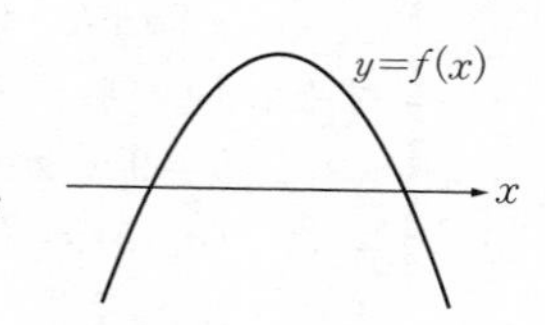

(iii)　$1-2a>0$ のとき $\left(a<\dfrac{1}{2}\right)$

$y=f(x)$ のグラフは下に凸な放物線となる．
したがって，2 次方程式 $f(x)=0$ の判別式を D とすると，①となる条件は $D\leqq 0$ である．すなわち

$$(a+b-1)^2-(1-2a)(1-b)\leqq 0$$
$$\Leftrightarrow\ a^2+b^2-b\leqq 0$$
$$\Leftrightarrow\ a^2+\left(b-\frac{1}{2}\right)^2\leqq\frac{1}{4}$$

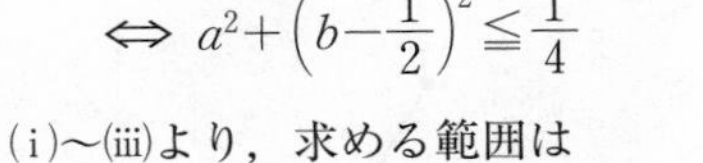

(i)〜(iii)より，求める範囲は

$$(a,\ b)=\left(\frac{1}{2},\ \frac{1}{2}\right)\quad\text{または}\quad\left(a<\frac{1}{2}\quad\text{かつ}\quad a^2+\left(b-\frac{1}{2}\right)^2\leqq\frac{1}{4}\right)$$

であり，図示すると右図の網目部分である．ただし，境界をすべて含む．

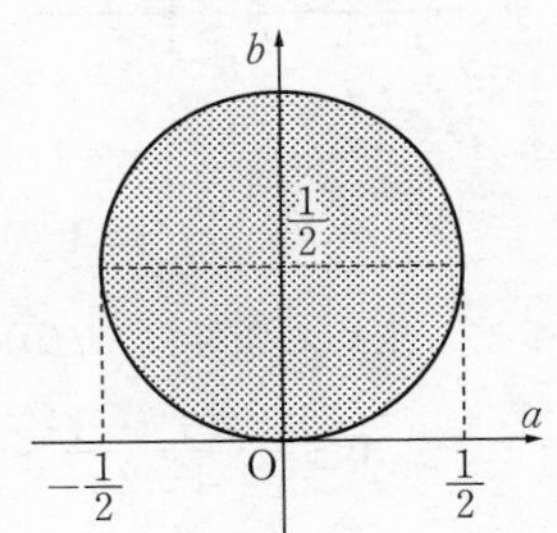

(2)「$0\leqq x\leqq 1$ を満たす，すべての実数 x に対して $f(x)\geqq 0$ が成り立つ」(……②) 条件を求める．

(i)　$a=\dfrac{1}{2}$ のとき

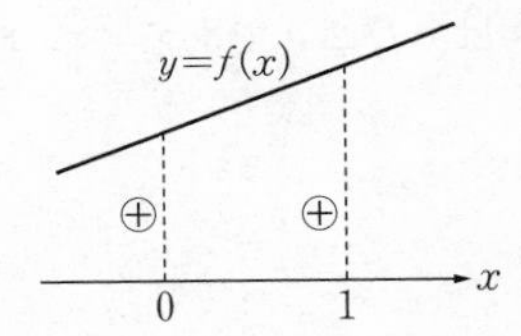

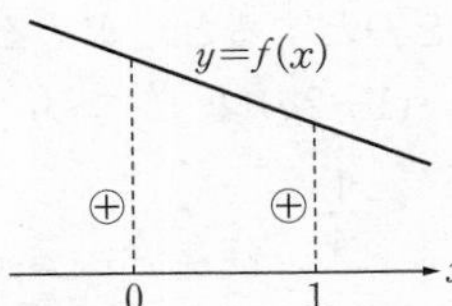

$f(x)=(2b-1)x+1-b$ となるから，②となるための条件は，

$$f(0)\geqq 0\quad\text{かつ}\quad f(1)\geqq 0$$

すなわち，

$$\begin{cases}1-b\geqq 0\\(2b-1)+1-b\geqq 0\end{cases}\Leftrightarrow\ 0\leqq b\leqq 1$$

$2b-1$ の正負による場合分けは不要．いずれにせよ $y=f(x)$ は直線なので，区間の端，つまり $x=0$，1 における y 座標に着目すればよいのです．

(ii)　$a>\dfrac{1}{2}$ のとき

$y=f(x)$ のグラフは上に凸な放物線なので，
求める条件は，

$$f(0)\geqq 0\quad\text{かつ}\quad f(1)\geqq 0$$

すなわち，(2)(i)と同様に，$0\leqq b\leqq 1$

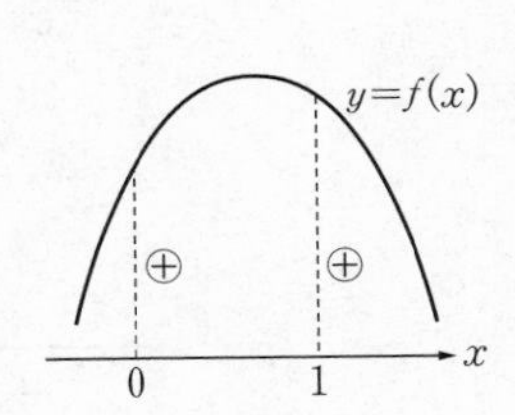

(iii) $a<\dfrac{1}{2}$ のとき

$y=f(x)$ のグラフCは下に凸な放物線となる．この放物線の軸Lの方程式が

$x=-\dfrac{a+b-1}{1-2a}$ であることに注意する．また，$a<\dfrac{1}{2}$ より $1-2a>0$ である．

区間 $0\leqq x\leqq 1$ におけるCとLの位置関係によって場合分けする．

(ア)

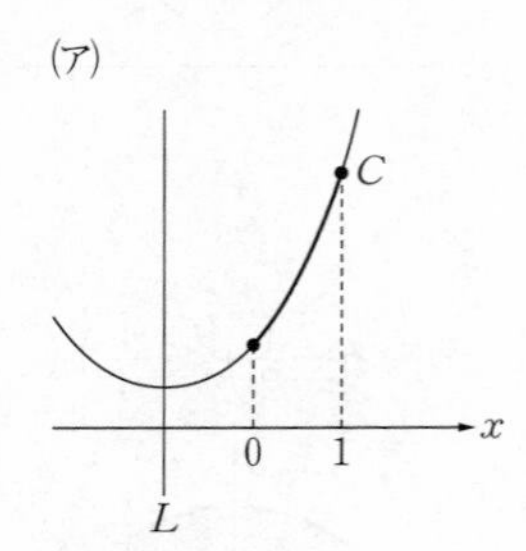

(イ)

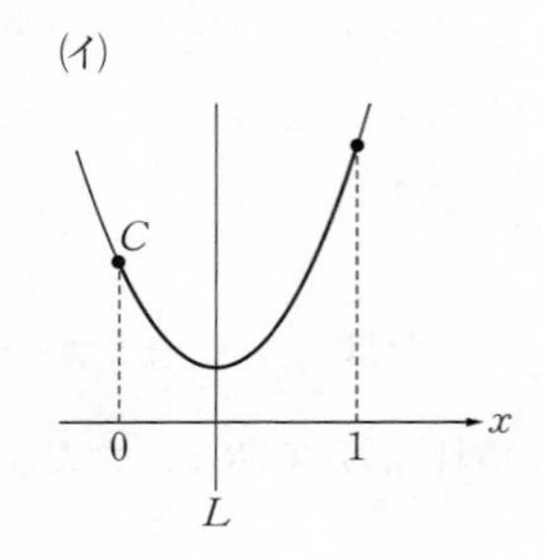

(ウ)

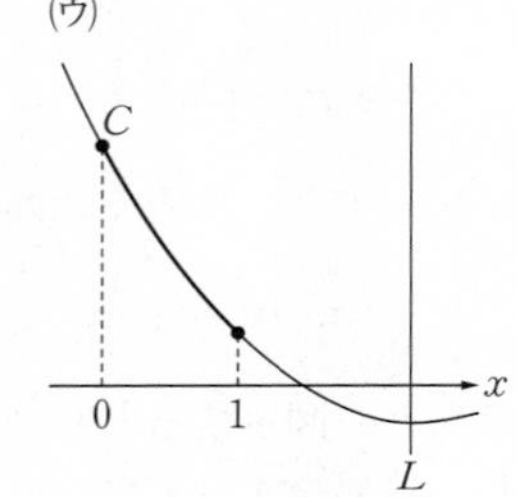

(ア) $-\dfrac{a+b-1}{1-2a}\leqq 0$ のとき $(b\geqq -a+1)$

求める条件は，$f(0)\geqq 0$ である．つまり，$b\leqq 1$

(イ) $0\leqq -\dfrac{a+b-1}{1-2a}\leqq 1$ のとき $(a\leqq b\leqq -a+1)$

$f(x)=0$ の判別式をDとすると，求める条件は，$D\leqq 0$ である．つまり，

$$(a+b-1)^2-(1-2a)(1-b)\leqq 0$$

$$a^2+\left(b-\frac{1}{2}\right)^2\leqq\frac{1}{4}$$

(ウ) $1\leqq -\dfrac{a+b-1}{1-2a}$ のとき $(b\leqq a)$

求める条件は，$f(1)\geqq 0$ である．つまり，$b\geqq 0$

(i)，(ii)，(iii)より，求める範囲を図示すると，次の図の網目部分および斜線部分の全体である．ただし，境界をすべて含む．

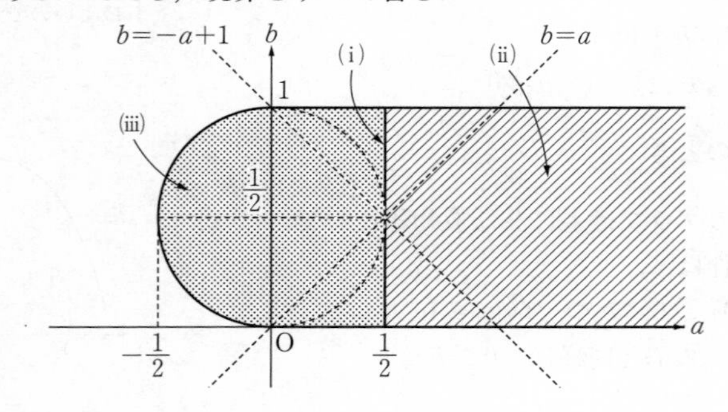

15. 剰余の決定

〈頻出度 ★★★〉

[1] 整式$P(x)$を$(x-2)(x-3)$で割ったときの余りが$11x-11$で，$x-1$で割ったときの余りが6である．このとき，$P(x)$を$(x-1)(x-2)(x-3)$で割ったときの余りを求めよ．

（東京女子大）

[2] 整式$P(x)$を$(x-1)^2$で割ると1余り，$x-2$で割ると2余る．このとき，$P(x)$を$(x-1)^2(x-2)$で割ったときの余り$R(x)$を求めなさい．

（兵庫県立大）

着眼 VIEWPOINT

多項式の除法による余りの式の決定です．

剰余の定理

多項式$P(x)$を1次式$x-k$で割った余りは，$P(k)$に等しい．

剰余の定理を用いた方が答案は簡潔になりますが，あくまでも，簡潔に書くために用いていることを忘れてはなりません．$f(x)$を$g(x)$で割った余りを求めたければ，$g(x)$で式を整理する，という基本的な考え方を忘れないようにしましょう．（☞詳説）

[1] 3次式で割った余りは2次以下の多項式ですから，余りをax^2+bx+cと表せます．条件を3つ用意すればa，b，cが決まります．

[2] こちらも余りは2次以下ですが，「見かけ上」2つしか条件がありません．3つの条件を用意するには，余りのax^2+bx+cを$(x-1)^2$で割ることで，「$(x-1)^2$で割ると1余る」を生かし切れます．最初から，余りの式のおき方を工夫したり，微分を利用したりする方法もあります．（☞詳説）

解答 ANSWER

[1] $P(x)$を$(x-1)(x-2)(x-3)$で割った商を$Q(x)$とする．また，余りは2次以下の多項式なので，ax^2+bx+cとする．このとき

$$P(x)=(x-1)(x-2)(x-3)Q(x)+ax^2+bx+c \quad \cdots\cdots①$$

ここで，「$P(x)$を$(x-2)(x-3)$で割った余りが$11x-11$」より，商を$Q_1(x)$として

$$P(x)=(x-2)(x-3)Q_1(x)+11x-11 \quad \cdots\cdots②$$

と表せる．②で$x=2$，3を代入して，

$P(2)=11$ ……③，　$P(3)=22$ ……④

また，$P(x)$ を $x-1$ で割ったときの余りが6なので，剰余の定理より，

$P(x)=(x-1)Q_2(x)+6$ と表せるので，$P(1)=6$

$P(1)=6$ ……⑤

が成り立つ．

③，④，⑤より，①に $x=1$，2，3をそれぞれ代入して

$$\begin{cases} a+b+c=6 \\ 4a+2b+c=11 \\ 9a+3b+c=22 \end{cases} \quad \text{すなわち} \quad (a,\ b,\ c)=(3,\ -4,\ 7)$$

したがって，求める余りは　$\boldsymbol{3x^2-4x+7}$ ……**答**

[2]　$P(x)$ を $(x-1)^2(x-2)$ で割ったときの商を $Q(x)$ とする．余り $R(x)$ は2次以下の多項式なので，$R(x)=ax^2+bx+c$ とおくことで

$$P(x)=(x-1)^2(x-2)Q(x)+ax^2+bx+c \quad \cdots\cdots①$$

と表せる．

ここで，「$P(x)$ を $x-2$ で割ったときの余りが2」であることから，剰余の定理より，$P(2)=2$ である．これより，①で $x=2$ として，

$$4a+2b+c=2 \quad \cdots\cdots②$$

また，「$P(x)$ を $(x-1)^2$ で割ったときの余りが1」(……③) である．

ax^2+bx+c を $(x-1)^2=x^2-2x+1$ で割ると，

$$ax^2+bx+c=a(x-1)^2+(b+2a)x+(c-a)$$

つまり，商は a，余りが $(b+2a)x+(c-a)$ である．したがって，③より

$$b+2a=0 \quad \cdots\cdots④ \quad \text{かつ} \quad c-a=1 \quad \cdots\cdots⑤$$

②，④，⑤より，$(a,\ b,\ c)=(1,\ -2,\ 2)$ である．

したがって，求める余りは　$R(x)=\boldsymbol{x^2-2x+2}$ ……**答**

詳説 EXPLANATION

▶[1]　剰余の定理を用いなくても，例えば②の式から

$$\begin{aligned} P(x) &= (x-2)(x-3)Q_1(x)+11x-11 \quad \cdots\cdots② \\ &= (x-2)(x-3)Q_1(x)+11(x-2)+11 \quad \cdots\cdots②' \\ &= (x-2)(x-3)Q_1(x)+11(x-3)+22 \quad \cdots\cdots②'' \end{aligned}$$

と変形すれば，②′から「$P(x)$ を $x-2$ で割った余りが11」，②″から「$P(x)$ を $x-3$ で割った余りが22」，つまり $P(2)=11$，$P(3)=22$ を得られます．剰余の定理は，これらの説明を省略しているにすぎません．

▶2 余りのおき方を工夫すれば，簡潔に表せます．「解答」の別表現ともいえます．

別解

$P(x)$ を $(x-1)^2(x-2)$ で割ったときの商を $Q(x)$ とする．余り $R(x)$ は2次以下の多項式であることと，「$P(x)$ を $(x-1)^2$ で割ったときの余りが1」であることから，$R(x)=a(x-1)^2+1$ と表せる．つまり，$P(x)$ は

$$P(x)=(x-1)^2(x-2)Q(x)+a(x-1)^2+1 \quad \cdots\cdots ⑥$$

と表せる．

ここで，「$P(x)$ を $x-2$ で割ったときの余りが2」なので，剰余の定理より，$P(2)=2$ である．⑥で $x=2$ として，

$$2=a+1 \quad すなわち \quad a=1$$

したがって，求める余りは

$$R(x)=1\cdot(x-1)^2+1=\boldsymbol{x^2-2x+2} \quad \cdots\cdots 答$$

16. 多項式の決定

〈頻出度 ★★★〉

２つの整式$f(x)$，$g(x)$は，次の３つの条件を満たす．

$$\begin{cases} f(1)=0 \\ f(x^2)=x^2f(x)+x^3-1 \\ f(x+1)+(x-1)\{g(x-1)-1\}=2f(x)+\{g(1)\}^2+1 \end{cases}$$

このとき，$f(x)$，$g(x)$を求めよ．

（上智大 改題）

着眼 VIEWPOINT

条件を満たす多項式（整式）を決定する，基本的な問題です．**多項式は，次数が決まれば，未知の係数を文字でおくことで容易に決定できます．**まずは２つ目の条件に着目すれば，$f(x)$が決まるでしょう．

解答 ANSWER

$$\begin{cases} f(1)=0 & \cdots\cdots① \\ f(x^2)=x^2f(x)+x^3-1 & \cdots\cdots② \\ f(x+1)+(x-1)\{g(x-1)-1\}=2f(x)+\{g(1)\}^2+1 & \cdots\cdots③ \end{cases}$$

$f(x)$がn次式であるとするとき，$f(x^2)$は$2n$次式，$x^2f(x)$は$n+2$次式である．
$n \geqq 3$とすると，

$$2n>n+2>3$$

より，②の両辺の次数が一致せず不合理である．したがって，$f(x)$は２次以下の多項式なので，定数a，b，cにより，$f(x)=ax^2+bx+c$と表せる．このとき，①から$a+b+c=0$（……④）であり，また

$$f(x^2)=a(x^2)^2+bx^2+c=ax^4+bx^2+c,$$
$$x^2f(x)+x^3-1=x^2(ax^2+bx+c)+x^3-1$$
$$=ax^4+(b+1)x^3+cx^2-1$$

したがって，②が成り立つことから

$$\begin{cases} 0=b+1 \\ b=c & \cdots\cdots⑤ \\ c=-1 \end{cases}$$

④かつ⑤より，$(a,\ b,\ c)=(2,\ -1,\ -1)$である．
このとき，$f(x+1)$，$2f(x)+\{g(1)\}^2+1$はともに２次式である．
$g(x)$が２次以上の多項式であるとすると，$(x-1)\{g(x-1)-1\}$が３次以上の多項式となることから，③の両辺の次数が一致せず不合理である．したがって，

$g(x)$ は1次以下の多項式なので，定数 p，q により $g(x)=px+q$ と表せる．
このとき，

$$③の左辺=2(x+1)^2-(x+1)-1+(x-1)\{p(x-1)+q-1\}$$
$$=(p+2)x^2+(-2p+q+2)x+(p-q+1)$$
$$③の右辺=2(2x^2-x-1)+(p+q)^2+1$$
$$=4x^2-2x+(p+q)^2-1$$

したがって，③が成り立つことから

$$\begin{cases} p+2=4 \\ -2p+q+2=-2 \\ p-q+1=(p+q)^2-1 \end{cases} \quad すなわち \quad (p,\ q)=(2,\ 0)$$

ここで，$f(x)=2x^2-x-1$，$g(x)=2x$ とすれば，これは，①，②，③を満たす．
したがって，$f(x)=\mathbf{2x^2-x-1}$，$g(x)=\mathbf{2x}$ ……**答**

詳説 EXPLANATION

▶ $f(x)$ が2次以下の多項式，とわかるところまでは「解答」と同様に考えます．②で $x=0$ とすれば $f(0)=-1$，つまり $c=-1$ を先に得られるので，これより $f(x)=ax^2+bx-1$ とおいて進めてもよいでしょう．

17. 任意と存在

〈頻出度 ★★★〉

a を実数の定数とし，関数 $f(x)$，$g(x)$ を $f(x)=(2-a)(ax^2+2)$，$g(x)=-2ax+(a-2)^2$ と定める．

(1) すべての実数 x に対して $f(x)=g(x)$ が成り立つための a の条件を求めよ．

(2) 少なくとも1つの実数 x に対して $f(x)=g(x)$ が成り立つための a の条件を求めよ．

(3) すべての実数 x に対して $f(x)>g(x)$ が成り立つための a の条件を求めよ．

(4) 少なくとも1つの実数 x に対して $f(x)>g(x)$ が成り立つための a の条件を求めよ．

（東京工科大）

着眼 VIEWPOINT

「任意」と「存在」を正しく理解できているかが問われます．この問題も，他の問題と同様に，式のままでとり扱うことが難しければグラフで考える，の方針が有効でしょう．

(1)は恒等式の成立条件そのものを問われています．(2)は x の方程式として整理していけばよいですが，「解が存在しない」ことと「どのような x でも等式が成り立つ」ことの区別を慎重に行わねばなりません．(3)(4)は，式だけで考えるのは難しく，グラフから考えるとよいでしょう．次数や凹凸の向きに十分注意しなければなりません．

解答 ANSWER

(1) すべての実数 x で $(2-a)(ax^2+2)=-2ax+(a-2)^2$ が成り立つ．

$\Leftrightarrow$ すべての実数 x で $a(2-a)x^2+2(2-a)=-2ax+(a-2)^2$ が成り立つ．

$\Leftrightarrow$ $a(2-a)=0$ かつ $0=-2a$ かつ $2(2-a)=(a-2)^2$

$\Leftrightarrow$ $a=0,\ 2$ かつ $a=0$

$\Leftrightarrow$ $\boldsymbol{a=0}$ ……答

(2)　少なくとも 1 つの実数 x で $(2-a)(ax^2+2)=-2ax+(a-2)^2$ が成り立つ．

$\Leftrightarrow$ 少なくとも 1 つの実数 x で $a\{(2-a)x^2+2x+(2-a)\}=0$ (……①) が成り立つ．

ここで，$(2-a)x^2+2x+(2-a)=0$ (……②) とする．

$a=0$ であれば，①はどのような実数 x でも成り立つ．(……③)

$a=2$ であれば，②は $x=0$ を実数解にもつ．(……④)

($a\neq 0$ かつ $a\neq 2$) であれば，x の方程式②の判別式を D とすると，②が実数解をもつための条件は $D\geqq 0$ であるから，

$$1^2-(2-a)^2\geqq 0 \quad かつ \quad a\neq 0 \quad かつ \quad a\neq 2$$

$$\Leftrightarrow 1\leqq a<2,\ 2<a\leqq 3 \quad ……⑤$$

以上，③～⑤から，　$\boldsymbol{a=0,\ 1\leqq a\leqq 3}$　……答

(3)　すべての実数 x に対して $(2-a)(ax^2+2)>-2ax+(a-2)^2$ が成り立つ．

$\Leftrightarrow$ すべての実数 x に対して $a\{(2-a)x^2+2x+(2-a)\}>0$ (……⑥) が成り立つ．

・$a=0$ のときは⑥が成り立たないので，$a\neq 0$ である．

・$a<0$ のときは，⑥から $(2-a)x^2+2x+(2-a)<0$ (……⑥′) である．
　⑥′の左辺を $h(x)$ とする．このときは $2-a>0$ なので，放物線 $y=h(x)$ は下に凸である．したがって，$|x|$ が十分に大きい x をとるときに，不等式が成り立たない．

・$a>0$ のとき，⑥から $(2-a)x^2+2x+(2-a)>0$ である．
　$a=2$ のときは $2x>0$ であり，これは常には成り立たない．
　$a>2$ のときは $2-a<0$ であり，放物線 $y=h(x)$ は上に凸である．したがって，$|x|$ が十分に大きい x をとるときに不等式が成り立たない．

以上より，$0<a<2$ のときのみ考えれば十分．このとき，$y=h(x)$ は下に凸であるから，求める条件は

$$0<a<2 \quad かつ \quad D<0$$

$$\Leftrightarrow 0<a<2 \quad かつ \quad 1^2-(2-a)^2<0$$

$$\Leftrightarrow 0<a<2 \quad かつ \quad a<1,\ 3<a$$

$$\Leftrightarrow \boldsymbol{0<a<1} \quad ……答$$

(4)　少なくとも 1 つの実数 x に対して $(2-a)(ax^2+2)>-2ax+(a-2)^2$ が成り立つ．

$\Leftrightarrow$ 少なくとも 1 つの実数 x に対して $a\{(2-a)x^2+2x+(2-a)\}>0$ (……⑥) が成り立つ．

$a=0$ では⑥が成り立たないので，$a\neq 0$．また，$a=2$ のとき，⑥は $4x>0$ であり，これを満たす実数 x は存在する．

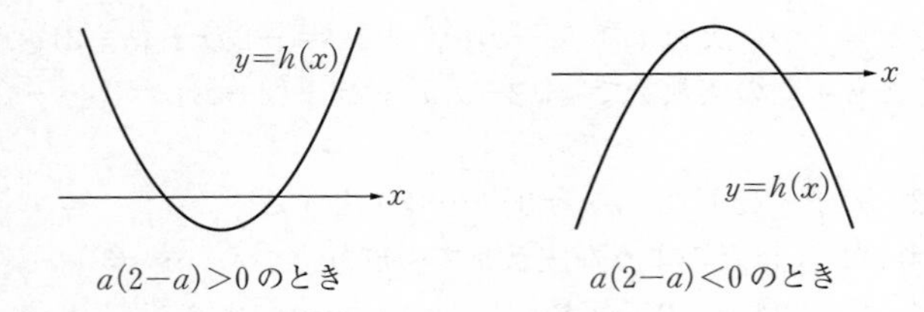

$a(2-a)>0$ のとき　　　$a(2-a)<0$ のとき

以下，$a\neq 0$，2 で考える．⑥の左辺を $h(x)$ とする．

・$a(2-a)>0$，つまり $0<a<2$（……⑦）において，放物線 $y=h(x)$ が下に凸なので，$|x|$ が十分に大きい x をとれば，不等式⑥が成り立つ．

・$a(2-a)<0$，つまり $a<0$，$a>2$ では，放物線 $y=h(x)$ が上に凸である．つまり，x の方程式 $a(2-a)x^2+2ax+a(2-a)=0$ の判別式を D' とすると，

　　$a<0$，$a>2$　かつ　$D'>0$

$\Leftrightarrow$ $a<0$，$a>2$　かつ　$a^2-a^2(2-a)^2>0$

$\Leftrightarrow$ $a<0$，$a>2$　かつ　$a^2\{1-(2-a)^2\}>0$

$\Leftrightarrow$ $a<0$，$a>2$　かつ　$a^2-4a+3<0$

$\Leftrightarrow$ $a<0$，$a>2$　かつ　$1<a<3$

$\Leftrightarrow$ $2<a<3$　……⑧

← $a\neq 0$ より，後者の不等式の両辺を a^2 で割っている．

$a=2$ および（⑦または⑧）が求める範囲なので　$\mathbf{0<a<3}$　……**答**

18. 不等式の証明（相加平均・相乗平均の大小関係）

〈頻出度 ★★★〉

次の問いに答えなさい．

(1) 等式 $a^3+b^3=(a+b)^3-3ab(a+b)$ を証明しなさい．

(2) $a^3+b^3+c^3-3abc$ を因数分解しなさい．

(3) $a>0$，$b>0$，$c>0$ のとき，不等式 $a^3+b^3+c^3 \geqq 3abc$ を証明しなさい．さらに，等号が成り立つのは $a=b=c$ のときであることを証明しなさい．

(4) $a>0$，$b>0$，$c>0$ のとき，不等式 $\dfrac{a+b+c}{3} \geqq \sqrt[3]{abc}$ を証明しなさい．

また，この式の等号が成り立つ条件を求めなさい．（山口大 改題）

着眼 VIEWPOINT

等式・不等式の証明問題です．(2)は結果を知っている人も多いことと思いますが，(1)を利用する形で示せます．(3)は不慣れだと書きにくいかもしれません．(2)の結果を用いることはもちろんですが，「$a^3+b^3+c^3-3abc$ が 0 以上であること」を示すのですから，平方を作るにはどうすればよいか，と考えればうまくいきます．a，b，c の 3 文字まとめて処理しようとせずに，2 文字ずつ 3 組で対称性を維持して処理できるかもしれない，と考えることも大切でしょう．(4)は，有名な「相加平均・相乗平均の大小関係」の 3 文字の場合の証明です．この問題の手法以外のものも押さえておきたいところです．（☞詳説）

解答 ANSWER

(1) 証明すべき等式について，

$$
\begin{aligned}
(\text{左辺})-(\text{右辺}) &= (a^3+b^3)-\{(a+b)^3-3ab(a+b)\} \\
&= (a^3+b^3)-(a^3+3a^2b+3ab^2+b^3-3a^2b-3ab^2) \\
&= 0
\end{aligned}
$$

である．したがって，$a^3+b^3=(a+b)^3-3ab(a+b)$ を示した．（証明終）

(2) (1)の等式を利用すると，

$$
\begin{aligned}
a^3+b^3+c^3-3abc &= (a+b)^3-3ab(a+b)+c^3-3abc \\
&= \{(a+b)+c\}\{(a+b)^2-(a+b)c+c^2\}-3ab\{(a+b)+c\} \\
&= \boldsymbol{(a+b+c)(a^2+b^2+c^2-ab-bc-ca)}
\end{aligned}
$$

……**答**

(3) (2)の結果を用いると，証明すべき不等式について，

$$
\begin{aligned}
(\text{左辺})-(\text{右辺}) &= a^3+b^3+c^3-3abc \\
&= (a+b+c)(a^2+b^2+c^2-ab-bc-ca) \\
&= \frac{1}{2}(a+b+c)(2a^2+2b^2+2c^2-2ab-2bc-2ca) \\
&= \frac{1}{2}(a+b+c)\{(a-b)^2+(b-c)^2+(c-a)^2\} \quad \cdots\cdots ①
\end{aligned}
$$

$a+b+c>0$ であり，a，b，c は実数なので，①$\geqq 0$ である．したがって，$a^3+b^3+c^3 \geqq 3abc$ が示された．　(証明終)

また，等号が成り立つ条件は，①$=0$ のとき，つまり

$a-b=b-c=c-a=0 \Leftrightarrow a=b=c$　(証明終)

(4) (3)で示した不等式において，a，b，c をそれぞれ $\sqrt[3]{a}$，$\sqrt[3]{b}$，$\sqrt[3]{c}$ におき換えると(このとき，$\sqrt[3]{a}$，$\sqrt[3]{b}$，$\sqrt[3]{c}>0$ に注意する)，

$$(\sqrt[3]{a})^3+(\sqrt[3]{b})^3+(\sqrt[3]{c})^3 \geqq 3\cdot\sqrt[3]{abc} \quad \text{すなわち} \quad \frac{a+b+c}{3} \geqq \sqrt[3]{abc}$$

を得る．等号が成り立つのは，

$\sqrt[3]{a}=\sqrt[3]{b}=\sqrt[3]{c}$　すなわち　$a=b=c$

のときである．(証明終)

詳説 EXPLANATION

▶相加平均·相乗平均の大小関係の，3文字の場合の証明を考える問題でした．2文字のときは知っている人も多いでしょう．

> **相加平均・相乗平均の大小関係**
>
> $\alpha>0$，$\beta>0$ のとき，$\dfrac{\alpha+\beta}{2} \geqq \sqrt{\alpha\beta}$ ($\cdots\cdots(*)$) が成り立つ．
>
> $(*)$で等号が成り立つのは，$\alpha=\beta$ のときに限られる．

左辺と右辺の差をとるなどすれば，これは容易に証明できます．この関係は，n 文字に拡張しても成り立ちます．つまり，正の数 x_1，x_2，……，x_n について

$$\frac{x_1+x_2+\cdots\cdots+x_n}{n} \geqq \sqrt[n]{x_1x_2\cdots\cdots x_n}$$

が成り立ちます．本問で示したのは，この式の $n=3$ のときです．

▶誘導には従っていませんが，次の証明も重要です．この考えを応用して，n 文字に拡張した相加・相乗平均の大小関係を示すことも可能です．

別解

(4)　2 文字での相加平均・相乗平均の大小関係(*)は認める．

正の数a，b，c，dについて，$\alpha=a+b\ (>0)$，$\beta=c+d\ (>0)$とおき換えることで

$$\frac{a+b+c+d}{2} \geqq \sqrt{(a+b)(c+d)} \quad \cdots\cdots ①$$

また，(*)により

$$a+b \geqq 2\sqrt{ab},\ c+d \geqq 2\sqrt{cd} \quad \cdots\cdots ②$$

が成り立つ．①，②より

$$\begin{aligned}\frac{a+b+c+d}{2} &\geqq \sqrt{(a+b)(c+d)}\\ &\geqq \sqrt{2\sqrt{ab}\cdot 2\sqrt{cd}}\\ &= 2\cdot\sqrt[4]{abcd}\end{aligned}$$

すなわち，$\dfrac{a+b+c+d}{4} \geqq \sqrt[4]{abcd}$ (……③) が成り立つ．

次に，③で$d=\dfrac{a+b+c}{3}$ (>0)(……(**)) とおき換えることで

$$\frac{a+b+c+\frac{a+b+c}{3}}{4} \geqq \sqrt[4]{abc\cdot\frac{a+b+c}{3}}$$

$$\frac{a+b+c}{3} \geqq \sqrt[4]{abc}\cdot\sqrt[4]{\frac{a+b+c}{3}}$$

$$\left(\frac{a+b+c}{3}\right)^{\frac{3}{4}} \geqq (abc)^{\frac{1}{4}}$$

$$\frac{a+b+c}{3} \geqq \sqrt[3]{abc}$$

を得る．等号が成立する条件は，①，②の 3 つの式での等号成立から

$$a+b=c+d \quad \text{かつ} \quad a=b \quad \text{かつ} \quad c=d$$

$$\Leftrightarrow a=b=c=d$$

である．このとき，$d=\dfrac{a+b+c}{3}$ を満たしている．（証明終）

(**)は，$d=\sqrt[3]{abc}$ とおき換えてもよいでしょう．

解説 第2章 図形と三角比

数学	I
問題頁	P.8
問題数	8問

19. 正弦定理・余弦定理の利用

〈頻出度 ★★★〉

[1] 台形ABCDにおいて，辺ADと辺BCが平行で，三角形ABCは辺ABの長さが1で∠BACを頂角とする直角二等辺三角形であり，BD＝BCを満たしているとする．このとき，∠ABC＞∠DBCである．

(1) sin∠DBCを求めよ．

(2) 辺CDの長さを求めよ．

(3) 辺ADの長さを求めよ．

（明治大 改題）

[2] 鋭角三角形ABCにおいて，AB＝$\sqrt{3}+1$，∠ABC＝45° とし，△ABCの外接円の半径を$\sqrt{2}$とする．また，∠BACの二等分線と辺BCとの交点をDとする．

(1) cos∠ACBを求めよ．

(2) CDの長さを求めよ．

(3) △ACDの面積を求めよ．

（富山大）

着眼 VIEWPOINT

いずれも，正弦定理・余弦定理を用いる典型的な問題です．

正弦定理

三角形ABCの外接円の半径をRとするとき，

$$\frac{a}{\sin A}=\frac{b}{\sin B}=\frac{c}{\sin C}=2R$$

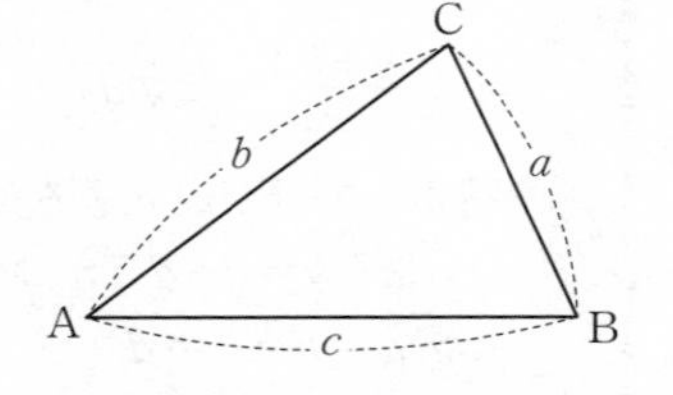

余弦定理

三角形ABCについて，

$$a^2=b^2+c^2-2bc\cos A$$

$$\left(\begin{array}{l} b^2=c^2+a^2-2ca\cos B \\ c^2=a^2+b^2-2ab\cos C \end{array}\right)$$

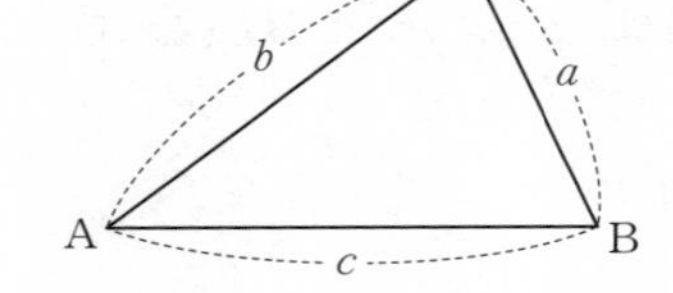

2 **外接円の半径に関する問題では，正弦定理の利用を第一に考えたい**ところです．CDの長さを用いるところでは角の二等分線の性質から，BCの長さを求めればよいことに気づきます．垂線を下ろして三角比から説明するか，余弦定理を用いるか(☞詳説)のどちらかが考えられますが，いずれにしても適切な説明が必要です．

解答 ANSWER

1(1) △ABCは $\angle BAC=90^\circ$，$AB=AC=1$ の直角二等辺三角形なので，$BD=BC=\sqrt{2}$ である．また，AD//BCより，

$$\angle ABC=\angle ACB=\angle DAC=45^\circ$$

したがって，点AからBCに下ろした垂線の長さを h とすれば，

$$h=BD\cdot\sin\angle DBC=AB\cdot\sin\angle ABC=\frac{1}{\sqrt{2}}$$

つまり，

$$\sin\angle DBC=\frac{1}{BD}\cdot\frac{1}{\sqrt{2}}=\mathbf{\frac{1}{2}}$$ ……答

(2) AD//BCかつAB>ADより $0^\circ<\angle DBC<45^\circ$ である．(1)より，

$\sin\angle DBC=\frac{1}{2}$ なので，$\angle DBC=30^\circ$ である．

よって，△BCDに余弦定理を用いると，

$$CD^2=BC^2+BD^2-2BC\cdot BD\cos 30^\circ$$
$$=(\sqrt{2})^2+(\sqrt{2})^2-2\cdot\sqrt{2}\cdot\sqrt{2}\cos 30^\circ=4-2\sqrt{3}$$

$$\therefore\quad CD=\sqrt{4-2\sqrt{3}}=\mathbf{\sqrt{3}-1}$$ ……答

← $4-2\sqrt{3}=(\sqrt{3}-1)^2$

(3) △BCDは $BC=BD$ である二等辺三角形なので，

$\angle DCB=\frac{180^\circ-30^\circ}{2}=75^\circ$ である．したがって，

$$\angle ACD=\angle DCB-\angle ACB=75^\circ-45^\circ=30^\circ$$

である．△ACDに正弦定理を用いると，

$$\frac{AD}{\sin\angle ACD}=\frac{CD}{\sin\angle DAC}$$

$$\therefore\quad AD=CD\cdot\frac{\sin 30^\circ}{\sin 45^\circ}=\frac{\sqrt{3}-1}{\sqrt{2}}=\mathbf{\frac{\sqrt{6}-\sqrt{2}}{2}}$$ ……答

2 (1)

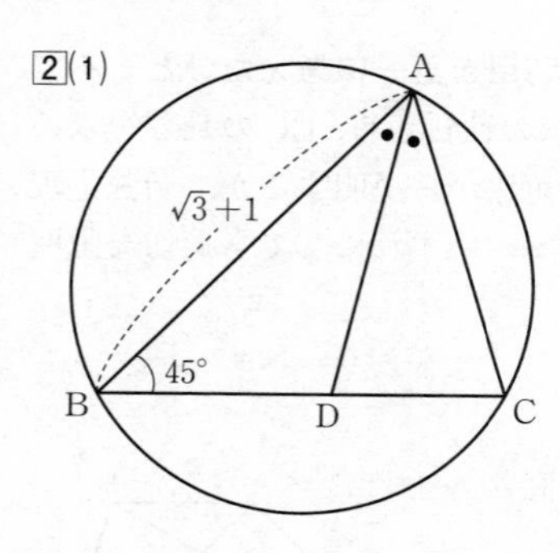

$\triangle$ABCの外接円の半径をRとする．$\triangle$ABC に正弦定理を用いると $\dfrac{\mathrm{AB}}{\sin\angle\mathrm{ACB}}=2R$，すなわち，

$$\sin\angle\mathrm{ACB}=\frac{\mathrm{AB}}{2R}=\frac{\sqrt{3}+1}{2\sqrt{2}}=\frac{\sqrt{6}+\sqrt{2}}{4}$$

したがって，

$$\cos^2\angle\mathrm{ACB}=1-\sin^2\angle\mathrm{ACB}$$
$$=1-\left(\frac{\sqrt{3}+1}{2\sqrt{2}}\right)^2=\left(\frac{\sqrt{3}-1}{2\sqrt{2}}\right)^2$$

$\triangle$ABCは鋭角三角形なので，$\cos\angle\mathrm{ACB}>0$ である．したがって

$$\cos\angle\mathrm{ACB}=\frac{\sqrt{3}-1}{2\sqrt{2}}=\boldsymbol{\frac{\sqrt{6}-\sqrt{2}}{4}}\quad\cdots\cdots①$$ 答

(2)　$\triangle$ABCに正弦定理を用いて，

$$\frac{\mathrm{AC}}{\sin 45^\circ}=2\cdot\sqrt{2}\quad\text{すなわち}\quad\mathrm{AC}=2\sqrt{2}\cdot\frac{1}{\sqrt{2}}=2\quad\cdots\cdots(*)$$

$\angle$ABC，$\angle$ACBは鋭角なので，頂点Aから対辺BC上の点Hへ垂線AHを下ろす．このとき，

$$\mathrm{BC}=\mathrm{BH}+\mathrm{HC}=\mathrm{AB}\cos\angle\mathrm{ABC}+\mathrm{AC}\cos\angle\mathrm{ACB}$$

したがって，(1)の結果より

$$\mathrm{BC}=(\sqrt{3}+1)\cdot\frac{\sqrt{2}}{2}+2\cdot\frac{\sqrt{6}-\sqrt{2}}{4}=\sqrt{6}$$

また，直線ADは$\angle$BACの二等分線なので，

BD：DC＝BA：AC＝$(\sqrt{3}+1):2$　である．したがって，

$$\mathrm{CD}=\mathrm{BC}\cdot\frac{2}{(\sqrt{3}+1)+2}=\frac{2\sqrt{6}}{\sqrt{3}+3}=\boldsymbol{\sqrt{6}-\sqrt{2}}\quad\cdots\cdots$$ 答

(3)　$\triangle$ACDの面積は，(1)，(2)により，

$$\triangle\mathrm{ACD}=\frac{1}{2}\cdot\mathrm{AC}\cdot\mathrm{CD}\cdot\sin\angle\mathrm{ACB}$$
$$=\frac{1}{2}\cdot 2\cdot(\sqrt{6}-\sqrt{2})\cdot\frac{\sqrt{6}+\sqrt{2}}{4}$$
$$=\mathbf{1}\quad\cdots\cdots$$ 答

詳説 EXPLANATION

▶1　(3)は，上底の両端から下底に垂線を下ろして，「ADを移す」ことで求めてもよいでしょう．

別解

(3)　図のように，点A，Dから辺BCに垂線AH，AIを下ろす．このとき，

$$BH = AB\cos 45^\circ = \frac{\sqrt{2}}{2} \quad \cdots\cdots ②$$

である．また，加法定理より

$$\begin{aligned} \cos 75^\circ &= \cos(45^\circ + 30^\circ) \\ &= \cos 45^\circ \cos 30^\circ - \sin 45^\circ \sin 30^\circ \\ &= \frac{\sqrt{2}}{2} \cdot \frac{\sqrt{3}}{2} - \frac{\sqrt{2}}{2} \cdot \frac{1}{2} \\ &= \frac{\sqrt{6} - \sqrt{2}}{4} \end{aligned}$$

であることから，

$$CI = CD\cos 75^\circ = (\sqrt{3} - 1) \cdot \frac{\sqrt{6} - \sqrt{2}}{4} = \frac{2\sqrt{2} - \sqrt{6}}{2} \quad \cdots\cdots ③$$

②，③より，

$$AD = HI = BC - BH - CI = \boldsymbol{\frac{\sqrt{6} - \sqrt{2}}{2}} \quad \cdots\cdots 答$$

▶2　(2)は余弦定理から求めてもよいですが，$BC = \sqrt{6}$ に決まる理由を説明する必要があります．

別解

(2)　(*)までは「解答」と同じ．

△ABCに余弦定理を用いると

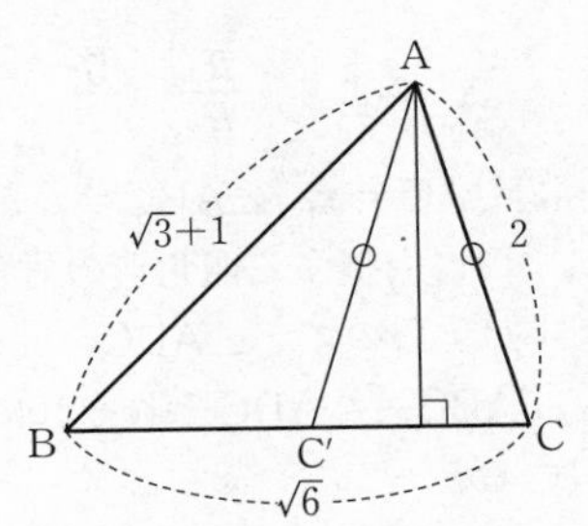

$$2^2 = BC^2 + (\sqrt{3} + 1)^2 - 2 \cdot BC \cdot (\sqrt{3} + 1) \cdot \cos\frac{\pi}{4}$$

$$BC^2 - (\sqrt{6} + \sqrt{2})BC + 2\sqrt{3} = 0$$

$$(BC - \sqrt{6})(BC - \sqrt{2}) = 0$$

$$BC = \sqrt{6},\ \sqrt{2}$$

ここで，$2^2 + (\sqrt{2})^2 < (\sqrt{3} + 1)^2 < 2^2 + (\sqrt{6})^2$ である．∠ACBが鋭角であることから，$AB^2 < AC^2 + BC^2$ なので，$BC = \sqrt{6}$ である．

以下，「解答」と同じ．

20. 円に内接する四角形

〈頻出度 ★★★〉

円に内接する四角形ABCDにおいて，AB＝5，BC＝4，CD＝4，DA＝2とする．また，対角線ACとBDの交点をPとおく．

(1) 三角形APBの外接円の半径をR_1，三角形APDの外接円の半径をR_2とするとき，$\dfrac{R_1}{R_2}$の値を求めよ．

(2) ACの長さを求めよ．

(3) APの長さを求めよ．

（千葉大 改題）

着眼 VIEWPOINT

円に内接する四角形に関する問題です．(1)は外接円の半径に関する問題なので，問題19と同様に正弦定理，(2)は余弦定理を用います．円に内接する四角形なので，向かい合う角の大きさの和がπであることを用います．

解答 ANSWER

(1) $\angle\mathrm{APB}=\alpha$とすれば，$\angle\mathrm{APD}=\pi-\alpha$である．したがって，△APB，△APDにそれぞれ正弦定理を用いて

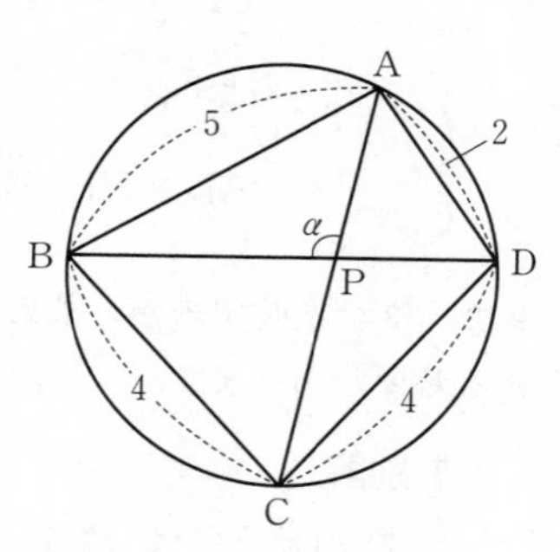

$$2R_1=\frac{\mathrm{AB}}{\sin\alpha}=\frac{5}{\sin\alpha}\quad\cdots\cdots①$$

$$2R_2=\frac{\mathrm{AD}}{\sin(\pi-\alpha)}=\frac{2}{\sin\alpha}\quad\cdots\cdots②$$

①，②より，$\dfrac{R_1}{R_2}=\mathbf{\dfrac{5}{2}}$ ……**答**

(2) $\mathrm{AC}=x$，$\angle\mathrm{ABC}=\beta$とする．このとき，円に内接する四角形の対角の大きさの和はπなので，$\angle\mathrm{ADC}=\pi-\beta$である．△ABC，△ADCそれぞれに余弦定理を用いると

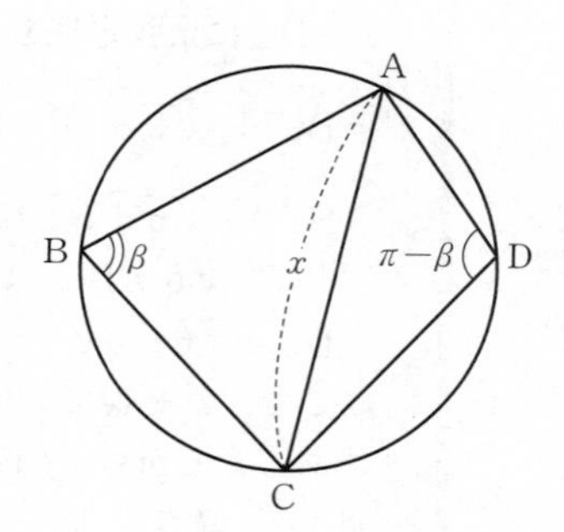

$$\begin{cases}x^2=5^2+4^2-2\cdot5\cdot4\cos\beta\\x^2=2^2+4^2-2\cdot2\cdot4\cos(\pi-\beta)\end{cases}$$

すなわち

$$\begin{cases} x^2=41-40\cos\beta & \cdots\cdots③ \\ x^2=20+16\cos\beta & \cdots\cdots④ \end{cases}$$

← $\cos(\pi-\beta)=-\cos\beta$

③，④より

$$\frac{41-x^2}{40}=\frac{x^2-20}{16}$$

よって求める長さは，$\mathrm{AC}=x=\sqrt{26}$ ……**答**

(3) $\angle\mathrm{DAB}=\gamma$とすれば，円に内接する四角形の対角の大きさの和は$\pi$なので，$\angle\mathrm{BCD}=\pi-\gamma$である．

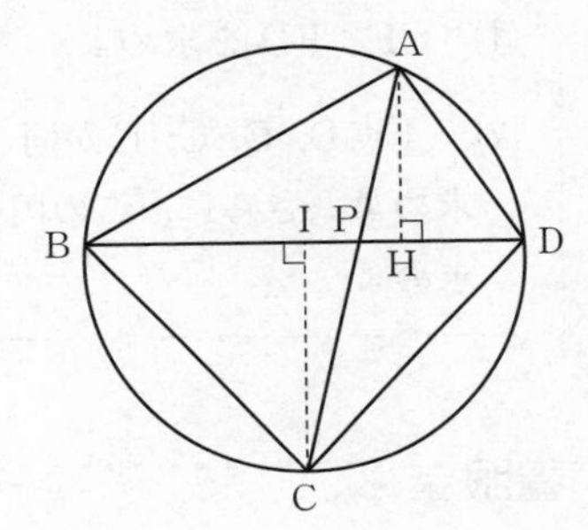

したがって，$\sin\gamma=\sin(\pi-\gamma)$ から

$$\triangle\mathrm{ABD}:\triangle\mathrm{CBD}$$
$$=\frac{1}{2}\mathrm{AB}\cdot\mathrm{AD}\sin\gamma:\frac{1}{2}\mathrm{CB}\cdot\mathrm{CD}\sin(\pi-\gamma)$$
$$=\mathrm{AB}\cdot\mathrm{AD}:\mathrm{CB}\cdot\mathrm{CD}$$
$$=5\cdot2:4\cdot4=5:8$$

ここで，点A，Cから線分BD上の点H，Iに垂線AH，CIを下ろすとき，△ABD，△BCDの底辺をBD(共有)，高さをそれぞれAH，AIに見ることで，

$$\mathrm{AP}:\mathrm{PC}=\mathrm{AH}:\mathrm{CI}=\triangle\mathrm{ABD}:\triangle\mathrm{CBD}=5:8$$

である．したがって

$$\mathrm{AP}=\frac{5}{5+8}\cdot\mathrm{AC}=\frac{5}{13}\cdot\sqrt{26}=\frac{5\sqrt{26}}{13}$$ ……**答**

詳説 EXPLANATION

▶三角形の相似に着目した方法も考えられます．

別解

(3) $\overset{\frown}{\mathrm{BC}}=\overset{\frown}{\mathrm{CD}}$より $\angle\mathrm{BAC}=\angle\mathrm{CAD}$ である．つまり，直線ACは$\angle\mathrm{BAD}$の二等分線なので，

$$\mathrm{BP}:\mathrm{PD}=5:2$$

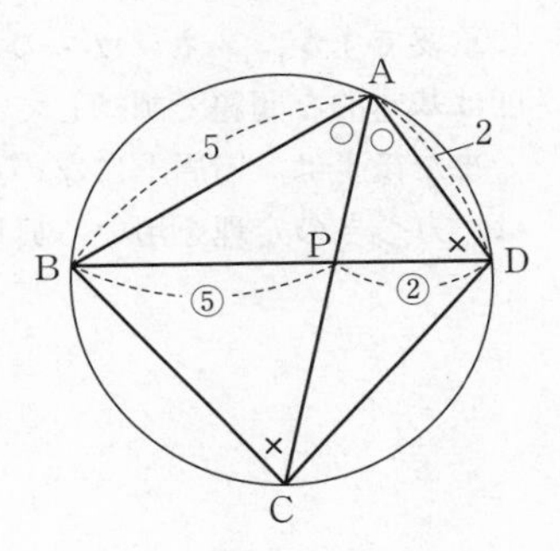

△APD∽△BPC であり，相似比は AD：CB＝1：2 である．

したがって，

$$\mathrm{AP}:\mathrm{PC}=\frac{5}{2}:4=5:8$$

以下，「解答」と同じ．

21. 重なった三角形と線分比

〈頻出度 ★★★〉

三角形ABCにおいて，辺ABを3:2に内分する点をD，辺ACを5:3に内分する点をEとする．また，線分BEとCDの交点をFとする．このとき，次の問いに答えよ．

(1) CF：FDを求めよ．

(2) 4点D, B, C, Eが同一円周上にあるとする．このとき，AB:ACを求めよ．さらに，この円の中心が辺BC上にあるとき，AB:AC:BCを求めよ．

（香川大）

着眼 VIEWPOINT

角を共有する三角形が重なっている，メネラウスの定理を用いる典型的な構図です．

メネラウスの定理

ある直線が三角形ABCの辺BC，CA，ABまたはそれらの延長と，それぞれ点P，Q，Rで交わるとき，

$$\frac{AR}{RB}\times\frac{BP}{PC}\times\frac{CQ}{QA}=1$$

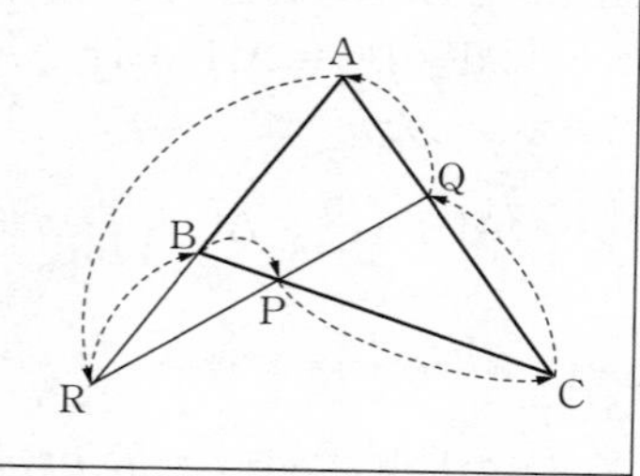

一筆書きの要領で比の値の積をとります．証明自体も問題への応用が利き非常に重要ですが，メネラウスの定理が使える構図かどうかを見極めるには，ある程度は基本的な問題で訓練しておく必要があるでしょう．

また後半は，円周上にない点を通り円と交差する2直線を引いています．これは，方べきの定理を用いる典型的な状況です．

方べきの定理

① 1つの円の2つの弦AB，CD，またはそれらの延長が交点Pをもつとき， **PA×PB＝PC×PD**

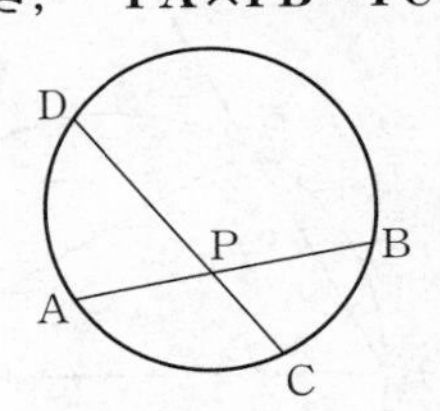

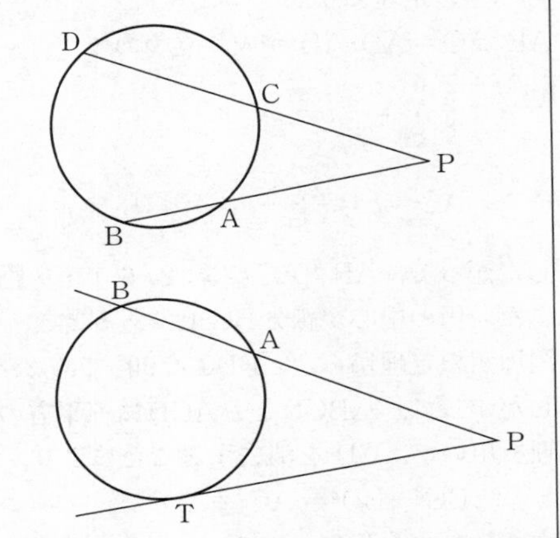

② 円の外部の点Pから円に引いた接線の接点をTとする．また，点Pを通ってこの円と2点A，Bで交わる直線を引く．このとき，

$$\mathbf{PA \times PB = PT^2}$$

メネラウスの定理と同様に，不慣れな人は基本的な問題に戻って練習しておくとよいでしょう．

解答 ANSWER

(1) メネラウスの定理より，

$$\frac{AE}{EC} \cdot \frac{CF}{FD} \cdot \frac{DB}{BA} = 1$$

$$\frac{5}{3} \cdot \frac{CF}{FD} \cdot \frac{2}{5} = 1$$

$$\frac{CF}{FD} = \frac{3}{2}$$

したがって，CF：FD＝**3：2** ……答

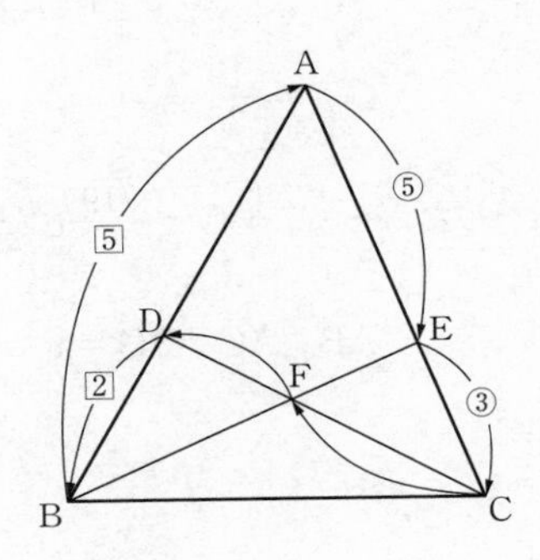

(2)　AB $=c$，AC $=b$ とおくと，

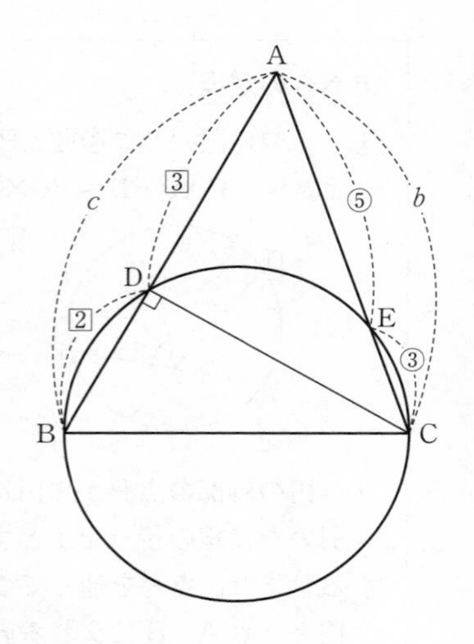

AD $=\dfrac{3}{5}c$，AE $=\dfrac{5}{8}b$ である．また，

方べきの定理より，
AE·AC ＝ AD·AB が成り立つので，

$$\frac{5}{8}b^2=\frac{3}{5}c^2$$

$$\therefore\quad \mathrm{AC}=b=\frac{2\sqrt{6}}{5}c \quad \cdots\cdots ①$$

したがって，AB：AC $=$ **5：$2\sqrt{6}$**　……**答**

また，円の中心が線分BC上にあるとき，
円周角の定理から，$\angle\mathrm{BDC}=90^\circ$ である．
したがって，△BCDと△ACDに三平方の定理を用いて，CD^2を消去することにより，

$$\mathrm{BC}^2-\mathrm{BD}^2=\mathrm{AC}^2-\mathrm{AD}^2$$

すなわち，①と合わせて，

$$\begin{aligned}\mathrm{BC}^2&=\mathrm{BD}^2+\mathrm{AC}^2-\mathrm{AD}^2\\&=\left(\frac{2}{5}c\right)^2+\left(\frac{2\sqrt{6}}{5}c\right)^2-\left(\frac{3}{5}c\right)^2\\&=\left(\frac{4}{25}+\frac{24}{25}-\frac{9}{25}\right)c^2\\&=\frac{19}{25}c^2\end{aligned}$$

したがって，BC $=\dfrac{\sqrt{19}}{5}c$ なので，求める線分比は，

$$\mathrm{AB}:\mathrm{AC}:\mathrm{BC}=c:\frac{2\sqrt{6}}{5}c:\frac{\sqrt{19}}{5}c=\mathbf{5:2\sqrt{6}:\sqrt{19}}\quad\cdots\cdots$$ **答**

〈頻出度 ★★★〉

22. 複数の円と半径

半径1で線分ABを直径とする円C_1の中心を点Oとし，半径rで中心を点Pとする円C_2は円C_1の内部にあり，点Oで直線ABに接しているとする．また，点Aから円C_2に引いた接線で直線ABとは異なる接線の接点をCとし，直線ACが円C_1と交わる点で点Aとは異なる点をDとする．△ABDの内接円を円C_3とする．次の問いに答えよ．

(1) $\angle\text{OAP}=\theta$とする．$\cos\theta$をrを用いて表せ．

(2) 線分OCおよび線分ADの長さをrを用いて表せ．

(3) △ABDの面積Sをrを用いて表せ．

(4) △ABDの内接円C_3の半径Rをrを用いて表せ．

(5) 円C_2と円C_3が一致するときのrを求めよ．（同志社大）

着眼 VIEWPOINT

内接，外接する円や，円同士が接線を共有するときには，**円の中心，円同士の接点，円と直線の接点同士を結ぶ線分に着目します．**これらの距離が，三平方の定理などを通じて説明できるはずです．

解答 ANSWER

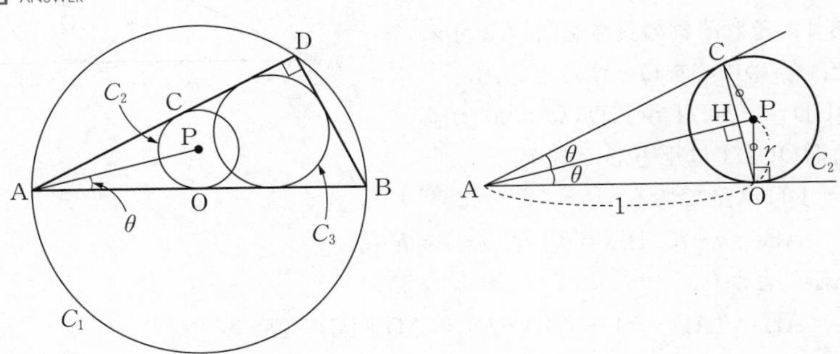

(1) △OAPについて，三平方の定理より

$$\text{AP}=\sqrt{\text{AO}^2+\text{OP}^2}=\sqrt{1+r^2}$$

である．したがって，

$$\cos\theta=\frac{\text{AO}}{\text{AP}}=\frac{\mathbf{1}}{\sqrt{\mathbf{1+r^2}}}\quad\cdots\cdots\text{答}$$

(2)　$\sin\theta=\dfrac{\mathrm{OP}}{\mathrm{AP}}=\dfrac{r}{\sqrt{1+r^2}}$ である．ここで，直線OCと直線APの交点をHとする．$\mathrm{OH}=\mathrm{OA}\sin\theta=\sin\theta$ であることから，

$$\mathrm{OC}=2\mathrm{OH}=2\sin\theta=\boldsymbol{\frac{2r}{\sqrt{1+r^2}}}\quad\cdots\cdots\text{答}$$

$$\mathrm{AD}=2\cos 2\theta=2(2\cos^2\theta-1)=2\left(\frac{2}{1+r^2}-1\right)$$

$$=\boldsymbol{\frac{2(1-r^2)}{1+r^2}}\quad\cdots\cdots\text{答}$$

← 2倍角の公式（加法定理），
$\cos 2\theta=\cos(\theta+\theta)$
$=\cos^2\theta-\sin^2\theta$
$=2\cos^2\theta-1$

(3)　直角三角形ABDに三平方の定理を用いると，

$$\mathrm{BD}=\sqrt{\mathrm{AB}^2-\mathrm{AD}^2}$$
$$=\sqrt{4-\frac{4(1-r^2)^2}{(1+r^2)^2}}$$
$$=2\sqrt{\frac{(1+r^2)^2-(1-r^2)^2}{(1+r^2)^2}}$$
$$=\frac{4r}{1+r^2}$$

← $(1+r^2)^2-(1-r^2)^2$
$=\{(1+r^2)-(1-r^2)\}$
$\{(1+r^2)+(1-r^2)\}$
$=2r^2\cdot 2$
$=(2r)^2$

したがって，

$$S=\frac{1}{2}\cdot\mathrm{AD}\cdot\mathrm{BD}=\frac{1}{2}\cdot\frac{2(1-r^2)}{1+r^2}\cdot\frac{4r}{1+r^2}=\boldsymbol{\frac{4r(1-r^2)}{(1+r^2)^2}}\quad\cdots\cdots\text{答}$$

(4)　円C_3と辺AB，BD，ADとの接点をS，T，Uとする．

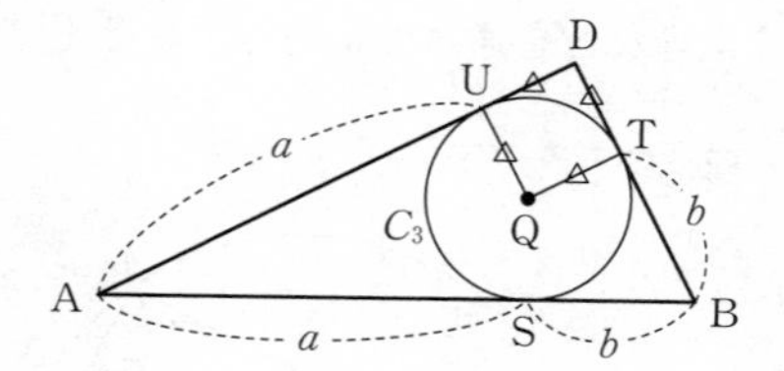

$$\mathrm{AS}=\mathrm{AU},\ \mathrm{BS}=\mathrm{BT}$$

であり，それぞれの長さをa，bとする．
また，C_3の中心をQとするとき，
$\angle\mathrm{QUD}=\angle\mathrm{UDT}=\angle\mathrm{DTQ}=90^\circ$ から，
四角形QUDTは正方形であり，
$\mathrm{DT}=\mathrm{DU}=R$ である．

$$\mathrm{AB}=a+b,\ \mathrm{BD}=b+R,\ \mathrm{AD}=R+a$$

であることから，

$$\mathrm{AB}=(\mathrm{AD}-R)+(\mathrm{BD}-R)=\mathrm{AD}+\mathrm{BD}-2R$$

$$\therefore\ R=\frac{1}{2}(\mathrm{AD}+\mathrm{BD}-\mathrm{AB})$$

すなわち，$\mathrm{AB}=2$ と(2)，(3)から，

$$\therefore\ R=\frac{1}{2}\left(\frac{2(1-r^2)}{1+r^2}+\frac{4r}{1+r^2}-2\right)=\boldsymbol{\frac{2r(1-r)}{1+r^2}}\quad\cdots\cdots\text{答}$$

(5) (4)の結果より，$R=r$ のとき，$r>0$ に注意して，

$$\frac{2r(1-r)}{1+r^2}=r$$

$$2(1-r)=1+r^2$$

$$r^2+2r-1=0$$

$$r=\mathbf{-1+\sqrt{2}}$$ ……答

詳説 EXPLANATION

▶内接円の半径を求める(4)は，次のように「三角形を，その内心を頂点の一つとする3つの三角形に分け，面積に関する等式を立てる」方法も有名です．

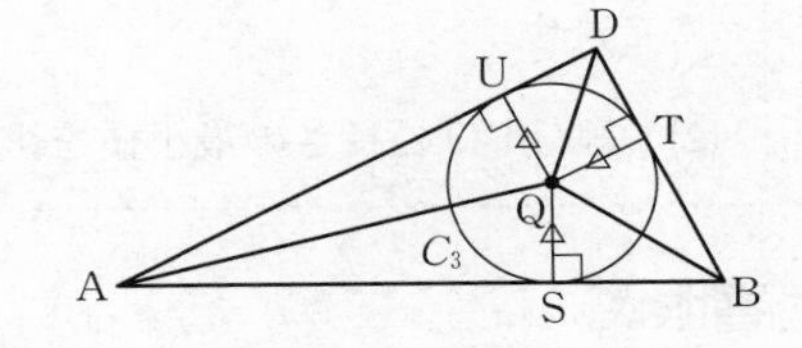

別解

(4) 円 C_3 の中心をQとする．

$$S=\triangle\mathrm{QAB}+\triangle\mathrm{QBD}+\triangle\mathrm{QDA}$$

が成り立つことから

$$\frac{4r(1-r^2)}{(1+r^2)^2}=\frac{1}{2}\cdot 2R+\frac{1}{2}\cdot\frac{4r}{1+r^2}R+\frac{1}{2}\cdot\frac{2(1-r^2)}{1+r^2}R$$

$$\frac{4r(1-r^2)}{(1+r^2)^2}=R\left(1+\frac{2r}{1+r^2}+\frac{1-r^2}{1+r^2}\right)$$

$$\frac{2r(1-r^2)}{(1+r^2)^2}=\frac{1+r}{1+r^2}R$$

$$\therefore\quad R=\frac{1+r^2}{1+r}\cdot\frac{2r(1+r)(1-r)}{(1+r^2)^2}=\boldsymbol{\frac{2r(1-r)}{1+r^2}}$$ ……答

▶(5)は，C_2，C_3 が一致する状況を考えればすぐにわかります．

別解

(5) (4)までは「解答」と同じ．

C_2 と C_3 が一致するのは，C_3 と辺ABの接点が，C_2 との接点Oに一致するときである．このとき，$a=b$ となるので，$\mathrm{DA}=\mathrm{DB}=R+a$ となり，△DABは（$\mathrm{DA}=\mathrm{DB}=\sqrt{2}$ の）直角二等辺三角形となる．よって，

$$r=\frac{2S}{\mathrm{DA}+\mathrm{AB}+\mathrm{BD}}=\frac{2\cdot\frac{1}{2}\cdot\sqrt{2}\cdot\sqrt{2}}{2+2\sqrt{2}}=\mathbf{-1+\sqrt{2}}$$ ……答

23. 三角形に内接する三角形

〈頻出度 ★★★〉

三角形ABCの辺AB, BC, CAの長さをそれぞれ１，2, $\sqrt{3}$ とする．点P，Q，Rがそれぞれ辺AB，BC，CA上を，PQ＝QR＝RP を満たしながら動くとする．以下の問いに答えよ．

(1)　∠APRをθとおく．ただし，点Pが点Aに一致するときは$\theta=\frac{\pi}{2}$，点Rが点Aに一致するときは$\theta=0$と定める．線分PQの長さをθを用いて表せ．

(2)　線分PQの長さの最小値を求めよ．

（九州大）

着眼 VIEWPOINT

三角形に内接する正三角形の一辺の長さを考える問題です．

「PQの長さを調べたいから，辺PQを含む三角形だけに着目しよう」と考えると，(1)がうまくいきません．AB(, BC, CA)の長さがわかっているので，「PQの長さ$(=x)$を用いて，ABの長さを表そう」，と目標が立てられるとよいでしょう．

(2)は，PQ$=a\sin\theta+b\cos\theta$の形で，三角関数の合成により最小値を調べるとよいでしょう．

三角関数の合成

$$\boldsymbol{a\sin\theta+b\cos\theta=\sqrt{a^2+b^2}\sin(\theta+\alpha)}$$

ただし，αは

$$\cos\alpha=\frac{a}{\sqrt{a^2+b^2}},\quad \sin\alpha=\frac{b}{\sqrt{a^2+b^2}}$$

により定まる．

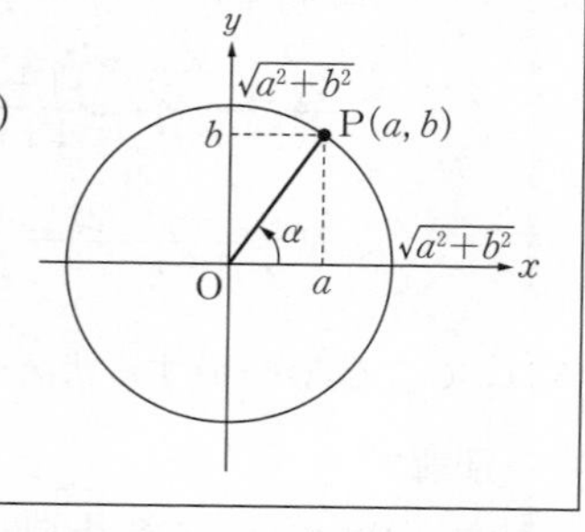

上の式を覚えて使うのではなく，加法定理の式を自分で作る感覚で合成できるとよいでしょう．あとは，θ，αと２つの文字を扱うことになりますが，「動かしているのはθ，止まっているのはα」という意識で進められるかどうかがポイントです．

解答 ANSWER

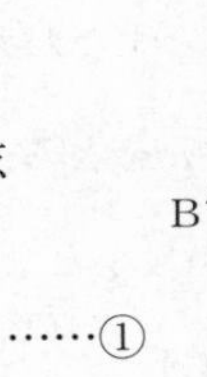

(1)　右図の • は角の大きさが $\frac{\pi}{3}$ であることを表す．

△BPQ の内角の大きさ，および点 P まわりの角の大きさに着目して，

$$\angle \mathrm{BQP}=\pi-(\angle \mathrm{QBP}+\angle \mathrm{QPB})$$
$$=(\pi-\angle \mathrm{QPB})-\angle \mathrm{QBP}$$
$$=\angle \mathrm{QPA}-\frac{\pi}{3}=\theta$$

ここで，$\mathrm{PQ}=x$ とおく．△BPQ について，正弦定理を用いると

$$\frac{x}{\sin\frac{\pi}{3}}=\frac{\mathrm{BP}}{\sin\theta}\qquad \therefore\quad \mathrm{BP}=\frac{2}{\sqrt{3}}x\sin\theta \quad\cdots\cdots①$$

また，

$$\mathrm{AP}=\mathrm{PR}\cos\theta=x\cos\theta \quad\cdots\cdots②$$

①，②，および $\mathrm{AB}=\mathrm{AP}+\mathrm{BP}$ から，

$$\frac{2}{\sqrt{3}}x\sin\theta+x\cos\theta=1$$

$$\left(\frac{2}{\sqrt{3}}\sin\theta+\cos\theta\right)x=1$$

したがって，

$$x=\mathrm{PQ}=\frac{1}{\frac{2}{\sqrt{3}}\sin\theta+\cos\theta}=\frac{\sqrt{3}}{2\sin\theta+\sqrt{3}\cos\theta}\quad\cdots\cdots③$$ **答**

(2)

$$(③の分母)=2\sin\theta+\sqrt{3}\cos\theta$$
$$=\sqrt{7}\left(\frac{2}{\sqrt{7}}\sin\theta+\frac{\sqrt{3}}{\sqrt{7}}\cos\theta\right)$$

← $\sqrt{2^2+(\sqrt{3})^2}=\sqrt{7}$

ここで，$\left(\frac{2}{\sqrt{7}}\right)^2+\left(\frac{\sqrt{3}}{\sqrt{7}}\right)^2=1$ なので，

$$\cos\alpha=\frac{2}{\sqrt{7}},\quad \sin\alpha=\frac{\sqrt{3}}{\sqrt{7}}$$

を満たす実数 α が存在する．$0<\sin\alpha<\cos\alpha<1$ から，このような α は $0<\alpha<\frac{\pi}{4}$ (……④) にとることができる．

$$2\sin\theta+\sqrt{3}\cos\theta=\sqrt{7}(\sin\theta\cos\alpha+\cos\theta\sin\alpha)$$

$$= \sqrt{7}\sin(\theta+\alpha) \quad \cdots\cdots⑤$$

θは$0 \leqq \theta \leqq \dfrac{\pi}{2}$を動くことより，$\theta+\alpha$のとり得る値の範囲は，$\alpha \leqq \theta+\alpha \leqq \dfrac{\pi}{2}+\alpha$である．

④より，$\dfrac{\pi}{2} < \dfrac{\pi}{2}+\alpha < \dfrac{3}{4}\pi$であることに注意する．このとき，⑤は

$$\theta+\alpha = \frac{\pi}{2} \quad \text{すなわち} \quad \theta = \frac{\pi}{2}-\alpha$$

のときに最大値$\sqrt{7}$をとる．

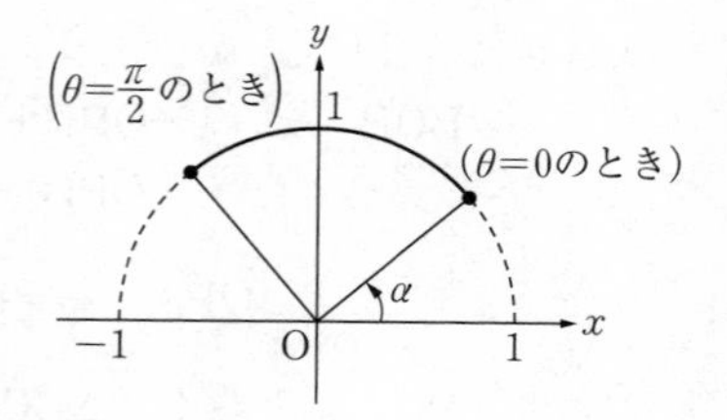

したがって，PQが最小となるのは⑤が最大，つまり$\theta = \dfrac{\pi}{2}-\alpha$のときである．PQの最小値は

$$\frac{\sqrt{3}}{\sqrt{7}} = \boldsymbol{\frac{\sqrt{21}}{7}} \quad \cdots\cdots \text{答}$$

24. 三角錐，三角形と内接円

〈頻出度 ★★★〉

三角錐OABCは AB＝7，BC＝8，CA＝6，$\left(\dfrac{\mathrm{OC}}{\mathrm{OB}}\right)^2=\dfrac{7}{8}$ を満たす．点Oを通り直線BCに垂直な平面αが，三角形ABCの内心Iを通る．平面αと直線BCの交点をKとする．点Oより平面ABCに垂線OHを下ろしたとき，$\mathrm{HK}=2\sqrt{2}\,\mathrm{IK}$ が成り立つ．

(1) 三角形ABCの面積Sを求めよ．

(2) IKを求めよ．

(3) BKを求めよ．

(4) OBを求めよ．

(5) 三角錐OABCの体積Vを求めよ．

（名古屋工業大）

着眼 VIEWPOINT

前半は三角形と内接円の関係に関する問題です．内接円の半径に関し，次が成り立ちます．

三角形の内接円の半径

三角形ABCの内心をI，内接円の半径をrとするとき

$$\triangle \mathrm{ABC}=\triangle \mathrm{BCI}+\triangle \mathrm{CAI}+\triangle \mathrm{ABI}$$

すなわち

$$\triangle \mathbf{ABC}=\frac{1}{2}r(a+b+c)$$

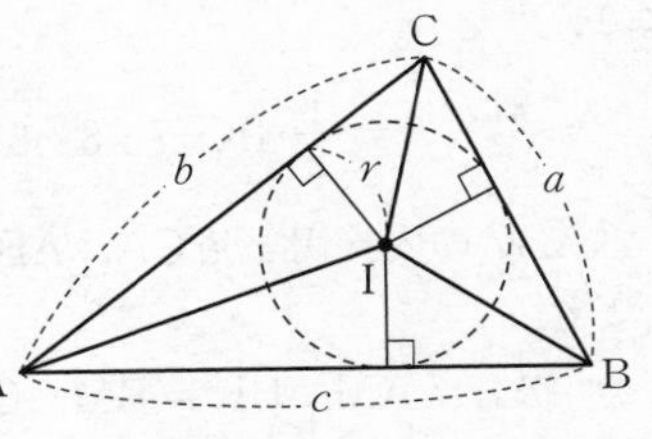

これは結果を覚えて使う類の定理ではありません.「三角形を内心から3頂点に結んだ線分で分ける」ことさえわかっておけばよいでしょう．解答で説明しながら使えば十分です．また，頂点から接点までの距離を求める(3)は，接弦の性質を利用する解答の方法がよく用いられますが，三角比を利用した方法もあります．

（☞詳説）

解答 ANSWER

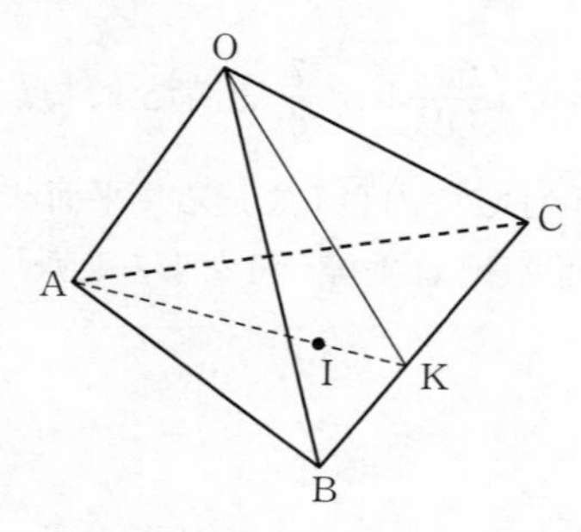

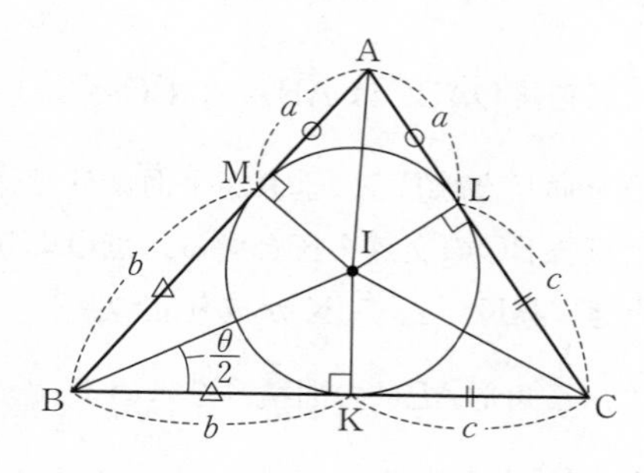

(1)　$\angle \mathrm{ABC}=\theta$ とする．$\triangle \mathrm{ABC}$ で余弦定理を用いると，

$$\cos\theta=\frac{7^2+8^2-6^2}{2\cdot 7\cdot 8}=\frac{11}{16}$$

$$\therefore\quad \sin\theta=\sqrt{1-\cos^2\theta}=\frac{3\sqrt{15}}{16}\quad (\sin\theta>0 \text{より})$$

したがって

$$S=\frac{1}{2}\mathrm{AB}\cdot\mathrm{BC}\cdot\sin\theta=\frac{1}{2}\cdot 7\cdot 8\cdot\frac{3\sqrt{15}}{16}=\mathbf{\frac{21\sqrt{15}}{4}}\quad\cdots\cdots 答$$

(2)　$\alpha\perp\mathrm{BC}$ より，$\mathrm{IK}\perp\mathrm{BC}$ であるから，IKは$\triangle \mathrm{ABC}$の内接円の半径である．したがって，

$$S=\frac{1}{2}\cdot\mathrm{IK}\cdot(\mathrm{AB}+\mathrm{BC}+\mathrm{CA})$$

より，

$$\frac{21\sqrt{15}}{4}=\frac{1}{2}\cdot\mathrm{IK}\cdot(7+8+6)\qquad\therefore\quad \mathrm{IK}=\mathbf{\frac{\sqrt{15}}{2}}\quad\cdots\cdots 答$$

(3)　$\triangle \mathrm{ABC}$の内接円と辺CA，ABとの接点を順にL，Mとする．円の接線の性質より，

$$\mathrm{AL}=\mathrm{AM},\ \mathrm{BK}=\mathrm{BM},\ \mathrm{CK}=\mathrm{CL}$$

である．これらの長さを順にa，b，cとすれば，

$$2(a+b+c)=\mathrm{AB}+\mathrm{BC}+\mathrm{CA}=21$$

$$\therefore\quad a+b+c=\frac{21}{2}$$

$$\begin{array}{rr} & a+b=7\\ & b+c=8\\ +) & c+a=6\\ \hline & 2(a+b+c)=21\end{array}$$

したがって

$$\mathrm{BK}=b=(a+b+c)-(a+c)=\frac{21}{2}-6=\mathbf{\frac{9}{2}}\quad\cdots\cdots 答$$

(4) $\alpha \perp \mathrm{BC}$ より，$\mathrm{OK} \perp \mathrm{BC}$ である．(3)の結果より，

$$\mathrm{CK}=\mathrm{BC}-\mathrm{BK}=8-\frac{9}{2}=\frac{7}{2}$$

したがって，直角三角形OBK，OCKに対して，
三平方の定理を用いて，OK^2を消去すると，

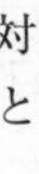

$$\mathrm{OB}^2-\left(\frac{9}{2}\right)^2=\mathrm{OC}^2-\left(\frac{7}{2}\right)^2$$

$$\therefore\quad \mathrm{OC}^2=\mathrm{OB}^2-8 \quad \cdots\cdots ③$$

③と，与えられた条件 $\left(\dfrac{\mathrm{OC}}{\mathrm{OB}}\right)^2=\dfrac{7}{8}$ すなわち $7\mathrm{OB}^2=8\mathrm{OC}^2$ から，

$$7\mathrm{OB}^2=8(\mathrm{OB}^2-8) \quad \text{すなわち} \quad \mathrm{OB}^2=64$$

したがって，$\mathrm{OB}=8$ ……**答**

(5) (2)の結果より，

$$\mathrm{HK}=2\sqrt{2}\,\mathrm{IK}=2\sqrt{2}\cdot\frac{\sqrt{15}}{2}=\sqrt{30}$$

一方，(3)，(4)の結果より，

$$\mathrm{OK}^2=\mathrm{OB}^2-\mathrm{BK}^2=8^2-\left(\frac{9}{2}\right)^2=\frac{175}{4}$$

三平方の定理より，$\mathrm{OH}^2+\mathrm{HK}^2=\mathrm{OK}^2$ が成り立つので，

$$\mathrm{OH}=\sqrt{\mathrm{OK}^2-\mathrm{HK}^2}=\frac{\sqrt{55}}{2}$$

したがって，(1)の結果と合わせて，求める体積は

$$V=\frac{1}{3}\cdot S\cdot \mathrm{OH}=\frac{1}{3}\cdot\frac{21\sqrt{15}}{4}\cdot\frac{\sqrt{55}}{2}=\boldsymbol{\frac{35\sqrt{33}}{8}} \quad \cdots\cdots \text{答}$$

詳説 EXPLANATION

▶「内心から頂点に引いた線分は，角の二等分線である」という事実を利用した方法もあります．

別解

(3) $\mathrm{IK} \perp \mathrm{BK}$ であり，線分IBは $\angle\mathrm{ABC}=\theta$ を二等分するので，直角三角形IBKに着目して

$$\mathrm{BK}=\frac{\mathrm{IK}}{\tan\dfrac{\theta}{2}} \quad \cdots\cdots ①$$

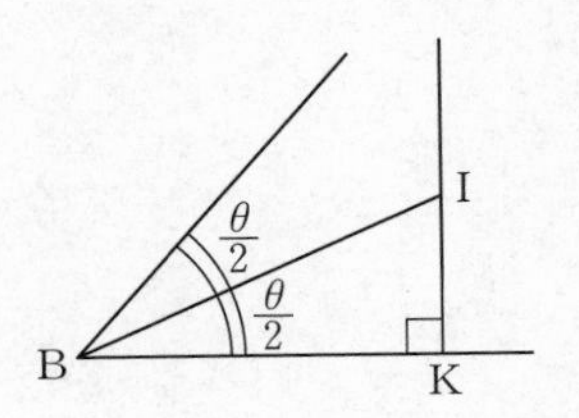

ここで，

(1)で導いた $\cos\theta=\dfrac{11}{16}$ より，

$$\tan\frac{\theta}{2}=\frac{\sin\frac{\theta}{2}}{\cos\frac{\theta}{2}}=\sqrt{\frac{1-\cos\theta}{1+\cos\theta}}=\frac{\sqrt{5}}{3\sqrt{3}}\quad\cdots\cdots②$$

← $\cos^2 x=\dfrac{1+\cos 2x}{2}$, $\sin^2 x=\dfrac{1-\cos 2x}{2}$ で，$2x=\theta$ とおき換えている．

①，②と(2)の結果より，

$$\mathrm{BK}=\frac{\sqrt{15}}{2}\cdot\frac{3\sqrt{3}}{\sqrt{5}}=\boldsymbol{\frac{9}{2}}\quad\cdots\cdots\text{答}$$

25. 錐体の内接球

〈頻出度 ★★★〉

四角錐OABCDにおいて，底面ABCDは1辺の長さ2の正方形で$OA = OB = OC = OD = \sqrt{5}$ である．

(1) 四角錐OABCDの高さを求めよ．

(2) 四角錐OABCDに内接する球Sの半径を求めよ．

(3) 内接する球Sの表面積と体積を求めよ．

（千葉大）

着眼 VIEWPOINT

立体に内接する球の問題では，**立体と球の接点を含む平面で図形全体を切断**し，切り口において三角形の合同，相似などに着目します．

解答 ANSWER

(1)

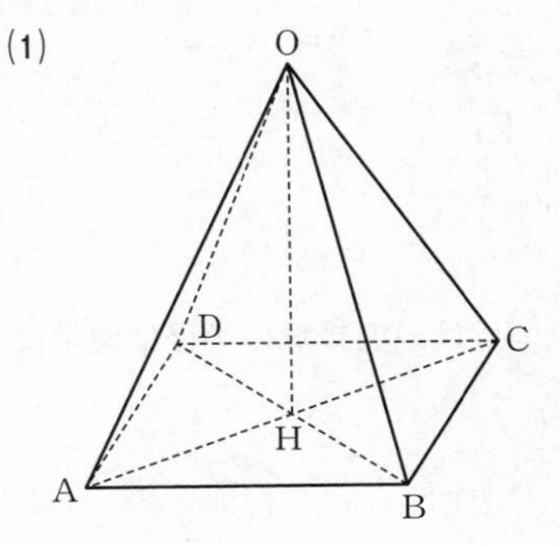

底面ABCDは1辺の長さ2の正方形で，

$$OA = OB = OC = OD = \sqrt{5}$$

である．ここで，正方形ABCDの対角線の交点をHとすると，線分OHは二等辺三角形OAC，OBDの中線になる．つまり，

$$OH \perp AC, \quad OH \perp BD$$

が成り立つので，OHと正方形ABCDは垂直である．HはACの中心なので，

$$AH = \frac{1}{2}AC = \frac{1}{2}\cdot 2\sqrt{2} = \sqrt{2}$$

四角錐OABCDの高さをhとおく．$h = OH$なので，△OAHに三平方の定理を用いると，

$$h^2 = OA^2 - AH^2 = (\sqrt{5})^2 - (\sqrt{2})^2 = 3$$

したがって，$h = \sqrt{3}$ ……**答**

(2) 四角錐OABCDに内接する球Sの中心は線分OH上にあり，底面との接点はHである．また，球Sと側面との接点は，各側面の二等辺三角形の底辺の垂直二等分線上にある．ゆえに，辺ABの中点をMとおくと，$OM \perp AB$だから，直角三角形OAMに三平方の定理を用いて，

$$OM^2 = OA^2 - AM^2 = (\sqrt{5})^2 - 1^2 = 4 \quad \text{すなわち} \quad OM = 2$$

以上から，球Sの中心をI，半径をr，球Sと線分OMとの接点をTとおくと，球Sを平面OMHで切った断面は右図のとおり．　……(*)

△OMHと△OITについて，

$$\angle \mathrm{HOM} = \angle \mathrm{TOI}\ (\text{共通}),$$

$$\angle \mathrm{MHO} = \angle \mathrm{ITO} = 90^\circ$$

より，△OMH∽△OITである．したがって，

$$\mathrm{OM} : \mathrm{MH} = \mathrm{OI} : \mathrm{IT}$$

$$\therefore\ \mathrm{OM}\cdot\mathrm{IT} = \mathrm{MH}\cdot\mathrm{OI} \quad \cdots\cdots①$$

ところで，OM$=2$，IT$=r$，

$\mathrm{MH} = \frac{1}{2}\mathrm{BC} = \frac{1}{2}\cdot 2 = 1$であり，

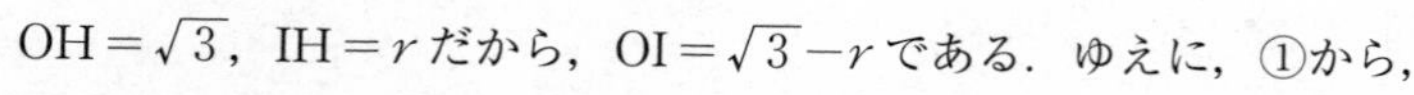

$\mathrm{OH} = \sqrt{3}$，$\mathrm{IH} = r$だから，$\mathrm{OI} = \sqrt{3} - r$である．ゆえに，①から，

$$2r = \sqrt{3} - r \qquad \therefore\ r = \frac{\sqrt{3}}{3} \quad \cdots\cdots \text{答}$$

(3)　球Sの表面積，体積はそれぞれ

$$\text{表面積}：4\pi r^2 = 4\pi\cdot\frac{1}{3} = \frac{4}{3}\pi \quad \cdots\cdots \text{答}$$

$$\text{体積}：\frac{4}{3}\pi r^3 = \frac{4}{3}\pi\cdot\frac{\sqrt{3}}{9} = \frac{4\sqrt{3}}{27}\pi \quad \cdots\cdots \text{答}$$

詳説 EXPLANATION

▶三辺の長さの比が$1:2:\sqrt{3}$の直角三角形に気づけば，内接球の半径は簡単に求められます．

別解

(2)　(*)までは「解答」と同じ．

直角三角形OMHについて，

$$\mathrm{OH} = \sqrt{3},\ \mathrm{OM} = 2,\ \angle \mathrm{OHM} = 90^\circ$$

より，$\angle \mathrm{OMH} = 60^\circ$，$\mathrm{MH} = 1$である．

また，点Iは△OMHの内心なので，

$$\angle \mathrm{TMI} = \angle \mathrm{HMI} = 30^\circ$$

したがって，球Sの半径rは

$$r = \mathrm{IH} = \mathrm{MH}\tan 30^\circ = 1\cdot\frac{1}{\sqrt{3}} = \frac{\sqrt{3}}{3} \quad \cdots\cdots \text{答}$$

26. 錐体の外接球

〈頻出度 ★★★〉

空間内に AB＝3，BC＝4，CA＝5 を満たす定点A，B，Cと，PB＝PC＝6 を満たし，3点A，B，Cを通る平面上にはない動点Pがある．線分BCの中点をM，線分CAの中点をN，△PBCの外心をOとする．

(1) 線分OPの長さを求めよ．

(2) ∠MNOが直角になるときの cos∠PMN の値を求めよ．

(3) 4点P，A，B，Cを通る球の半径の最小値を求めよ． （群馬大）

着眼 VIEWPOINT

1つ1つ，平面に切って考えていけば(2)までは難しくありません．(3)が難しい．BCを「折り目」にして，△PBCが図のように動けることがイメージできれば，「点Oが球の中心になるときに半径が最小」と推測できるので，これを示します．

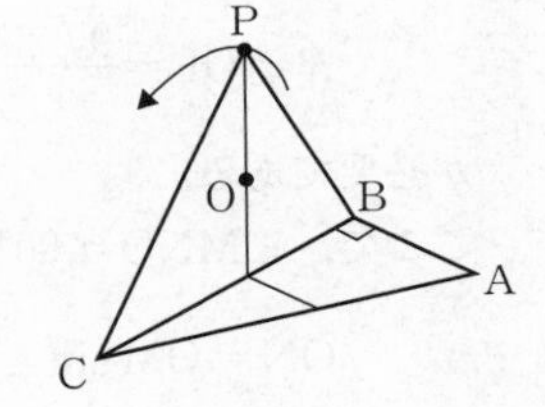

解答 ANSWER

(1) △PBMについて三平方の定理を用いると，

$$PM=\sqrt{PB^2-BM^2}=\sqrt{6^2-2^2}=4\sqrt{2} \quad \cdots\cdots(*)$$

$$\therefore \quad \sin\angle PBC=\frac{PM}{PB}=\frac{4\sqrt{2}}{6}=\frac{2\sqrt{2}}{3}$$

OPは△PBCの外接円の半径であることに注意する．
△PBCについて，正弦定理より，

$$2OP=\frac{PC}{\sin\angle PBC}$$

$$\therefore \quad OP=\frac{PC}{2\sin\angle PBC}=\frac{6\cdot 3}{2\cdot 2\sqrt{2}}=\frac{9\sqrt{2}}{4} \quad \cdots\cdots①$$ **答**

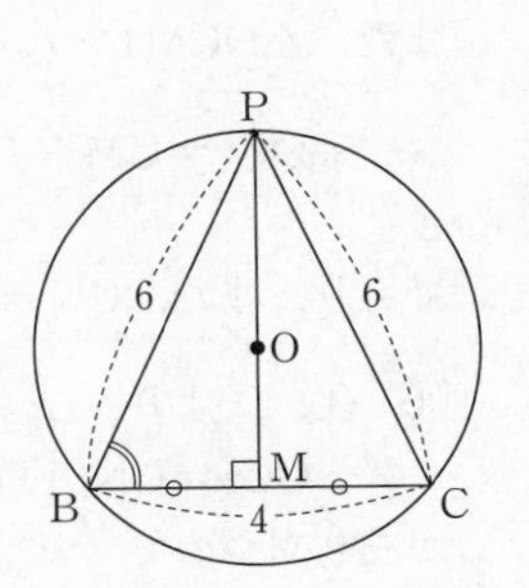

(2)　①より，

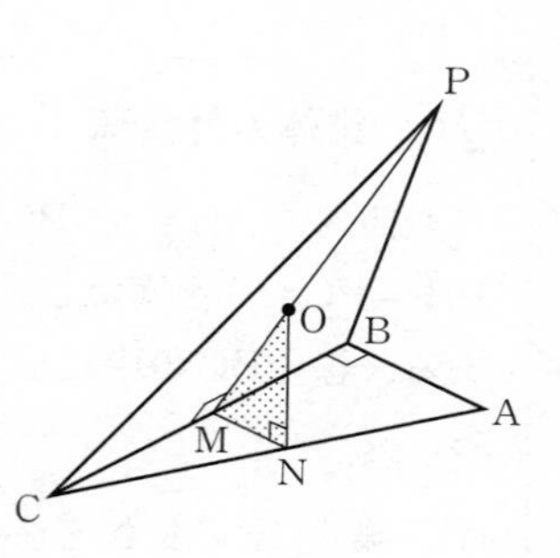

$$\mathrm{OM}=\mathrm{PM}-\mathrm{OP}=4\sqrt{2}-\frac{9\sqrt{2}}{4}=\frac{7\sqrt{2}}{4}$$

また，BC，CAの中点がそれぞれM，Nであることより，

$$\mathrm{MN}=\frac{1}{2}\mathrm{AB}=\frac{3}{2}$$

したがって，$\angle\mathrm{MNO}=90^\circ$ のとき，

$$\cos\angle\mathrm{PMN}=\cos\angle\mathrm{OMN}=\frac{\mathrm{MN}}{\mathrm{OM}}=\boldsymbol{\frac{3\sqrt{2}}{7}}\quad\cdots\cdots\text{答}$$

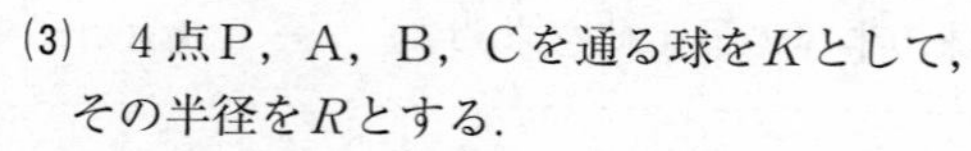

(3)　４点P，A，B，Cを通る球をKとして，その半径をRとする．

T（Kの中心）
R
C
P
O
B

Kは少なくとも３点P，B，Cを通ることから，①より，

$$R\geqq\mathrm{OP}=\frac{9\sqrt{2}}{4}\quad\cdots\cdots②$$

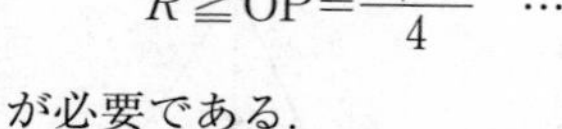

が必要である．

ここで，$\angle\mathrm{MNO}=90^\circ$ のとき，(2)より，

$$\mathrm{ON}=\mathrm{OM}\sin\angle\mathrm{PMN}=\frac{7\sqrt{2}}{4}\sqrt{1-\left(\frac{3\sqrt{2}}{7}\right)^2}=\sqrt{\frac{31}{8}}\quad\cdots\cdots③$$

また，△OCMについて三平方の定理を用いると，

$$\mathrm{OC}^2=\mathrm{CM}^2+\mathrm{OM}^2=2^2+\left(\frac{7\sqrt{2}}{4}\right)^2=\frac{81}{8}\quad\cdots\cdots④$$

であり，また，$\mathrm{CN}=\frac{1}{2}\mathrm{AC}=\frac{5}{2}$（……⑤）である．

③，④，⑤より，

$$\mathrm{OC}^2=\mathrm{CN}^2+\mathrm{ON}^2$$

が成り立つので，三平方の定理の逆から，$\angle\mathrm{ONC}=90^\circ$ である．

つまり，△OCN，△OANについて次が成り立つ．

$$\begin{cases}\angle\mathrm{ONC}=\angle\mathrm{ONA}=90^\circ\\ \mathrm{AN}=\mathrm{CN}\\ \text{辺ON を共有}\end{cases}$$

したがって，△OCN≡△OAN である．ゆえに，OC＝OA が成り立つので，点Oは四面体PABCの外接球Kの中心である．したがって，②の等号は $\angle\mathrm{MNO}=90^\circ$ のとき成立する．

以上より，求める最小値は $\boldsymbol{\frac{9\sqrt{2}}{4}}$　……答

詳説 EXPLANATION

▶(1)では正弦定理を用いて半径を求めていますが，三平方の定理を利用してもよいでしょう．

別解

(1)　(*)までは「解答」と同じ．

OP，OBは△PBCの外接円の半径なので，OP＝OB＝rとする．△OBMについて三平方の定理より，

$$OB^2 = OM^2 + BM^2$$

すなわち

$$r^2 = (4\sqrt{2} - r)^2 + 2^2$$

$$r^2 = r^2 - 8\sqrt{2}\,r + 36$$

$$r = \frac{9}{2\sqrt{2}} = \mathbf{\frac{9\sqrt{2}}{4}}$$ ……**答**

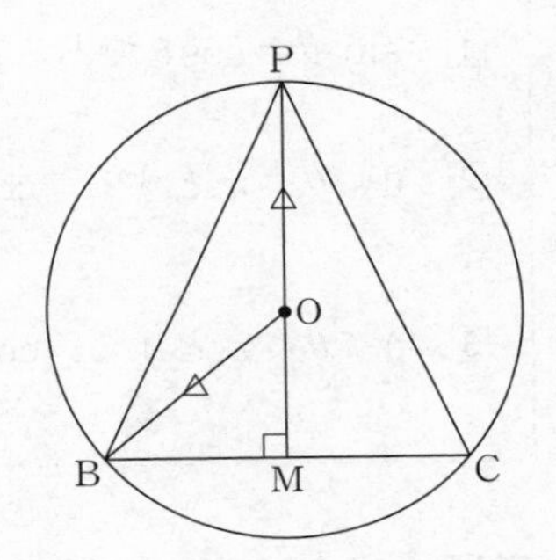

▶(3)の∠ONC＝90°を導く過程は，次のように説明してもよいでしょう．

別解

(3)　②までは「解答」と同じ．

ここで，∠OMC＝∠CMN＝90°より，平面OMN⊥CMである．ゆえに，

$$ON \perp CM \quad \cdots\cdots ⑥$$

⑥とON⊥MNよりON⊥平面CMNが導かれるので，∠ONC＝90°である．

以下，「解答」と同じ．

三角関数，指数・対数関数

数学	Ⅱ
問題頁	P.12
問題数	10問

27. 三角比の計算

〈頻出度 ★★★〉

1 $\sin^2\theta=\cos\theta$ であるとき $\dfrac{1}{1+\cos\theta}+\dfrac{1}{1-\cos\theta}$ の値を求めよ．

（駒澤大）

2 $0<\theta<\pi$ とする．$\cos\theta-\sin\theta=\dfrac{2}{5}$ のとき，$\tan\theta$ の値を求めよ．

（神戸薬科大）

3 $0<\theta<\pi$ とする．$\cos\theta=\dfrac{3}{4}$ のとき，$\cos 2\theta$，$\sin\dfrac{\theta}{2}$ の値を求めよ．

（東海大）

着眼 VIEWPOINT

三角比の計算です．次の式を利用します．

三角比の相互関係

① $\tan\theta=\dfrac{\sin\theta}{\cos\theta}$

② $\sin^2\theta+\cos^2\theta=1$

③ $1+\tan^2\theta=\dfrac{1}{\cos^2\theta}$

加法定理

① $\sin(\alpha\pm\beta)=\sin\alpha\cos\beta\pm\cos\alpha\sin\beta$ （複号同順）

② $\cos(\alpha\pm\beta)=\cos\alpha\cos\beta\mp\sin\alpha\sin\beta$ （複号同順）

③ $\tan(\alpha\pm\beta)=\dfrac{\tan\alpha\pm\tan\beta}{1\mp\tan\alpha\tan\beta}$ （複号同順）

2では，三角関数の定義「点 $(1,\ 0)$ を原点中心に θ 回転した点が $(\cos\theta,\ \sin\theta)$」であることに立ち返ると，見通しよく解けます．計算のみで進める，と決めつけずに，$(\cos\theta,\ \sin\theta)$ を円 $x^2+y^2=1$ 上の点と見て，ときには**座標で考えることが大切です**．

3の問題を見て，2倍角の公式や半角の公式を使おう，と考える人もいるでしょう．これらは，いずれも加法定理から容易に得られる関係式です．（使っているうちに）自然と覚えてしまっている人はよいのですが，無理に暗記して使う式ではありません．最初のうちは，「解答」のように，**必要な式を加法定理から作っていく**とよいでしょう．

解答 ANSWER

[1]　$\cos^2\theta+\sin^2\theta=1$（……①）より，

$$\frac{1}{1+\cos\theta}+\frac{1}{1-\cos\theta}=\frac{(1-\cos\theta)+(1+\cos\theta)}{(1+\cos\theta)(1-\cos\theta)}$$

$$=\frac{2}{1-\cos^2\theta}$$

$$=\frac{2}{\sin^2\theta}\quad\cdots\cdots②$$

ここで，$\sin^2\theta=\cos\theta$（……③）より，② $=\dfrac{2}{\cos\theta}$ である．①，③より

$$\cos^2\theta+\cos\theta=1$$
$$\cos^2\theta+\cos\theta-1=0$$

$-1\leqq\cos\theta\leqq1$ より，$\cos\theta=\dfrac{-1+\sqrt{5}}{2}$ である．したがって，求める値は

$$② =\frac{2}{\cos\theta}=2\cdot\frac{2}{-1+\sqrt{5}}=\boldsymbol{\sqrt{5}+1}\quad\cdots\cdots\text{答}$$

[2]　$x=\cos\theta$，$y=\sin\theta$ とすると，点 $\mathrm{P}(x,\ y)$ は座標平面における直線 $y=x-\dfrac{2}{5}$ と円 $x^2+y^2=1$ の交点である．

つまり，Pは図のように第1象限の $0<y<x$ の範囲にある．つまり，$0<\tan\theta<1$（……①）である．

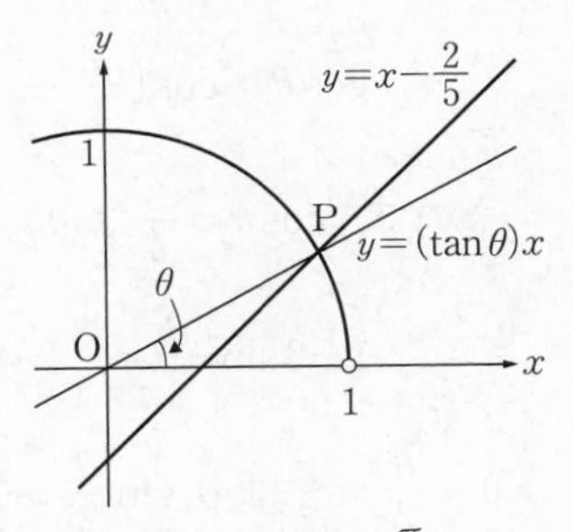

ここで，$\cos\theta-\sin\theta=\dfrac{2}{5}$（……②）とする．$n$ を整数とするとき，$\theta=\dfrac{\pi}{2}+n\pi$ は①を満たさない．ゆえに，$\cos\theta\neq0$ としてよい．②の両辺を $\cos\theta$ で割ると

$$1-\tan\theta=\frac{2}{5\cos\theta}$$

$$\therefore\quad(1-\tan\theta)^2=\left(\frac{2}{5\cos\theta}\right)^2$$

ここで，$\tan\theta=t$ とおく．$1+\tan^2\theta=\dfrac{1}{\cos^2\theta}$ より，

$$1-2t+t^2=\frac{4}{25}(1+t^2)$$

$$21t^2-50t+21=0 \quad \text{すなわち} \quad (21t)^2-50\cdot 21t+21^2=0$$

$21t=u$ とおき換えると

$$u^2-50u+21^2=0$$
$$(u-25)^2=25^2-21^2$$
$$u-25=\pm\sqrt{(25-21)(25+21)}$$
$$u=25\pm 2\sqrt{46} \quad \cdots\cdots③$$

①と $u=\tan\theta$ より $0<u<21$ であり，$6<\sqrt{46}<7$ より，③のうち小さい方の値のみが条件を満たす．$u=21\tan\theta$ より

$$\tan\theta=\frac{u}{21}=\mathbf{\frac{25-2\sqrt{46}}{21}} \quad \cdots\cdots 答$$

3 加法定理から，

$$\cos 2\theta=\cos(\theta+\theta)=\cos^2\theta-\sin^2\theta=2\cos^2\theta-1$$

← 2倍角の公式

なので，$\cos\theta=\dfrac{3}{4}$ より

$$\cos 2\theta=2\left(\frac{3}{4}\right)^2-1=\mathbf{\frac{1}{8}} \quad \cdots\cdots 答$$

また，

$$\cos\theta=\cos\left(\frac{\theta}{2}+\frac{\theta}{2}\right)=\cos^2\frac{\theta}{2}-\sin^2\frac{\theta}{2}=1-2\sin^2\frac{\theta}{2}$$

← 半角の公式

なので，$\cos\theta=\dfrac{3}{4}$ より

$$1-2\sin^2\frac{\theta}{2}=\frac{3}{4} \quad \text{すなわち} \quad \sin^2\frac{\theta}{2}=\frac{1}{8}$$

$0<\dfrac{\theta}{2}<\dfrac{\pi}{2}$ より $\sin\dfrac{\theta}{2}>0$ なので，$\sin\dfrac{\theta}{2}=\sqrt{\dfrac{1}{8}}=\mathbf{\dfrac{\sqrt{2}}{4}}$ ……答

詳説 EXPLANATION

▶2 次のように，円，直線の方程式を連立して解いてもよいでしょう．

別解

①までは「解答」と同じ．

$y=x-\dfrac{2}{5}$，$x^2+y^2=1$ を連立する．y を消すと，

$$x^2+\left(x-\frac{2}{5}\right)^2=1$$

$$50x^2-20x-21=0$$

$5x=v$ とおき換えると，

$$2v^2-4v-21=0$$

$$v=\frac{2\pm\sqrt{46}}{2}$$

$$\therefore \quad x=\frac{v}{5}=\frac{2\pm\sqrt{46}}{10}$$

点 $(x,\ y)$ は第１象限の点なので，$x>0$ である．つまり，$x=\dfrac{2+\sqrt{46}}{10}$ であり，

$$y=\frac{2+\sqrt{46}}{10}-\frac{2}{5}=\frac{-2+\sqrt{46}}{10}$$

したがって，

$$\tan\theta=\frac{y}{x}=\frac{\sqrt{46}-2}{\sqrt{46}+2}=\mathbf{\frac{25-2\sqrt{46}}{21}}$$ ……**答**

28. 三角関数の方程式，不等式

〈頻出度 ★★★〉

1　$0 \leqq x < 2\pi$ において $\sin x + \sin 2x + \sin 3x = 0$ を満たす x は全部で何個あるか.

（明治大）

2　方程式 $\cos^2 2x + \cos^2 x = \sin^2 2x + \sin^2 x \ (0 \leqq x \leqq \pi)$ の解を求めよ.

（日本大）

3　$0 \leqq \theta < 2\pi$ のとき，不等式，$\sin 2\theta \geqq \cos\theta$ を満たす θ の範囲を求めよ.

（金沢工大）

4　$0 \leqq \theta < 2\pi$ とする. 不等式 $|(\cos\theta + \sin\theta)(\cos\theta - \sin\theta)| > \dfrac{1}{2}$ を満たす θ の範囲を求めよ.

（専修大）

着眼 VIEWPOINT

計算がやや面倒な三角比の方程式，不等式の問題です. ここで，基本的な三角関数の扱いに慣れておきましょう.

1　$\sin x$，$\cos x$「のみ」の式にしようとしてやみくもに加法定理を用いると，手数が多くて大変です. 和積の公式をうまく使いたいものです.「解答」では，和積の公式を加法定理で導きながら解答を作ってみます.

2　**$\cos^2\theta$，$\sin^2\theta$，$\cos\theta\sin\theta$ が登場したら，2 倍角の公式で "2θ" の式に直すと**よいでしょう.

2 倍角の公式

① $\sin 2\alpha = 2\sin\alpha\cos\alpha$

② $\cos 2\alpha = \cos^2\alpha - \sin^2\alpha = \begin{cases} 1 - 2\sin^2\alpha \\ 2\cos^2\alpha - 1 \end{cases}$

③ $\tan 2\alpha = \dfrac{2\tan\alpha}{1 - \tan^2\alpha}$

加法定理で $2\theta = \theta + \theta$ とすれば容易に導けます. 最初のうちは，忘れるたびに加法定理から導いた方が良いでしょう. そういった,「面倒な作業」をしているうちに頭に入るものです.

3　$\sin 2\theta = 2\sin\theta\cos\theta$ とすれば，積の形までは直せます. あとは正負で場合を分ければ解けますが,「解答」のように，領域で考えるとわかりやすいでしょう.

4　2と同様に考えます. $\cos^2\theta$，$\sin^2\theta$ から，2 倍角の公式を思い浮かべたいものです.

解答 ANSWER

1 $\sin x+\sin 2x+\sin 3x=0$ より，

$$(\sin 3x+\sin x)+\sin 2x=0 \quad \cdots\cdots①$$

ここで，

$$\sin 3x=\sin(2x+x)=\sin 2x\cos x+\cos 2x\sin x \quad \cdots\cdots②$$
$$\sin x=\sin(2x-x)=\sin 2x\cos x-\cos 2x\sin x \quad \cdots\cdots③$$

であることから，②，③の辺々の和をとることで

$$\sin 3x+\sin x=2\sin 2x\cos x$$

を得る．したがって，①は次のように書き換えられる．

← 左辺が和，右辺が積の形．これを「和積の公式」とよぶ．

$$2\sin 2x\cos x+\sin 2x=0$$
$$\sin 2x(2\cos x+1)=0$$

したがって，

$$\sin 2x=0 \quad \cdots\cdots④ \quad \text{または} \quad \cos x=-\frac{1}{2} \quad \cdots\cdots⑤$$

$0\leqq x<2\pi$ の範囲で④を満たす x は，$0\leqq 2x<4\pi$ に注意して

$$2x=0,\ \pi,\ 2\pi,\ 3\pi \quad \text{すなわち} \quad x=0,\ \frac{\pi}{2},\ \pi,\ \frac{3}{2}\pi \quad \cdots\cdots④'$$

また，⑤を満たす x は

$$x=\frac{2}{3}\pi,\ \frac{4}{3}\pi \quad \cdots\cdots⑤'$$

④′，⑤′より，求める x は，$x=0,\ \frac{\pi}{2},\ \frac{2}{3}\pi,\ \pi,\ \frac{4}{3}\pi,\ \frac{3}{2}\pi$ である．

6個 ……**答**

2 $\cos^2 2x+\cos^2 x=\sin^2 2x+\sin^2 x$ より，

$$(\cos^2 2x-\sin^2 2x)+(\cos^2 x-\sin^2 x)=0 \quad \cdots\cdots①$$

ここで，

$\cos 2x=\cos(x+x)=\cos^2 x-\sin^2 x$ より，

← 2倍角の公式

①を書き換えると，

$$\cos 4x+\cos 2x=0 \quad \cdots\cdots①'$$

ここで

$$\cos 4x=\cos(3x+x)=\cos 3x\cos x-\sin 3x\sin x \quad \cdots\cdots②$$
$$\cos 2x=\cos(3x-x)=\cos 3x\cos x+\sin 3x\sin x \quad \cdots\cdots③$$

であることから，②，③の辺々の和をとって

$$\cos 4x+\cos 2x=2\cos 3x\cos x$$

つまり，①′は次のように書き換えられる．

$$\cos 3x \cos x = 0$$

したがって，

$$\cos 3x = 0 \quad \cdots\cdots④ \quad \text{または} \quad \cos x = 0 \quad \cdots\cdots⑤$$

④を満たす x は，$0 \leqq 3x \leqq 3\pi$ から

$$3x = \frac{\pi}{2},\ \frac{3}{2}\pi,\ \frac{5}{2}\pi \quad \text{すなわち} \quad x = \frac{\pi}{6},\ \frac{\pi}{2},\ \frac{5}{6}\pi \quad \cdots\cdots④'$$

また，⑤を満たす x は，$x = \dfrac{\pi}{2}$　……⑤'

④'，⑤'より，求める x は，$\boldsymbol{x = \dfrac{1}{6}\pi,\ \dfrac{1}{2}\pi,\ \dfrac{5}{6}\pi}$　……**答**

③　$x = \cos\theta$，$y = \sin\theta$ とおく．$(x,\ y)$ は $x^2 + y^2 = 1$（……①）を満たす．

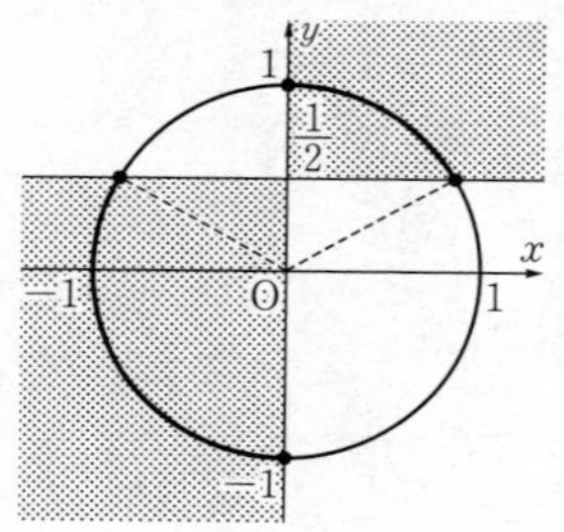

ここで，$\sin 2\theta \geqq \cos\theta$ より

$$2\sin\theta\cos\theta \geqq \cos\theta$$

$$\therefore \quad 2xy \geqq x$$

$$x(2y-1) \geqq 0 \quad \cdots\cdots②$$

⬅ 不用意に，両辺を $\cos\theta$ で割らないように．

① かつ ② を満たす点 $(x,\ y)$ は，図の太線部分である．したがって，求める範囲は

$$\boldsymbol{\frac{\pi}{6} \leqq \theta \leqq \frac{\pi}{2},\ \frac{5}{6}\pi \leqq \theta \leqq \frac{3}{2}\pi} \quad \cdots\cdots\textbf{答}$$

④　$(\cos\theta + \sin\theta)(\cos\theta - \sin\theta) = \cos^2\theta - \sin^2\theta = \cos 2\theta$ なので，与えられた不等式は次のように書き換えられる．

$$|\cos 2\theta| > \frac{1}{2} \iff \cos 2\theta < -\frac{1}{2},\ \cos 2\theta > \frac{1}{2}$$

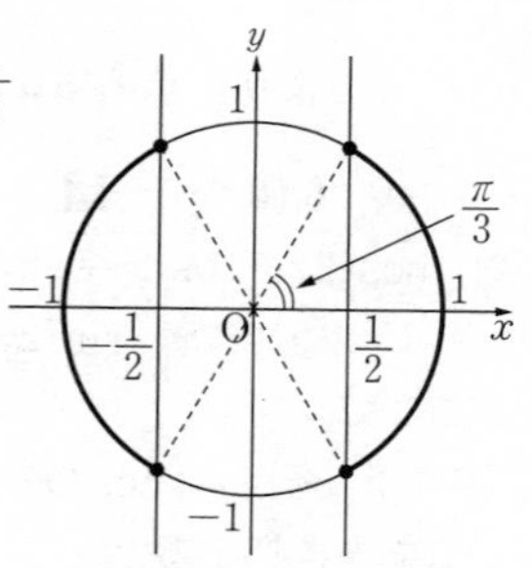

ここで，$0 \leqq \theta < 2\pi$ より $0 \leqq 2\theta < 4\pi$ である．

したがって求める θ の範囲は，

$$0 \leqq 2\theta < \frac{\pi}{3},\ \frac{2}{3}\pi < 2\theta < \frac{4}{3}\pi,$$

$$\frac{5}{3}\pi < 2\theta < \frac{7}{3}\pi,\ \frac{8}{3}\pi < 2\theta < \frac{10}{3}\pi,$$

$$\frac{11}{3}\pi < 2\theta < 4\pi$$

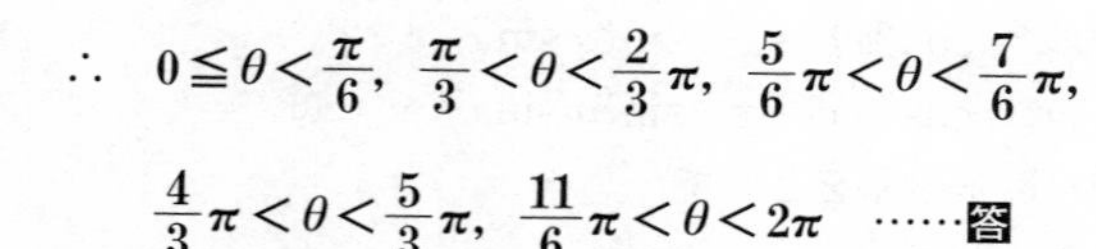

$$\boldsymbol{\therefore \quad 0 \leqq \theta < \frac{\pi}{6},\ \frac{\pi}{3} < \theta < \frac{2}{3}\pi,\ \frac{5}{6}\pi < \theta < \frac{7}{6}\pi,}$$

$$\boldsymbol{\frac{4}{3}\pi < \theta < \frac{5}{3}\pi,\ \frac{11}{6}\pi < \theta < 2\pi} \quad \cdots\cdots\textbf{答}$$

詳説 EXPLANATION

▶1　$\sin x$，$\cos x$ の式に書き換えてもよいでしょう．

別解

加法定理より，

$$\sin 2x = \sin(x+x) = 2\sin x\cos x$$ ← 2倍角の公式

$$\begin{aligned}\sin 3x &= \sin(2x+x)\\ &= 2\sin x\cos x\cdot\cos x + (1-2\sin^2 x)\sin x\\ &= 2\sin x(1-\sin^2 x) + \sin x - 2\sin^3 x\\ &= 3\sin x - 4\sin^3 x\end{aligned}$$ ← 3倍角の公式

であることから，与えられた式を書き換える．

$$\sin x + 2\sin x\cos x + (3\sin x - 4\sin^3 x) = 0$$
$$4\sin^3 x - 2\sin x\cos x - 4\sin x = 0$$
$$\sin x(2\sin^2 x - \cos x - 2) = 0$$
$$\sin x\{2(1-\cos^2 x) - \cos x - 2\} = 0$$
$$\sin x\cos x(2\cos x + 1) = 0$$

つまり，$\sin x=0$，または，$\cos x=0$，または，$\cos x = -\dfrac{1}{2}$

したがって，求める x は，

$$x=0,\ \frac{\pi}{2},\ \frac{2}{3}\pi,\ \pi,\ \frac{4}{3}\pi,\ \frac{3}{2}\pi$$

であり，**6個**　……答

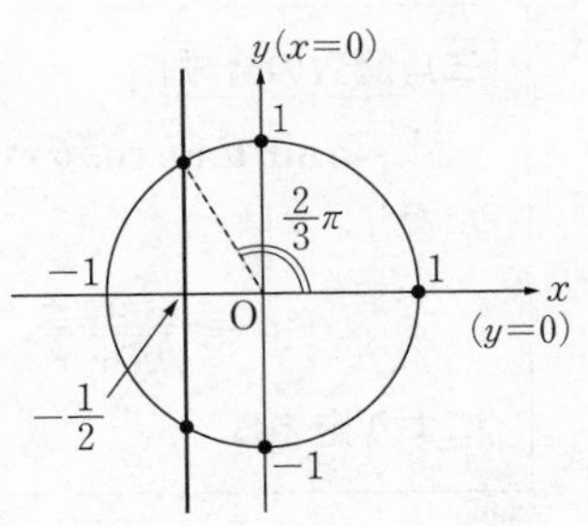

▶2　①′は次のように書き換えることができます．

別解

①′までは「解答」と同じ．ここで，$-\cos 2x = \cos(2x+\pi)$ なので，

$$\cos 4x = -\cos 2x$$
$$\cos 4x = \cos(2x+\pi) \quad \cdots\cdots⑥$$

⑥を満たす任意の x に対して，

$$4x = (2x+\pi) + 2n\pi\ (\cdots\cdots⑦)\quad 4x = -(2x+\pi) + 2n\pi\ (\cdots\cdots⑧)$$

を満たす整数 n が存在する．⑦，⑧から

$$x = \left(\frac{1}{2}+n\right)\pi \quad \cdots\cdots⑦' \quad または \quad x = \left(-\frac{1}{6}+\frac{n}{3}\right)\pi \quad \cdots\cdots⑧'$$

である．このうち，$0 \leqq x \leqq \pi$ に含まれるものは，⑦′で $n=0$，⑧′で $n=1$，2としたときである．つまり，$\boldsymbol{x=\dfrac{\pi}{6},\ \dfrac{\pi}{2},\ \dfrac{5}{6}\pi}$　……答

29. 三角関数の最大・最小

〈頻出度 ★★★〉

1 関数$f(\theta)=9\sin^2\theta+4\sin\theta\cos\theta+6\cos^2\theta$の最大値を求めよ．また，$f(\theta)$が最大値をとるときの$\theta$に対し，$\tan\theta$を求めよ．（星薬科大）

2 $0\leqq\theta\leqq\pi$のとき，関数$y=4\sqrt{2}\cos\theta\sin\theta-4\cos\theta-4\sin\theta$の最大値，最小値と，それぞれの値をとるときの$\theta$を求めよ．（関西医科大）

着眼 VIEWPOINT

三角関数の最大値，最小値を，多項式へのおき換えを通じて求める問題です．本問の1，2の形は非常によく出題されます．

1 問題28と同様に，$\cos^2\theta$，$\sin^2\theta$，$\cos\theta\sin\theta$の形を見たら，2倍角の公式を思い出せるとよいでしょう．

$a\sin x+b\cos x$の形は，三角関数の合成を行います．

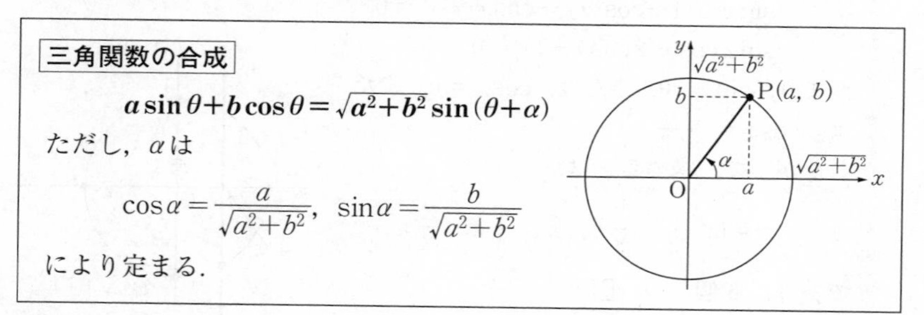

三角関数の合成

$$\boldsymbol{a\sin\theta+b\cos\theta=\sqrt{a^2+b^2}\sin(\theta+\alpha)}$$

ただし，αは

$$\cos\alpha=\frac{a}{\sqrt{a^2+b^2}},\ \sin\alpha=\frac{b}{\sqrt{a^2+b^2}}$$

により定まる．

2 $(\cos\theta,\ \sin\theta)=(u,\ v)$とするとき，$u$，$v$の対称式であれば，$\cos\theta+\sin\theta=t$とおくことで，（$\cos\theta\sin\theta$は2乗すれば得られることから）$t$の多項式で表せます．このおき換えが問題文で与えられることもありますが，ノーヒントの問題も多く，慣れておきたいところです．

解答 ANSWER

1 $f(\theta)=9\sin^2\theta+4\sin\theta\cos\theta+6\cos^2\theta$

$$=9\cdot\frac{1}{2}(1-\cos2\theta)+4\cdot\frac{1}{2}\sin2\theta+6\cdot\frac{1}{2}(1+\cos2\theta)$$

$$=2\sin2\theta-\frac{3}{2}\cos2\theta+\frac{15}{2}\quad\cdots\cdots(*)$$

$$=\frac{5}{2}\left(\sin2\theta\cdot\frac{4}{5}-\cos2\theta\cdot\frac{3}{5}\right)+\frac{15}{2}$$

$$=\frac{5}{2}\sin(2\theta-\alpha)+\frac{15}{2}$$

ただし，α は $\cos\alpha=\frac{4}{5}$，$\sin\alpha=\frac{3}{5}$，$0<\alpha<\frac{\pi}{2}$ を満たす．

したがって，$f(\theta)$ は $2\theta-\alpha=\frac{\pi}{2}+2n\pi$，つまり $\theta=\left(\frac{1}{4}+n\right)\pi+\frac{\alpha}{2}$ のとき（n は整数），最大値 $\frac{5}{2}+\frac{15}{2}=\mathbf{10}$ をとる．……答

このときの θ の値を β とする．$2\beta=\alpha+\frac{\pi}{2}+2n\pi$ であり，$n=0$ として考えてよい．つまり，$2\beta=\alpha+\frac{\pi}{2}$（……①）から，

$$\sin 2\beta=\sin\left(\alpha+\frac{\pi}{2}\right)=\cos\alpha=\frac{4}{5}$$

$$\cos 2\beta=\cos\left(\alpha+\frac{\pi}{2}\right)=-\sin\alpha=-\frac{3}{5}$$

$$\therefore\quad \tan 2\beta=\frac{\sin 2\beta}{\cos 2\beta}=-\frac{4}{3}\quad \cdots\cdots②$$

ここで，$\tan 2\beta=\frac{2\tan\beta}{1-\tan^2\beta}$ から，$\tan\beta=u$ として②を書き換えると，

$$\frac{2u}{1-u^2}=-\frac{4}{3}$$

$$2(u^2-1)=3u\quad \text{すなわち}\quad (2u+1)(u-2)=0$$

①と $0<\alpha<\frac{\pi}{2}$ より $\frac{\pi}{4}<\beta<\frac{\pi}{2}$，つまり $u=\tan\beta>0$ なので，

$$\tan\beta=\mathbf{2}\quad \cdots\cdots \text{答}$$

[2] $t=\sin\theta+\cos\theta$（……①）とおく．

$$t=\sqrt{2}\left(\sin\theta\cdot\frac{1}{\sqrt{2}}+\cos\theta\cdot\frac{1}{\sqrt{2}}\right)=\sqrt{2}\sin\left(\theta+\frac{\pi}{4}\right)\quad \cdots\cdots②$$

$0\leqq\theta\leqq\pi$ より $\frac{\pi}{4}\leqq\theta+\frac{\pi}{4}\leqq\frac{5}{4}\pi$ なので，t の変域は

$$-1\leqq t\leqq\sqrt{2}\quad \cdots\cdots③$$

である．①の両辺を 2 乗して，

$$t^2=\sin^2\theta+2\sin\theta\cos\theta+\cos^2\theta\quad \text{すなわち}\quad \sin\theta\cos\theta=\frac{t^2-1}{2}$$

したがって

$$y=4\sqrt{2}\cdot\frac{t^2-1}{2}-4t=2\sqrt{2}\left(t-\frac{\sqrt{2}}{2}\right)^2-3\sqrt{2}$$

③の範囲において，yは

$t=-1$のとき最大値4，$t=\dfrac{\sqrt{2}}{2}$のとき最小値$-3\sqrt{2}$

をとる．

②より，

・$t=-1$となるのは$\sin\left(\theta+\dfrac{\pi}{4}\right)=-\dfrac{1}{\sqrt{2}}$のときであり，このとき

$\theta+\dfrac{\pi}{4}=\dfrac{5}{4}\pi$，すなわち$\theta=\pi$である．

・$t=\dfrac{\sqrt{2}}{2}$となるのは$\sin\left(\theta+\dfrac{\pi}{4}\right)=\dfrac{1}{2}$のときであり，このとき

$\theta+\dfrac{\pi}{4}=\dfrac{5}{6}\pi$，すなわち$\theta=\dfrac{7}{12}\pi$である．

以上より，

$\theta=\pi$のとき最大値4，$\theta=\dfrac{7}{12}\pi$のとき最小値$-3\sqrt{2}$ ……**答**

詳説 EXPLANATION

▶1 (＊)以降は，次のようにベクトルの内積として考えてもよいでしょう．

別解

$\vec{a}=\begin{pmatrix}-\dfrac{3}{2}\\ 2\end{pmatrix}$，$\vec{x}=\begin{pmatrix}\cos 2\theta\\ \sin 2\theta\end{pmatrix}$とする．

$\vec{a}$と$\vec{x}$のなす角を$\alpha\,(0\leqq\alpha\leqq\pi)$とおくと，(＊)は，$f(\theta)=\vec{a}\cdot\vec{x}+\dfrac{15}{2}$

と表される．ここで，

$$\vec{a}\cdot\vec{x}\leqq|\vec{a}|\,|\vec{x}|=\frac{5}{2}\cdot 1$$

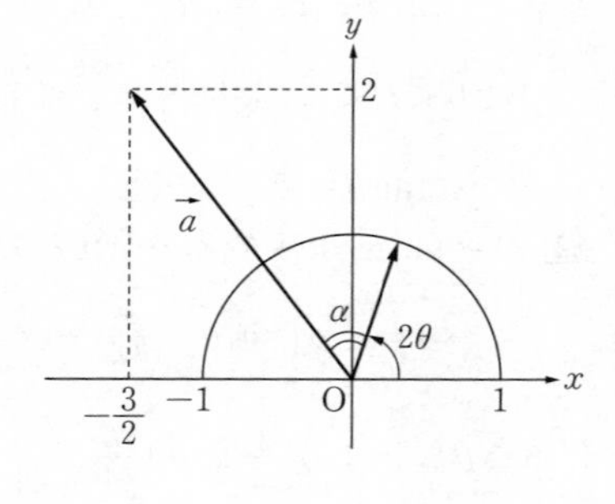

であり，上の式の等号は$\alpha=0$，つまり，$\vec{a}$と$\vec{x}$が同じ向きのときに限り成り立つ．したがって，$f(\theta)$は$\vec{x}=\begin{pmatrix}\cos 2\theta\\ \sin 2\theta\end{pmatrix}=\dfrac{1}{5}\begin{pmatrix}-3\\ 4\end{pmatrix}$のときに最大値をとり，最大値は$\boldsymbol{\dfrac{5}{2}+\dfrac{15}{2}=10}$ ……**答**

①以降は，次のように直接計算することもできます．

別解

(1)　$\tan\dfrac{\alpha}{2}=\sqrt{\dfrac{1-\cos\alpha}{1+\cos\alpha}}=\sqrt{\dfrac{1-\frac{4}{5}}{1+\frac{4}{5}}}=\dfrac{1}{3}$ なので，①より，

$$\tan\beta=\tan\left(\frac{\alpha}{2}+\frac{\pi}{4}\right)$$

$$=\frac{\tan\frac{\alpha}{2}+\tan\frac{\pi}{4}}{1-\tan\frac{\alpha}{2}\tan\frac{\pi}{4}}$$

$$=\frac{\frac{1}{3}+1}{1-\frac{1}{3}\cdot 1}$$

$=\mathbf{2}$ ……**答**

30. 三角関数のおき換え①

〈頻出度 ★★★〉

$f(\theta)=\dfrac{1}{\sqrt{2}}\sin 2\theta-\sin\theta+\cos\theta$ $(0\leqq\theta\leqq\pi)$ を考える.

(1) $t=\sin\theta-\cos\theta$ とおく. $f(\theta)$ を t の式で表せ.

(2) $f(\theta)$ の最大値と最小値，およびそのときのθの値を求めよ.

(3) aを実数の定数とする. $f(\theta)=a$ となるθがちょうど2個であるようなaの範囲を求めよ.

（北海道大）

着眼 VIEWPOINT

本問のように，扱いにくい三角関数をおき換えて多項式関数に読みかえる問題は非常によく出題されます. 本問のように解の個数を調べる問題のときは，**グラフを用いて，おき換える前後の値の対応を正確に読みとること**を意識しましょう. 解き進めるときに，いま，**自分はどの文字について説明をしているのか，を常に意識すること**が大切です.

解答 ANSWER

$$f(\theta)=\frac{1}{\sqrt{2}}\sin 2\theta-\sin\theta+\cos\theta$$
$$=\sqrt{2}\sin\theta\cos\theta-(\sin\theta-\cos\theta)$$

← $\sin 2\theta=\sin(\theta+\theta)$
$=2\sin\theta\cos\theta$

(1) $t=\sin\theta-\cos\theta$ の両辺を2乗すると，

$$t^2=(\sin\theta-\cos\theta)^2$$
$$t^2=\sin^2\theta-2\sin\theta\cos\theta+\cos^2\theta$$
$$t^2=1-2\sin\theta\cos\theta$$

← $\sin^2\theta+\cos^2\theta=1$

$$\therefore\quad \sin\theta\cos\theta=\frac{1-t^2}{2}\quad\cdots\cdots①$$

①より，$f(\theta)$ を書き換えると，

$$f(\theta)=\sqrt{2}\cdot\frac{1-t^2}{2}-t=\boldsymbol{-\frac{1}{\sqrt{2}}t^2-t+\frac{1}{\sqrt{2}}}\quad\cdots\cdots\text{答}$$

(2)
$$t=\sin\theta-\cos\theta$$
$$=\sqrt{2}\left(\sin\theta\cdot\frac{1}{\sqrt{2}}-\cos\theta\cdot\frac{1}{\sqrt{2}}\right)$$

$$=\sqrt{2}\left(\sin\theta\cdot\cos\frac{\pi}{4}-\cos\theta\cdot\sin\frac{\pi}{4}\right)$$

$$=\sqrt{2}\sin\left(\theta-\frac{\pi}{4}\right)$$ ⬅三角関数の合成

θが $0\leqq\theta\leqq\pi$ を動くことから，$\theta-\dfrac{\pi}{4}$ のとり得る値の範囲は

$-\dfrac{\pi}{4}\leqq\theta-\dfrac{\pi}{4}\leqq\dfrac{3}{4}\pi$ である．これより，

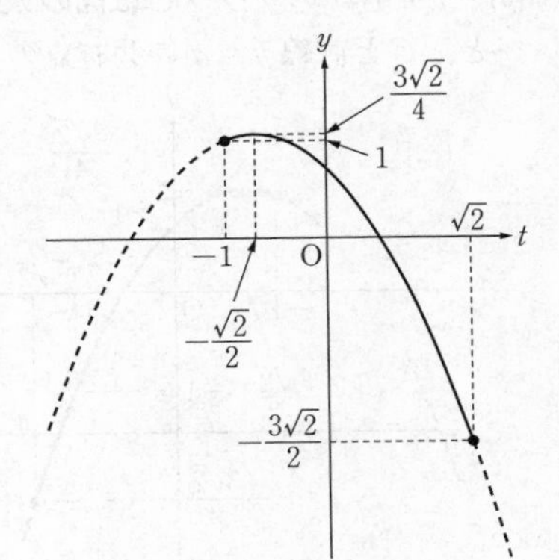

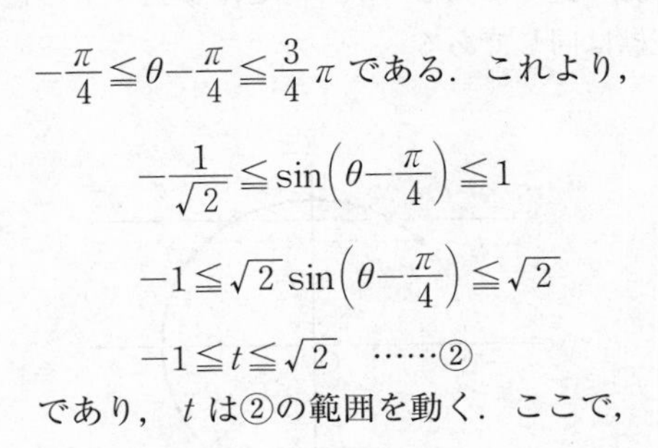

$$-\frac{1}{\sqrt{2}}\leqq\sin\left(\theta-\frac{\pi}{4}\right)\leqq 1$$

$$-1\leqq\sqrt{2}\sin\left(\theta-\frac{\pi}{4}\right)\leqq\sqrt{2}$$

$$-1\leqq t\leqq\sqrt{2}\quad\cdots\cdots②$$

であり，t は②の範囲を動く．ここで，

$g(t)=-\dfrac{1}{\sqrt{2}}t^2-t+\dfrac{1}{\sqrt{2}}$ とおく．

$$g(t)=-\frac{1}{\sqrt{2}}\left(t+\frac{\sqrt{2}}{2}\right)^2+\frac{3\sqrt{2}}{4}$$

であり，②の範囲において，$g(t)$ は

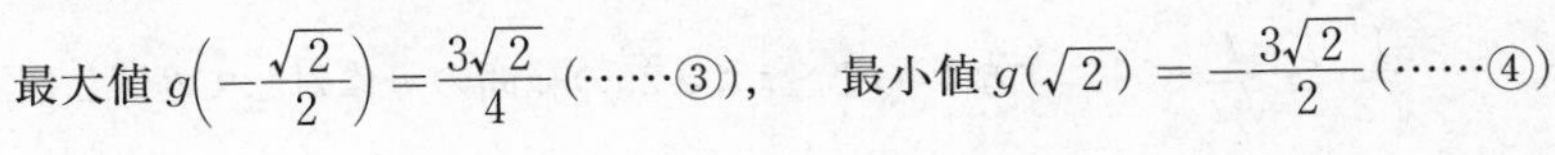

最大値 $g\left(-\dfrac{\sqrt{2}}{2}\right)=\dfrac{3\sqrt{2}}{4}$ (……③)，　最小値 $g(\sqrt{2})=-\dfrac{3\sqrt{2}}{2}$ (……④)

をとる．

③のとき，$\sqrt{2}\sin\left(\theta-\dfrac{\pi}{4}\right)=-\dfrac{\sqrt{2}}{2}$ から，$0\leqq\theta\leqq\pi$ に注意して，

$$\sin\left(\theta-\frac{\pi}{4}\right)=-\frac{1}{2}\quad\left(-\frac{\pi}{4}\leqq\theta-\frac{\pi}{4}\leqq\frac{3}{4}\pi\right)$$

$$\theta-\frac{\pi}{4}=-\frac{\pi}{6}\qquad\therefore\quad\theta=\frac{\pi}{12}$$

④のとき，$\sqrt{2}\sin\left(\theta-\dfrac{\pi}{4}\right)=\sqrt{2}$ から，$0\leqq\theta\leqq\pi$ に注意して，

$$\sin\left(\theta-\frac{\pi}{4}\right)=1\quad\left(-\frac{\pi}{4}\leqq\theta-\frac{\pi}{4}\leqq\frac{3}{4}\pi\right)$$

$$\theta-\frac{\pi}{4}=\frac{\pi}{2}\qquad\therefore\quad\theta=\frac{3}{4}\pi$$

以上から，$f(\theta)$ は

$$\boldsymbol{\theta=\frac{\pi}{12}}\ \textbf{のとき，最大値}\ \boldsymbol{\frac{3\sqrt{2}}{4}},$$

$$\boldsymbol{\theta=\frac{3}{4}\pi}\ \textbf{のとき，最小値}\ \boldsymbol{-\frac{3\sqrt{2}}{2}}\quad \cdots\cdots\text{答}$$

をとる．

(3) $y=g(t)$ のグラフ C は図の太線部分の通りである．$g(t)=a$ を満たす t の値と，C と直線 $y=a$ の共有点の t 座標は同じである．

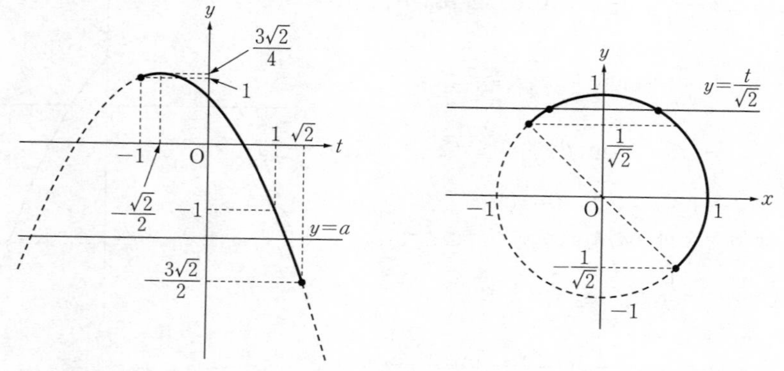

①から，右上図より，$-\frac{\pi}{4}\leqq\theta-\frac{\pi}{4}\leqq\frac{3}{4}\pi$ において

・$\frac{1}{\sqrt{2}}\leqq\frac{t}{\sqrt{2}}<1$，すなわち $1\leqq t<\sqrt{2}$ の範囲の t に対して θ は2個，

・$t=\sqrt{2}$ または $-1\leqq t<1$ の範囲の t に対して θ は1個

対応することに注意する．つまり，条件を満たすのは

(i) $1\leqq t<\sqrt{2}$ の範囲でのみ，C と $y=a$ がただ1つの共有点をもつとき

(ii) $t=\sqrt{2}$ または $-1\leqq t<1$ の範囲で，C と $y=a$ が異なる2つの共有点をもつとき

のいずれかである．(i)となるのは $-\frac{3\sqrt{2}}{2}<a\leqq-1$，(ii)となるのは

$1\leqq a<\frac{3\sqrt{2}}{4}$ である．

したがって，求める範囲は

$$\boldsymbol{-\frac{3\sqrt{2}}{2}<a\leqq-1,\ 1\leqq a<\frac{3\sqrt{2}}{4}}\quad \cdots\cdots\text{答}$$

31. 三角関数のおき換え②

〈頻出度 ★★★〉

実数 a, b に対し，$f(\theta)=\cos 2\theta+2a\sin\theta-b\,(0\leqq\theta\leqq\pi)$ とする．次の問いに答えよ．

(1) 方程式 $f(\theta)=0$ が奇数個の解をもつときの a, b が満たす条件を求めよ．

(2) 方程式 $f(\theta)=0$ が 4 つの解をもつときの点 $(a,\ b)$ の範囲を ab 平面上に図示せよ．

（横浜国立大）

着眼 VIEWPOINT

問題30と同様に，$t=\sin\theta$ とおき換え，t の 2 次方程式として考えます．「t に対して θ がいくつ決まるか」に十分に注意して議論しましょう．

解答 ANSWER

$$
\begin{aligned}
f(\theta)&=\cos 2\theta+2a\sin\theta-b\\
&=(1-2\sin^2\theta)+2a\sin\theta-b\\
&=-(2\sin^2\theta-2a\sin\theta+b-1)
\end{aligned}
$$

ここで，$t=\sin\theta$ とおく $(0\leqq\theta\leqq\pi)$．このとき，$f(\theta)=0$ は

$$2t^2-2at+b-1=0 \quad \cdots\cdots ①$$

ここで，$t=\sin\theta$ から，t と θ の対応は次のとおり．

- $0\leqq t<1$ のとき
  t に対応する θ は 2 個，
- $t=1$ のとき
  t に対応する θ は 1 個，
- $t<0$，$1<t$ のとき
  t に対応する θ は存在しない．

……②

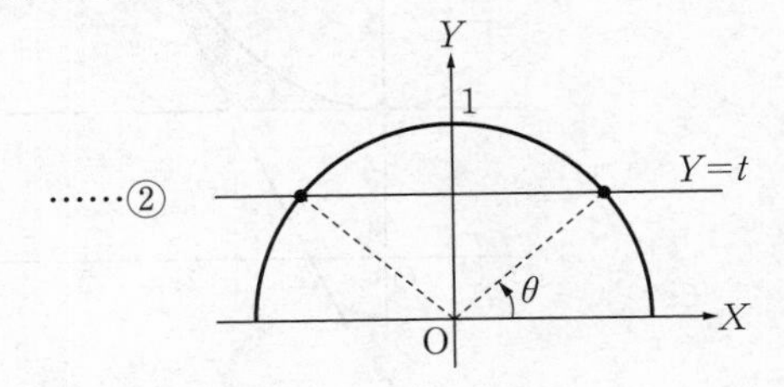

また，①の左辺を $g(t)$ とする．

(1) ②より，

$f(\theta)=0$ が奇数個の実数解 θ をもつ

$\Leftrightarrow$ t の 2 次方程式 $g(t)=0$ が $t=1$ を解にもつ ……③

③より，$g(1)=0$ から

$2-2a+b-1=0$ すなわち $\boldsymbol{b=2a-1}$ ……答

(2) ②より，

$f(\theta)=0$ が異なる4個の実数解 θ をもつ

$\Leftrightarrow$ t の2次方程式 $g(t)=0$ が $0\leqq t<1$ の範囲に異なる2個の解 t をもつ

$g(t)=2\left(t-\dfrac{a}{2}\right)^2+b-\dfrac{a^2}{2}-1$ より，求める条件は

$g(0)\geqq 0$ かつ $g(1)>0$

かつ $0\leqq\dfrac{a}{2}<1$ かつ $b-\dfrac{a^2}{2}-1<0$

である．すなわち

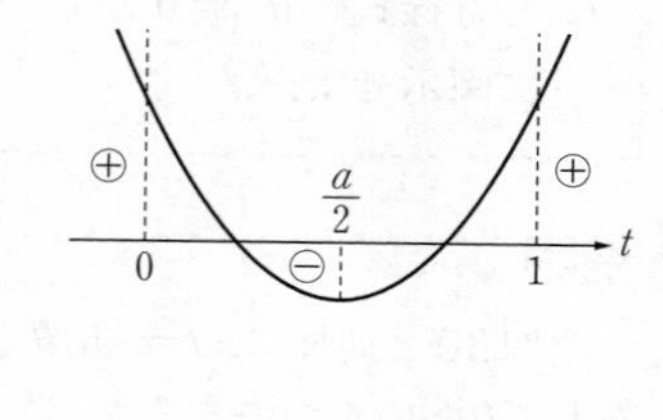

$$\begin{cases} b-1\geqq 0 \\ b-2a+1>0 \\ 0\leqq\dfrac{a}{2}<1 \\ b-\dfrac{a^2}{2}-1<0 \end{cases} \Leftrightarrow \begin{cases} b\geqq 1 \\ b>2a-1 \\ 0\leqq a<2 \\ b<\dfrac{a^2}{2}+1 \end{cases}$$

この連立不等式を満たす点 $(a,\ b)$ 全体の集合を図示すると，下図の網目部分である．境界は，$(b=1$ かつ $0<a<1)$ のみ含み，他は除く．

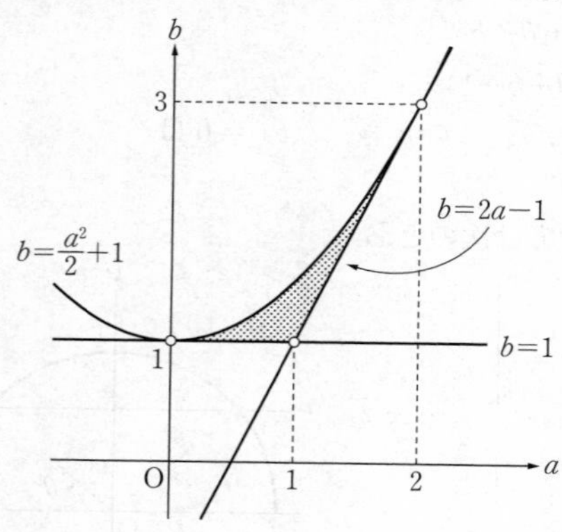

〈頻出度 ★★★〉

32. 指数関数のおき換え①

$f(x)=2^{3x}+2^{-3x}-4(2^{2x}+2^{-2x})$ とする．xが実数全体を動くとき，次の問いに答えよ．

(1) 2^x+2^{-x} のとりうる値の範囲を求めよ．

(2) $t=2^x+2^{-x}$ とおく．$f(x)$ を t で表せ．

(3) $f(x)$ が最小となるようなxと，そのときの$f(x)$ の値を求めよ．

(大阪市立大　改題)

着眼 VIEWPOINT

指数関数の値域を調べる問題です．そのままの形では考えにくいので，**指数関数は，おき換えて多項式関数に読みかえる**ことは定石ともいえます．(1)は，相加平均・相乗平均の大小関係による議論では不十分で，xの存在条件から説明する必要があります(☞詳説)．(2)は，問題1 ②の要領で，2^xと$\dfrac{1}{2^x}$の和と積，つまり$2^x+\dfrac{1}{2^x}$，$2^x\cdot\dfrac{1}{2^x}\ (=1)$ で式を整理していけばよいでしょう．

解答 ANSWER

(1) $2^x=X(>0)$ とするとき，正の実数Xに対して，実数xが1個対応する．
2^x+2^{-x} が値kをとることと，$2^x+2^{-x}=k$ を満たす実数xが存在することは同値である．ここで，$X+\dfrac{1}{X}=k$ より，

$$X^2+1=kX \quad すなわち \quad X^2-kX+1=0 \quad \cdots\cdots①$$

①を満たす正の実数Xが存在するkの範囲を調べる．①の左辺を$f(X)$ として，XY平面上において放物線$Y=f(X)$，$Y=0$ の共有点を考える．
$f(0)=1>0$ であることから，①が正の実数解をもつとすれば，$X=\dfrac{k}{2}>0$，つまり$k>0$ について考えれば十分．この下で，

$$f(X)=\left(X-\frac{k}{2}\right)^2-\frac{k^2}{4}+1$$

であることから，①が正の実数解をもつ条件は

$$k>0 \quad かつ \quad -\frac{k^2}{4}+1\leqq 0 \iff k\geqq 2$$

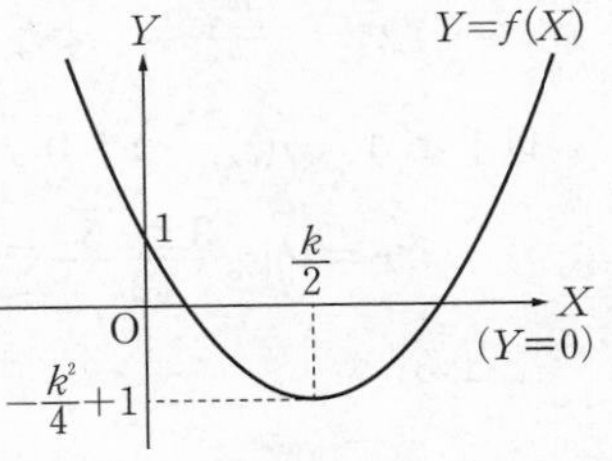

である．
以上から，2^x+2^{-x} のとりうる値の範囲は　$\boldsymbol{2^x+2^{-x}\geqq 2}$　……**答**

(2)　$X+\dfrac{1}{X}=t$ より，$X^2+\dfrac{1}{X^2}$，$X^3+\dfrac{1}{X^3}$ を t で表すと，

$$X^2+\frac{1}{X^2}=\left(X+\frac{1}{X}\right)^2-2X\cdot\frac{1}{X}=t^2-2 \quad \cdots\cdots②$$

$$X^3+\frac{1}{X^3}=\left(X+\frac{1}{X}\right)^3-3X^2\cdot\frac{1}{X}-3X\cdot\left(\frac{1}{X}\right)^2$$

$$=\left(X+\frac{1}{X}\right)^3-3\left(X+\frac{1}{X}\right)$$

$$=t^3-3t \quad \cdots\cdots③$$

②，③より，$f(x)$ を t で表すと，

$$f(x)=2^{3x}+2^{-3x}-4(2^{2x}+2^{-2x})$$

$$=X^3+\frac{1}{X^3}-4\left(X^2+\frac{1}{X^2}\right)$$

$$=(t^3-3t)-4(t^2-2)$$

$$=\boldsymbol{t^3-4t^2-3t+8} \quad \cdots\cdots④\text{答}$$

(3)　④の式を $g(t)$ とする．

$$g(t)=t^3-4t^2-3t+8$$

$$\therefore\quad g'(t)=3t^2-8t-3=(3t+1)(t-3)$$

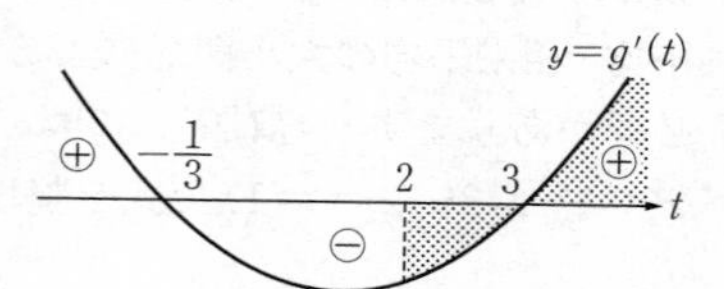

$g(t)$ の $t\geqq 2$ における増減は次のようになる．

t	2	$\cdots$	3	$\cdots$
$g'(t)$		$-$	0	$+$
$g(t)$		↘	-10	↗

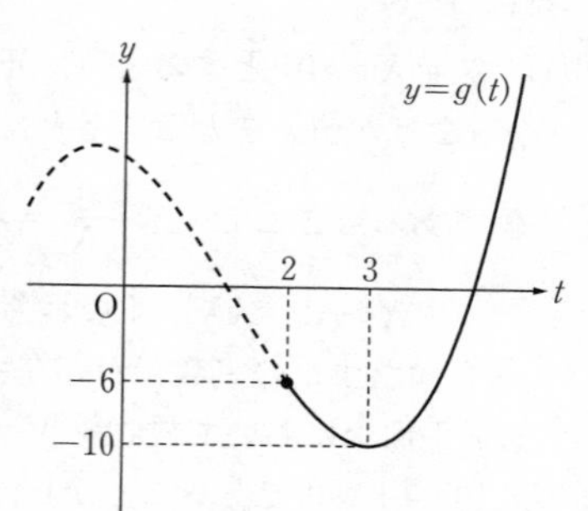

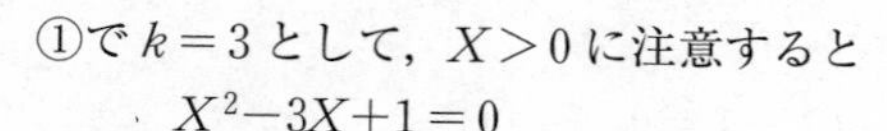

①で $k=3$ として，$X>0$ に注意すると

$$X^2-3X+1=0$$

$$\therefore\quad X=\frac{3\pm\sqrt{5}}{2}$$

このとき，$X=2^x$ より

$$2^x=\frac{3\pm\sqrt{5}}{2} \quad すなわち \quad x=\log_2\frac{3\pm\sqrt{5}}{2}$$

以上より，$g(t)$，つまり $f(x)$ は

$$\boldsymbol{x=\log_2\frac{3\pm\sqrt{5}}{2}} \text{ で最小値} \boldsymbol{-10} \quad \cdots\cdots\text{答}$$

をとる．

詳説 EXPLANATION

▶(1)で $t=2^x+\dfrac{1}{2^x}$ に相加平均・相乗平均の大小関係を用いても，tの値域や，tに対応するxの個数を調べたことにはなりません．

相加平均・相乗平均の大小関係

$\alpha>0$，$\beta>0$ のとき $\dfrac{\alpha+\beta}{2}\geqq\sqrt{\alpha\beta}$ が成り立つ．等号が成り立つのは，$\alpha=\beta$のときに限られる．

この式を $\alpha+\beta\geqq2\sqrt{\alpha\beta}$ の形で用いることで

$$2^x+\frac{1}{2^x}\geqq2\sqrt{2^x\cdot\frac{1}{2^x}}=2$$

としても，「$2^x+\dfrac{1}{2^x}$ の値域は $\{k\,|\,k\geqq2\}$ の部分集合である」ことを主張したにすぎないのです．

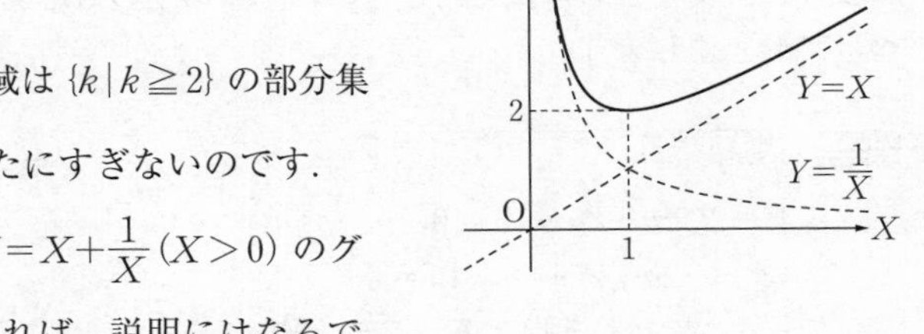

なお，$2^x=X$ として，$Y=X+\dfrac{1}{X}\ (X>0)$ のグラフを考えることができれば，説明にはなるでしょう．数学Ⅲまで学習していれば微分すれば済む話ですが，そうでなくても「Xを 0 に近づければYはいくらでも大きくなり，Xを大きくすれば$\dfrac{1}{X}$が 0 に近づくことから，$Y=X+\dfrac{1}{X}$ は$Y=X$ に近づく」ことから概形は考えられるでしょう．

33. 指数関数のおき換え②

〈頻出度 ★★★〉

aを実数とする．方程式 $4^x-2^{x+1}a+8a-15=0$ について，次の問いに答えよ．

(1)　この方程式が実数解をただ1つもつようなaの値の範囲を求めよ．

(2)　この方程式が異なる2つの実数解α，βをもち，$\alpha\geqq1$ かつ $\beta\geqq1$ を満たすようなaの値の範囲を求めよ．

(弘前大)

着眼 VIEWPOINT

指数・対数関数は大問としてテーマにしやすい事柄がそう多くなく，その中で，問題32と同様に「おき換えて多項式の問題に帰着させる」問題が多いです.「解答」のように，文字をおき換えたときには，値同士の対応関係を正しく説明する癖をつけておきましょう．

解答 ANSWER

$$4^x-2^{x+1}a+8a-15=0 \quad \cdots\cdots①$$

$$(2^x)^2-2a\cdot2^x+8a-15=0$$

ここで，$t=2^x$ とおき換える．このとき，

$$t^2-2at+8a-15=0 \quad \cdots\cdots②$$

tとxは右図のように対応する．つまり，

・$t>0$ のとき
　tに対してxが1つ対応し，
・$t\leqq0$ のとき
　tに対応する実数xは存在しない．
　……③

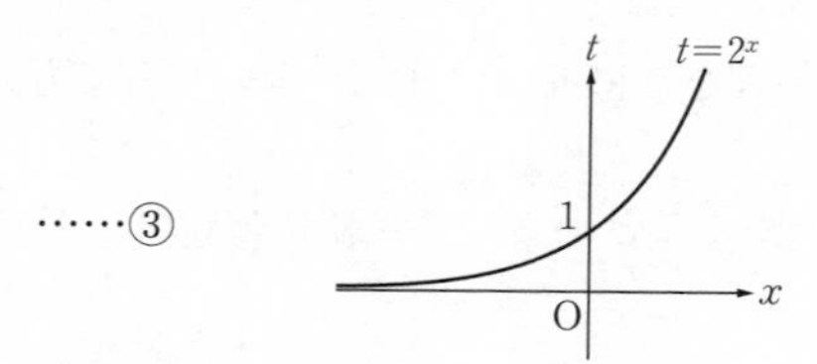

(1)　③より，xの方程式①が実数解をただ1つもつ条件は，

　tの方程式②が $t>0$ に実数解をただ1つもつこと

である．(重解は1つと数える.) ②の左辺を $f(t)$ とすると，$f(t)=(t-a)^2-a^2+8a-15$ である．

(i)　②が正，負に1つずつ解をもつとき
$f(0)<0$ から，

$$8a-15<0 \quad すなわち \quad a<\frac{15}{8}$$

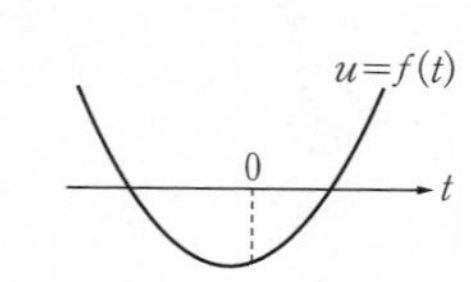

(ii) ②が $t=0$, $t>0$ それぞれに1つずつ解をもつとき

$f(0)=0$ から, $a=\dfrac{15}{8}$. このとき,

$$f(t)=t^2-\frac{15}{4}t=t\left(t-\frac{15}{4}\right)$$

他方の解は $t=\dfrac{15}{4}$ であり, これは正なので条件を満たす.

(iii) ②が正の重解をもつとき

$$f(t)=(t-a)^2-(a-3)(a-5)$$

から, 満たすべき条件は

$$a>0 \quad かつ \quad (a-3)(a-5)=0 \iff a=3,\ 5$$

(i), (ii), (iii)から, 求める範囲は

$$\boldsymbol{a \leqq \frac{15}{8},\ a=3,\ 5} \quad \cdots\cdots 答$$

(2) $t=2^x$ より, x と t は図のように対応する. したがって,「①が1以上の異なる2つの実数解 α, β をもつ」条件は,「方程式②が, $t \geqq 2$ の範囲に異なる2つの実数解をもつこと」である. すなわち, 求める条件は

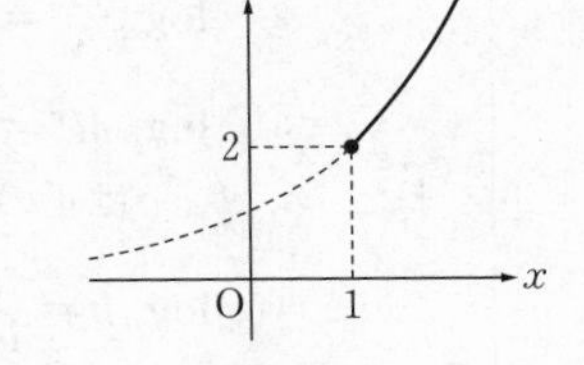

$$f(2) \geqq 0 \quad かつ \quad a \geqq 2 \quad かつ \quad f(a)<0$$

つまり,

$$\begin{cases} 4a-11 \geqq 0 \\ a \geqq 2 \\ -a^2+8a-15<0 \end{cases}$$

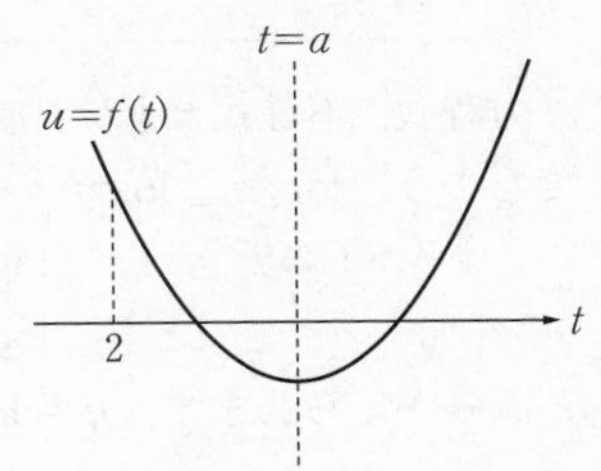

$$\iff \boldsymbol{\frac{11}{4} \leqq a<3,\ 5<a} \quad \cdots\cdots 答$$

34. 対数方程式，不等式

〈頻出度 ★★★〉

1　方程式 $\log_{\sqrt{7}}(x-5)-\log_7(x+9)=1$ を解け．（岩手大）

2　不等式 $(\log_2 2x)\left(\log_{\frac{1}{2}}\dfrac{4}{x}\right)\leqq 4$ を解け．（青山学院大）

着眼 VIEWPOINT

基本的な対数を含む方程式，不等式の問題です．

対数の性質，底の変換公式

$a>0$，$a\neq 1$，$M>0$，$N>0$，k が実数のとき

① $\boldsymbol{\log_a MN=\log_a M+\log_a N}$

② $\boldsymbol{\log_a \dfrac{M}{N}=\log_a M-\log_a N}$

③ $\boldsymbol{\log_a M^k=k\log_a M}$

また，a，b，c は正の実数で，$a\neq 1$，$b\neq 1$，$c\neq 1$ とするとき

④ $\boldsymbol{\log_a b=\dfrac{\log_c b}{\log_c a}}$　**（底の変換公式）**

方程式，不等式ともに，**底をそろえて，両辺とも $\log_c$ ▭ の形を目指す**とよいでしょう．$\log_c a\geqq\log_c b$ の形まで変形すれば，

$c>1$ のとき　$\log_c a\geqq\log_c b \iff a\geqq b$

$0<c<1$ のとき　$\log_c a\geqq\log_c b \iff a\leqq b$

と読みかえられます．**$y=\log_c x$ のグラフから対応を確認する**ようにしましょう．

解答 ANSWER

1　それぞれの値の真数は正であることから，

$x-5>0$　かつ　$x+9>0$

つまり，$x>5$(……①) の範囲で考える．

与えられた方程式を書き換えると，

$$\frac{\log_7(x-5)}{\log_7 7^{\frac{1}{2}}}-\log_7(x+9)=1$$

⬅ $\log_{\sqrt{7}}(x-5)=\dfrac{\log_7(x-5)}{\log_7\sqrt{7}}$

$$\log_7(x-5)^2=1+\log_7(x+9)$$

$$\log_7(x-5)^2=\log_7 7(x+9)$$

⬅ $1=\log_7 7$，$\log_7 7+\log_7(x+9)=\log_7 7(x+9)$

$\therefore \quad (x-5)^2=7(x+9)$

$x^2-10x+25=7x+63$

$(x-19)(x+2)=0 \quad \cdots\cdots②$

①かつ②を満たす x は，$\boldsymbol{x=19}$ ……**答**

2 それぞれの値の真数は正であることから，

$$2x>0 \quad \text{かつ} \quad \frac{4}{x}>0$$

つまり，$x>0$ の範囲で考える．
与えられた不等式を書き換えると

$$(\log_2 x+\log_2 2)\left(\frac{\log_2 \frac{4}{x}}{\log_2 \frac{1}{2}}\right) \leqq 4$$

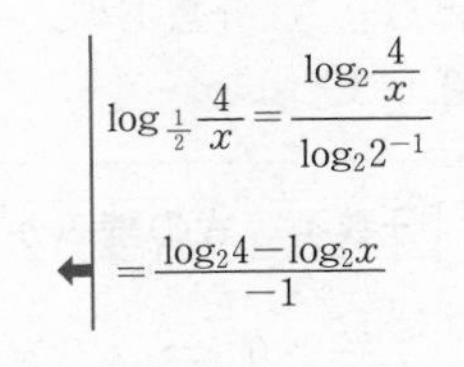

$$(\log_2 x+\log_2 2)\{-(\log_2 4-\log_2 x)\} \leqq 4$$
$$(\log_2 x)^2-\log_2 x-6 \leqq 0$$
$$(\log_2 x+2)(\log_2 x-3) \leqq 0$$
$$-2 \leqq \log_2 x \leqq 3$$

右図より，求める範囲は，$\boldsymbol{\frac{1}{4} \leqq x \leqq 8}$ ……**答**

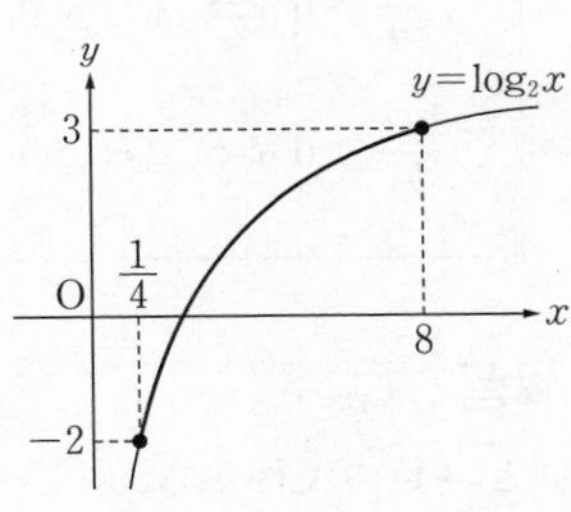

詳説 EXPLANATION

▶対数を扱うとき，1の①のように，「それぞれの対数の真数」が正である範囲(……(*))を確認します．本問の条件は，この範囲が容易に求められますが，これが難しいこともあります．（例えば，$\log_2(x^3-7x+1)$ であれば，$x^3-7x+1>0$ は解けないのではないでしょうか．）このようなときは，とりあえず(*)を無視して式の変形を進めてしまうのも一手でしょう．得られた x の値のうち，(*)に入るものを解とすればよいのです．

35. 対数不等式を満たす点の存在範囲

〈頻出度 ★★★〉

不等式 $\log_x y < 2 + 3\log_y x$ の表す領域を座標平面上に図示せよ．（宮崎大）

着眼 VIEWPOINT

不等式を満たす点 $(x,\ y)$ の全体を図示する問題です．式が複雑で，手がつけにくいかもしれません．底と真数の条件を確認したうえで，それぞれの値の底を何かの値で揃えてしまうのが良いでしょう．「解答」は底を x に揃えていますが，y にしてもよく，また，定数にしても問題ありません（☞詳説）．あとは（おき換えて得られる）分数不等式を正しく処理できれば問題ありません．次の読みかえに注意しましょう．

分数不等式の読みかえ

$$\frac{B}{A} > 0 \iff AB > 0$$

$$\frac{B}{A} \geqq 0 \iff AB \geqq 0 \quad \text{かつ} \quad A \neq 0$$

解答 ANSWER

底と真数の条件から，

$(0 < x < 1$ または $1 < x)$ かつ $(0 < y < 1$ または $1 < y)$ ……①

①のもとで，それぞれの値の底を x に揃える．

$$\log_x y < 2 + \frac{3}{\log_x y}$$

$\log_x y = t$ とおき換えると

$$t < 2 + \frac{3}{t} \iff \frac{t^2 - 2t - 3}{t} < 0$$

$$\iff \frac{(t-3)(t+1)}{t} < 0$$

$$\iff t(t-3)(t+1) < 0$$

$$\iff t < -1,\ 0 < t < 3$$

つまり，

$$\log_x y < \log_x \frac{1}{x},\ \log_x 1 < \log_x y < \log_x x^3$$

であるから，

$$\left.\begin{array}{ll} 0<x<1 \text{のとき} & y>\dfrac{1}{x},\ 1>y>x^3 \\ x>1 \text{のとき} & y<\dfrac{1}{x},\ 1<y<x^3 \end{array}\right\} \quad \cdots\cdots②$$

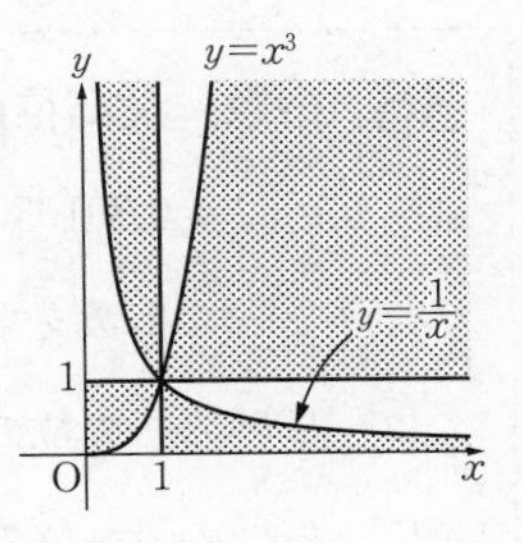

①かつ②が求める範囲であり，これを図示すると右図の網目部分である．(境界を全て除く)

詳説 EXPLANATION

▶「解答」では底を x に揃えていますが，定数を底としてもよいでしょう．

別解

①のもとで，与えられた不等式は次のように書き換えられる．

$$\frac{\log_{10}y}{\log_{10}x}-3\cdot\frac{\log_{10}x}{\log_{10}y}-2<0$$

ここで，$\log_{10}x=X$，$\log_{10}y=Y$ とおくと，

$$\frac{Y}{X}-\frac{3X}{Y}-2<0 \iff \frac{Y^2-2XY-3X^2}{XY}<0$$

$$\iff \frac{(Y+X)(Y-3X)}{XY}<0$$

$$\iff XY(Y+X)(Y-3X)<0$$

したがって，

$$(\log_{10}x)(\log_{10}y)(\log_{10}xy)\left(\log_{10}\frac{y}{x^3}\right)<0 \quad \cdots\cdots④$$

ここで，求める領域の境界は，

$$\log_{10}x=0,\ \log_{10}y=0,\ \log_{10}xy=0,\ \log_{10}y-\log_{10}x^3=0$$

すなわち，

$$x=1,\ y=1,\ xy=1,\ y=x^3 \quad \cdots\cdots⑤$$

である．

したがって，①の中で，⑤の境界を越えるたびに，④の不等式を満たすか否か，つまり，領域に含まれるか否かが交互に決まる．求める領域は「解答」と同じ．

36. 桁数，最高位の決定

〈頻出度 ★★★〉

1　$\log_{10}2 = 0.301030$，$\log_{10}3 = 0.477121$ として，次の問いに答えよ．

(1)　2^{2018} の桁数を求めよ．

(2)　2^{2018} の一の位の数字を求めよ．

(3)　2^{2018} の最高位の数字を求めよ．

（立命館大 改題）

2　同じ品質のガラス板を 7 枚重ねて光を透過させたら，光の強さがはじめの $\frac{1}{6}$ 倍になった．透過した光の強さをはじめの $\frac{1}{1000}$ 倍以下にするためには，このガラス板を少なくとも何枚重ねればよいか，ただし，$\log_{10}2 = 0.301$，$\log_{10}3 = 0.477$ とする．

（北九州市立大 改題）

着眼 VIEWPOINT

1は値 N の桁数，最高位の値を調べる問題です．桁数を調べるのに「10 を底とした対数をとる」ことは，一度は経験がある人が多いでしょう．例えば，$\log_{10}N = 32.41$ としたときは，$\log_{10}N = 32.41 \Leftrightarrow N = 10^{32.41}$ です．
これより，

$$n = 10^{32.41} = 10^{32} \cdot 10^{0.41} = \underbrace{100\cdots\cdots000}_{32コ} \times 10^{0.41}$$

とみることで，桁数は 33 桁，最高位の数は「$10^{0.41}$ が大体いくつくらいか？」を考えればわかる，と納得できます．

解答 ANSWER

1 (1)　N が m 桁の整数 $\Leftrightarrow 10^{m-1} \leqq N < 10^m$

$$\Leftrightarrow m-1 \leqq \log_{10}N < m \quad \cdots\cdots ①$$

①を満たす整数 m を求める．

$$\log_{10}N = \log_{10}2^{2018} = 2018 \cdot 0.301030 = 607.4\cdots\cdots$$

なので，$N = 2^{2018}$ とすれば，①を満たす m は $m = 608$ である．
したがって，**2^{2018} は 608 桁の整数である．**　……答

(2)　$2 = 2$，$2^2 = 4$，$2^3 = 8$，$2^4 = 16$，$2^5 = 32$，$2^6 = 64$，……
である．ここで，n を正の整数として

$$2^{n+4} - 2^n = 2^{n-1}(2^5 - 2) = 2^{n-1} \cdot 30 \quad \cdots\cdots ②$$

である．②の右辺は10の倍数なので，2^{n+4} と 2^n を10で割った余りは等しい．$2018=4\cdot504+2$ より，2^{2018} と 2^2 を10で割った余り，つまり一の位は同じである．

したがって，2^{2018} の一の位は　**4**　……答

(3)　(1)より，

$$2^{2018}=10^{607.47854}=10^{607}\cdot10^{0.47854}$$

となる．ここで，$\log_{10}2=0.301030$，$\log_{10}3=0.477121$ より

$$2=10^{0.301030},\ 3=10^{0.477121},\ 4=2^2=10^{2\cdot0.301030}=10^{0.602060}$$

である．つまり，

$$10^{0.477121}<10^{0.47854}<10^{0.602060}\quad すなわち\quad 3<10^{0.47854}<4$$

となる．したがって，2^{2018} の最高位の数は　**3**　……答

2　ガラス1枚で光の強さが x 倍になるとする．最初の光の強さを N_0，ガラスを7枚重ねたときの光の強さを N とするとき，次が成り立つ．

$$N=N_0\times x^7=\frac{1}{6}N_0$$

$$\therefore\quad x=\left(\frac{1}{6}\right)^{\frac{1}{7}}\quad ……①$$

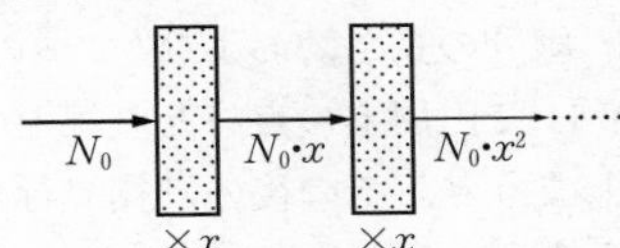

n 枚のガラスで光の強さが $\frac{1}{1000}$ 倍以下になるとき，①より

$$x^n\leqq\frac{1}{1000}\quad すなわち\quad 6^{-\frac{n}{7}}\leqq10^{-3}\quad ……②$$

②の両辺で，底を10とした対数をとると，

$$-\frac{n}{7}\log_{10}6\leqq-3$$

$$n\log_{10}6\geqq21$$

$$n\geqq\frac{21}{\log_{10}6}$$

$\log_{10}2=0.301$，$\log_{10}3=0.477$ から

$$n\geqq\frac{21}{\log_{10}2+\log_{10}3}=\frac{21}{0.301+0.477}=\frac{21}{0.778}=26.9……\quad ……③$$

③を満たす最小の自然数 n は，$n=27$ である．つまり，**27枚**　……答

解説 第4章 図形と方程式

37. 線分の長さの和の最大値

〈頻出度 ★★★〉

座標平面上において，放物線 $y=x^2$ 上の点をP，
円 $(x-3)^2+(y-1)^2=1$ 上の点をQ，直線 $y=x-4$ 上の点をRとする.

(1) QRの最小値を求めよ.

(2) PR＋QRの最小値を求めよ.

（早稲田大）

着眼 VIEWPOINT

線分の長さ，および「2つの線分の長さの和」の最小値を求める問題です.

(1)で円周上の点Qと直線上の点Rの両方にパラメタを設定して距離の式にしてしまうと，その後の計算で行き詰まります. **一度に動かすものは少ない方がよい**と考え，QとRの一方，Rを固定してQだけ動かすことで，QRが最小となる（必要）条件が見えるとよいでしょう.

(2)がやや考えにくいかもしれません. 例えば，(動かない) 直線Lと，L上になくLから見て同じ側にある点A，Bをとり，また，L上に動く点Pをとります. このとき，AP＋PBを最小にしたければ，図のようにBのLに関する対称点B′をとり，Pを直線AB′とLの交点P_0にとります. この問題も同じ要領で進めたいので，放物線か円，いずれかを直線に関し対称に移せば，同様の議論ができます.

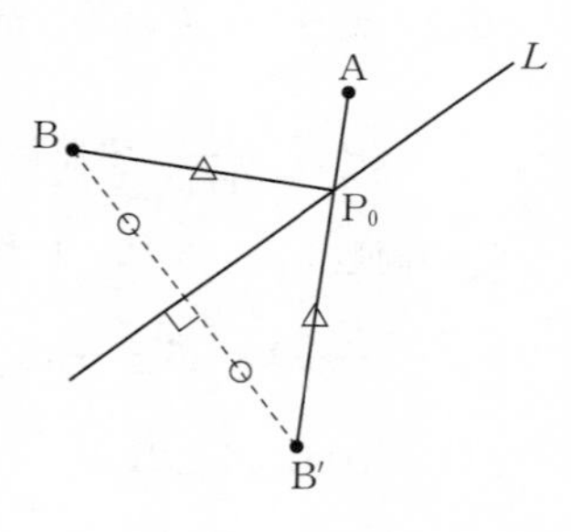

解答 ANSWER

(1) 円C：$(x-3)^2+(y-1)^2=1$は中心A(3, 1)，半径1の円である. また，
L：$y=x-4$とする.
点RをL上に固定すると，QRが最小となるのはR，Q，Aがこの順に一直線にあるときである.（……(*)）このとき，QR＝AR$-r$である. 次に，(*)のもとでQを円C上で動かす. QRが最小となるのはARが最小のときであり，それはAR⊥Lのときである.
点Aと$x-y-4=0$（……①）の表す直線Lとの距離dは，点と直線の距離の公式より

$$d=\frac{|3-1-4|}{\sqrt{1^2+(-1)^2}}=\sqrt{2}$$

したがって，線分QRの長さの最小値は

$$d-r=\sqrt{\mathbf{2}}-\mathbf{1} \quad \cdots\cdots \text{答}$$

(2)　円Cの，直線Lに関して対称な円をC'，また，その中心をA$'$とおく．線分AA$'$の中点をHとするとき，直線AHの方程式は

$$(x-3)+(y-1)=0 \quad \text{すなわち} \quad x+y-4=0 \quad \cdots\cdots②$$

である．①，②を連立して，Hの座標$(4,\ 0)$を得る．

A$'$はHに関するAの対称点なので，A$'(u,\ v)$とすると，次が成り立つ．

$$\frac{3+u}{2}=4 \quad \text{かつ} \quad \frac{1+v}{2}=0$$

これより，$(u,\ v)=(5,\ -1)$，つまり，A$'(5,\ -1)$である．

これとC'とCの半径が等しいことを合わせて，C'の方程式は

$$(x-5)^2+(y+1)^2=1$$

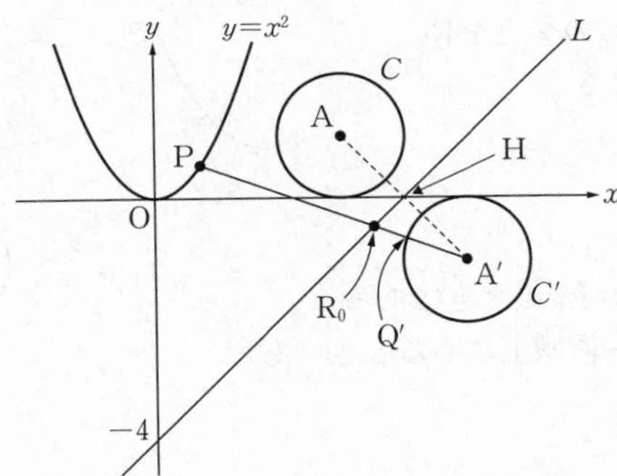

放物線$F: y=x^2$とする．(*)と同様に考える．点Q$'$をLに関するQの対称点とする．点RをL上に固定すると，RQ$=$RQ$'$が最小となるのは，R，Q$'$，A$'$がこの順に同一直線上にあるときである．

次に，F上に点P$(t,\ t^2)$（tは実数）を固定すると，PR$+$QRが最小となるのは，Rを線分PA$'$とLの共有点R_0にとるときである．（……(**)）つまり，P, R, Q$'$, A$'$をこの順に同一直線上にとるときにPR$+$QRは最小である．このとき，

$$\mathrm{PA}'=\sqrt{(t-5)^2+(t^2+1)^2}=\sqrt{t^4+3t^2-10t+26}$$

ここで$f(t)=t^4+3t^2-10t+26$とおくと，

$$\begin{aligned} f'(t)&=4t^3+6t-10 \\ &=2(t-1)(2t^2+2t+5) \\ &=2(t-1)\left\{2\left(t+\frac{1}{2}\right)^2+\frac{9}{2}\right\} \end{aligned}$$

$f'(t)$ の符号は $t-1$ の符号と一致するので，$t=1$ で極小かつ最小である．したがって，$f(t)$ の最小値は $f(1)=20$ であり，これは，F上で点Pを動かしたときの「線分PA′の距離の最小値」の 2 乗である．

PR＋QR の最小値は，　$\sqrt{f(1)}-1=\mathbf{2\sqrt{5}-1}$ ……答

詳説 EXPLANATION

▶ (*) 部分の根拠は次のとおりです．

RをL上に固定し，線分ARとCの共有点をQ′とする．

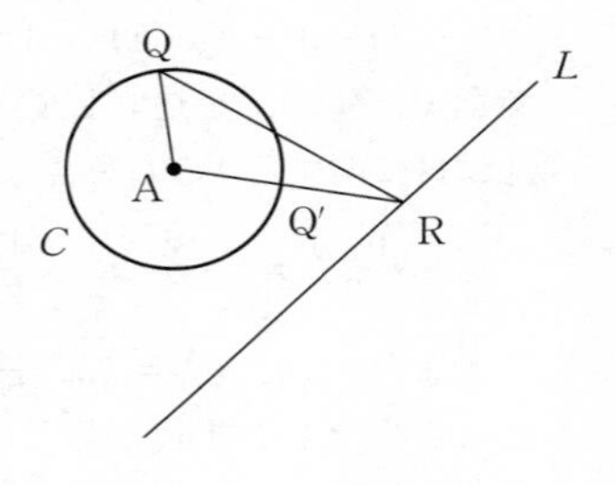

また，C上にQをとるとき，三角不等式より

$$\mathrm{AQ}+\mathrm{QR} \geqq \mathrm{AR}=\mathrm{AQ'}+\mathrm{Q'R}$$

であり，等号が成り立つのはQ＝Q′ のときである．つまり，R，Q，Aがこの順に一直線上にあるときである．

▶ (**) 部分の根拠は次のとおりです．

PをF上に固定し，線分PA′とLの交点を$\mathrm{R_0}$とする．また，L上にRをとるとき

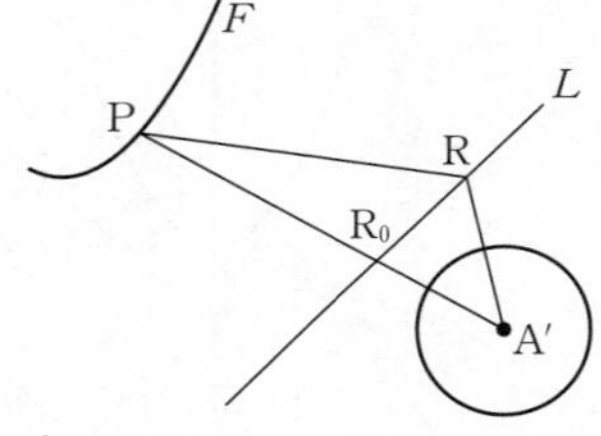

$$\begin{aligned}\mathrm{PR}+\mathrm{RA}&=\mathrm{PR}+\mathrm{RA'}\\&\geqq \mathrm{PA'}\\&=\mathrm{PR_0}+\mathrm{R_0A'}\end{aligned}$$

であり，等号が成り立つのは$\mathrm{R}=\mathrm{R_0}$ のときである．

つまり，P，R，A′がこの順に一直線上にあるときである．

38. 円の共有点を通る図形の式

〈頻出度 ★★★〉

2つの円 $(x-1)^2+(y-2)^2=4$，$(x-4)^2+(y-6)^2=r^2$ について，次の設問に答えよ．ただし，r は正の定数とする．

(1) 2つの円が交点をもたないための r の必要十分条件を求めよ．

(2) $r=4$ のとき，2つの円の交点を通る直線の方程式を求めよ．

(3) $r=6$ のとき，2つの円の交点，及び原点を通る円の方程式を求めよ．

（頻出問題）

着眼 VIEWPOINT

(1)は，オーソドックスに「2つの円の中心同士の距離」と円の半径を比較するとよいでしょう．立てる式がわからなくなってしまったときは，ラフな図で構いませんから，2つの円が内接しているときと，外接しているときに中心同士の距離がどのように表されるか，を考えてみましょう．

(2)(3)は，いわゆる「曲線束」の問題です．

曲線の共有点を通る曲線（曲線束）

2の図形で $C_1 : f(x,\ y)=0$，$C_2 : g(x,\ y)=0$ が共有点をもつとき，s，t を実数として

$$s\cdot f(x,\ y)+t\cdot g(x,\ y)=0$$

で表される図形は，C_1 と C_2 のすべての共有点を通る．

この考え方を正しく用いることができれば，**交点の座標を求めることなく，交点を通る図形の式を得られること**が優れた点です．ただし，きちんとした解答にするのは，相当に気を使う問題です．

解答 ANSWER

$$C_1 : (x-1)^2+(y-2)^2=2^2$$
$$C_2 : (x-4)^2+(y-6)^2=r^2$$

C_1 の中心は $\mathrm{P}(1,\ 2)$，C_2 の中心は $\mathrm{Q}(4,\ 6)$ である．

(1) 2つの円が交点をもたないための条件は，$(2+r<\mathrm{PQ}$ または $|r-2|>\mathrm{PQ})$ である．

$\mathrm{PQ}=\sqrt{(4-1)^2+(6-2)^2}$ より，求める条件は

$$2+r<5,\ |r-2|>5$$

$r>0$ と合わせて，求める範囲は　$\boldsymbol{0<r<3,\ r>7}$　……答

(2)　(1)より，$3<r<7$（……①）のとき，C_1 と C_2 は交差し，２つの交点をもつ．交点の１つをPとし，その座標を $(X,\ Y)$ とおく．ここで，k を実数の定数として

$$k\{(x-1)^2+(y-2)^2-4\}+(x-4)^2+(y-6)^2-r^2=0 \quad \cdots\cdots②$$

とする．このとき，Pは C_1 上かつ C_2 上であることから，$(x,\ y)=(X,\ Y)$ は②を満たす．したがって，r が①を満たすとき，②は C_1 と C_2 の２つの交点を通る図形である．

$r=4$ は①を満たすので，②で $r=4$ とする．このときに，$k=-1$ とすると，

$$(2-8)x+(4-12)y-1+16+36-16=0$$

$$6x+8y-35=0 \quad \cdots\cdots③$$

座標平面において，２つの異なる点を通る直線は１つに定まるので，③が求める直線の方程式である．したがって，

$$\boldsymbol{6x+8y-35=0} \quad \cdots\cdots\text{答}$$

(3)　$r=6$ は①を満たすので，②で $r=6$ とする．また，$(x,\ y)=(0,\ 0)$ を代入すると，

$$k+16=0 \quad \text{すなわち} \quad k=-16 \quad \cdots\cdots④$$

④を②に代入して

$$-15x^2+(32-8)x-15y^2+(64-12)y=0$$

$$15x^2-24x+15y^2-52y=0 \quad \cdots\cdots⑤$$

⑤は円を表す．座標平面上で異なる３点（２交点と原点）を通る円はただ１つに定まるので，⑤が求める円の方程式である．したがって，

$$\boldsymbol{15x^2-24x+15y^2-52y=0} \quad \cdots\cdots\text{答}$$

詳説 EXPLANATION

▶(1)は，連立方程式を同値変形してもよいでしょう．一般に

$$A=0 \quad \text{かつ} \quad B=0 \iff A=0 \quad \text{かつ} \quad A-B=0$$

が成り立ち，次の別解はこれを利用しています．

別解

(1)　円 C_1，C_2 の式を展開，整理して順に①，②とする．

$$\begin{cases} x^2+y^2-2x-4y+1=0 & \cdots\cdots① \\ x^2+y^2-8x-12y+52-r^2=0 & \cdots\cdots② \end{cases}$$

$$\iff \begin{cases} x^2+y^2-2x-4y+1=0 & \cdots\cdots① \\ 6x+8y-51+r^2=0 & \cdots\cdots③ \end{cases}$$

したがって，①と②が交差しない条件と，①と③が交差しない条件は同じである．①の円の中心は A (1, 2)，半径は 2 なので，直線③と交差しない r の範囲を求める．点と直線の距離の公式より

$$\frac{|6\cdot1+8\cdot2-51+r^2|}{\sqrt{6^2+8^2}}>2$$

$$\Leftrightarrow\ |r^2-29|>2\cdot10$$

$$\Leftrightarrow\ r^2-29<-20,\ 20<r^2-29$$

$$\Leftrightarrow\ r^2<9,\ 49<r^2$$

$r>0$ より，求める範囲は　$\boldsymbol{0<r<3,\ r>7}$　……答

(2)　(1)の過程より，$3<r<7$ で①，②は交差する．$r=4$ はこれに含まれるので，求める直線の方程式は，③で $r=4$ として，

$\boldsymbol{6x+8y-35=0}$　……答

39. 2つの円の共通接線

〈頻出度 ★★★〉

次の 2 つの円

$x^2+y^2=1$ ……①　　$x^2+y^2-2kx+3k=0$ ……②

について，次の問いに答えよ．ただし，kは実数の定数とする．

(1) ②が円の方程式を表すためのkの値の範囲を求めよ．

(2) $k=4$ のとき，円①，②の共通接線の方程式をすべて求めよ．

（早稲田大 改題）

着眼 VIEWPOINT

円の共通接線を求める問題です．**図形的な問題では,「初等幾何」「三角比」「ベクトル」「座標平面」のうち，どの手法が有効か**，を判断しないとなりません．円の接線の問題では，幾何的な性質が生かしやすいことが多いです．座標平面の問題なので座標で解く，と決めつけないようにしましょう．

解答 ANSWER

(1) ②より

$$(x-k)^2+y^2=k(k-3)$$

したがって，②が円となる条件は

$k(k-3)>0$ すなわち $\boldsymbol{k<0,\ 3<k}$ ……**答**

(2) $k=4$ のとき，②の方程式は $(x-4)^2+y^2=2^2$ である．すなわち，

①の円C_1は　中心 O(0, 0)，半径 $r_1=1$

②の円C_2は　中心 A(4, 0)，半径 $r_2=2$

である．共通外接線(①，②の共通接線のうち，線分OAと交わらないもの) L_1, L_2 について

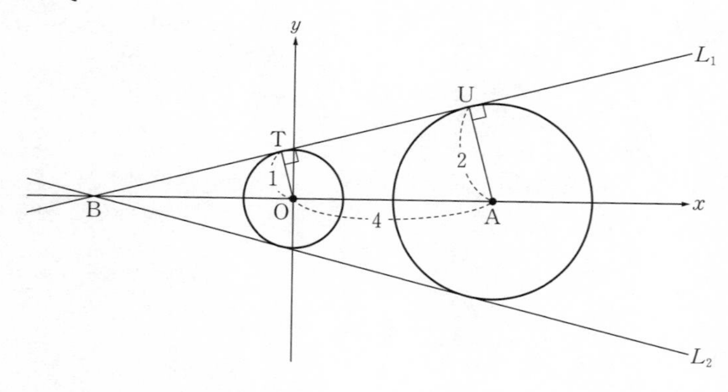

図のようにL_1上の3点B，T，Uをとる．このとき，$L_1 \perp$OT，$L_1 \perp$AUから，△BTO∽△BUAである．したがって，

$$\mathrm{BO : BA = OT : AU} = 1 : 2$$

$$\therefore \quad \mathrm{BO = OA} = 4$$

つまり，L_1，L_2が通る点Bの座標は，$(-4,\ 0)$である．

次に，L_1の傾きを調べる．

← L_1の式を$y=m(x+4)$とおき，円①，②と接する条件を（点と直線の距離の公式で）与えてもよいでしょう．

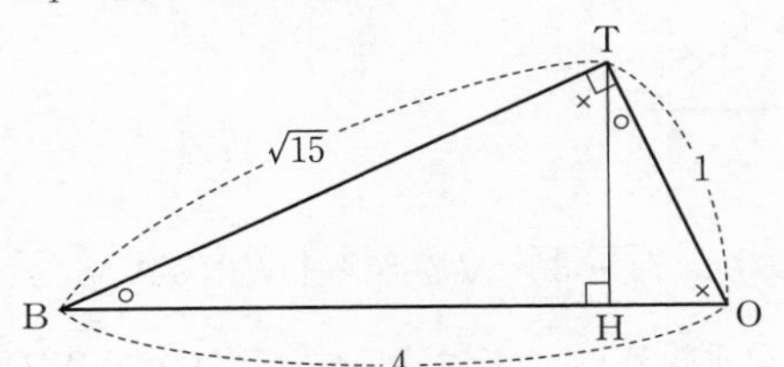

三平方の定理から，$\mathrm{BT}=\sqrt{4^2-1^2}=\sqrt{15}$である．上図のようにTからOBに垂線THを下ろすと，△OTB∽△THBより，$\dfrac{\mathrm{HT}}{\mathrm{BH}}=\dfrac{\mathrm{TO}}{\mathrm{BT}}=\dfrac{1}{\sqrt{15}}$であり，これが$L_1$の傾きである．$C_1$，$C_2$の$x$軸に関する対称性より，$L_2$の傾きは$-\dfrac{1}{\sqrt{15}}$である．

したがって，共通外接線L_1，L_2の式は　$y=\pm\dfrac{1}{\sqrt{15}}(x+4)$

共通内接線（①，②の共通接線のうち，線分OAと交わるもの）L_3，L_4について

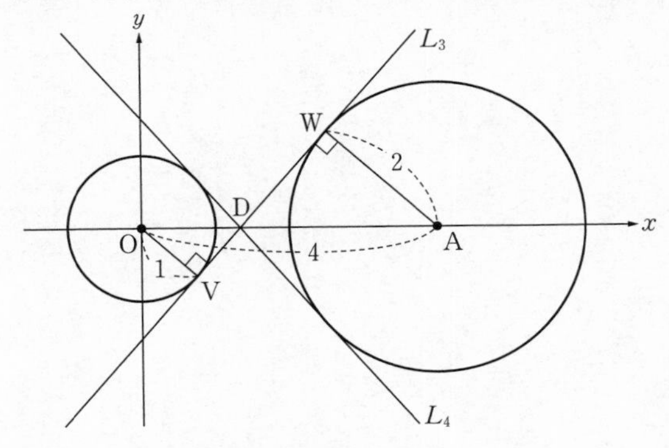

上図のようにL_3上の3点D，V，Wをとる．このとき，$L_3 \perp$OV，$L_3 \perp$AWから，△OVD∽△AWDである．したがって，

$$\mathrm{OD : DA = OV : AW} = 1 : 2$$

$$\therefore \quad \mathrm{OD}=\frac{1}{1+2}\cdot\mathrm{OA}=\frac{1}{3}\cdot 4=\frac{4}{3}$$

したがって，$\mathrm{D}\left(\frac{4}{3},\ 0\right)$，$\mathrm{AD}=4-\frac{4}{3}=\frac{8}{3}$ である．

次に，L_3 の傾きを調べる．

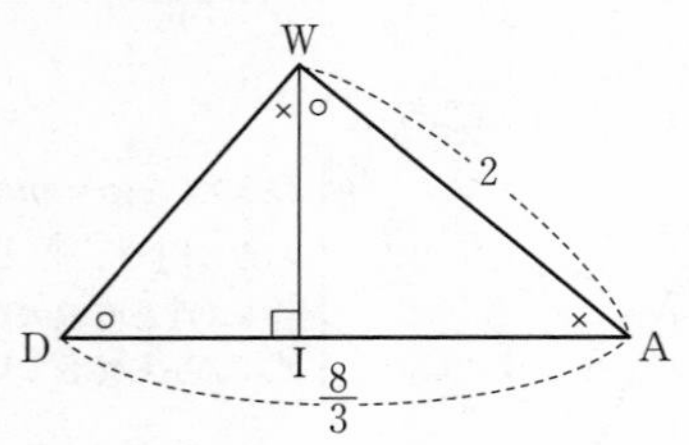

$\mathrm{DA}:\mathrm{AW}=\frac{8}{3}:2=4:3$ であり，$\sqrt{4^2-3^2}=\sqrt{7}$ から $\mathrm{DW}:\mathrm{WA}=\sqrt{7}:3$ である．上図のようにWからADに垂線WIを下ろすと，$\triangle\mathrm{AWD}\backsim\triangle\mathrm{WID}$ より，$\frac{\mathrm{IW}}{\mathrm{DI}}=\frac{\mathrm{WA}}{\mathrm{DW}}=\frac{3}{\sqrt{7}}$ であり，これが L_3 の傾きである．C_1，C_2 の x 軸に関する対称性より，L_4 の傾きは $-\frac{3}{\sqrt{7}}$ である．

したがって，共通内接線 L_3，L_4 の式は　$y=\pm\frac{3}{\sqrt{7}}\left(x-\frac{4}{3}\right)$

以上より，求める式は

$$\boldsymbol{y=\pm\frac{1}{\sqrt{15}}(x+4),\ y=\pm\frac{3}{\sqrt{7}}\left(x-\frac{4}{3}\right)}\ \cdots\cdots \text{答}$$

〈頻出度 ★★★〉

40. 曲線と線分の共有点

放物線 $y=x^2+ax+b$ が，2点 $(-1,\ 1)$，$(1,\ 1)$ を結ぶ線分と，ただ1つの共有点をもつような点 $(a,\ b)$ の範囲を座標平面上に図示せよ．

（青山学院大）

着眼 VIEWPOINT

図形同士の共有点が存在する条件を考える問題です．元の図形のままで考えてもできなくはありませんが，問題**10**，**11**のような，方程式の解の存在する条件を考える問題に読みかえるとよいでしょう．

解答 ANSWER

2点 $\mathrm{A}(-1,\ 1)$，$\mathrm{B}(1,\ 1)$ を通る直線は $y=1$ である．つまり，放物線 $C:y=x^2+ax+b$ と線分ABが共有点をもつ条件は，x の方程式

$$x^2+ax+b=1$$

すなわち

$$x^2+ax+b-1=0 \quad \cdots\cdots①$$

が，$-1\leqq x\leqq 1$ にただ1つの解をもつ条件と同値である．それは，次のいずれかの場合である．

(i) ①が $-1\leqq x\leqq 1$ に重解をもつとき

(ii) ①が $-1<x<1$ に重解でない解をただ1つもち，他方の解が $x<-1$ または $1<x$ のとき

(iii) ①が $x=1$，-1 のいずれかのみを解にもち，他方の解が $x<-1$ または $1<x$ のとき

(i) ①が $-1\leqq x\leqq 1$ に重解をもつとき

①より

$$\left(x+\frac{a}{2}\right)^2=\frac{a^2}{4}-b+1 \quad \cdots\cdots②$$

②より，方程式①は $\dfrac{a^2}{4}-b+1=0$ のとき重解をもち，重解は $x=-\dfrac{a}{2}$ である．

したがって，求める条件は

$$\frac{a^2}{4}-b+1=0 \quad かつ \quad -1\leqq -\frac{a}{2}\leqq 1$$

すなわち

$$\left(b=\frac{a^2}{4}+1 \quad かつ \quad -2\leqq a\leqq 2\right) \quad \cdots\cdots③$$

(ii)　①が $-1<x<1$ に重解でない解をただ１つもち，他方の解が $x<-1$ または $x>1$ のとき

①の左辺を $f(x)$ とする．$f(1)$ と $f(-1)$ の符号が異なることと同値である．

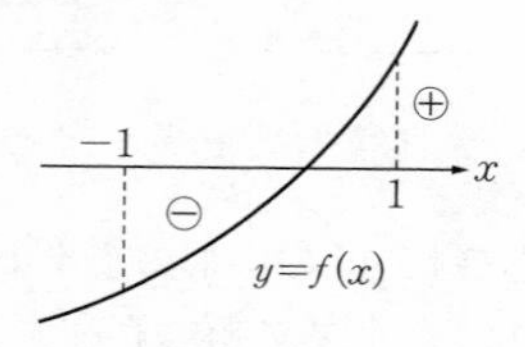

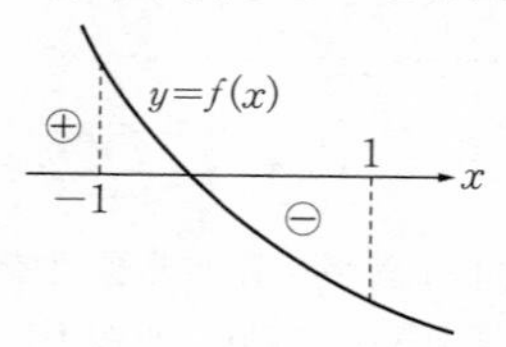

つまり，$f(1)f(-1)<0$，すなわち

$$(a+b)(-a+b)<0 \quad \cdots\cdots④$$

(iii)　①が $x=1$，-1 のいずれかのみを解をもち，他方の解が $x<-1$ または $1<x$ のとき

$f(x)=0$ の解の一つが $x=1$ のとき，$f(1)=0$ が成り立つ．つまり

$$a+b=0 \qquad b=-a \quad \cdots\cdots⑤$$

が成り立つ．このとき，

$$f(x)=x^2+ax-(a+1)=\{x+(a+1)\}(x-1)$$

となり，$f(x)=0$ の解は $x=1$，$-(a+1)$ である．したがって，求める条件は

$$⑤ \quad かつ \quad \{-(a+1)<-1 \quad または \quad 1<-(a+1)\}$$

すなわち，

$$\{⑤ \quad かつ \quad (a<-2 \quad または \quad a>0)\} \quad \cdots\cdots⑥$$

である．

$f(x)=0$ の解の一つが $x=-1$ のとき，$f(-1)=0$ が成り立つ．つまり

$$-a+b=0 \qquad b=a \quad \cdots\cdots⑦$$

が成り立つ．このとき，

$$f(x)=x^2+ax+(a-1)=\{x+(a-1)\}(x+1)$$

となり，$f(x)=0$ の解は $x=-1$，$-(a-1)$ である．したがって，求める条件は

$$⑦ \quad かつ \quad \{-(a-1)<-1 \quad または \quad 1<-(a-1)\}$$

すなわち

$$\{⑦ \quad かつ \quad (a<0 \quad または \quad a>2)\} \quad \cdots\cdots⑧$$

である．

以上から，求める範囲は「③または④または⑥または⑧」であり，これを図示すると次の図の網目部分および太線部分である．ただし，原点は含まない．

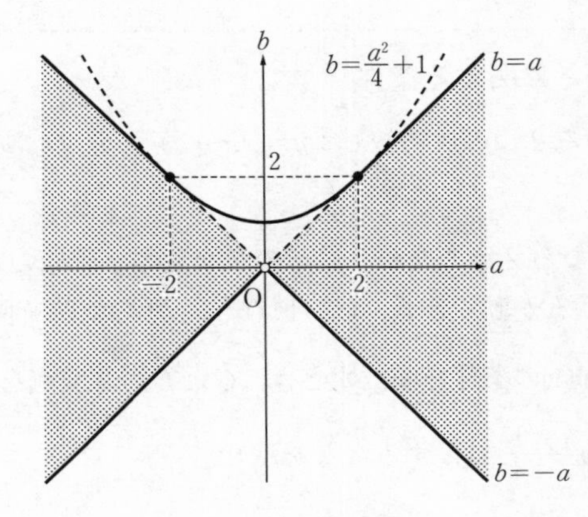

詳説 EXPLANATION

▶問題**11**と同様，場合分けを慎重にしたいものです．例えば，安易に「解答」の(ii)，(iii)の場合をまとめようとして，

$$f(1)f(-1) \leqq 0 \quad \cdots\cdots(*)$$

としてしまわないようにしましょう．

$$f(1)f(-1) \leqq 0$$
$$\Leftrightarrow f(1)f(-1) < 0 \quad \text{または} \quad f(1)=0 \quad \text{または} \quad f(-1)=0$$

です．つまり，(*)には例えば「$x=1,\ \frac{1}{3}$ が解」や「$x=\pm 1$ が解」のときなど，「$-1 \leqq x \leqq 1$ に異なる 2 解をもつ」ときを含んでしまいます．

41. 線分の長さに関する条件

〈頻出度 ★★★〉

xy 平面における２つの放物線 $C:y=(x-a)^2+b$，$D:y=-x^2$ を考える．

(1)　C と D が異なる２点で交わり，その２交点の x 座標の差が１となるように実数 a，b が動くとき，C の頂点 $(a,\ b)$ の軌跡を図示せよ．

(2)　実数 a，b が(1)の条件を満たすとき，C と D の２交点を結ぶ直線は，放物線 $y=-x^2-\dfrac{1}{4}$ に接することを示せ．

（東北大）

着眼 VIEWPOINT

(1)は，「解答」のように解と係数の関係を用いてもよいですし，素朴に２次方程式を解いてもよいでしょう．(2)は，問題38と同様，「曲線束」の考え方を利用しましょう．

解答 ANSWER

(1)　C と D の式を連立することにより，y を消去すると，

$$(x-a)^2+b=-x^2$$

$$\therefore\quad 2x^2-2ax+a^2+b=0 \quad \cdots\cdots①$$

C と D が異なる２点で交わることより，（①の判別式）>0 から

$$a^2-2(a^2+b)>0 \quad \text{すなわち} \quad b<-\frac{a^2}{2} \quad \cdots\cdots②$$

②の下で，①の２つの実数解を小さい順に α，β とおく．C，D の２交点の x 座標の差が１であることより，

$$\beta-\alpha=1$$

$\alpha<\beta$ より，両辺を２乗しても同値であり

$$(\beta-\alpha)^2=1$$

$$(\alpha+\beta)^2-4\alpha\beta=1 \quad \cdots\cdots③$$

ここで，x の方程式①について，解と係数の関係より，

$$\begin{cases} \alpha+\beta=a \\ \alpha\beta=\dfrac{a^2+b}{2} \end{cases} \quad \cdots\cdots④$$

が成り立つ．

「②かつ③かつ④」を満たす実数a，bが存在する条件を調べる．③かつ④から

$$a^2-2(a^2+b)=1$$

$$b=-\frac{1}{2}a^2-\frac{1}{2} \quad \cdots\cdots⑤$$

であり，$-\frac{1}{2}a^2-\frac{1}{2}<-\frac{1}{2}a^2$ から，⑤を満たす任意の$(a,\ b)$は②を満たす．

つまり，点$(a,\ b)$の軌跡は

放物線 $y=-\frac{1}{2}x^2-\frac{1}{2}$ 全体

であり，図示すると右図の太線部分となる．

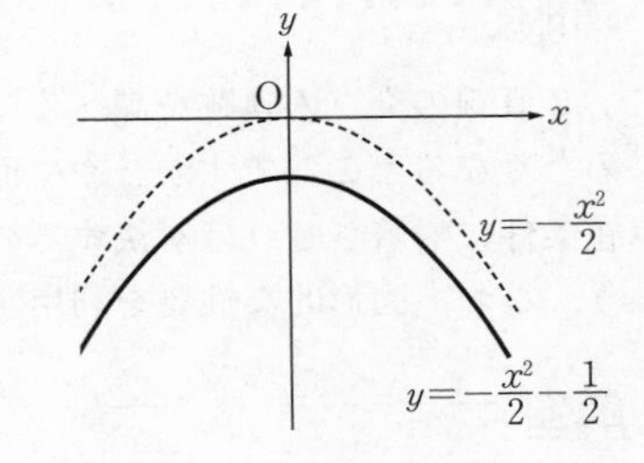

(2) ⑤の下で，実数kに対して，

$$y-(x-a)^2+\frac{a^2+1}{2}+k(y+x^2)=0$$

すなわち

$$(k-1)x^2+2ax+(k+1)y-\frac{a^2-1}{2}=0 \quad \cdots\cdots⑥$$

が表す図形は，CとDの交点を通る図形の式を表す．⑥が直線を表すのは$k=1$のときに限られる．このとき，⑥は

$$y=-ax+\frac{a^2-1}{4} \quad \cdots\cdots⑦$$

となる．平面上の異なる2つの点を通る直線はただ一つであるため，⑦がC, Dの2交点を結ぶ直線の式である．

直線⑦と放物線 $y=-x^2-\frac{1}{4}$ の式を連立することによりyを消去すると，

$$-x^2-\frac{1}{4}=-ax+\frac{a^2-1}{4}$$

$$\left(x-\frac{a}{2}\right)^2=0 \quad \cdots\cdots⑧$$

⑧は，直線⑦が $y=-x^2-\frac{1}{4}$ に $x=\frac{a}{2}$ において接することを示している．

(証明終)

42. 2直線の交点の軌跡

〈頻出度 ★★★〉

2直線 $x-ty=0$ と $tx+y=2$ の交点をPとする．t がすべての実数値をとって変化するとき，点Pの軌跡を求めよ．（中央大）

着眼 VIEWPOINT

2直線の交点の軌跡を調べる問題です．連立方程式を解いて交点Pの座標を求めたくなるところですが，やや面倒な処理を残します．最初からパラメタ t の存在条件に帰着させれば解決するのですが，このあたりの判断は練習が必要でしょう．なお，図形的な性質を利用する方法もあります．（☞詳説）

解答 ANSWER

点 $(X,\ Y)$ が求める軌跡上にあることと，

$$X-tY=0 \quad \cdots\cdots ① \quad かつ \quad tX+Y=2 \quad \cdots\cdots ②$$

を満たす実数 t が存在することは同値である．①より，$Yt=X$ である．

(i) $Y=0$ のとき

①より $X=0$ だが，このとき②が $0=2$ となり不適．

(ii) $Y\neq 0$ のとき

①より $t=\dfrac{X}{Y}$ なので，これが②を満たすことから

$$\frac{X}{Y}\cdot X+Y=2$$

$$\Leftrightarrow X^2+Y^2=2Y$$

$$\Leftrightarrow X^2+(Y-1)^2=1$$

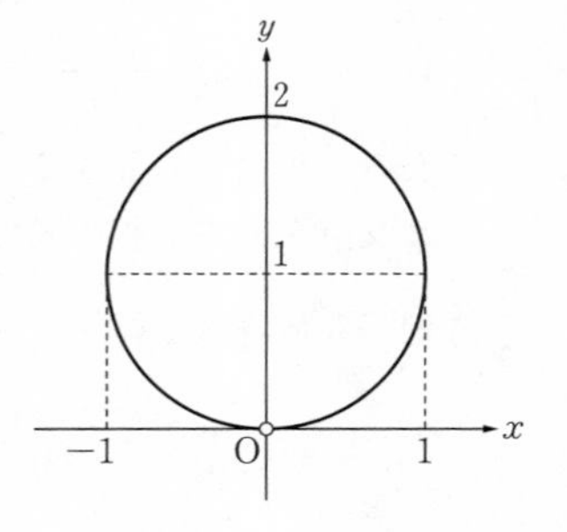

(i)，(ii)より，求める軌跡は図の実線部分である．

つまり，

円 $x^2+(y-1)^2=1$ のうち，原点 $(0,\ 0)$ を除く部分 ……答

詳説 EXPLANATION

▶ 2直線が直交することに気づけば，円周角の定理の逆から説明できます．ただ，「2直線の傾きの積が -1 なので……」という説明にすると，$t=0$ での場合分けが生じます．場合分けして説明するか，次のようにベクトルの内積で説明するか，いずれにしても丁寧に議論したいところです．

別解

直線 L_1：$x-ty=0$ は，$\begin{pmatrix}1\\-t\end{pmatrix}\cdot\begin{pmatrix}x-0\\y-0\end{pmatrix}=0$ と表せるので，原点 O(0, 0) を通り，$\overrightarrow{n_1}=\begin{pmatrix}1\\-t\end{pmatrix}$ に常に垂直である．また，

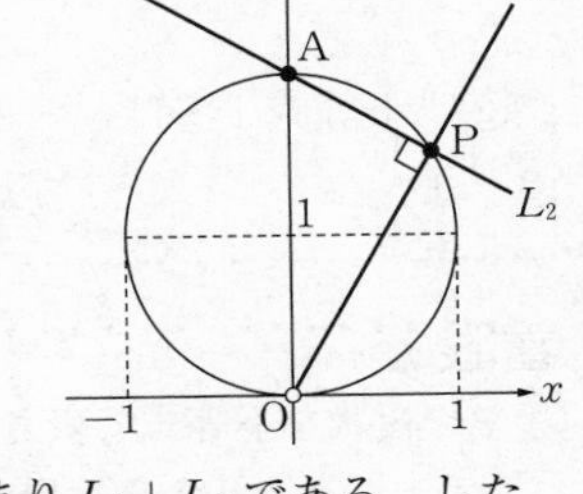

直線 L_2：$tx+y=2$ は，$\begin{pmatrix}t\\1\end{pmatrix}\cdot\begin{pmatrix}x-0\\y-2\end{pmatrix}=0$

と表せるので，点 A(0, 2) を通り

$\overrightarrow{n_2}=\begin{pmatrix}t\\1\end{pmatrix}$ に常に垂直である．

$\overrightarrow{n_1}\cdot\overrightarrow{n_2}=1\cdot t+(-t)\cdot 1=0$ なので，$\overrightarrow{n_1}\perp\overrightarrow{n_2}$，つまり $L_1\perp L_2$ である．したがって，L_1 と L_2 の交点Pは，線分OAを直径とする円 C 上にある．

C 上の点のうち，点 O(0, 0) のみ，どのように t を動かしても L_2 が通らず，他の点はすべて通る．一方，L_1 は C 上の点をすべて通る．

以下，図は「解答」と同じ．

▶x，y の連立方程式 $x-ty=0$，$tx+y=2$ を解くことで，2直線の交点の座標 $(x,\ y)=\left(\dfrac{2t}{1+t^2},\ \dfrac{2}{1+t^2}\right)$ を得られます．ここから実数 t の存在する条件より軌跡を求めることもできます．$t=\tan\dfrac{\theta}{2}$ $(0\leqq\theta<\pi,\ \pi<\theta<2\pi)$ とおき換えることで

$$x=\frac{2\tan\dfrac{\theta}{2}}{1+\tan^2\dfrac{\theta}{2}}=2\tan\frac{\theta}{2}\cdot\cos^2\frac{\theta}{2}=2\sin\frac{\theta}{2}\cos\frac{\theta}{2}=\sin\theta$$

$$y=\frac{2}{1+\tan^2\dfrac{\theta}{2}}=2\cos^2\frac{\theta}{2}=1+\cos\theta$$

を得られます．これより，点Pが円 $x^2+(y-1)^2=1$ 上にあることが確認できます．ただし，$\theta\neq\pi$ より，$(x,\ y)\neq(0,\ 0)$ に注意しましょう．

43. 領域の図示

〈頻出度 ★★★〉

1　$(x^2-y-1)(x-y+1)(y-1)<0$ を満たす点 $(x,\ y)$ の領域を図示せよ.

（名古屋市立大）

2　不等式 $1 \leqq ||x|-2|+||y|-2| \leqq 3$ の表す領域を xy 平面上に図示せよ.

（大阪大）

着眼 VIEWPOINT

やや複雑な不等式で表された領域を図示する問題です.

1　$f(x,\ y)=0$ から境界が決まります. **境界をまたぐたびに $f(x,\ y)$ の符号が変わること**を利用すれば, 比較的容易に領域が図示できます. 符号の組み合わせを地道に考えていってもよいでしょう. (☞詳説)

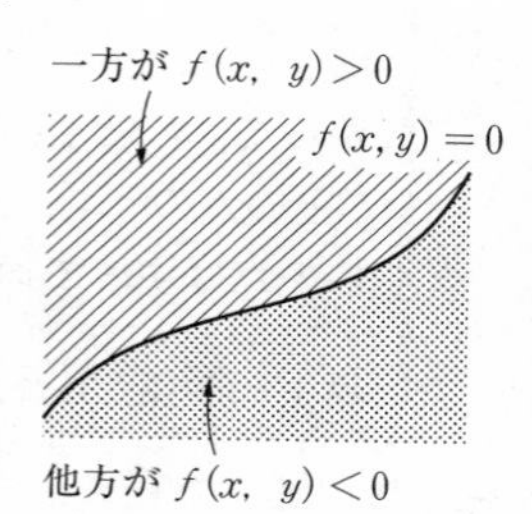

2　正負で場合分けして, 地道に絶対値を外してもよいですが, やや大変です. **座標軸に関する対称性に着目する**と説明しやすいでしょう.

解答 ANSWER

1　$$(x^2-y-1)(x-y+1)(y-1)<0 \quad \cdots\cdots ①$$

求める領域を D とする. ①の境界は

$$(x^2-y-1)(x-y+1)(y-1)=0$$

すなわち

$$x^2-y-1=0 \quad \text{または} \quad x-y+1=0 \quad \text{または} \quad y-1=0$$

である. これらを, それぞれ

放物線 $C : y=x^2-1$, 直線 $\ell : y=x+1$, 直線 $m : y=1$

とする.

座標平面上の C, ℓ, m のいずれの上でもない点を 1 つとる. 例えば, 点 $(2,\ 0)$ をとる. ①の左辺を $f(x,\ y)$ とするとき,

$$f(2,\ 0)=3\cdot3\cdot(-1)=-9<0$$

であるため, 点 $(2,\ 0)$ は D に含まれる.

境界 C, ℓ, m を越えるたびに, x^2-y-1, $x-y+1$, $y-1$ の符号が変化する. このことに注意すると, C, ℓ, m で区切られた領域について, 点 $(2,\ 0)$ を含む部分は D に含まれ, 以降, 境界を越えるごとに「D に含まれない」「D に含まれる」部分に交互に分けられる.

以上から，Dは図の網目部分である．ただし，境界はすべて含まれない．

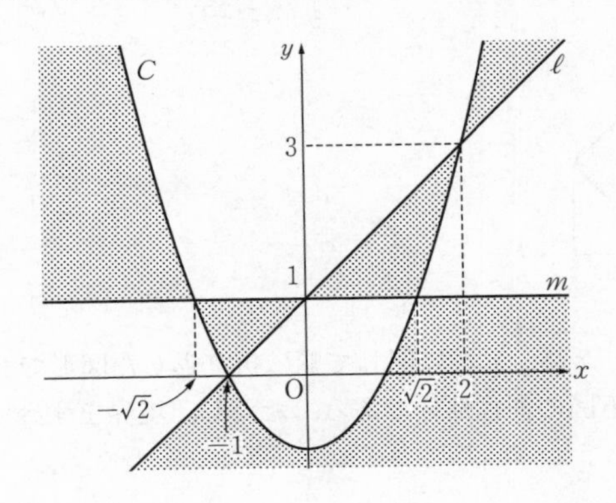

2 $1 \leqq ||x|-2|+||y|-2| \leqq 3$ ……①

①において，xを$-x$に，あるいはyを$-y$におき換えても同じ不等式を表す．
つまり，①の表す領域はy軸，x軸のそれぞれに関して対称である．
したがって，「$x \geqq 0$ かつ $y \geqq 0$」についてのみ考えればよい．
このとき，$|x|=x$，$|y|=y$であることに注意して，①は

$1 \leqq |x-2|+|y-2| \leqq 3$ ……② かつ $x \geqq 0$ かつ $y \geqq 0$

となる．②は領域

$1 \leqq |x|+|y| \leqq 3$ ……③

をx軸方向に2，y軸方向に2だけ平行に移動した領域である．③は①と同様の理由でx軸，y軸のそれぞれに関して対称である．したがって，③についても「$x \geqq 0$ かつ $y \geqq 0$」について考える．このとき，③は

$(1 \leqq x+y \leqq 3$ かつ $x \geqq 0$ かつ $y \geqq 0)$ ……④

であり，④を図示すると左下図の網目部分．これをx軸，y軸に関して順に折り返すことにより，③の表す領域は右下図の網目部分であることがわかる．

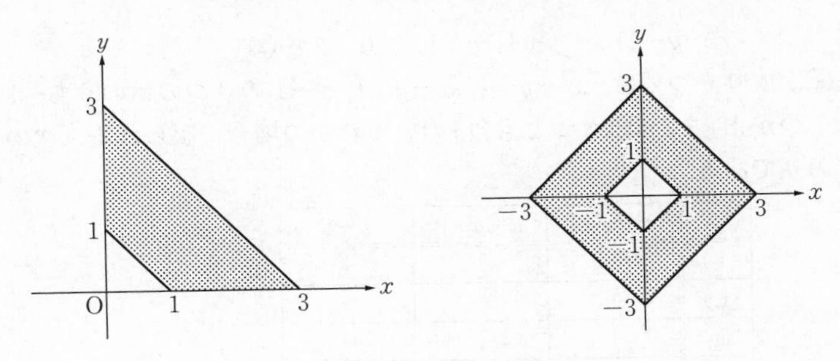

これより，②は次の図の網目部分である．

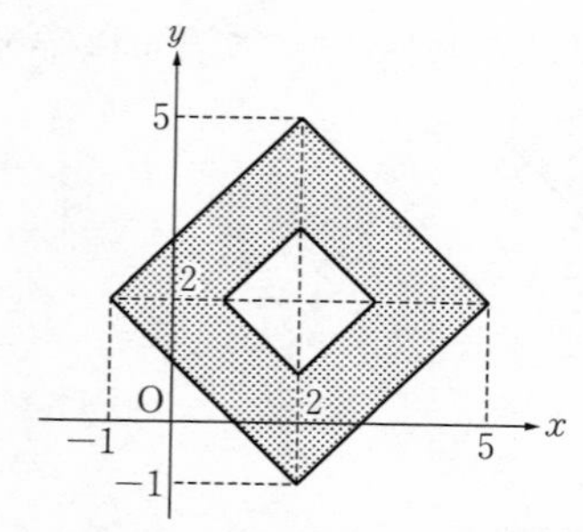

①の表す領域はこの領域を，x 軸，y 軸に関して順に折り返した図形である．したがって，求める領域は下図の網目部分である．ただし，境界をすべて含む．

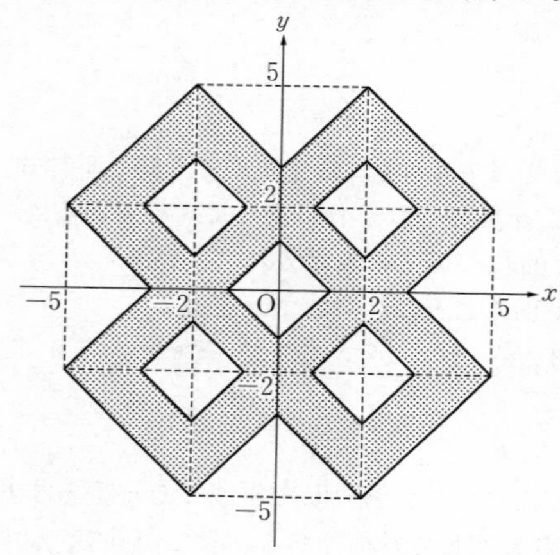

詳説 EXPLANATION

▶ 1　x^2-y-1，$x-y+1$，$y-1$ の符号の組み合わせから考えてもよいでしょう．

別解

$$(x^2-y-1)(x-y+1)(y-1)<0 \quad \cdots\cdots ②$$

①が成り立つのは，x^2-y-1，$x-y+1$，$y-1$ の 3 つの値のうち「1 つが負，2 つが正」または「3 つとも負」のいずれかの場合に限られる．次の表のとおりである．

	x^2-y-1	$x-y+1$	$y-1$
i）	−	+	+
ii）	+	−	+
iii）	+	+	−
iv）	−	−	−

つまり，

$$\text{i）}:\begin{cases}x^2-y-1<0\\x-y+1>0\\y-1>0\end{cases}\quad\text{または}\quad\text{ii）}:\begin{cases}x^2-y-1>0\\x-y+1<0\\y-1>0\end{cases}$$

$$\text{または}\quad\text{iii）}:\begin{cases}x^2-y-1>0\\x-y+1>0\\y-1<0\end{cases}\quad\text{または}\quad\text{iv）}:\begin{cases}x^2-y-1<0\\x-y+1<0\\y-1<0\end{cases}$$

すなわち

$$\begin{cases}y>x^2-1\\y<x+1\\y>1\end{cases}\quad\text{または}\quad\begin{cases}y<x^2-1\\y>x+1\\y>1\end{cases}$$

$$\text{または}\quad\begin{cases}y<x^2-1\\y<x+1\\y<1\end{cases}\quad\text{または}\quad\begin{cases}y>x^2-1\\y>x+1\\y<1\end{cases}$$

である． 領域の図は「解答」と同じ．

44. 領域と最大・最小①

〈頻出度 ★★★〉

xy 平面上で，連立不等式 $y \geqq 0$，$x+y \leqq 4$，$3x+y \leqq 6$，$y-2x \leqq 6$ が表す領域を D とする．このとき，次の問いに答えよ．

(1)　領域 D を図示せよ．

(2)　点 $(x,\ y)$ が領域 D 上の点全体を動くとき，$x+2y$ の最大値とそのときの x，y の値を求めよ．また，$x+2y$ の最小値とそのときの x，y の値を求めよ．

(3)　点 $(x,\ y)$ が領域 D 上の点全体を動くとき，$3x^2-2y$ の最大値とそのときの x，y の値を求めよ．また，$3x^2-2y$ の最小値とそのときの x，y の値を求めよ．

（同志社大）

着眼 VIEWPOINT

不等式の表す領域 D を図示して，2 変数関数 $f(x,\ y)$ の値域 I を考える問題．図形と方程式で最もよく出題される問題の一つです．次の読みかえが大切です．

$$k \in I \iff f(x,\ y)=k \text{ を満たす } (x,\ y) \in D \text{ が存在する}$$

「$f(x,\ y)$ は値 k をとれるかどうか」を，「関数 f に代入して k となるための $(x,\ y)$ が D 上にうまくとれるかどうか」で読みかえ，これを（数式だけで処理すると大変なので）「曲線 $f(x,\ y)=k$ と領域 D が共有点をもつかどうか」によって考えます．

解答 ANSWER

(1)　連立不等式

$$y \geqq 0,\ x+y \leqq 4,\ 3x+y \leqq 6,\ y-2x \leqq 6$$

の表す領域 D は次の網目部分である．ただし，境界をすべて含む．

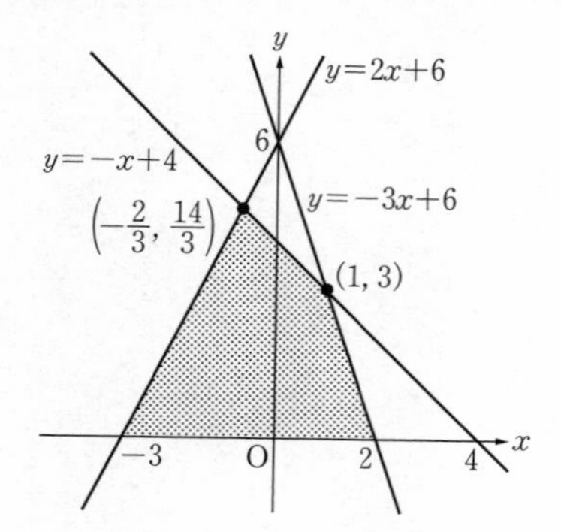

(2) 境界同士の交点を

$$A(-3,\ 0),\ B(2,\ 0),\ C(1,\ 3),\ E\left(-\frac{2}{3},\ \frac{14}{3}\right)$$

とする．$x+2y$ のとり得る値の範囲を I とおく．このとき，

$k\in I \iff x+2y=k$(……①) を満たす $(x,\ y)$ が D 上に存在する

$\iff$ 直線①と領域 D が共有点をもつ

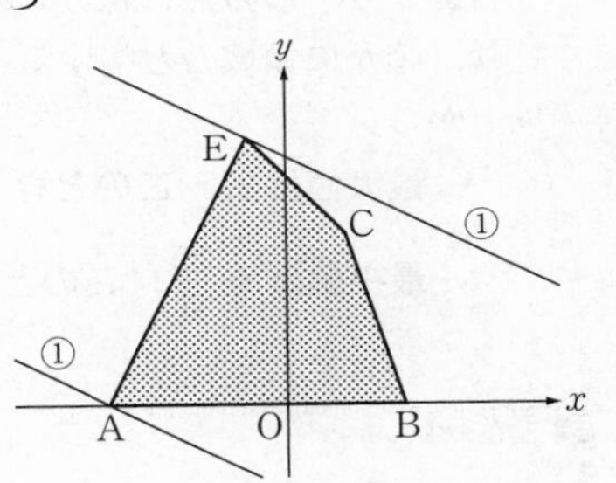

直線①は傾き $-\frac{1}{2}$，y 切片が k の直線を表す．領域 D の境界の傾きと比較して，

・①が点 $E\left(-\frac{2}{3},\ \frac{14}{3}\right)$ を通るときに k は最大であり，最大値は

$$k=-\frac{2}{3}+2\cdot\frac{14}{3}=\frac{26}{3}$$

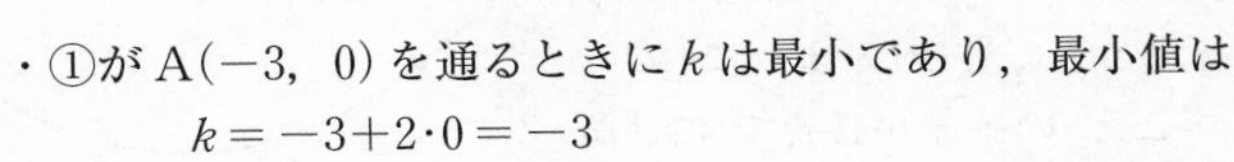

・①が $A(-3,\ 0)$ を通るときに k は最小であり，最小値は

$$k=-3+2\cdot 0=-3$$

つまり，

最大値は $\frac{26}{3}$，このとき $(x,\ y)=\left(-\frac{2}{3},\ \frac{14}{3}\right)$

最小値は -3，このとき $(x,\ y)=(-3,\ 0)$ ……答

(3) $3x^2-2y$ のとりうる値の範囲を J とする．

$t\in J \iff 3x^2-2y=t$(……②) を満たす $(x,\ y)$ が D 上に存在する

$\iff$ 放物線②と領域 D が共有点をもつ

②は $y=\frac{3}{2}x^2-\frac{1}{2}t$(……③) と書き換えられ，これは頂点を $\left(0,\ -\frac{t}{2}\right)$ とする下に凸な放物線を表す．

・次図より，②が点 $A(-3,\ 0)$ を通るときに t は最大であり，

$$t=3(-3)^2-2\cdot 0=27$$

である．

・t の最小値について考える．③について，

$$y=\frac{3}{2}x^2-\frac{1}{2}t \quad ゆえに \quad y'=3x$$

なので，直線CE，つまり $x+y=4$ の傾きが -1 であることから，③とCEが接するのは

$$3x=-1 \quad すなわち \quad x=-\frac{1}{3}$$

のとき．③が点$\left(-\frac{1}{3},\ \frac{13}{3}\right)$を通るとき，

$$t=3\left(-\frac{1}{3}\right)^2-2\cdot\frac{13}{3}=-\frac{25}{3}$$

である．

右図より，この点は線分CE上の点であり，確かに領域Dと接する．（……(*)）

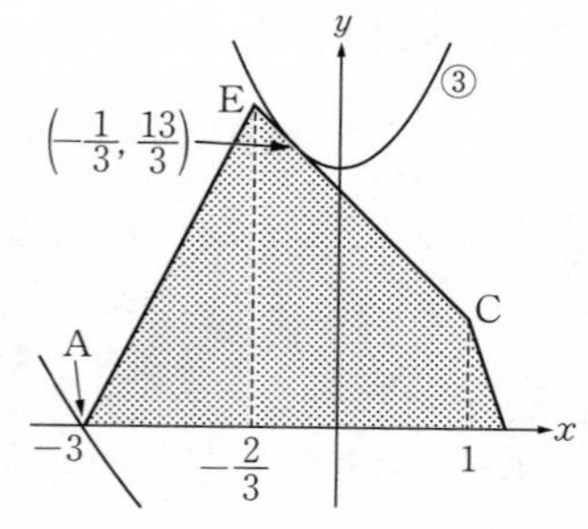

以上から

最大値は 27，このとき $(x,\ y)=(-3,\ 0)$

最小値は $-\frac{25}{3}$，このとき $(x,\ y)=\left(-\frac{1}{3},\ \frac{13}{3}\right)$ ……**答**

詳説 EXPLANATION

▶本問では「x，yの値を求めよ．」という指定がありますが，指定がなかったとしても(*)のように「Dの境界上で共有点をもつこと」の確認が必要です．「微分係数と，直線の境界の傾きが一致している」だけでは，右図のようにDとの共有点が存在するか判断できません．

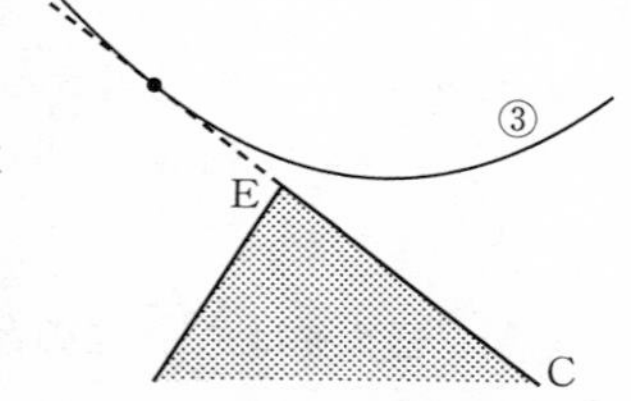

▶(3)では微分を用いず，放物線と直線の式を連立して，xの 2 次方程式が重解をもつ条件から説明してもよいでしょう．ただし，この場合にも接する点が領域上であることを述べる必要があります．

別解

(3)　tの最小値について，②と$x+y=4$からyを消去すると，

$$3x^2+2x-8-t=0$$

すなわち

$$3\left(x+\frac{1}{3}\right)^2=t+\frac{25}{3}$$

つまり，$t=-\frac{25}{3}$のときに$x=-\frac{1}{3}$を重解にもつ．これは，

②と直線$x+y=4$が点$\left(-\frac{1}{3},\ \frac{13}{3}\right)$で接することを示し，この点は確かに領域$D$の境界上にある．したがって，最小値は$\boldsymbol{-\frac{25}{3}}$ ……**答**

45. 領域と最大・最小②

〈頻出度 ★★★〉

不等式 $(x-6)^2+(y-4)^2 \leqq 4$ の表す領域を点P$(x,\ y)$ が動くものとする.

(1) x^2+y^2 の最大値を求めよ.

(2) $\dfrac{y}{x}$ の最小値を求めよ.

(3) $x+y$ の最大値を求めよ.

（早稲田大）

着眼 VIEWPOINT

問題44と同じ方針, つまり「領域と図形 $f(x,\ y)=k$ の共有点の存在条件」により考えましょう. 最大値（最小値）をとるときの (x, y) が求めにくい問題もあります. 最大値（最小値）をとるような $(x,\ y)$ の存在が説明できていれば, （問題で求められていない限り,）これを無理に求めなくてよいでしょう.

解答 ANSWER

$(x-6)^2+(y-4)^2 \leqq 4$ が表す領域Dは, 中心 A$(6,\ 4)$, 半径 2 の円Cの周および内部である.

(1) $\mathrm{OP}^2=x^2+y^2$ である. OPが最大となるのは, PがC上にあり, 図のようにO, A, Pがこの順に同一直線上にあるときである.

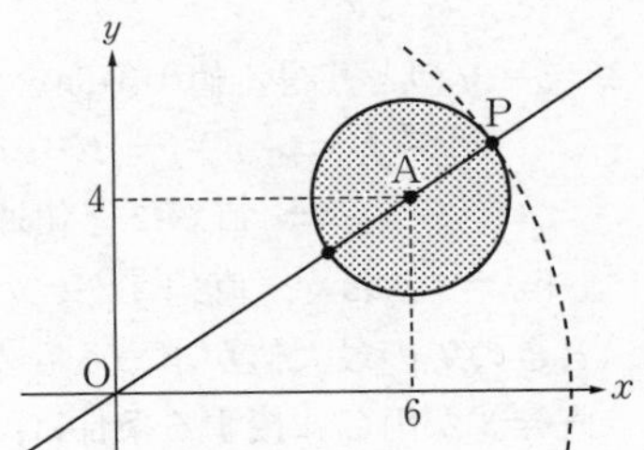

このとき,

$$\begin{aligned}\mathrm{OP}&=\mathrm{OA}+(C\text{の半径})\\&=\sqrt{6^2+4^2}+2\\&=2\sqrt{13}+2\end{aligned}$$

したがって, OP^2, すなわち x^2+y^2 の最大値は,

$$(2\sqrt{13}+2)^2=\mathbf{56+8\sqrt{13}} \quad \cdots\cdots \text{答}$$

(2) $\dfrac{y}{x}$ のとり得る値の範囲を I とする. このとき,

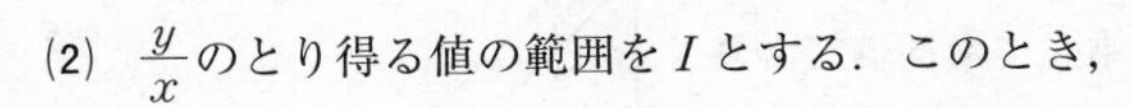

$k \in I \iff \dfrac{y}{x}=k$（……①）を満たす $(x,\ y)$ がD上に存在する

$\iff$ 図形①と領域Dが共有点をもつ図形①, すなわち $y=kx$ は $k \neq 0$ のとき, 原点を通り傾き k の直線を表す.

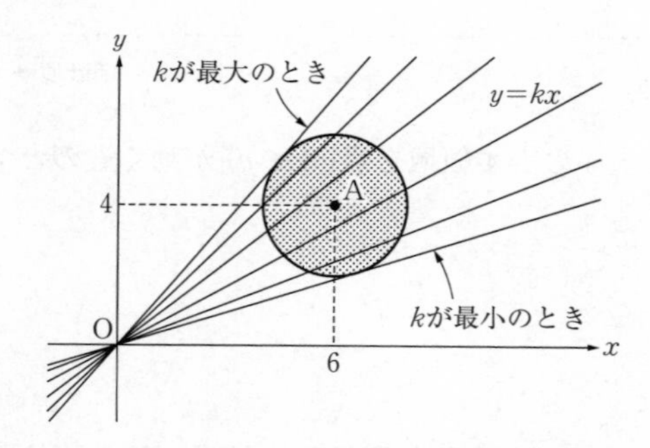

直線 $kx-y=0$(……①′) が円 C に接する条件は，Aと①′の距離が C の半径と一致することである．つまり，

$$\frac{|6k-4|}{\sqrt{k^2+1}}=2 \quad すなわち \quad |3k-2|=\sqrt{k^2+1}$$

両辺とも 0 以上なので，2 乗しても同値である．つまり

$$(3k-2)^2=k^2+1$$
$$8k^2-12k+3=0$$
$$k=\frac{3\pm\sqrt{3}}{4}$$

⬅ 両辺を 2 倍して，$4k=u$ とおくと $u^2-6u+6=0$ $\therefore u=3\pm\sqrt{3}$

これより，$\frac{y}{x}$ の最小値は，$\boldsymbol{\frac{3-\sqrt{3}}{4}}$ ……**答**

(3)　$x+y$ のとり得る値の範囲を J とする．

$t\in J \iff x+y=t$(……②) を満たす $(x,\ y)$ が D 上に存在する
$\iff$ 直線②と領域 D が共有点をもつ

$x+y=t$ とおく．直線②が C の周および内部の領域と共有点をもつように動くときの t の最大値が求めるものである．

直線②が円 C に接する条件は，C の中心A(6, 4) と直線 $x+y-t=0$ の距離が 2 となることだから，

$$\frac{|6+4-t|}{\sqrt{1^2+1^2}}=2$$
$$|10-t|=2\sqrt{2}$$

両辺とも 0 以上なので，2 乗しても同値であり

$$(t-10)^2=8$$
$$t-10=\pm2\sqrt{2}$$
$$t=10\pm2\sqrt{2}$$

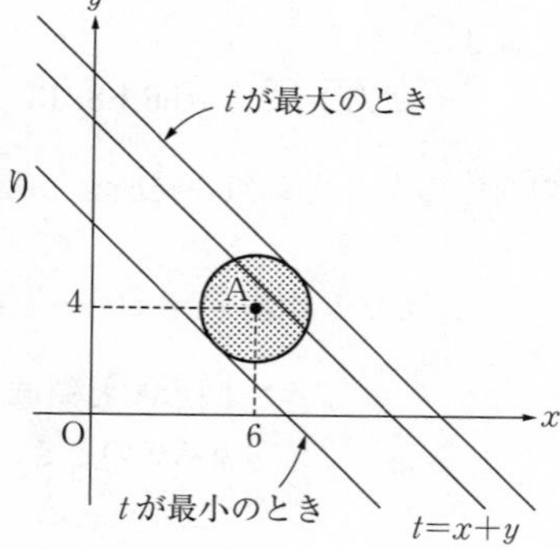

これより，$x+y$ の最大値は，

$\boldsymbol{10+2\sqrt{2}}$ ……**答**

46. 直線の通過領域

〈頻出度 ★★★〉

a を実数として，xy 平面における直線 $y=ax+1-a^2$ を考える．このとき，以下の設問に答えよ．

(1) a がすべての実数を動くとき，直線 $y=ax+1-a^2$ が通る点全体が表す領域を図示せよ．

(2) a が 0 以上の実数全体を動くとき，直線 $y=ax+1-a^2$ が通る点全体が表す領域を図示せよ．

（東京女子大 改題）

着眼 VIEWPOINT

曲線 C の通過する領域 W を考える問題です．見た目は異なるものの，軌跡の問題などと考えるべきことは同じです．動く曲線 C がパラメタ a で表され，a が範囲 I を動くとき，C の式を $f(x,\ y,\ a)=0$ と表すと，次のように読みかえられます．

$$(x,\ y)\in W \iff f(x,\ y,\ a)=0 \text{ を満たす } a\in I \text{ が存在する}$$

「ある点 $P_0(x,\ y)$ は求める領域 W に含まれるだろうか？」これを「点 P_0 を通る曲線 C を，うまいこと a を決めることで引けるだろうか？」と読みかえているということです．軌跡の問題だからこの方法，通過領域の問題だからこの方法，と考えるのではなく，いずれも一貫した考え方で解けることを目指しましょう．

解答 ANSWER

直線 $y=ax+1-a^2$ の式を a で整理すると，

$$a^2-xa+y-1=0 \quad \cdots\cdots ①$$

(1) 求める領域を V とする．このとき，

$$(x,\ y)\in V \iff ①\text{を満たす実数 } a \text{ が存在する}$$

①の判別式を D とする．a の存在する条件は $D\geqq 0$ である．つまり，

$$x^2-4y+4\geqq 0 \iff y\leqq \frac{1}{4}x^2+1$$

領域 V は図の網目部分である．

ただし，境界はすべて含む．

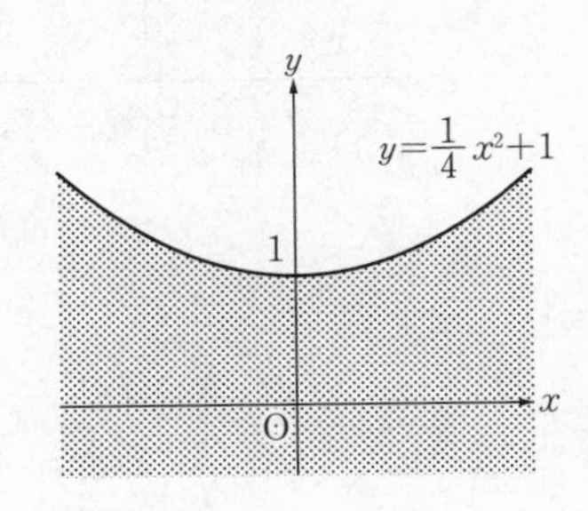

(2) 求める領域をWとする．このとき，

$$(x,\ y) \in W \iff \text{①を満たす 0 以上の実数 } a \text{ が存在する}$$

ここで，①の左辺を$f(a)$とする．

$$f(a) = a^2 - xa + (y-1)$$
$$= \left(a - \frac{x}{2}\right)^2 - \frac{x^2}{4} + y - 1$$

このとき，

(i) ①を満たす 0 以上の実数aが 2 つ存在するとき（重解を含む）

条件は

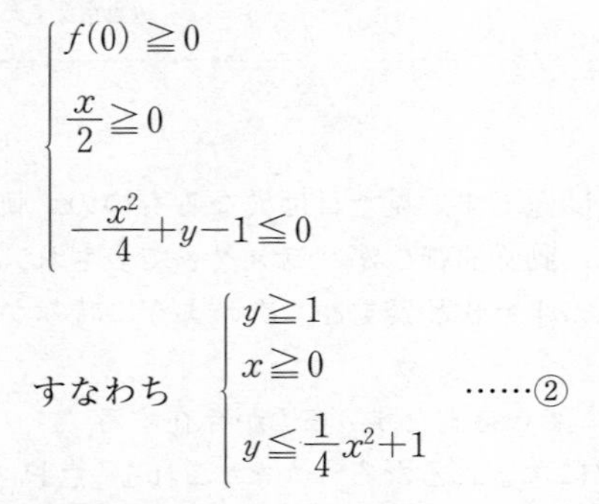

$$\begin{cases} f(0) \geqq 0 \\ \dfrac{x}{2} \geqq 0 \\ -\dfrac{x^2}{4} + y - 1 \leqq 0 \end{cases}$$

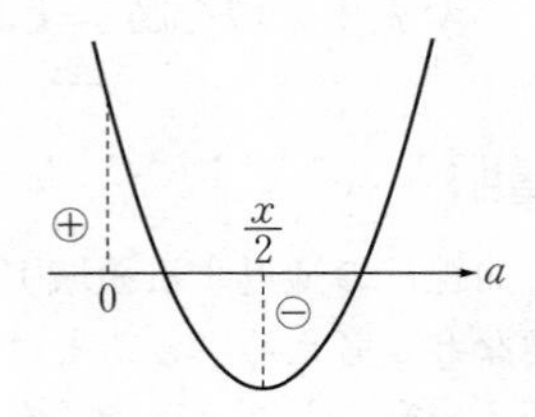

すなわち $\begin{cases} y \geqq 1 \\ x \geqq 0 \\ y \leqq \dfrac{1}{4}x^2 + 1 \end{cases}$ ……②

(ii) ①を満たす 0 以上の実数がちょうど 1 つ，または$a=0$が解のとき

条件は

$f(0) \leqq 0$ すなわち $y \leqq 1$ ……③

「②または③」の表す範囲が領域Wである．

つまり，領域Wは下図の斜線部分，および網目部分を合わせた全体である．ただし，境界はすべて含む．

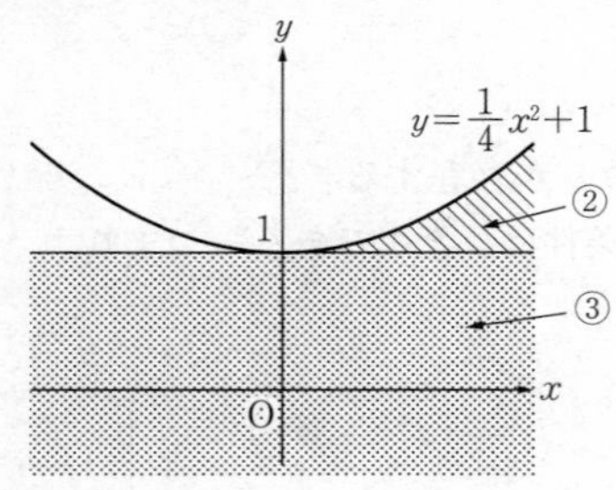

詳説 EXPLANATION

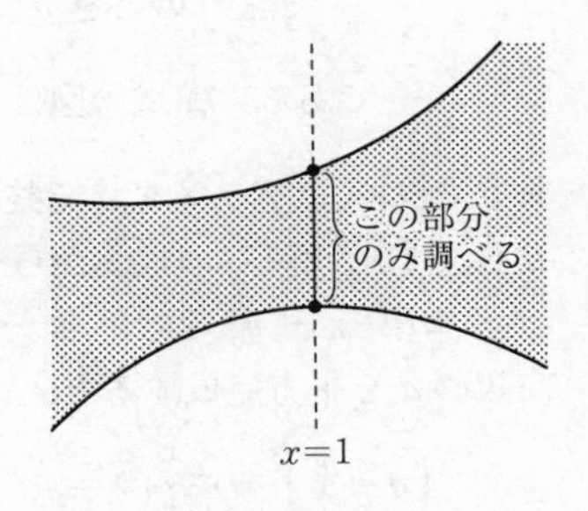

▶「一文字を固定する」方法でも説明できます．例えば，求める領域のうち，「$x=1$ の部分だけ」調べたければ，与えられた直線の式と $x=1$ を連立すれば，交点がとりうる y の範囲は容易に得られます．これを，「あらゆる x で」行うということです．

別解

(1)　直線 $y=ax+1-a^2$ と直線 $x=X$ の共有点の y 座標は

$$\begin{aligned} y &= aX+1-a^2 \\ &= -a^2+Xa+1 \\ &= -\left(a-\frac{X}{2}\right)^2+\frac{X^2}{4}+1 \quad \cdots\cdots ④ \end{aligned}$$

である．a が実数全体を動くとき，y の値域は $y \leqq \dfrac{X^2}{4}+1$ である．

つまり，求める領域は $y \leqq \dfrac{x^2}{4}+1$ である．図は「解答」と同じ．

(2)　ay 平面における放物線④ $y=g(a)$ の，軸の方程式は $a=\dfrac{X}{2}$ である．

軸の位置に注意して，$a \geqq 0$ における $g(a)$ の値域を調べる．

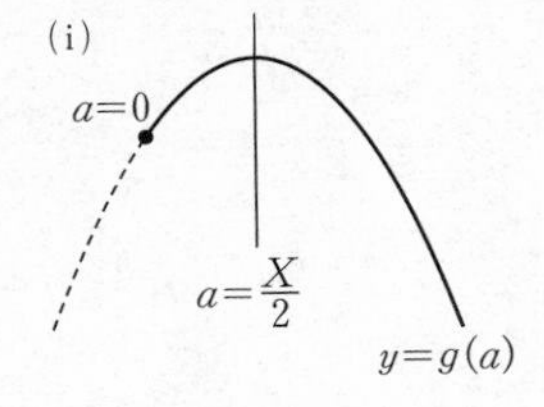

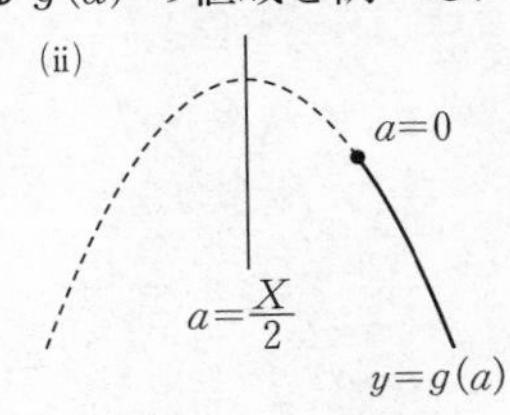

(i)　$\dfrac{X}{2} \geqq 0$ のとき $(X \geqq 0)$

$g\left(\dfrac{X}{2}\right)=\dfrac{X^2}{4}+1$ より，y の値域は $y \leqq \dfrac{X^2}{4}+1$ である．

(ii)　$\dfrac{X}{2} \leqq 0$ のとき $(X \leqq 0)$

$g(0)=1$ より，y の値域は $y \leqq 1$ である．

以上，(i)，(ii)より，求める領域は

$$x \geqq 0 \text{ のとき } y \leqq \frac{x^2}{4}+1,\ x \leqq 0 \text{ のとき } y \leqq 1$$

である．領域の図は「解答」と同じ．

▶ 直線の式をパラメタ a で整理することで,「直線が接する曲線(包絡線)」が読みとれます．「解答」の式①から

$$a^2-xa+y-1=0 \quad \cdots\cdots①$$

左辺の a を平方完成すると,

$$\left(a-\frac{x}{2}\right)^2=\frac{x^2}{4}+1-y \quad \cdots\cdots(*)$$

である．(*) より，直線①は $y=\dfrac{x^2}{4}+1$ と常に接し，接点Tは $a-\dfrac{x}{2}=0$，つまり $x=2a$ 上にあることがわかります．

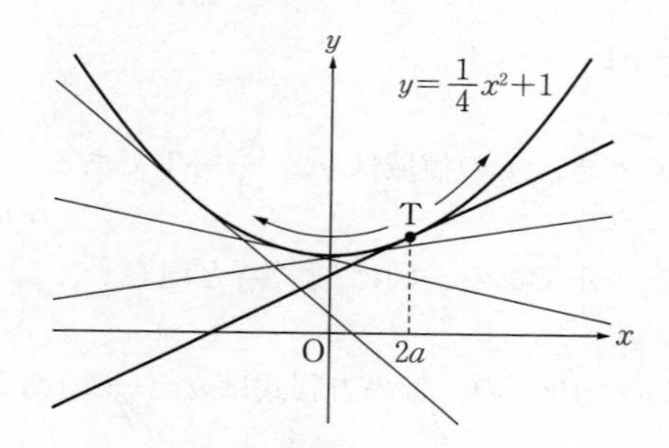

微分・積分

47. 3次関数の最大値・最小値

〈頻出度 ★★★〉

関数 $f(x)=x^3-3x^2-3x+1$ について，次の問いに答えなさい．

(1) 方程式 $f(x)=0$ の実数解をすべて求めなさい．

(2) $f(x)$ の増減，極値を調べ，$y=f(x)$ のグラフをかきなさい．

(3) 関数 $y=|f(x)|$ の $-1\leqq x\leqq 4$ における最大値を求めなさい．

（山形大）

着眼 VIEWPOINT

ある区間における $f(x)$ の最大値，最小値を求める問題です．極値と，区間の端における $f(x)$ の値を調べ，大小を比較しましょう．

本問の関数 $f(x)$ は，極値をとる x の値が無理数なので，工夫なしでは極値の計算がやや大変です．$f'(x)$ を利用して計算を簡単に行いたいところです．

解答 ANSWER

(1)
$$f(-1)=-1-3+3+1=0$$
より，$f(x)$ は $x+1$ を因数にもつ．したがって，
$$f(x)=(x+1)(x^2-4x+1)$$
と表せる．$x^2-4x+1=0$ を解くと，$x=2\pm\sqrt{3}$ である．

← $x^2-4x+1=0$ より
$(x-2)^2=3$
$x-2=\pm\sqrt{3}$

したがって，$f(x)=0$ の実数解は，
$$x=\mathbf{-1,\ 2\pm\sqrt{3}}\ \cdots\cdots 答$$

(2)
$$f'(x)=3x^2-6x-3=3(x^2-2x-1)$$
であり，右図のように符号変化する．

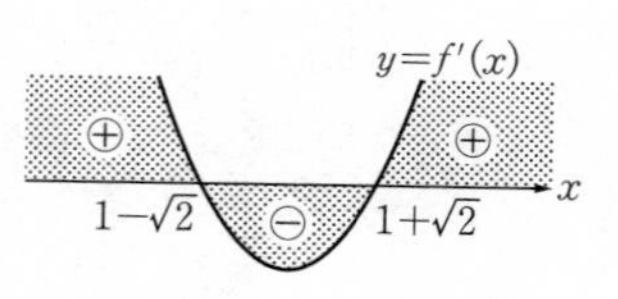

$\alpha=1-\sqrt{2}$，$\beta=1+\sqrt{2}$ と表すと，$f(x)$ の増減は次の通り．

x	$\cdots$	α	$\cdots$	β	$\cdots$
$f'(x)$	$+$	0	$-$	0	$+$
$f(x)$	↗	極大	↘	極小	↗

ここで，$f(x)$ を x^2-2x-1 で割ることで
$$f(x)=(x^2-2x-1)(x-1)-4x$$

←
$$\begin{array}{r} x-1 \\ x^2-2x-1\,\big)\,\overline{x^3-3x^2-3x+1} \\ \underline{x^3-2x^2-x} \\ -x^2-2x+1 \\ \underline{-x^2+2x+1} \\ -4x \end{array}$$

と表せる．α，β は $x^2-2x-1=0$ の解である．つまり，極大値は

$$f(\alpha)=0\cdot(\alpha-1)-4\alpha=-4\alpha=4(\sqrt{2}-1)$$

であり，極小値は

$$f(\beta)=0\cdot(\beta-1)-4\beta=-4\beta=-4(\sqrt{2}+1)$$

である．以上より，$y=f(x)$ のグラフは次の通り．

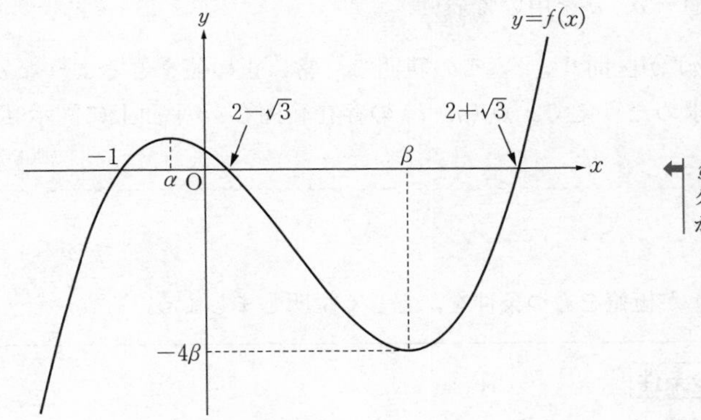

y 軸方向に縮めたグラフをかいた方が見やすい．

(3)　$y=|f(x)|$ のグラフは $y=f(x)$ のグラフの $y\leqq 0$ の部分を x 軸に関して対称に折り返したものである．ここで

$$|f(\alpha)|=|-4\alpha|=-4\alpha=4(\sqrt{2}-1)$$
$$|f(\beta)|=|-4\beta|=4\beta=4(\sqrt{2}+1)$$
$$|f(4)|=5$$

であり，

$$4(\sqrt{2}+1)>4(1+1)>5,$$
$$4(\sqrt{2}+1)>4(\sqrt{2}-1)$$

であるから，$-1\leqq x\leqq 4$ における $|f(x)|$ の最大値は　$\mathbf{4(\sqrt{2}+1)}$　……答

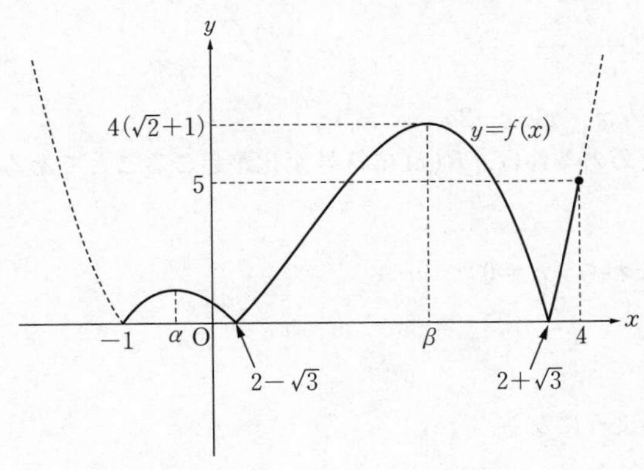

48. 関数$f(x)$が極値をもつ条件

〈頻出度 ★★★〉

xの関数$f(x)=x^3-ax^2+b$について，以下の問いに答えよ．

(1) 関数$f(x)$が極値をもつための実数a，bの条件を求めよ．またこのとき，極小値をa，bを用いて表せ．

(2) 関数$f(x)$が区間$0 \leqq x \leqq 1$の範囲で，常に正の値をとるようなa，bの条件を求めたうえで，点$(a,\ b)$の存在範囲をab平面上に図示せよ．

（西南学院大）

着眼 VIEWPOINT

(1)では，$f(x)$が極値をもつ条件を，正しく説明しましょう．

極値をもつ条件

多項式関数$f(x)$について，

$f(x)$が$x=\alpha$で極値をもつ

$\Leftrightarrow$ $f'(x)$が$x=\alpha$の前後で符号変化する

「$f'(x)=0$が実数解をもつこと」は，「$f(x)$が極値をもつこと」の必要条件にすぎないことに注意しましょう．$y=f'(x)$のグラフから符号変化を思い浮かべて，$y=f'(x)$のグラフがx軸と交差するか否かを考えるとよいでしょう．

(2)は，$0 \leqq x \leqq 1$の範囲における最小値を調べていくのが自然な流れでしょう．最小値をとるx座標の候補を先に絞ってから考えることもできますが，やや巧妙に見えるかもしれません．（☞詳説）

解答 ANSWER

(1) $f'(x)=3x^2-2ax=x(3x-2a)$

$f(x)$が極値をもつための条件は，$f'(x)$に符号変化が起こることである．つまり，求める条件は，

$$\frac{2}{3}a \neq 0 \quad \text{すなわち} \quad a \neq 0 \quad \cdots\cdots ①$$

である．①の下で，

(i) $a>0$のとき

$f(x)$の増減は次のようになる．

x	$\cdots$	0	$\cdots$	$\frac{2}{3}a$	$\cdots$
$f'(x)$	$+$	0	$-$	0	$+$
$f(x)$	↗	極大	↘	極小	↗

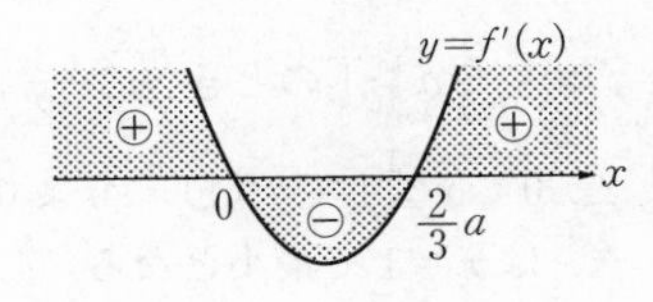

したがって，極小値は

$$f\left(\frac{2}{3}a\right)=\frac{8}{27}a^3-\frac{4}{9}a^3+b=\boldsymbol{-\frac{4}{27}a^3+b}\quad\cdots\cdots\text{答}$$

(ii)　$a<0$ のとき

$f(x)$ の増減は次のようになる．

x	$\cdots$	$\frac{2}{3}a$	$\cdots$	0	$\cdots$
$f'(x)$	$+$	0	$-$	0	$+$
$f(x)$	↗	極大	↘	極小	↗

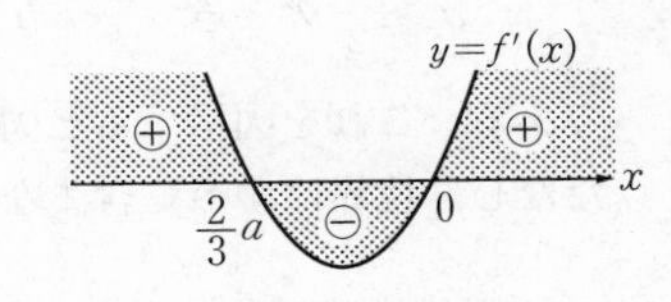

したがって，極小値は　$f(0)=\boldsymbol{b}$　……答

(2)

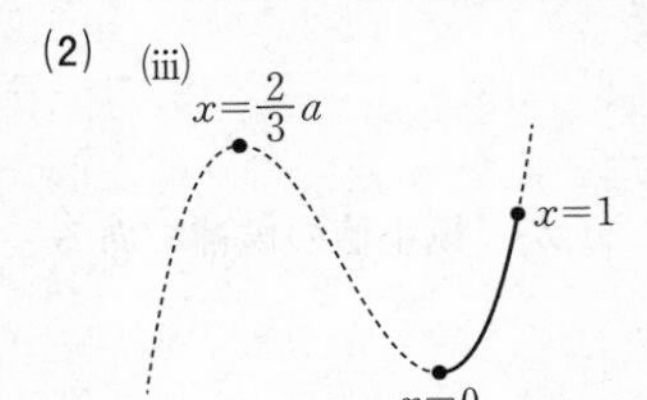

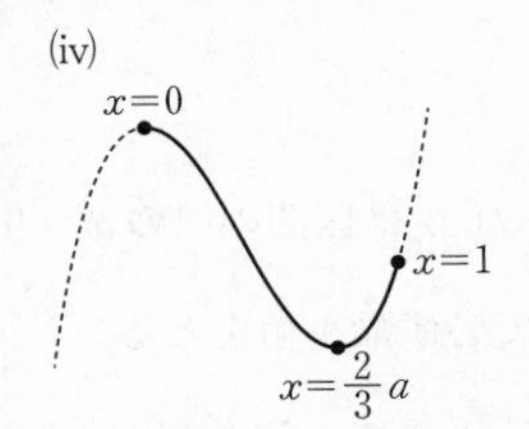

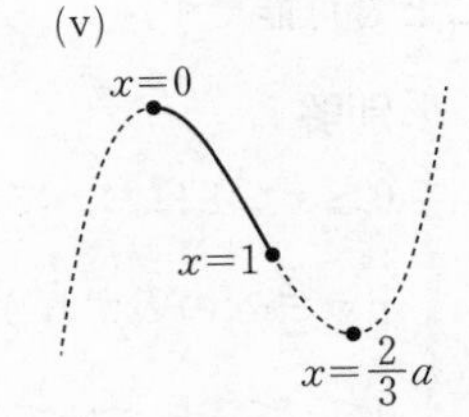

(iii)　$a<0$ のとき

$0\leqq x\leqq 1$ で $f'(x)>0$ より，$f(x)$ は常に増加する．つまり，$f(x)$ は $x=0$ のときに最小となる．したがって，求める条件は，

$$f(0)>0\quad\text{すなわち}\quad b>0$$

(iv)　$0\leqq\frac{2}{3}a\leqq 1$ のとき$\left(0\leqq a\leqq\frac{3}{2}\right)$

$a=0$ のときは $0<x\leqq 1$ で $f(x)$ は常に増加し，$a=\frac{3}{2}$ のときは $0<x<1$ で $f(x)$ は常に減少する．$0<a<\frac{3}{2}$ のときは $x=\frac{2}{3}a$ で $f(x)$ は極小かつ最小である．つまり，$0\leqq x\leqq 1$ において，$f(x)$ は $x=\frac{2}{3}a$ のとき最小となる．したがって，求める条件は，

$$f\left(\frac{2}{3}a\right)>0\quad\text{すなわち}\quad b>\frac{4}{27}a^3$$

$$f\left(\frac{2}{3}a\right)=\frac{8}{27}a^3-a\cdot\frac{4}{9}a^2+b=-\frac{4}{27}a^3+b$$

(v)　$\frac{2}{3}a>1$ のとき $\left(a>\frac{3}{2}\right)$

$0<x\leqq 1$ で $f'(x)<0$ より，$f(x)$ はこの範囲で常に減少する．つまり，$f(x)$ は $x=1$ で最小となる．したがって，求める条件は，

$f(1)>0$　すなわち　$b>a-1$

(iii)〜(v)より，求める条件は，

$a<0$ のとき　　$b>0$,

$0\leqq a\leqq\frac{3}{2}$ のとき　$b>\frac{4}{27}a^3$,

$a>\frac{3}{2}$ のとき　　$b>a-1$

である．これを図示すると図の網目部分．ただし，境界はすべて含まない．

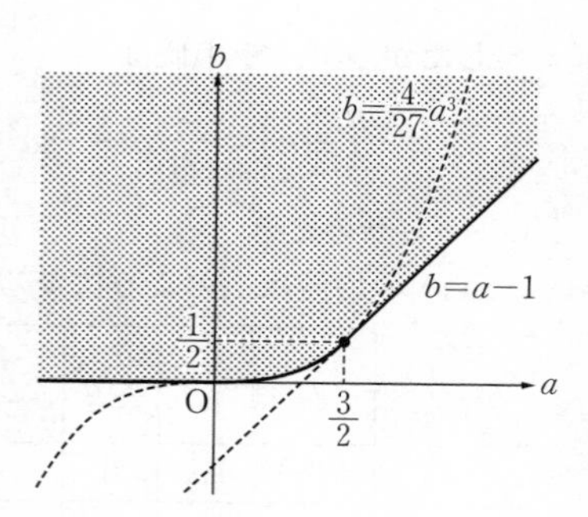

詳説 EXPLANATION

▶$0\leqq x\leqq 1$ における最小値の候補は限られています．この点に着目して結論を得ることも可能です．

別解

$0\leqq x\leqq 1$ において，$f(x)$ は区間の端の $x=0$，1 か，極小値の候補である $x=\frac{2}{3}a$ のいずれかで必ず最小値をとる．

$0\leqq x\leqq 1$ において $f(x)$ が極小値をとる条件は

$$0\leqq\frac{2}{3}a\leqq 1\quad\text{すなわち}\quad 0\leqq a\leqq\frac{3}{2}\quad\cdots\cdots②$$

である．②のときの 最小値は $f\left(\frac{2}{3}a\right)$ なので，「②かつ $b>\frac{4}{27}a^3$」より，

$$\left(0\leqq a\leqq\frac{3}{2}\quad\text{かつ}\quad b>\frac{4}{27}a^3\right)\quad\cdots\cdots(*)$$

a が②を除く範囲，つまり「$a<0$ または $\frac{3}{2}<a$」(……③) にあるとき，$0\leqq x\leqq 1$ における最小値は $f(0)$ と $f(1)$ のうち小さい方 (等しいときはその値) である．つまり，「③かつ $f(0)>0$ かつ $f(1)>0$」より，

$$\left\{\left(a<0\quad\text{または}\quad\frac{3}{2}<a\right)\quad\text{かつ}\quad b>0\quad\text{かつ}\quad b>a-1\right\}\quad\cdots\cdots(**)$$

((*) または (**)) が求める範囲である．図は「解答」と同じ．

49. 3次方程式の解の配置

〈頻出度 ★★★〉

a を実数の定数とする．$f(x)=x^3-ax^2+\frac{1}{3}(a^2-4)x$ とおくとき，以下の各問に答えよ．

(1) 定数 a の値にかかわらず関数 $y=f(x)$ は必ず極値をもつことを証明せよ．

(2) 3次方程式 $f(x)=0$ が $-1<x<2$ の範囲に相異なる3個の実数解をもつように，定数 a の値の範囲を求めよ．

（茨城大）

着眼 VIEWPOINT

問題10，11と考え方は同じです．$y=f(x)$ と $y=0$（x 軸）の共有点をどこにとるかを図で考え，区間の端における $f(x)$ の値の正負，などを考えていけばよいでしょう．$x=0$が解の1つであることより，2次式として考えると議論しやすいですが，3解をまとめて考えることもできます．（☞詳説）

解答 ANSWER

$$f(x)=x^3-ax^2+\frac{1}{3}(a^2-4)x$$

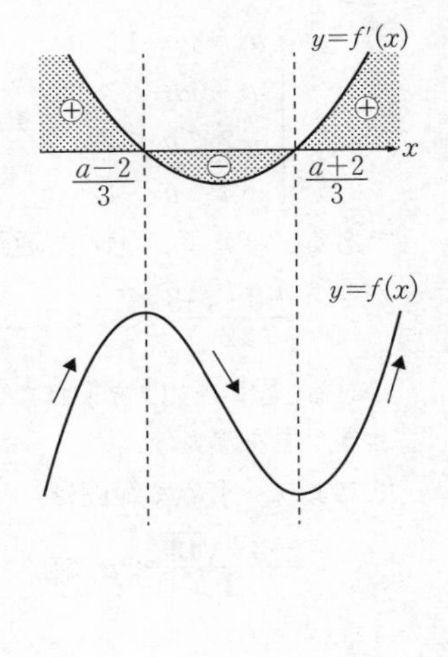

(1)
$$f'(x)=3x^2-2ax+\frac{1}{3}(a^2-4)$$
$$=3\left(x-\frac{a-2}{3}\right)\left(x-\frac{a+2}{3}\right)$$

ここで，$\frac{a+2}{3}-\frac{a-2}{3}=\frac{4}{3}>0$ である．つまり，$f(x)$ の増減は次の表の通り．

x	…	$\frac{a-2}{3}$	…	$\frac{a+2}{3}$	…
$f'(x)$	$+$	0	$-$	0	$+$
$f(x)$	↗	極大	↘	極小	↗

したがって，$f(x)$ は a の値にかかわらず極大値 $f\left(\frac{a-2}{3}\right)$，極小値 $f\left(\frac{a+2}{3}\right)$ をもつ．　（証明終）

(2) $f(x)=0$ より,

$$x\left\{x^2-ax+\frac{1}{3}(a^2-4)\right\}=0$$

つまり, $f(x)=0$ の解の1つは0である. {} の部分を $g(x)$ とする.
以下, $g(x)=0$ が $-1<x<2$ に0でない解をもつ a の範囲を調べる.
$g(x)=0$ が $x=0$ を解にもつ a の値は, $g(0)=0$ から

$$\frac{1}{3}(a^2-4)=0 \quad すなわち \quad a=\pm 2$$

つまり, $a\neq\pm 2$(……①) で考える.

$$g(x)=\left(x-\frac{a}{2}\right)^2+\frac{a^2-16}{12}$$

したがって, $g(x)=0$ が $-1<x<2$ に異なる2つの実数解をもつ条件は,

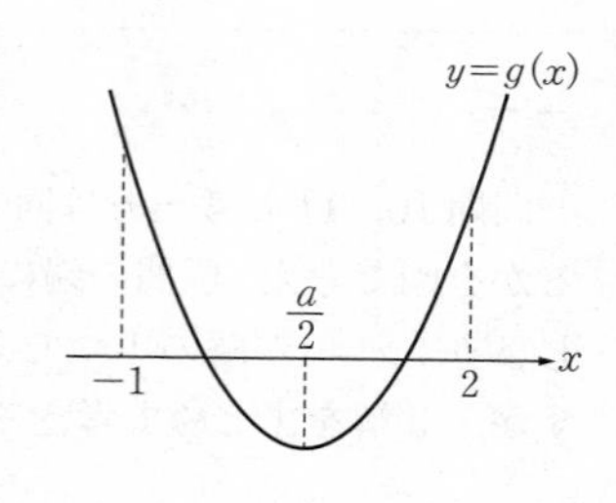

$$\begin{cases} f(-1)>0 \\ f(2)>0 \\ -1<\dfrac{a}{2}<2 \\ a^2-16<0 \end{cases}$$

つまり,

$$\begin{cases} a^2+3a-1>0 \\ a^2-6a+8>0 \\ -2<a<4 \\ -4<a<4 \end{cases} \quad すなわち \quad \begin{cases} a<\dfrac{-3-\sqrt{13}}{2},\ \dfrac{-3+\sqrt{13}}{2}<a & \cdots\cdots ② \\ a<2,\ 4<a & \cdots\cdots ③ \\ -2<a<4 & \cdots\cdots ④ \end{cases}$$

である. ②, ③, ④の共通部分は,

$$\frac{-3+\sqrt{13}}{2}<a<2 \quad \cdots\cdots ⑤$$

である. ⑤に±2は含まれないことにより, ①を満たす.
以上より, 求める範囲は

$$\boldsymbol{\frac{-3+\sqrt{13}}{2}<a<2} \quad \cdots\cdots 答$$

詳説 EXPLANATION

▶(1)は, $f'(x)$ を平方完成すること, あるいは $f'(x)=0$ の判別式が正であることを確認してもよいでしょう. 「解答」では, 極値をとる x を求めて説明していますが, それは(2)で使うことも考えてのことです.

▶次のように，3解をまとめて議論することもできます.

別解

(2)　3次方程式 $f(x)=0$ が $-1<x<2$ の範囲で相異なる3個の実数解をもつのは，$y=f(x)$ のグラフが，x 軸と $-1<x<2$ の範囲で異なる3つの共有点をもつときである.

$f(0)=0$ であり，(1)から，次が必要である.

$$\left(-1<\frac{a-2}{3} \quad \text{かつ} \quad \frac{a+2}{3}<2 \quad \text{かつ} \quad f(-1)<0 \quad \text{かつ} \quad f(2)>0\right)$$

……(*)

つまり，

$$\begin{cases} -1<a \\ a<4 \\ a^2+3a-1>0 \\ a^2-6a+8>0 \end{cases} \quad \text{すなわち} \quad \begin{cases} -1<a<4 & \cdots\cdots⑥ \\ a<\dfrac{-3-\sqrt{13}}{2},\ \dfrac{-3+\sqrt{13}}{2}<a & \cdots\cdots⑦ \\ a<2,\ 4<a & \cdots\cdots⑧ \end{cases}$$

⑥，⑦，⑧の共通部分は，

$$\frac{-3+\sqrt{13}}{2}<a<2 \quad \cdots\cdots⑨$$

である.

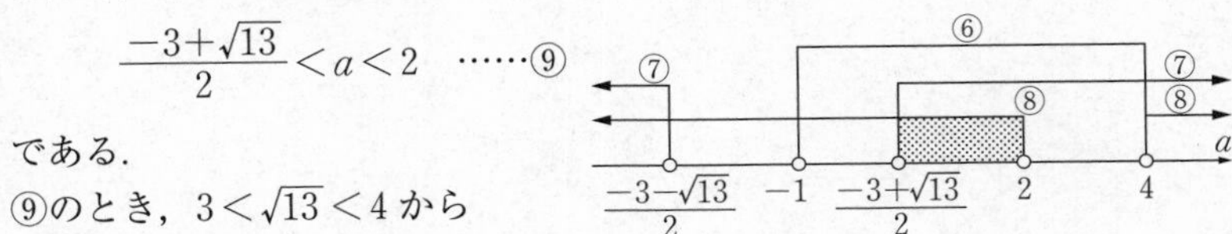

⑨のとき，$3<\sqrt{13}<4$ から

$$-1<\frac{a-2}{3}<0<\frac{a+2}{3}<2$$

であることから，$y=f(x)$ と x 軸は $-1<x<2$ において異なる3点で交わる. ……(**)

以上から，求める a の値の範囲は，

$$\boldsymbol{\frac{-3+\sqrt{13}}{2}<a<2} \quad \cdots\cdots\text{答}$$

ところで，(*)がなぜ必要条件なのか（必要十分条件ではないのか），という疑問をもつ人もいるでしょう.

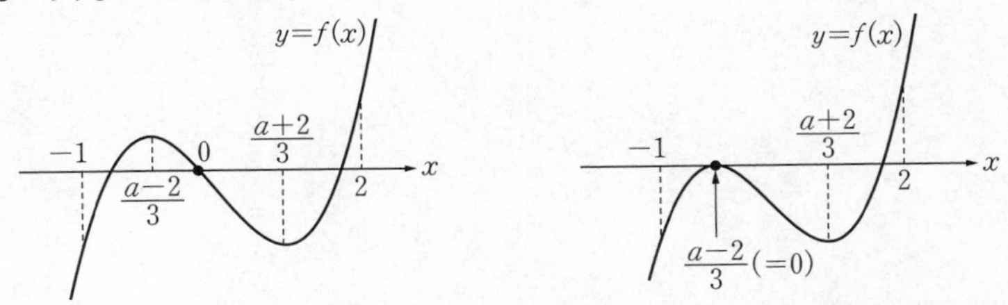

この問題では，左上のように「$-1<x<2$ の範囲で $y=f(x)$ と $y=0$ が異なる

３つの共有点をもつ」条件を考えたいわけです．しかし，$f(0)=0$ が成り立つことを考慮しても，(*)だけでは，右上図のように極値がちょうど０である可能性が否定できません．もちろん，（極小値）＜０＜（極大値），の条件を連立する手もありますが，やや面倒な計算になります．
そこで，必要条件として(*)を考えておき，その範囲⑨で十分性(**)を満たすこと，つまり「必ず前ページの左図の状況になるか」を確認しているわけです．
あるいは，(*)の代わりに

$$-1<\frac{a-2}{3}<0<\frac{a+2}{3}<2 \quad \text{かつ} \quad f(-1)<0 \quad \text{かつ} \quad f(2)>0$$

を考えてもよいでしょう．

50. 3次方程式の解同士の関係

〈頻出度 ★★★〉

関数$f(x)=x^3+\frac{3}{2}x^2-6x$について，

(1) 関数$f(x)$の極値をすべて求めよ．

(2) 方程式$f(x)=a$が異なる3つの実数解をもつとき，定数aのとりうる値の範囲を求めよ．

(3) aが(2)で求めた範囲にあるとし，方程式$f(x)=a$の3つの実数解をα，β，γ $(\alpha<\beta<\gamma)$とする．$t=(\alpha-\gamma)^2$とおくとき，tをα，γ，aを用いずβのみの式で表し，tのとりうる値の範囲を求めよ． （関西学院大）

着眼 VIEWPOINT

3次方程式の解の存在，および解の差についての問題です．方程式$f(x)=a$を解くわけにはいきませんから，困ったらグラフの利用，と考えてほしいところです．「解答」の(2)で用いている，方程式において，**文字の定数を他方の辺へ分けてグラフの共有点から考えること**は入試問題の定番中の定番，ともいえる考え方です．

解答 ANSWER

(1)
$$f(x)=x^3+\frac{3}{2}x^2-6x$$
$$f'(x)=3x^2+\frac{3}{2}\cdot 2x-6=3(x+2)(x-1)$$

したがって，$f(x)$の増減は次表のとおり．

x	$\cdots$	-2	$\cdots$	1	$\cdots$
$f'(x)$	$+$	0	$-$	0	$+$
$f(x)$	↗	極大	↘	極小	↗

極大値は$f(-2)=10$，極小値は$f(1)=-\frac{7}{2}$ ……答

(2)　(1)から，$y=f(x)$ のグラフは右図のとおりである．
方程式 $f(x)=a$ の実数解は，座標平面における $y=f(x)$ のグラフと直線 $y=a$ の共有点の x 座標に一致する．したがって，求める範囲は $y=f(x)$ と $y=a$ が３つの異なる共有点をもつ a の範囲であるから

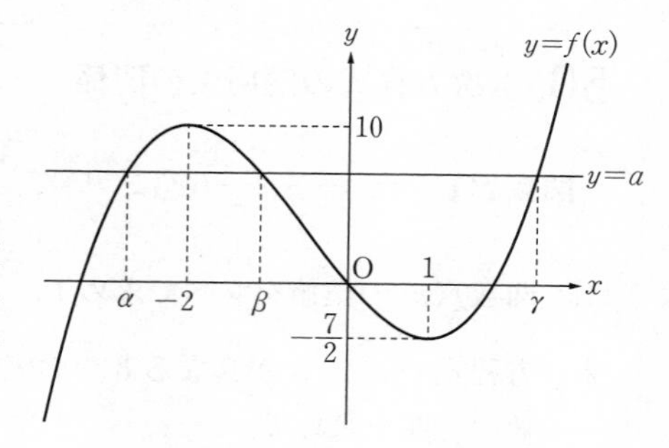

$$-\frac{7}{2}<a<10$$ ……**答**

(3)　方程式 $f(x)=a$，すなわち

$$x^3+\frac{3}{2}x^2-6x-a=0$$

の３つの解が α，β，$\gamma\,(\alpha<\beta<\gamma)$ なので，解と係数の関係から次が成り立つ．

$$\alpha+\beta+\gamma=-\frac{3}{2} \quad \cdots\cdots①, \qquad \alpha\beta+\beta\gamma+\gamma\alpha=-6 \quad \cdots\cdots②$$

したがって，①，②から

$$\begin{aligned}
t=(\alpha-\gamma)^2&=\alpha^2+\gamma^2-2\alpha\gamma\\
&=(\alpha+\gamma)^2-4\alpha\gamma\\
&=(\alpha+\gamma)^2-4\{-6-\beta(\alpha+\gamma)\}\\
&=\left(-\frac{3}{2}-\beta\right)^2-4\left(-6+\frac{3}{2}\beta+\beta^2\right)\\
&=-3\beta^2-3\beta+\frac{105}{4}
\end{aligned}$$ ……**答**

$$=-3\left(\beta+\frac{1}{2}\right)^2+27$$

◀①，②より，
$\alpha\gamma=-6-\beta(\alpha+\gamma)$
$\quad=-6-\beta\left(-\frac{3}{2}-\beta\right)$

(2)の図より，β のとりうる値の範囲は $-2<\beta<1$ である．
t は β の２次関数であり，t のとりうる値の範囲は

$$\frac{81}{4}<t\leqq 27$$ ……**答**

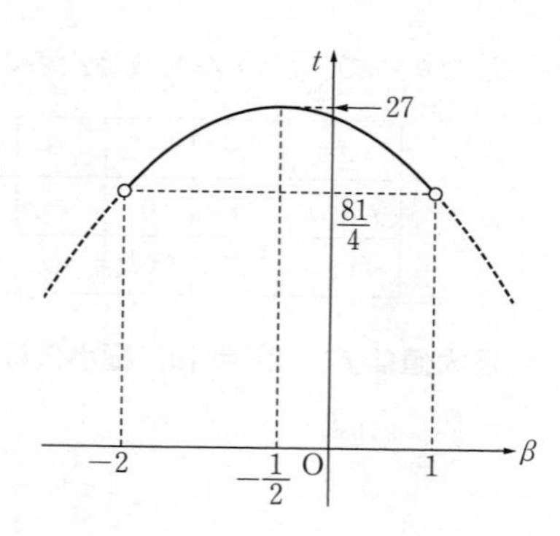

51. 曲線の外の点から曲線に引く接線

〈頻出度 ★★★〉

関数 $y=f(x)=\dfrac{x^3}{3}-4x$ のグラフについて，

(1) このグラフ上の点 $(p,\ f(p))$ における接線の方程式を求めよ．

(2) a を実数とする．点 $(2,\ a)$ からこのグラフに引くことのできる接線の本数を求めよ．

(3) このグラフに3本の接線を引くことができる点全体からなる領域を求め，図示せよ．

(名古屋市立大)

着眼 VIEWPOINT

座標平面上の点から，グラフに引ける接線の問題を考察する定番の問題です．

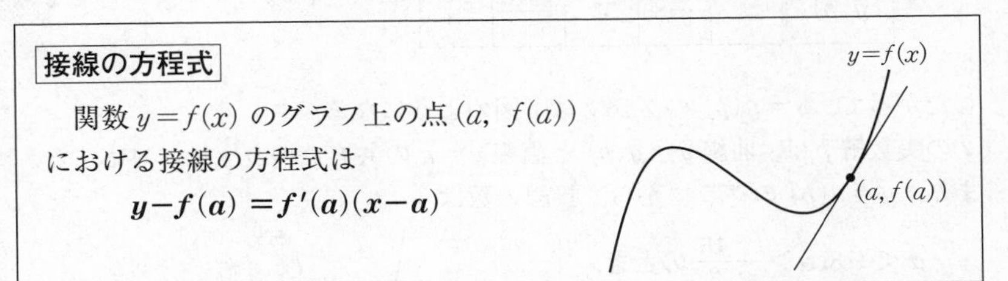

接線は接点をおくところから始める，という原則を押さえておきましょう．接点の座標が与えられていれば使う，与えられていなければ文字でおいて，接線の方程式を立てましょう．通過する点の座標を代入すれば，接点の x 座標を決める等式が得られます．(2), (3) は，「グラフ同士の共有点から解の個数を考える」定番の方針です．

解答 ANSWER

(1) $f'(x)=x^2-4$

より，$y=f(x)$ 上の点 $(p,\ f(p))$ における接線の方程式は，

$$y=(p^2-4)(x-p)+\frac{p^3}{3}-4p$$

$$\boldsymbol{y=(p^2-4)x-\frac{2}{3}p^3} \quad \cdots\cdots ① \text{答}$$

(2) 直線①が点 $\mathrm{A}(2,\ a)$ を通るとき，

$$a=2(p^2-4)-\frac{2}{3}p^3$$

$$a=-\frac{2}{3}p^3+2p^2-8 \quad \cdots\cdots②$$

が成り立つ.

3次関数のグラフでは，接線と接点の x 座標は一対一に対応する.（……(*)）
つまり，点Aから $y=f(x)$ に引くことのできる接線の本数は，p の方程式②の相異なる実数解の個数に等しい.

②の右辺を $g(p)$ とする．$g(p)=-\frac{2}{3}p^3+2p^2-8$ より，

$$g'(p)=-2p^2+4p=-2p(p-2)$$

ゆえに，$g(p)$ の増減は次のようになる.

p	$\cdots$	0	$\cdots$	2	$\cdots$
$g'(p)$	$-$	0	$+$	0	$-$
$g(p)$	↘	-8	↗	$-\frac{16}{3}$	↘

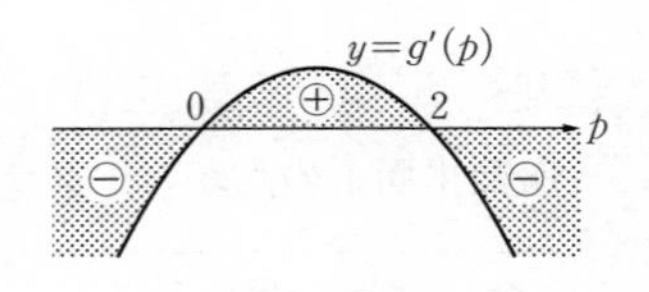

したがって，$y=g(p)$ のグラフは下図のようになる.
②の実数解 p は，曲線 $y=g(p)$ と直線 $y=a$ の共有点の p 座標に対応する．つまり，$y=g(p)$ のグラフから，接線の数は

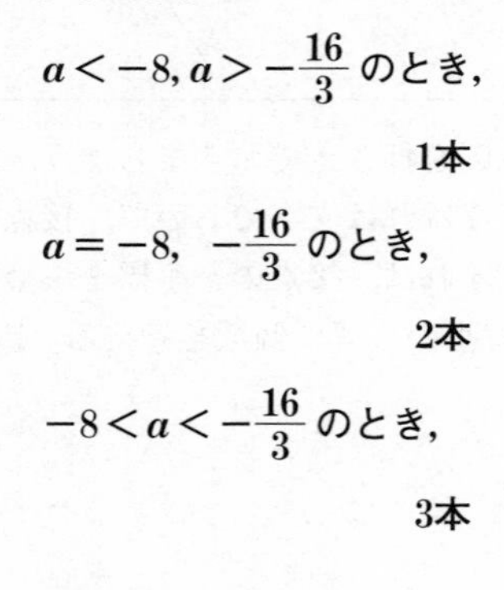

$a<-8, a>-\frac{16}{3}$ のとき，
1本

$a=-8,\ -\frac{16}{3}$ のとき，
2本

$-8<a<-\frac{16}{3}$ のとき，
3本

……**答**

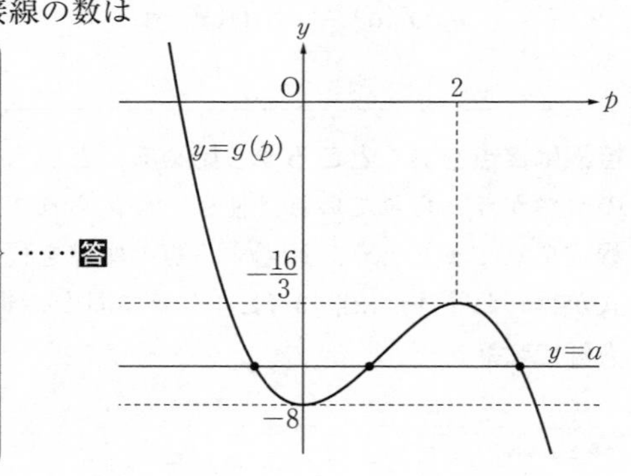

(3) 直線①が点 $(X,\ Y)$ を通るとき，

$$Y=(p^2-4)X-\frac{2}{3}p^3$$

すなわち，

$$2p^3-3Xp^2+3(4X+Y)=0 \quad \cdots\cdots③$$

が成り立つ.

p の方程式③の解の個数を調べる．③の左辺を $h(p)$ とする．つまり，
$h(p)=2p^3-3Xp^2+3(4X+Y)$ とすると

$$h'(p)=6p^2-6Xp=6p(p-X)$$

$h(p)$ が極値をもつ条件は $X\neq 0$ である．この下で，$h(p)=0$ が異なる3つの実数解をもつ条件は，極大値と極小値が異なる符号であることと同値である．その条件は

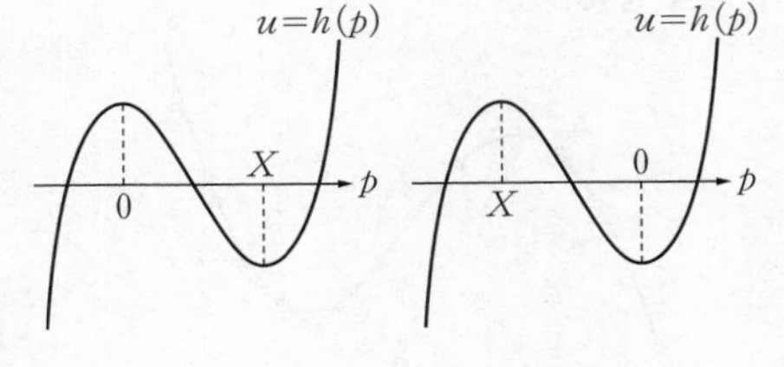

$$X\neq 0 \quad \text{かつ} \quad h(0)h(X)<0$$

つまり

$$X\neq 0 \quad \text{かつ} \quad 3(4X+Y)\{-X^3+3(4X+Y)\}<0$$

$$\Leftrightarrow X\neq 0 \quad \text{かつ} \quad (4X+Y)\left(-\frac{1}{3}X^3+4X+Y\right)<0$$

$$\Leftrightarrow (4X+Y)\left(-\frac{1}{3}X^3+4X+Y\right)<0$$

したがって，求める範囲は $(4x+y)\left(-\frac{x^3}{3}+4x+y\right)<0$ であり，これは $y=-4x$，$y=f(x)$ を境界とした領域である．これらの共有点は

$$\frac{1}{3}x^3-4x=-4x \quad \text{すなわち} \quad x=0 \quad (\text{三重解})$$

である．また，$f(x)=\frac{1}{3}x^3-4x$ から

$$f'(x)=x^2-4=(x-2)(x+2)$$

より，$f(x)$ の増減は右下の表の通り．以上から，求める範囲は左下図の網目部分．ただし，境界は含まない．

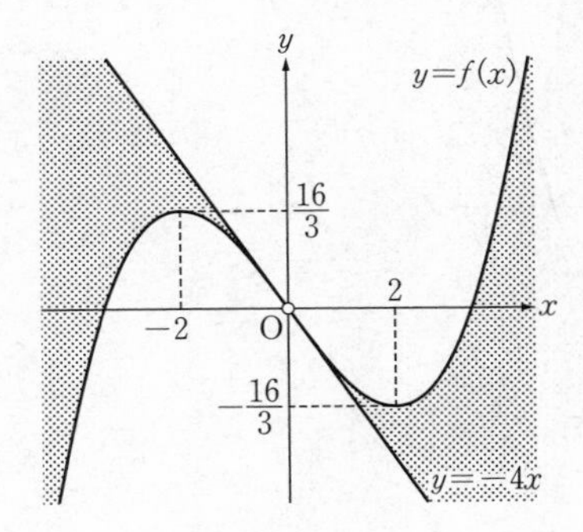

x	$\cdots$	-2	$\cdots$	2	$\cdots$
$f'(x)$	$+$	0	$-$	0	$+$
$f(x)$	↗	$\frac{16}{3}$	↘	$-\frac{16}{3}$	↗

詳説 EXPLANATION

▶(*)，つまり「接線と接点の x 座標は一対一に対応する」ことは，一般には成り立ちません．

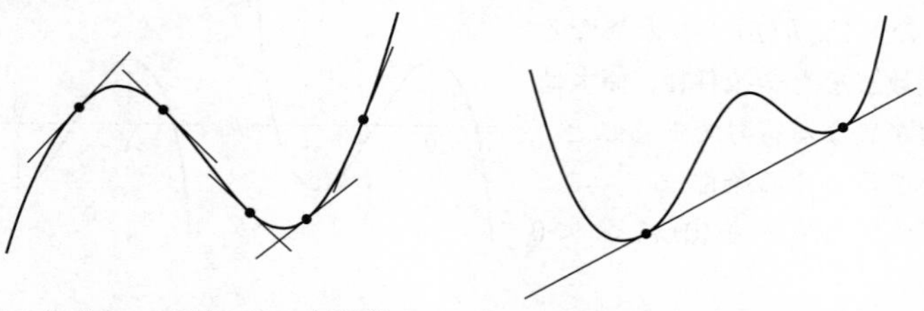

右上図のように，例えば 4 次関数のグラフであれば 2 点で接する直線が存在することもあります．ただし，3 次関数，あるいは 2 次関数のグラフであれば，左上のように接点と接線は一対一に対応します．これは，答案において証明なしに認めてもよいでしょう．

▶(3)は，(2)と同様に示すこともできます．つまり，③を

$$Y=-\frac{2}{3}p^3+Xp^2-4X$$

として，この右辺を $H(p)$ とすれば，pq 平面上で $q=H(p)$ のグラフと，p 軸に平行な直線 $q=Y$ との共有点から考察することも可能です．

▶(2)は，(3)の過程で直線が通る点 $(X,\ Y)$ を $(2,\ a)$ とおき換えればわかります．実際に，(3)で得た領域 D において $x=2$，$y=a$ として動かすことで，D 上の $x=2$ の部分は $-8<a<-\frac{16}{3}$ であり，(2)の結果と一致していることが確認できます．

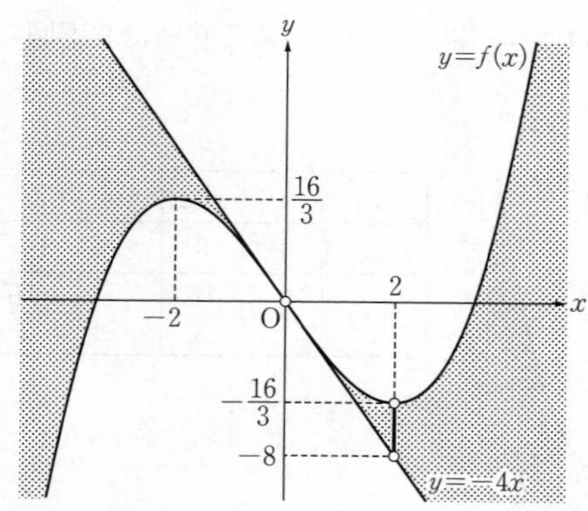

52. 円弧などで囲まれた図形の面積

〈頻出度 ★★★〉

xy 平面内の領域 $x^2+y^2 \leqq 2$, $|x| \leqq 1$ で，曲線 $C: y=x^3+x^2-x$ の上側にある部分の面積を求めよ．

（京都大）

着眼 VIEWPOINT

曲線が囲む図形の面積を求めます．まずは微分から曲線の概形を調べること，連立方程式からグラフの共有点の座標を求めることを正確に行いましょう．この問題のポイントは，境界の円弧をうまく生かすことです．面積を求めたい図形の境界に円弧を含むときには，（積分一本で考えずに）**扇形を切り出し，その面積を利用すること**を考えましょう．

解答 ANSWER

$C: y=x^3+x^2-x$ について，

$y'=3x^2+2x-1=(3x-1)(x+1)$

したがって，$|x| \leqq 1$ すなわち $-1 \leqq x \leqq 1$ における y の増減は次のようになる．

x	-1	$\cdots$	$\frac{1}{3}$	$\cdots$	1
y'	0	$-$	0	$+$	
y	1	↘	$-\frac{5}{27}$	↗	1

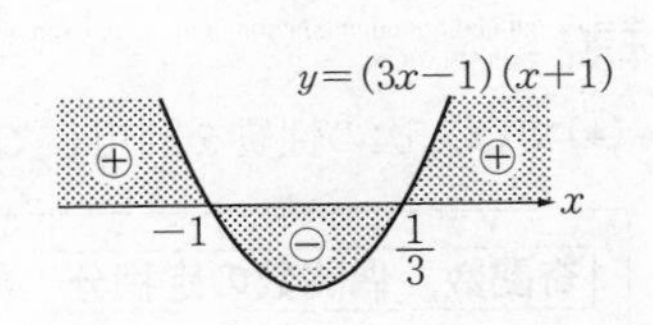

Cと円$D: x^2+y^2=2$ を $-1 \leqq x \leqq 1$ の範囲で図示する．点 $(\pm 1, 1)$ はD上であることに注意すると，次の図のようになる．

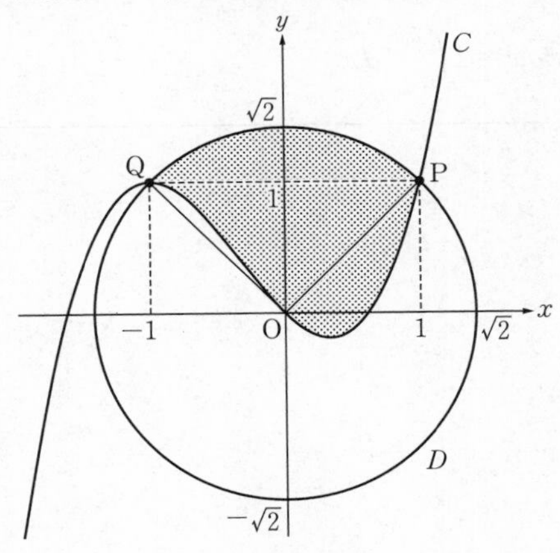

$x<-1$におけるC, Dの関係（共有点をもたないこと）は調べていないが，面積の計算には関係ないので気にしなくてよい．

P(1, 1), Q(−1, 1)とする．網目部分Wの面積Sが求めるものである．
∠POQ＝90° であるから，Wのうち，線分PQの上側にある部分の面積Tは，

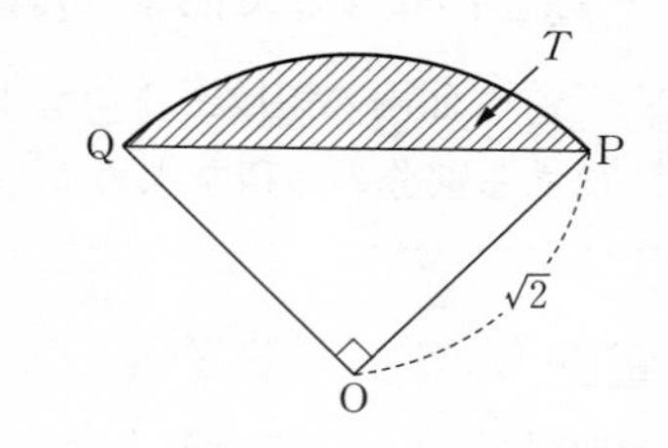

$$T=\pi(\sqrt{2})^2\times\frac{1}{4}-\frac{1}{2}(\sqrt{2})^2=\frac{\pi}{2}-1$$

である．また，Wの線分PQの下側にある部分の面積Uは，

$$U=\int_{-1}^{1}\{1-(x^3+x^2-x)\}dx$$

$$=2\int_0^1(1-x^2)dx \quad \cdots\cdots(*)$$

$$=2\left[x-\frac{x^3}{3}\right]_0^1$$

$$=\frac{4}{3}$$

である．したがって，$S=T+U=\boldsymbol{\frac{\pi}{2}+\frac{1}{3}}$ ……答

詳説 EXPLANATION

▶(*)では，次の性質を利用しています．

奇関数，偶関数の定積分

nを0以上の整数，aを定数とする．

nが奇数のとき $\int_{-a}^{a}x^n dx=0$

nが偶数のとき $\int_{-a}^{a}x^n dx=2\int_0^a x^n dx$

〈頻出度 ★★★〉

53. 3次関数のグラフと共通接線の囲む図形

$f(x)=x^3$, $g(x)=x^3-4$ とし，曲線 $C_1: y=f(x)$ と曲線 $C_2: y=g(x)$ の両方に接する直線を l とする．このとき，以下の問いに答えよ．

(1) 直線 l の方程式を求めよ．

(2) C_2 と l とで囲まれた部分の面積 S を求めよ．　（福井大 改題）

着眼 VIEWPOINT

2つのグラフに接する直線の方程式を求めるときも，**接線は接点をおくところから始める**，の原則は同じです．C_1 上，C_2 上それぞれで接点の座標を与え，接線の方程式を立て，2つが一致する条件を考えてしまうのが簡単でしょう．

(2)では $(x+1)^n$ のカタマリのまま積分することを心がけましょう．（☞詳説）

解答 ANSWER

(1) $f'(x)=3x^2$ より，曲線 C_1 上の点 $(s,\ s^3)$ における接線の方程式は，

$$y-s^3=3s^2(x-s) \quad すなわち \quad y=3s^2x-2s^3 \quad \cdots\cdots①$$

である．

$g'(x)=3x^2$ より，曲線 C_2 上の点 $(t,\ t^3-4)$ における接線の方程式は，

$$y-(t^3-4)=3t^2(x-t)$$
$$y=3t^2x-2t^3-4 \quad \cdots\cdots②$$

である．

①と②が一致するのは，次の③，④がともに成り立つときである．

$$\begin{cases} 3s^2=3t^2 & \cdots\cdots③ \\ -2s^3=-2t^3-4 & \cdots\cdots④ \end{cases}$$

③より，

$$s^2=t^2 \quad すなわち \quad s=\pm t$$

であるが，$s=t$ は④を満たさない．$s=-t$ のとき，④より，

$$t^3=-1$$

t は実数なので，$t=-1$ である．つまり，$(s,\ t)=(1,\ -1)$ である．

①より，直線 l の方程式は，$\boldsymbol{y=3x-2}$ ……**答**

(2) C_2 と l の共有点の x 座標を求める．$y=x^3-4$ と $y=3x-2$ より，

$$(x^3-4)-(3x-2)=x^3-3x-2$$
$$=(x+1)^2(x-2) \quad \cdots\cdots⑤$$

したがって，C_2 と l は $x=-1$ で接し，

$x=2$ で交差する．また，$-1<x<2$ で⑤<0 なので，この範囲で l は C_2 より上にある．つまり，面積を求める部分は，図の網目部分である．したがって，求める面積 S は

C_2 と l は $x=-1$ で接することがわかっている．つまり，$x=-1$ はこの方程式の重解なので，残る解を α とすれば

$$(x+1)^2(x-\alpha)=0$$

左辺の定数項は $1^2\cdot(-\alpha)=-\alpha$ なので，$-\alpha=-2$ より，$\alpha=2$

$$S=\int_{-1}^{2}\{(3x-2)-(x^3-4)\}\,dx$$
$$=-\int_{-1}^{2}(x+1)^2(x-2)\,dx$$
$$=-\int_{-1}^{2}(x+1)^2\{(x+1)-3\}\,dx$$
$$=-\int_{-1}^{2}\{(x+1)^3-3(x+1)^2\}\,dx$$
$$=-\left[\frac{1}{4}(x+1)^4-(x+1)^3\right]_{-1}^{2}$$
$$=\frac{27}{4}\quad\cdots\cdots\text{答}$$

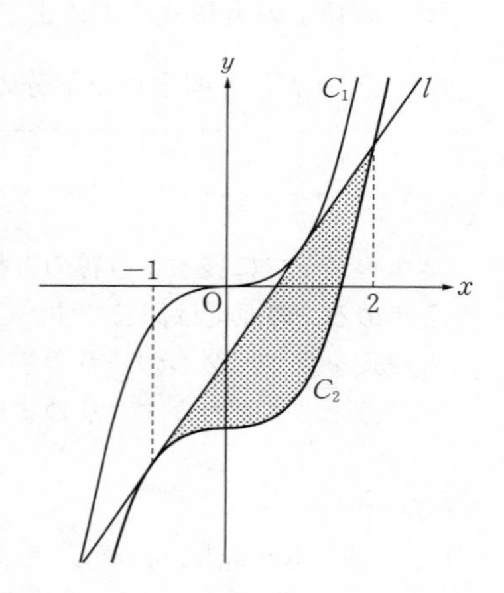

詳説 EXPLANATION

▶(2)では，次のように「カタマリのまま積分」を行っています．

$(x+a)^n$ の積分

a を定数，n を正の整数とする．

$$\int (x+a)^n dx=\frac{1}{n+1}(x+a)^{n+1}+C\quad(C\text{は積分定数})$$

この式が成り立つことは，次のように理解できます．「座標平面上のグラフ $y=x^n$ を x 軸方向に $-a$ だけ平行移動したグラフは $y=(x+a)^n$ である」ことと，$(x^n)'=nx^{n-1}$ より，

$$\{(x+a)^n\}'=n(x+a)^{n-1}$$

となることがわかります．これより，

$$\int (x+a)^n dx=\frac{1}{n+1}(x+a)^n+C$$

（C は積分定数）

が得られます．

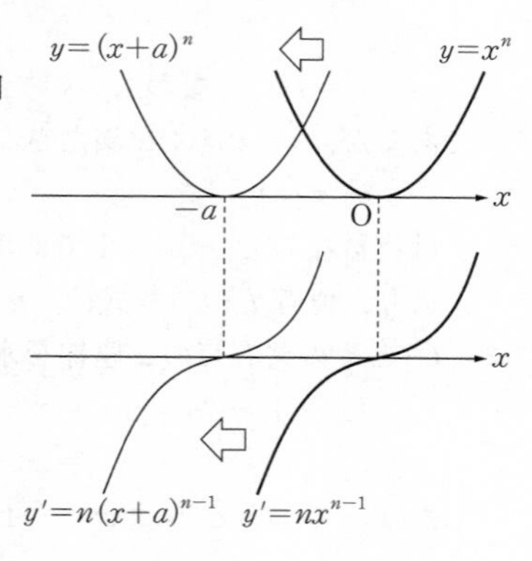

▶(2)の計算を一般化して考えると，次のようになります．

$$-\int_{\alpha}^{\beta}(x-\alpha)^2(x-\beta)\,dx=-\int_{\alpha}^{\beta}(x-\alpha)^2\{(x-\alpha)+(\alpha-\beta)\}\,dx$$

$$=-\int_{\alpha}^{\beta}\{(x-\alpha)^3-(\beta-\alpha)(x-\alpha)^2\}\,dx$$

$$=-\left[\frac{1}{4}(x-\alpha)^4-\frac{\beta-\alpha}{3}(x-\alpha)^3\right]_{\alpha}^{\beta}$$

$$=-\left\{\frac{1}{4}(\beta-\alpha)^4-\frac{1}{3}(\beta-\alpha)^4\right\}$$

$$=\frac{1}{12}(\beta-\alpha)^4 \quad \cdots\cdots(*)$$

(*) の式は「$\frac{1}{12}$公式」と呼ばれることがあります．この式を知っていれば，定積分の値を簡単に求められます．$(\alpha,\ \beta)=(-1,\ 2)$ とすれば，$\frac{1}{12}\{2-(-1)\}^4=\frac{27}{4}$ と，確かに「解答」で求めた値と一致します．

54. 放物線で囲まれた図形の面積

〈頻出度 ★★★〉

a, bを実数とする．座標平面上に$C_1 : y=x^2$と$C_2 : y=-x^2+ax+b$がある．C_2が点(1, 5)を通るとき，C_1, C_2で囲まれる部分の面積Sが最小になる(a, b)を求めよ．また，Sの最小値を求めよ．

（頻出問題）

着眼 VIEWPOINT

いわゆる，「$\frac{1}{6}$公式」を用いる典型的な問題です．

積分の計算の工夫$\left(\frac{1}{6}\text{公式}\right)$

$$\int_{\alpha}^{\beta}(x-\alpha)(x-\beta)\,dx=-\frac{1}{6}(\beta-\alpha)^3 \quad (\alpha,\ \beta\text{は定数})$$

「普通に」上下の差をとって定積分すると，計算が複雑になりがちです．「解答」のように，**境界同士の交点のx座標を文字でおいておくことで，面積の式が簡潔に表されます**．この流れに慣れておきましょう．

解答 ANSWER

C_2が点(1, 5)を通るとき，次が成り立つ．

$$5=-1^2+a\cdot1+b \quad すなわち \quad b=-a+6 \quad \cdots\cdots①$$

①のとき，C_2の式は次のように表される．

$$y=-x^2+ax+(-a+6)$$

C_1, C_2の式を連立して，

$$x^2=-x^2+ax+(-a+6)$$

$$2x^2-ax+(a-6)=0 \quad \cdots\cdots②$$

②の判別式をDとすると

$$D=(-a)^2-4\cdot2\cdot(a-6)=(a-4)^2+32$$

aの値にかかわらず$D>0$であることより，C_1とC_2は常に異なる2点で交わる．これらの交点のx座標を$x=\alpha$, $\beta\ (\alpha<\beta)$とすれば，②について，解と係数の関係より

$$\alpha+\beta=\frac{a}{2},\quad \alpha\beta=\frac{a-6}{2} \quad \cdots\cdots③$$

求める面積は

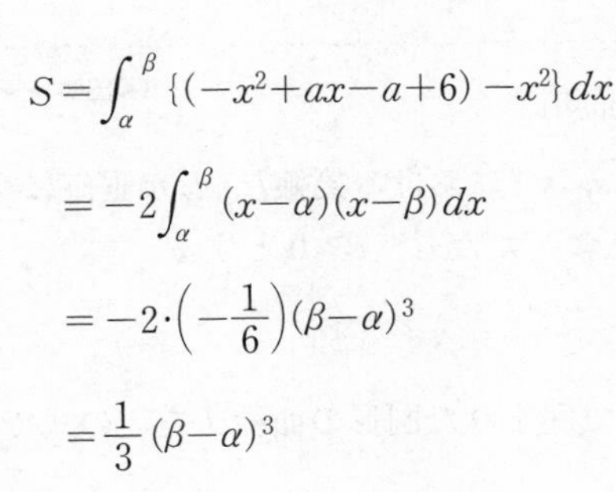

$$S=\int_{\alpha}^{\beta}\{(-x^2+ax-a+6)-x^2\}\,dx$$

$$=-2\int_{\alpha}^{\beta}(x-\alpha)(x-\beta)\,dx$$

$$=-2\cdot\left(-\frac{1}{6}\right)(\beta-\alpha)^3$$

$$=\frac{1}{3}(\beta-\alpha)^3$$

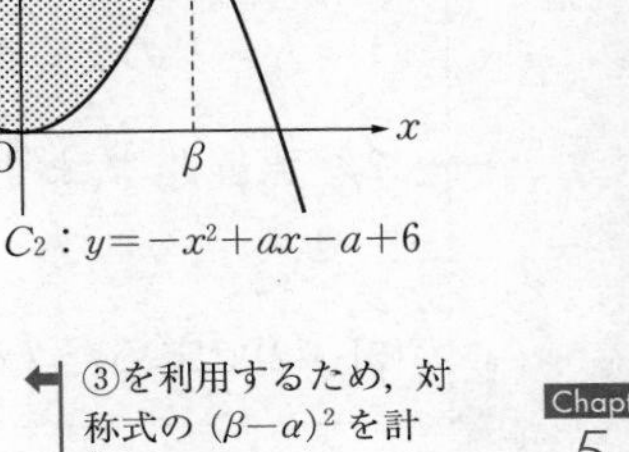

ここで，③より

$$(\beta-\alpha)^2=(\alpha+\beta)^2-4\alpha\beta$$

$$=\left(\frac{a}{2}\right)^2-4\cdot\frac{a-6}{2}$$

$$=\frac{(a-4)^2+32}{4}$$

③を利用するため，対称式の $(\beta-\alpha)^2$ を計算している．

したがって

$$S=\frac{1}{3}\left\{\frac{(a-4)^2+32}{4}\right\}^{\frac{3}{2}}=\frac{1}{24}\{(a-4)^2+32\}^{\frac{3}{2}}$$

であり，$a=4$ のときに S は最小となる．このとき，①より $b=2$.
したがって，$\boldsymbol{(a,\ b)=(4,\ 2)}$ のときに S は最小となり，その値は

$$S=\frac{1}{24}\cdot 32^{\frac{3}{2}}=\frac{1}{2^3\cdot 3}\cdot 2^{5\cdot\frac{3}{2}}=\frac{2^{\frac{9}{2}}}{3}=\boldsymbol{\frac{16\sqrt{2}}{3}}\quad\cdots\cdots\text{答}$$

詳説 EXPLANATION

▶$\beta-\alpha$ を解と係数の関係で書き換える部分は，②の解を求めて代入してもあまり手間はかかりません．x の方程式 $2x^2-ax+(a-6)=0$ の2つの解は

$$x=\frac{a\pm\sqrt{a^2-4\cdot 2\cdot(a-6)}}{4}=\frac{a\pm\sqrt{(a-4)^2+32}}{4}\quad\cdots\cdots(*)$$

です．$(*)$ の小さい方の値を α，大きい方の値を β として，$\beta-\alpha$ は次のように計算されます．

$$\beta-\alpha=\frac{a+\sqrt{(a-4)^2+32}}{4}-\frac{a-\sqrt{(a-4)^2+32}}{4}=\frac{\sqrt{(a-4)^2+32}}{2}$$

55. 曲線と2接線の囲む部分の面積

〈頻出度 ★★★〉

放物線 $y=x^2$ 上の2点 $(t,\ t^2)$，$(s,\ s^2)$ における接線 l_1，l_2 が垂直に交わっているとき，以下の問いに答えよ．ただし，$t>0$ とする．

(1) l_1 と l_2 の交点の y 座標を求めよ．

(2) 直線 l_1，l_2 および放物線 $y=x^2$ で囲まれた図形の面積 J を t の式で表せ．

(3) (2)で定めた J の最小値を求めよ．

（信州大 改題）

着眼 VIEWPOINT

問題52とは状況が異なるものの，ポイントは同じです．**境界同士が接していることから，積分される式が読みとれる**，ということを理解したうえで計算を進めましょう．

(3)では分数式が登場するので，次の相加平均・相乗平均の大小関係を利用するとよいでしょう．

相加平均・相乗平均の大小関係

$a>0$，$b>0$ のとき

$$\frac{\boldsymbol{a+b}}{\boldsymbol{2}} \geqq \sqrt{\boldsymbol{ab}}$$

が成り立つ．等号が成り立つのは，$\boldsymbol{a=b}$ のときである．

解答 ANSWER

(1) $C: y=x^2$ とする．$y'=2x$ より，点 $\mathrm{T}(t,\ t^2)$ における C の接線 l_1 の方程式は

$$y-t^2=2t(x-t)$$

すなわち

$$y=2tx-t^2 \quad \cdots\cdots①$$

同様に，点 $\mathrm{S}(s,\ s^2)$ における C の接線 l_2 の方程式は

$$y=2sx-s^2 \quad \cdots\cdots②$$

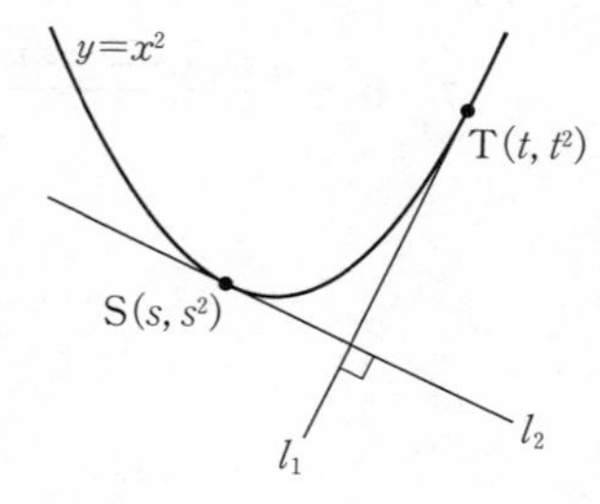

l_1 と l_2 が垂直に交わることから

$$2t\cdot 2s=-1$$

$$ts=-\frac{1}{4} \quad \cdots\cdots ③$$

③と，$t>0$ より $s<0$ である．①，②より，l_1，l_2 の交点の x 座標は

$$2tx-t^2=2sx-s^2$$

$$2(t-s)x=(t-s)(t+s)$$

$s<0<t$ より $t-s>0$ なので，$x=\frac{t+s}{2}$ である．①，③より，交点の y 座標は

$$y=2t\cdot\frac{t+s}{2}-t^2=ts=\mathbf{-\frac{1}{4}} \quad \cdots\cdots 答$$

(2)
$$J=\int_s^{\frac{t+s}{2}}\{x^2-(2sx-s^2)\}dx+\int_{\frac{t+s}{2}}^t\{x^2-(2tx-t^2)\}dx$$

$$=\int_s^{\frac{t+s}{2}}(x^2-2sx+s^2)dx+\int_{\frac{t+s}{2}}^t(x^2-2tx+t^2)dx$$

$$=\int_s^{\frac{t+s}{2}}(x-s)^2dx+\int_{\frac{t+s}{2}}^t(x-t)^2dx$$

$$=\left[\frac{1}{3}(x-s)^3\right]_s^{\frac{t+s}{2}}+\left[\frac{1}{3}(x-t)^3\right]_{\frac{t+s}{2}}^t$$

$$=\frac{1}{3}\left(\frac{t+s}{2}-s\right)^3+\left\{0-\frac{1}{3}\left(\frac{t+s}{2}-t\right)^3\right\}$$

$$=\frac{1}{3}\left(\frac{t-s}{2}\right)^3-\frac{1}{3}\left(\frac{s-t}{2}\right)^3$$

$$=\frac{2}{3}\left(\frac{t-s}{2}\right)^3$$

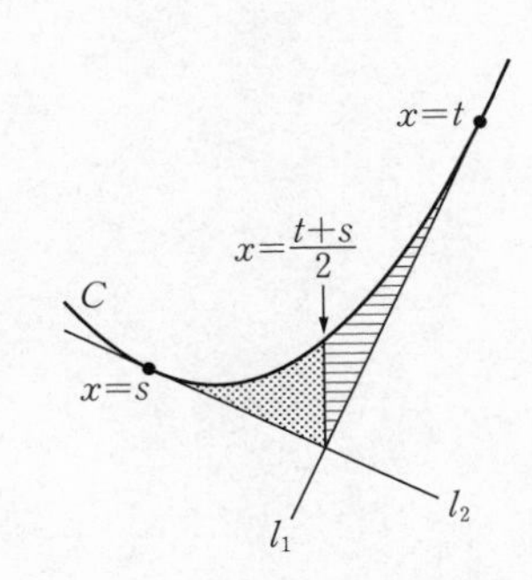

③より，$s=-\frac{1}{4t}$ なので，

$$J=\frac{2}{3}\cdot\frac{1}{2^3}\left(t+\frac{1}{4t}\right)^3=\mathbf{\frac{1}{12}\left(t+\frac{1}{4t}\right)^3} \quad \cdots\cdots 答$$

(3) $t>0$ から，相加平均・相乗平均の大小関係より

$$t+\frac{1}{4t}\geqq 2\sqrt{t\cdot\frac{1}{4t}}=2\cdot\frac{1}{2}=1$$

が成り立つ．等号が成り立つのは，

$$t=\frac{1}{4t} \quad かつ \quad t>0 \iff t=\frac{1}{2}$$

のときである．したがって，J の最小値は $J=\frac{1}{12}\cdot 1^3=\mathbf{\frac{1}{12}}$ ……答

← “$t+\frac{1}{4t}\geqq 1$” は “$t+\frac{1}{4t}$ の最小値が 1” であることの必要条件にすぎないので，等号成立する t が存在することを確認しなくてはなりません．

詳説 EXPLANATION

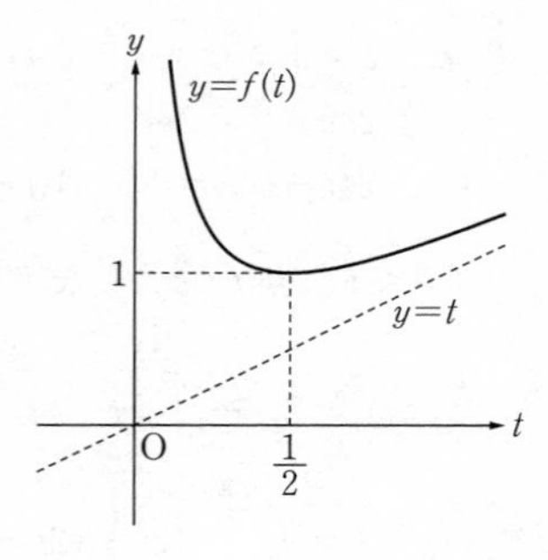

▶$t>0$ における $y=t+\dfrac{1}{4t}$ のグラフは右図のようになります.

t が 0 に限りなく近いときに y はいくらでも大きくなります．また，tの値を大きくすれば$\dfrac{1}{4t}$は 0 に近づく，つまり $y=t$ に近づくことから理解できます.

56. 定積分で表された関数の最小値

〈頻出度 ★★★〉

$x \geqq 0$ において，関数 $f(x)$ を $f(x)=\displaystyle\int_x^{x+2}|t^2-4|\,dt$ とするとき，次の問いに答えよ．

(1) $f(2)=\displaystyle\int_2^4 (t^2-4)\,dt$ の値を求めよ．

(2) $f(x)$ を求めよ．

(3) $f(x)$ の最小値を求めよ．

（北里大 改題）

着眼 VIEWPOINT

「定積分で表された関数」に関する問題は，本問のように，場合分けを必要とする絶対値つき関数で出題されることが非常に多いです．| | の「中身の正負」で積分区間を分けて計算を進めればよいのですが，数式のままだと場合分けする点が読みとりづらいです．「解答」のように，定積分を面積にみることで，状況が把握しやすくなるでしょう．後半の最小値の計算は，極小かつ最小値をとる $x=\alpha$ が $f'(x)=0$ の解であることを利用すれば，多少は計算が簡単になります．

解答 ANSWER

(1) $f(2)=\displaystyle\int_2^4 (t^2-4)\,dt=\left[\frac{t^3}{3}-4t\right]_2^4=\mathbf{\frac{32}{3}}$ ……答

(2) 求める定積分は，以下の図の網目部分の面積である．

(i) $0 \leqq x \leqq 2$ のとき

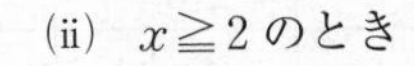

(ii) $x \geqq 2$ のとき

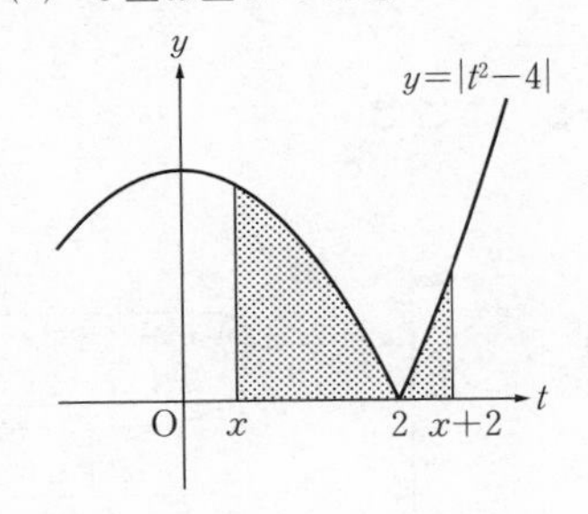

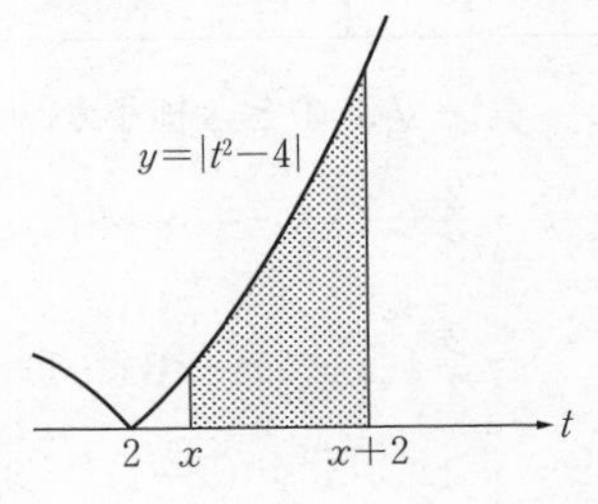

(i) $0 \leqq x \leqq 2$ のとき

$$f(x)=\int_x^2 \{-(t^2-4)\}\,dt+\int_2^{x+2}(t^2-4)\,dt$$

$$=-\left[\frac{t^3}{3}-4t\right]_x^2+\left[\frac{t^3}{3}-4t\right]_2^{x+2}$$

$$=\frac{2}{3}x^3+2x^2-4x+\frac{16}{3}$$

(ii) $x \geqq 2$ のとき

$$f(x)=\int_x^{x+2}(t^2-4)\,dt=\left[\frac{t^3}{3}-4t\right]_x^{x+2}=2x^2+4x-\frac{16}{3}$$

(i), (ii)より，
$$\boldsymbol{f(x)=\begin{cases}\dfrac{2}{3}x^3+2x^2-4x+\dfrac{16}{3} & (0 \leqq x \leqq 2\text{ のとき})\\[2ex] 2x^2+4x-\dfrac{16}{3} & (x \geqq 2\text{ のとき})\end{cases}}$$
……**答**

(3) $x \geqq 2$ のとき，

$$f(x)=2x(x+2)-\frac{16}{3}$$

$x(x+2)$ は $x \geqq -1$ で常に増加する．

より，$f(x)$ は常に増加する．したがって，最小値をとる x は $0 \leqq x < 2$ に含まれる．

$0 \leqq x < 2$ のとき，

$$f(x)=\frac{2}{3}x^3+2x^2-4x+\frac{16}{3}$$

$$f'(x)=2x^2+4x-4=2(x^2+2x-2)$$

極値をとる x は，$x^2+2x-2=0$ かつ $0 \leqq x \leqq 2$ から，$x=-1+\sqrt{3}$ である．

$f(x)$ の増減は次のとおり．

x	0	$\cdots$	$-1+\sqrt{3}$	$\cdots$	2
$f'(x)$		$-$	0	$+$	
$f(x)$		↘	極小	↗	

$f(x)$ は $x=-1+\sqrt{3}$ のとき極小かつ最小となる．ここで

$$f(x)=\frac{2}{3}(x^3+3x^2-6x+8)$$

$$=\frac{2}{3}\{(x^2+2x-2)(x+1)-6x+10\}$$

$$\begin{array}{r} x+1 \\ x^2+2x-2\,\big)\,\overline{x^3+3x^2-6x+8} \\ \underline{x^3+2x^2-2x} \\ x^2-4x+8 \\ \underline{x^2+2x-2} \\ -6x+10 \end{array}$$

であり，$\alpha=-1+\sqrt{3}$ が $(\alpha+1)^2=3$，すなわち $\alpha^2+2\alpha-2=0$ を満たすことから

$$f(-1+\sqrt{3})=\frac{2}{3}\{0-6\cdot(-1+\sqrt{3})+10\}$$

$$=\boldsymbol{\frac{32}{3}-4\sqrt{3}}$$
……**答**

詳説 EXPLANATION

▶$0 \leqq x \leqq 2$ のとき，図のように x を $x=X$ から $x=X+\varDelta X\ (\varDelta X>0)$ まで，少しだけ動かしてみます．（左下図）

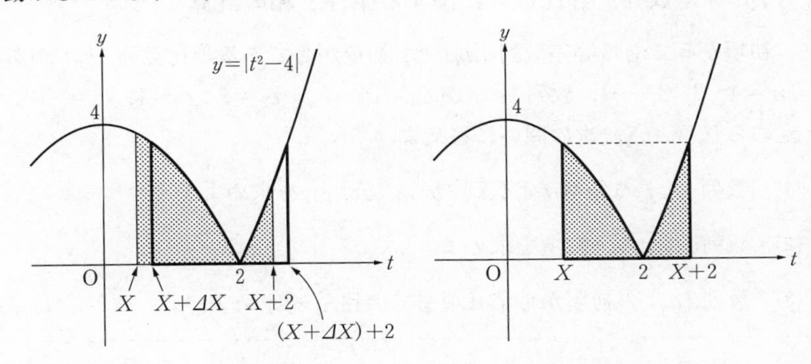

すると，図のように左側のすき間の分だけ面積が減少し，右側のすき間の分だけ増加します．$f(x)$ が最小となるのは，この増加分と減少分が釣り合ったとき，と考えられます．（右上図）．

実際に計算します．$g(t)=|t^2-4|$ とするとき，($g(x)=g(x+2)$ かつ $x<2<x+2$) から

$$-x^2+4=(x+2)^2-4 \quad \text{かつ} \quad 0<x<2$$
$$\Longleftrightarrow x^2+2x-2=0 \quad \text{かつ} \quad 0<x<2$$
$$\Longleftrightarrow x=-1+\sqrt{3}$$

となり，(3)の計算と一致しています．

数列

数学	B
問題頁	P.21
問題数	12問

57. 等差数列，等比数列に関する条件と和の計算

〈頻出度 ★★★〉

初項が5である等差数列 $\{a_n\}$ と，初項が2である等比数列 $\{b_n\}$ がある $(n=1,\ 2,\ 3,\ \cdots)$，数列 $\{c_n\}$ が $c_n=a_n-b_n$，$c_2=5$，$c_3=1$，$c_4=-31$ で定められるとき，次の問いに答えよ．

(1) 数列 $\{a_n\}$ の公差 d と数列 $\{b_n\}$ の公比 r を求めよ．

(2) 数列 $\{c_n\}$ の一般項を求めよ．

(3) 数列 $\{c_n\}$ の初項から第 n 項までの和 S_n を求めよ．

（岩手大）

着眼 VIEWPOINT

等差数列，等比数列に関する問題です．

等差数列

初項に一定の数 d を次々と足して得られる数列を**等差数列**といい，足した一定の数 d を**公差**という．

初項 a，公差 d の等差数列 $\{a_n\}$ の一般項は

$$a_n=a+(n-1)d$$

$a_1 \quad a_2 \quad a_3 \quad \cdots\cdots \quad a_{n-1} \quad a_n$

$+d \quad +d \quad\quad +d$

$(n-1)$ 回

等比数列

初項に一定の数 r を次々と掛けて得られる数列を**等比数列**といい，その一定の数 r を**公比**という．

初項 a，公比 r の等比数列 $\{a_n\}$ の一般項は

$$a_n=ar^{n-1}$$

$a_1 \quad a_2 \quad a_3 \quad \cdots\cdots \quad a_{n-1} \quad a_n$

$\times r \quad \times r \quad\quad \times r$

$(n-1)$ 回

c_2，c_3，c_4 の値，つまり3つの条件が与えられているので，2つの未知数 d，r を決める条件には十分です．1つずつ，条件を式に直していきましょう．

解答 ANSWER

(1)　等差数列 $\{a_n\}$，等比数列 $\{b_n\}$ の一般項は，それぞれ

$$a_n = 5 + (n-1)d,\ b_n = 2\cdot r^{n-1}$$

である．つまり，

$$\begin{aligned} c_n &= a_n - b_n \\ &= 5 + (n-1)d - 2\cdot r^{n-1} \quad \cdots\cdots① \end{aligned}$$

である．ここで，$c_2 = 5$，$c_3 = -1$，$c_4 = -31$ なので，①より

$$\begin{cases} 5 + d - 2r = 5 & \cdots\cdots② \\ 5 + 2d - 2r^2 = -1 & \cdots\cdots③ \\ 5 + 3d - 2r^3 = -31 & \cdots\cdots④ \end{cases}$$

②より，$d = 2r$（……②′）である．③に代入して，

$$5 + 4r - 2r^2 = -1$$
$$r^2 - 2r - 3 = 0$$
$$r = -1,\ 3 \quad \cdots\cdots⑤$$

したがって，②′，⑤より，$(d,\ r) = (-2,\ -1)$，$(6,\ 3)$ である．

この中で，④を満たす組は $(d,\ r) = (6,\ 3)$ に限られる．したがって，

$$(d,\ r) = \mathbf{(6,\ 3)} \quad \cdots\cdots⑥ \text{答}$$

(2)　①，⑥より，

$$\begin{aligned} c_n &= 5 + (n-1)\cdot 6 - 2\cdot 3^{n-1} \\ &= \mathbf{6n - 1 - 2\cdot 3^{n-1}} \quad \cdots\cdots \text{答} \end{aligned}$$

(3)

$$\begin{aligned} S_n &= \sum_{k=1}^{n}(6k-1) - \sum_{k=1}^{n} 2\cdot 3^{k-1} \\ &= \frac{5 + (6n-1)}{2}\cdot n - \frac{2 - 2\cdot 3^n}{1-3} \quad \cdots\cdots(*) \\ &= \mathbf{3n^2 + 2n - 3^n + 1} \quad \cdots\cdots \text{答} \end{aligned}$$

詳説 EXPLANATION

▶ (*)は，等差数列，等比数列の和の公式を用いています．

等差数列の和

初項 a_1，末項 a_n，項数 n の等差数列 $\{a_n\}$ の総和 S_n は，

$$S_n = \frac{1}{2}n(a_1 + a_n)$$

$$\begin{aligned} a_1 + a_2 + \cdots\cdots + a_{n-1} + a_n &= S_n \\ a_n + a_{n-1} + \cdots\cdots + a_2 + a_1 &= S_n \end{aligned}$$

和が一定　（上段：$+d$，下段：$-d$）

等比数列の和

初項a，公比rの等比数列の初項から第n項までの和S_nは

$r \neq 1$のとき　$\boldsymbol{S_n = \frac{a - ar^n}{1 - r}}$

$r = 1$のとき　$\boldsymbol{S_n = na}$

Σだから公式を使おう，などと身構えず，まずは$k=1$，2，3，…と代入し，「何を足しているか」を確認して考えましょう．実際，(*)についても

$$\sum_{k=1}^{n}(6k-1) = 5+11+17+\cdots\cdots+(6n-1)$$

（初項5，末項$6n-1$の等差数列の和）

$$\sum_{k=1}^{n}2\cdot3^{k-1} = 2+6+18+\cdots\cdots+2\cdot3^{n-1}$$

（初項2，公比3の等比数列の和）

と書き出せばわかります．

58. 階差数列と一般項

〈頻出度 ★★★〉

数列 $\{a_n\}$, $\{b_n\}$ は次の条件を満たしている.

$a_1=-15$, $a_3=-33$, $a_5=-35$,

$\{b_n\}$ は $\{a_n\}$ の階差数列,

$\{b_n\}$ は等差数列

また, $S_n=\sum_{k=1}^{n} a_k$ とする.

(1) 一般項 a_n, b_n を求めよ.

(2) S_n を求めよ.

(3) S_n が最小となるときの n を求めよ.

(和歌山大)

着眼 VIEWPOINT

階差数列の和から一般項を求める, 典型的な問題です. よく, 次の事実を「覚えて」使おうとする人がいます.

$a_{n+1}-a_n=b_n(n\geqq 1)$ とするとき,

$n\geqq 2$ で $a_n=a_1+\sum_{k=1}^{n-1} b_k$ が成り立つ. ……(*)

(*)を無理に覚えても使いようがありません. (*)は, 単に「初項に"すき間"の値を加えていく」と述べているにすぎず, 覚えるような式ではありません.

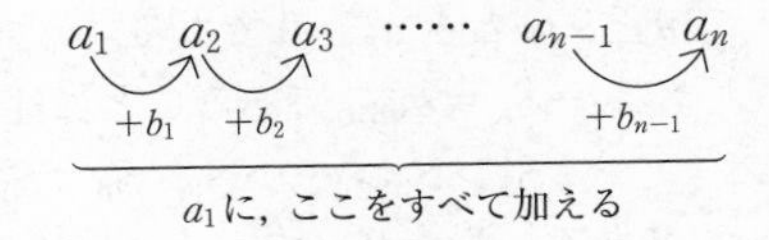

階差数列を中心とした問題では, **「何を, いくつ足しているのか」を, 必要に応じて図をかくなどして, 毎回確認した方がよい**でしょう.

解答 ANSWER

(1) 等差数列 $\{b_n\}$ の初項を b, 公差を d とすると, $b_n=b+(n-1)d$ である.

$a_{n+1}-a_n=b_n$(……①) より,

$$\begin{cases} a_3-a_1=b_1+b_2 \\ a_5-a_3=b_3+b_4 \end{cases} \quad \text{すなわち} \quad \begin{cases} -18=2b+d & \cdots\cdots② \\ -2=2b+5d & \cdots\cdots③ \end{cases}$$

②，③より $(b,\ d)=(-11,\ 4)$ なので，

$$b_n=-11+4(n-1)=\mathbf{4n-15}\quad\cdots\cdots\text{答}$$

$-15,\ a_2,\ -33,\ a_4,\ -35$

$+b_1\quad +b_2\quad +b_3\quad +b_4$

$+d\quad +d\quad +d$

また，①より，$n\geqq 2$ のとき，

$$a_n=a_1+\sum_{k=1}^{n-1}b_k$$

$$=-15+\frac{-11+4(n-1)-15}{2}\cdot(n-1)$$

$$=2n^2-17n\quad\cdots\cdots④$$

← $\{b_n\}$ は初項 -11 の等差数列なので，「等差数列の和の公式」で

$a_n=a_1+\dfrac{b_1+b_{n-1}}{2}\cdot(n-1)$

④で $n=1$ とすると -15 なので，④は $n=1$ でも成り立つ．

したがって，

$n\geqq 1$ で

$$a_n=\mathbf{2n^2-17n}\quad\cdots\cdots\text{答}$$

(2)

$$S_n=\sum_{k=1}^{n}a_k=\sum_{k=1}^{n}(2k^2-17k)$$

$$=2\cdot\frac{n(n+1)(2n+1)}{6}-17\cdot\frac{n(n+1)}{2}$$

$$=\frac{n(n+1)}{6}\{2(2n+1)-51\}$$

$$=\mathbf{\frac{n(n+1)(4n-49)}{6}}\quad\cdots\cdots\text{答}$$

(3)　$a_n=n(2n-17)$ より，$n\leqq 8$ のとき $a_n<0$，$n\geqq 9$ のとき $a_n>0$ である．

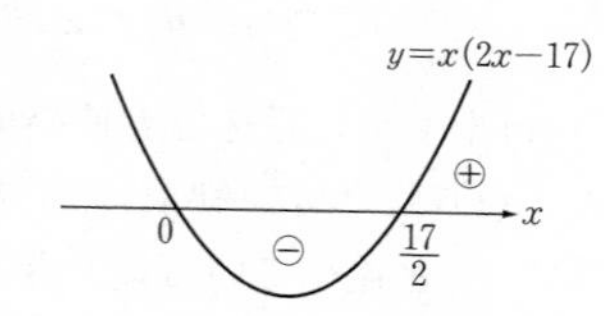

$S_{n+1}-S_n=a_{n+1}$ であることに注意すると，

$$S_1>S_2>\cdots>S_8,\ S_8<S_9<\cdots\cdots$$

である．したがって，

S_n を最小とする n は　$\mathbf{n=8}$　……答

詳説 EXPLANATION

▶(3)では，S_n の増減を調べるために，a_n の正負を調べています．加えていく値の正負を見れば，それで増減が判断できるからです．(2)で得た S_n を実数値関数にみて微分するのも一手ですが，極値をとる x の評価が少々面倒かもしれません．

別解

(3)　$f(x)=x(x+1)(4x-49)$ とする．

$$f(x)=4x^3-45x^2-49x$$

$$f'(x)=12x^2-90x-49$$

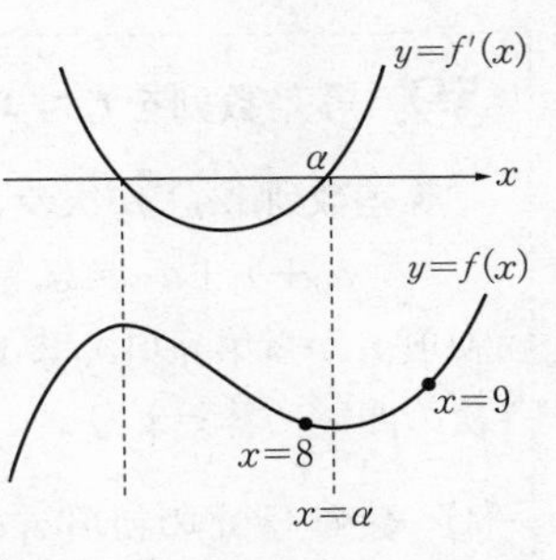

極値をとるxについて，

$$f'(0) = -49 < 0,\ f'(8) = -1 < 0,$$
$$f'(9) = 113 > 0$$

であることから，$8 < \alpha < 9$ を満たす $x = \alpha$ で極小かつ最小である．
したがって，S_nが最小値をとるnは，$n = 8$ または $n = 9$ のいずれかである．

$$S_8 = -204,\ S_9 = -195$$

なので，これらを比較して，最小値をとるnは　$\boldsymbol{n=8}$　……答

59. 等差数列をなす項と和の計算

〈頻出度 ★★★〉

等差数列 $\{a_n\}$ が次の2つの式を満たすとする．

$$a_3+a_4+a_5=27,\ a_5+a_7+a_9=45$$

初項 a_1 から第 n 項 a_n までの和 $a_1+a_2+\cdots\cdots+a_n$ を S_n とする．このとき，次の問いに答えよ．

(1) 数列 $\{a_n\}$ の初項 a_1 を求めよ．また，一般項 a_n を n を用いて表せ．

(2) S_n を n を用いて表せ．

(3) $\displaystyle\sum_{k=1}^{n}\left(\frac{1}{S_{2k-1}}+\frac{1}{S_{2k}}\right)$ を n を用いて表せ．

(4) $\displaystyle\sum_{k=1}^{n}\frac{1}{(k+1)S_k}$ を n を用いて表せ．

（山形大　改題）

着眼 VIEWPOINT

条件から等差数列の一般項を求め，和の計算を行う問題です．

(1)のような形式の問題で，等差数列の一般項の式 $a_n=a_1+(n-1)d$ や，3つの値がこの順に等差数列をなすときに成り立つ公式のようなもの(？)を強引に使おうとする人がいます．隣り合う項の差が一定なのですから，調べている項同士の「間」が公差いくつ分なのか，すぐに求められるのはどの部分だろうか，と考える癖をつけましょう．

(3), (4)の和の計算は，分数式を差に分解する定番の問題です．

解答 ANSWER

(1) a_3, a_4, a_5 および a_5, a_7, a_9 は，それぞれがこの順に等差数列をなす．与えられた条件

$$a_3+a_4+a_5=27 \quad \cdots\cdots①,\quad a_5+a_7+a_9=45 \quad \cdots\cdots②$$

から，等差数列 $\{a_n\}$ の公差を d とすると，

$a_3=a_4-d$, $a_5=a_4+d$ なので，①より

$$(a_4-d)+a_4+(a_4+d)=27$$

$$\therefore\ a_4=\frac{27}{3}=9 \quad \cdots\cdots③$$

←「中央の項から開く」イメージでとらえる．

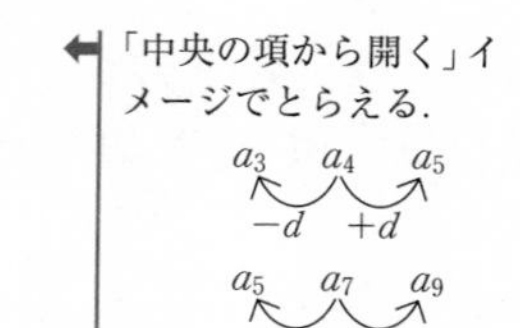

同様に，②より，

$$(a_7-2d)+a_7+(a_7+2d)=45$$

$$\therefore \quad a_7=\frac{45}{3}=15 \quad \cdots\cdots④$$

③，④より，$\{a_n\}$ の公差は $d=\dfrac{15-9}{7-4}=2$ である．

したがって，$\{a_n\}$ の初項，および一般項は

$$a_1=a_4-3d=9-3\cdot 2=\mathbf{3} \quad \cdots\cdots \text{答}$$

$$a_n=3+2(n-1)=\mathbf{2n+1} \quad \cdots\cdots \text{答}$$

(2) $S_n=\dfrac{a_1+a_n}{2}\cdot n=\dfrac{3+(2n+1)}{2}\cdot n=\boldsymbol{n(n+2)} \quad \cdots\cdots$ 答

(3) $S_{2n-1}=(2n-1)\{(2n-1)+2\}=(2n-1)(2n+1)$，$S_{2n}=2n(2n+2)$ なので，

$$\begin{aligned}\sum_{k=1}^{n}\left(\frac{1}{S_{2k-1}}+\frac{1}{S_{2k}}\right)&=\sum_{k=1}^{n}\frac{1}{S_{2k-1}}+\sum_{k=1}^{n}\frac{1}{S_{2k}}\\&=\sum_{k=1}^{n}\frac{1}{(2k-1)(2k+1)}+\sum_{k=1}^{n}\frac{1}{2k(2k+2)}\\&=\frac{1}{2}\sum_{k=1}^{n}\left(\frac{1}{2k-1}-\frac{1}{2k+1}\right)+\frac{1}{4}\sum_{k=1}^{n}\left(\frac{1}{k}-\frac{1}{k+1}\right)\\&=\frac{1}{2}\left(1-\frac{1}{2n+1}\right)+\frac{1}{4}\left(1-\frac{1}{n+1}\right)\\&=\boldsymbol{\frac{3}{4}-\frac{1}{2(2n+1)}-\frac{1}{4(n+1)}} \quad \cdots\cdots \text{答}\end{aligned}$$

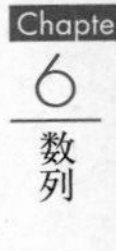

(4)

$$\begin{aligned}\sum_{k=1}^{n}\frac{1}{(k+1)S_k}&=\sum_{k=1}^{n}\frac{1}{k(k+1)(k+2)}\\&=\frac{1}{2}\sum_{k=1}^{n}\left\{\frac{1}{k(k+1)}-\frac{1}{(k+1)(k+2)}\right\}\\&=\frac{1}{2}\left\{\left(\frac{1}{1\cdot 2}-\frac{1}{2\cdot 3}\right)+\left(\frac{1}{2\cdot 3}-\frac{1}{3\cdot 4}\right)+\cdots\right.\\&\qquad\left.\cdots+\left(\frac{1}{n(n+1)}-\frac{1}{(n+1)(n+2)}\right)\right\}\\&=\frac{1}{2}\left\{\frac{1}{2}-\frac{1}{(n+1)(n+2)}\right\}\\&=\boldsymbol{\frac{1}{4}-\frac{1}{2(n+1)(n+2)}} \quad \cdots\cdots \text{答}\end{aligned}$$

詳説 EXPLANATION

▶(4)の計算は，次のように値が打ち消し合っています．

$$\frac{1}{2}\sum_{k=1}^{n}\left\{\frac{1}{k(k+1)}-\frac{1}{(k+1)(k+2)}\right\}$$

$$=\frac{1}{2}\left\{\left(\frac{1}{1\cdot2}-\frac{1}{2\cdot3}\right)+\left(\frac{1}{2\cdot3}-\frac{1}{3\cdot4}\right)+\left(\frac{1}{3\cdot4}-\frac{1}{4\cdot5}\right)+\cdots\right.$$

$$\left.\cdots+\left(\frac{1}{n(n+1)}-\frac{1}{(n+1)(n+2)}\right)\right\}$$

$$=\frac{1}{2}\left\{\frac{1}{2}-\frac{1}{(n+1)(n+2)}\right\}$$

▶(3)は，次のように計算してもよいでしょう．

別解

$$\sum_{k=1}^{n}\left(\frac{1}{S_{2k-1}}+\frac{1}{S_{2k}}\right)=\sum_{k=1}^{2n}\frac{1}{S_k}$$

$$=\sum_{k=1}^{2n}\frac{1}{k(k+2)}$$

$$=\frac{1}{2}\sum_{k=1}^{2n}\left(\frac{1}{k}-\frac{1}{k+2}\right)$$

$$=\frac{1}{2}\left(1+\frac{1}{2}-\frac{1}{2n+1}-\frac{1}{2n+2}\right)$$

$$=\boldsymbol{\frac{3}{4}-\frac{1}{2(2n+1)}-\frac{1}{4(n+1)}}\quad\cdots\cdots\text{答}$$

60. 格子点の数え上げ

〈頻出度 ★★★〉

以下の問いに答えよ.

(1)　2つの不等式 $3x+y \geqq 36$ と $x^2+y \leqq 36$ を同時に満たす自然数の組 $(x,\ y)$ の個数を求めよ.

(2)　n を自然数とする. 2つの不等式 $nx+y \geqq 4n^2$ と $x^2+y \leqq 4n^2$ を同時に満たす自然数の組 $(x,\ y)$ の個数を n を用いて表せ.

(奈良女子大)

着眼 VIEWPOINT

領域に含まれる格子点 $(x,\ y)$ の個数を数える問題です. (x 座標, y 座標ともに整数である点 $(x,\ y)$ は格子点と呼ばれます.) まずは, (問題の指示の有無に関わらず,) 不等式の表す領域を図示するとよいでしょう. 領域中の格子点を, 「y 軸に平行な直線ごとに数える」か, 「x 軸に平行な直線ごとに数える」か, 数えやすい方はどちらかを判断して進めていきましょう.

解答 ANSWER

(1)　$3x+y \geqq 36$　……①　かつ　$x^2+y \leqq 36$　……②

$y=-3x+36$, $y=-x^2+36$ の共有点の座標を調べる. 2式を連立して,

$$\begin{cases} y=-3x+36 \\ y=-x^2+36 \end{cases} \quad \therefore \quad (x,\ y)=(0,\ 36),\ (3,\ 27)$$

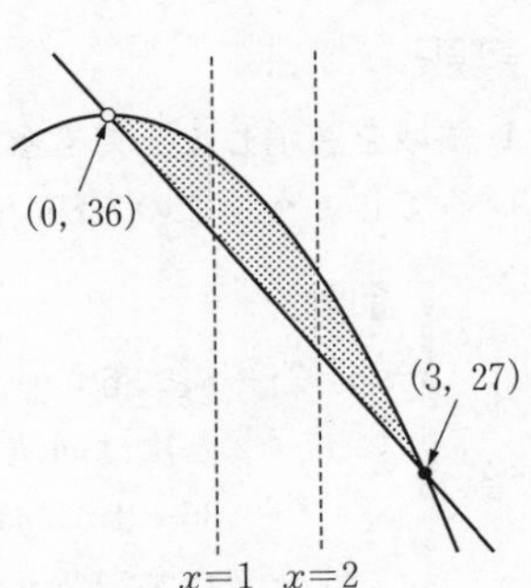

したがって, ①かつ②を満たす $(x,\ y)$ の存在する範囲 D は右図の網目部分である. x, y はともに正の整数であることに注意すると, $x=1$, 2, 3 について調べれば十分である. D は $-3x+36 \leqq y \leqq -x^2+36$ と表されるので,

・$x=1$ のとき $33 \leqq y \leqq 35$ である. これを満たす正の整数 y は3個である.

・$x=2$ のとき $30 \leqq y \leqq 32$ である. これを満たす正の整数 y は3個である.

・$x=3$ のとき $y=27$ である.

以上から, 条件を満たす $(x,\ y)$ の個数は,

$3+3+1=$**7(個)**　……答

(2) $nx+y \geqq 4n^2$ ……③ かつ $x^2+y \leqq 4n^2$ ……④

$y=-nx+4n^2$，$y=-x^2+4n^2$ の共有点の座標を調べる．2式を連立して，

$$\begin{cases} y=-nx+4n^2 \\ y=-x^2+4n^2 \end{cases} \quad \therefore \quad (x,\ y)=(0,\ 4n^2),\ (n,\ 3n^2)$$

③かつ④を満たす $(x,\ y)$ の存在する範囲 E は右図の網目部分である．x，y はともに正の整数であることに注意すると，$x=1,\ 2,\ \cdots\cdots,\ n$ について調べれば十分である．

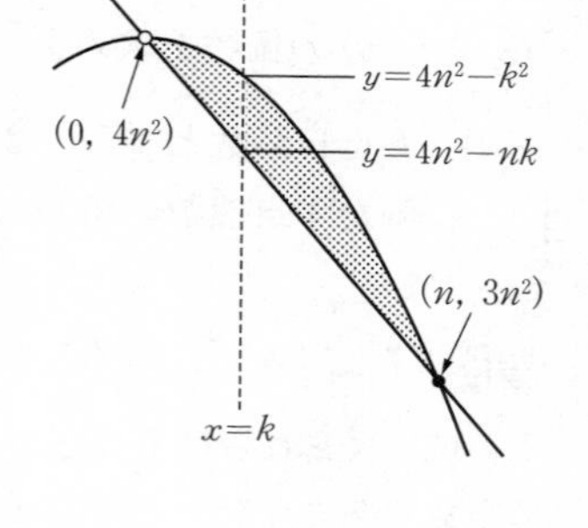

E 上において，直線 $x=k\ (k=1,\ 2,\ \cdots\cdots,\ n)$ 上で，x，y ともに正の整数である点 $(x,\ y)$ の個数を数えると，右図から

$$(4n^2-k^2)-(4n^2-nk)+1$$
$$=-k^2+nk+1\text{（個）}$$

である．

したがって，求める個数は，

$$\sum_{k=1}^{n}(-k^2+nk+1)=-\frac{1}{6}n(n+1)(2n+1)+n\cdot\frac{1}{2}n(n+1)+n$$

$$=\frac{1}{6}n\{-(n+1)(2n+1)+3n(n+1)+6\}$$

$$=\boldsymbol{\frac{1}{6}n(n^2+5)}\ \textbf{（個）} \quad \cdots\cdots \text{答}$$

詳説 EXPLANATION

▶領域を図示しなくても解答を得ることはできますが，書きづらいと考える人もいるでしょう．この方法で(1)を求めてみましょう．((2)も同様に考えられます．)

別解

(1) $3x+y \geqq 36$ ……① かつ $x^2+y \leqq 36$ ……②

①，②と次は同値である．

$$36-3x \leqq y \leqq 36-x^2 \quad \cdots\cdots⑤$$

⑤を満たす実数 y が存在するための条件は，

$$36-3x \leqq 36-x^2 \iff x(x-3) \leqq 0$$
$$\iff 0 \leqq x \leqq 3 \quad \cdots\cdots⑥$$

← ⑥は，⑤を満たす整数 y が存在するための必要条件となります．

x，y はともに正の整数であることに注意すると，⑥から $x=1,\ 2,\ 3$ を調べれば十分である．

以下，「解答」と同じ．

61. 和から一般項を求める

〈頻出度 ★★★〉

初項から第n項までの和S_nが

$$S_n=\frac{1}{6}n(n+1)(2n+7)\quad(n=1,\ 2,\ 3,\ \cdots)$$

で表される数列$\{a_n\}$がある.

(1) $\{a_n\}$の一般項を求めよ.

(2) $\displaystyle\sum_{k=1}^{n}\frac{1}{a_k}$を求めよ.

(北海道大)

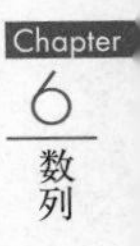

着眼 VIEWPOINT

数列の和の式から一般項を求める問題です.

数列の和と一般項

数列$\{a_n\}$の初項a_1から第n項a_nまでの和をS_nとする.

$a_1=S_1$である. また,

$n\geqq 2$のとき,

$$\boldsymbol{a_n=S_n-S_{n-1}}$$

$$\begin{array}{rl} & a_1+a_2+\cdots\cdots+a_{n-1}+a_n=S_n \\ -) & a_1+a_2+\cdots\cdots+a_{n-1}=S_{n-1} \\ \hline & \phantom{a_1+a_2+\cdots\cdots+a_{n-1}+}a_n=S_n-S_{n-1} \end{array}$$

上の式は覚えておくものではなく, その都度, 右上図のように和をとる項を並べて書き出し(頭に思い浮かべ), 端の項が残ることを確認しましょう. (2)の和の計算は,「階差の和をとる」典型的な問題です.

解答 ANSWER

$$S_n=\frac{1}{6}n(n+1)(2n+7)\quad(n=1,\ 2,\ 3,\ \cdots)\quad\cdots\cdots①$$

(1) ①のnを$n-1$におき換えると,

$$S_{n-1}=\frac{1}{6}(n-1)n(2n+5)\quad(n=2,\ 3,\ 4,\ \cdots)\quad\cdots\cdots②$$

$n=2,\ 3,\ 4,\ \cdots\cdots$において, ①と②の辺々の差をとると

$$\begin{aligned}S_n-S_{n-1}&=\frac{1}{6}n\{(n+1)(2n+7)-(n-1)(2n+5)\}\\&=n(n+2)\end{aligned}$$

$$\therefore\quad a_n=n(n+2)\quad\cdots\cdots③\quad(n=2,\ 3,\ 4,\ \cdots)$$

また，①で $n=1$ として，

$$S_1=a_1=\frac{1}{6}\cdot 1\cdot 2\cdot 9=3$$

一方，③で $n=1$ とすれば $1\cdot(1+2)=3$ である．つまり，③は $n=1$ でも成り立つ．

以上より，$\{a_n\}$ の一般項は，　$a_n=\boldsymbol{n(n+2)}$　……答

(2)　(1)の結果より，

$$\sum_{k=1}^{n}\frac{1}{a_k}=\sum_{k=1}^{n}\frac{1}{k(k+2)}$$

$$=\frac{1}{2}\sum_{k=1}^{n}\left(\frac{1}{k}-\frac{1}{k+2}\right)$$

$$=\frac{1}{2}\sum_{k=1}^{n}\left\{\left(\frac{1}{k}-\frac{1}{k+1}\right)+\left(\frac{1}{k+1}-\frac{1}{k+2}\right)\right\}$$

である．したがって，　……(*)

$$\sum_{k=1}^{n}\frac{1}{a_k}=\frac{1}{2}\left\{\left(\frac{1}{1}-\frac{1}{n+1}\right)+\left(\frac{1}{1+1}-\frac{1}{n+2}\right)\right\}$$

$$=\frac{1}{2}\left\{\frac{3}{2}-\frac{2n+3}{(n+1)(n+2)}\right\}$$

$$=\boldsymbol{\frac{n(3n+5)}{4(n+1)(n+2)}}$$　……答

詳説 EXPLANATION

▶(*)では，次の「打ち消し合い」が起きています．

$$\sum_{k=1}^{n}\left(\frac{1}{k}-\frac{1}{k+1}\right)$$

$$=\left(\frac{1}{1}-\frac{1}{2}\right)+\left(\frac{1}{2}-\frac{1}{3}\right)+\left(\frac{1}{3}-\frac{1}{4}\right)+\cdots\cdots+\left(\frac{1}{n}-\frac{1}{n+1}\right)$$

$$=\frac{1}{1}-\frac{1}{n+1}$$

同様に，

$$\sum_{k=1}^{n}\left(\frac{1}{k+1}-\frac{1}{k+2}\right)=\cdots\cdots=\frac{1}{1+1}-\frac{1}{n+2}$$

となります．

62. 群数列

〈頻出度 ★★★〉

3で割って1余る数を4から始めて順番に図のように上から並べていく．例えば4行目には，左から22，25，28，31の4つの数が並ぶことになる．このように数を並べていくとき，次の問いに答えよ．

$$\begin{array}{cccc} & & 4 & \\ & 7 & 10 & \\ 13 & 16 & 19 & \\ 22 & 25 & 28 & 31 \\ \cdot\ \cdot & \cdot & \cdot & \cdot \\ & & \vdots & \end{array}$$

(1) 10行目の左から4番目の数を求めよ．

(2) 2020は何行目の左から何番目の数かを求めよ．

(3) n行目に並ぶ数の総和を求めよ．

（高知大）

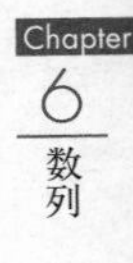

着眼 VIEWPOINT

群数列の問題では，次の2点に注意しましょう．

・**群ごとの**項の数，総和を確認する

・**群数列全体の**初項から第m群の末尾までの項の数と総和を確認する　……(*)

群の先頭や末尾でない「中途半端な項」は，(*)により「群の末尾からどれだけ離れているか」を考えることで，調べたい項がどの群に属するかが判断できます．「解答」のように，**簡単な図をかいて調べる項の場所を確認する**ことも大切です．

解答 ANSWER

(1) 問題の図において，数を順番に並べていくとき，n番目のものをa_nとする．このとき，この数列の一般項は$a_n=3n+1$(……①)($n=1,\ 2,\ 3,\ \cdots$)である．ここで，m行目にはm個の数が並ぶ．つまり，m行目の最後の数(右端)は最初の数から数えて，

$$1+2+\cdots\cdots+m=\frac{m(m+1)}{2}\text{番目}\quad\cdots\cdots②$$

である．つまり，9行目の最後は最初の数から数えると45番目である．したがって，10行目の4番目は全体の$45+4=49$番目である．この値は

$$a_{49}=3\cdot 49+1=\mathbf{148}\quad\cdots\cdots\text{答}$$

(2) $a_n=2020$となるnは，

$$3n+1=2020\quad\text{すなわち}\quad n=673$$

である．$a_{673}=2020$がm行目に含まれるとき

$$\frac{m(m-1)}{2}<673\leqq\frac{m(m+1)}{2}\quad\cdots\cdots③$$

が成り立つ.

$$\frac{36\cdot37}{2}=666,\ \frac{37\cdot38}{2}=703$$

である. ③を満たす m はただひとつなので, $m=37$ である.

$$\cdots\cdots\cdots\cdots\cdots\quad a_{666}\quad (36\text{行目})$$

$$\underbrace{a_{667}\quad a_{668}\quad\cdots\cdots\cdots\quad a_{673}}_{673-666=7}\quad\cdots\cdots\cdots\cdots\cdots\quad a_{703}\quad (37\text{行目})$$

$673-666=7$ であることから, $a_{673}=2020$ は

37行目の左から7番目 ……**答**

(3)　①, ②より, $n-1$ 行目の最後の数は, $a_{\frac{n(n-1)}{2}}=\frac{3}{2}n(n-1)+1$ である.

つまり, n 行目の最初の数は,

$$a_{\frac{n(n-1)}{2}+1}=\left\{\frac{3n(n-1)}{2}+1\right\}+3=\frac{3}{2}n^2-\frac{3}{2}n+4 \quad \cdots\cdots ④$$

である. また, n 行目の最後の数は,

$$a_{\frac{n(n+1)}{2}}=\frac{3}{2}n(n+1)+1=\frac{3}{2}n^2+\frac{3}{2}n+1 \quad \cdots\cdots ⑤$$

である.

④, ⑤と, n 行目の数の並びは「項数 n の等差数列」をなすことから, n 行目に並ぶ数の総和は,

$$\frac{1}{2}\left\{\left(\frac{3}{2}n^2-\frac{3}{2}n+4\right)+\left(\frac{3}{2}n^2+\frac{3}{2}n+1\right)\right\}\cdot n=\boldsymbol{\frac{3}{2}n^3+\frac{5}{2}n} \quad \cdots\cdots \textbf{答}$$

63. 2項間漸化式

〈頻出度 ★★☆〉

1 数列 $\{a_n\}$ を，

$$a_1=1,\ a_{n+1}=3a_n+2n-4 \quad (n=1,\ 2,\ 3,\ \cdots)$$

により定める．数列 $\{a_n\}$ の一般項を求めなさい．（秋田大）

2 次の条件によって定まる数列 $\{a_n\}$ の一般項を求めよ．

$$a_1=1,\ a_{n+1}=\frac{a_n}{3^n a_n+6} \quad (n=1,\ 2,\ 3,\ \cdots)$$

（福井大）

着眼 VIEWPOINT

最も基本的な形の2項間漸化式である次の①，②の形や，よく登場する③は練習したことがあるでしょう．

① $a_{n+1}=a_n+b_n$ （隣り合う2項の差が b_n の数列（b_n が定数なら等差数列））

② $a_{n+1}=ra_n$ （隣り合う2項の比が一定，等比数列）

③ $a_{n+1}=pa_n+q$

これらの形から「少しずらした」漸化式，あるいはもっと複雑な漸化式が登場するわけですが，その中でも最もよく出題されるのが，この1や2のような形です．

1 「n の1次式が余っている」ような状況です．この漸化式，上の③の形（例えば，$a_{n+1}=4a_n+6$）の漸化式について十分に理解していれば，問題なく解けるはずです．ところが，③はできるけどこの問題1は難しい，という生徒が多いのです．③も1も，「うまいこと，おき換えて解ける漸化式に変形したい」という気持ちが大切です．

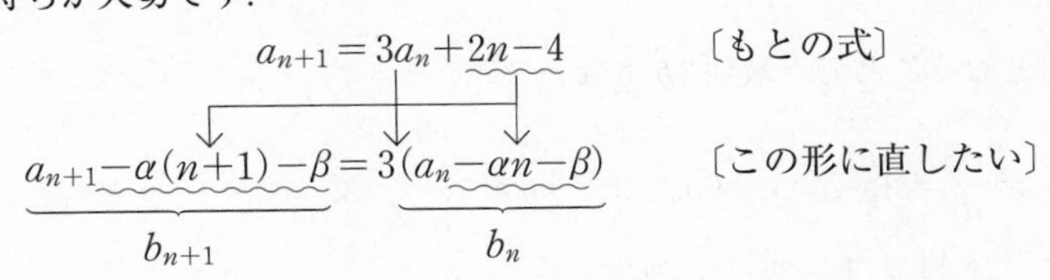

このように考えれば，「解答」の発想も，ごく自然に感じることでしょう．（本来は③もこのように考えることから始めるべきです．）

2 シンプルに，逆数をとり，$\dfrac{1}{a_n}=b_n$ とすれば基本的な漸化式に書き換えられる，という問題です．理由をあれこれとつけても，結局は経験していないと，試験一発ではどうしようもない形です．それでも，長いこと頻出問題の上位にある式ですので，練習しておきましょう．

解答 ANSWER

1 $$a_{n+1}=3a_n+2n-4 \quad \cdots\cdots ①$$

とする．

$$a_{n+1}-\alpha(n+1)-\beta=3(a_n-\alpha n-\beta)$$
$$a_{n+1}=3a_n-2\alpha n+(\alpha-2\beta) \quad \cdots\cdots ②$$

①，②より，

$$\begin{cases} 2=-2\alpha \\ -4=\alpha-2\beta \end{cases} \quad \text{すなわち} \quad (\alpha,\ \beta)=\left(-1,\ \frac{3}{2}\right)$$

つまり，①は次のように変形できる．

$$a_{n+1}+(n+1)-\frac{3}{2}=3\left(a_n+n-\frac{3}{2}\right)$$

数列 $\left\{a_n+n-\dfrac{3}{2}\right\}$ は初項 $a_1+1-\dfrac{3}{2}=\dfrac{1}{2}$，公比3の等比数列である．したがって，

$$a_n+n-\frac{3}{2}=\frac{1}{2}\cdot 3^{n-1}$$

$$a_n=\boldsymbol{\frac{1}{2}\cdot 3^{n-1}-n+\frac{3}{2}} \quad \cdots\cdots \text{答}$$

2 $$a_{n+1}=\frac{a_n}{3^n a_n+6} \quad \cdots\cdots ①$$

$a_1>0$ であり，①より，$a_n>0$ であれば $a_{n+1}>0$ である．
したがって，$n=1$，2，3，……で $a_n>0$ である．

これより，①の両辺の逆数をとることができて，$\dfrac{1}{a_{n+1}}=\dfrac{6}{a_n}+3^n$ である．

$b_n=\dfrac{1}{a_n}$ とおくことで，数列 $\{b_n\}$ は

$$b_1=\frac{1}{a_1}=1,\ b_{n+1}=6b_n+3^n \quad (n=1,\ 2,\ 3,\ \cdots) \quad \cdots\cdots ②$$

と定まる．②の両辺を 3^{n+1} で割ると

$$\frac{b_{n+1}}{3^{n+1}}=2\cdot\frac{b_n}{3^n}+\frac{1}{3}$$

$$\frac{b_{n+1}}{3^{n+1}}+\frac{1}{3}=2\left(\frac{b_n}{3^n}+\frac{1}{3}\right)$$

したがって，数列 $\left\{\dfrac{b_n}{3^n}+\dfrac{1}{3}\right\}$ は初項 $\dfrac{b_1}{3^1}+\dfrac{1}{3}=\dfrac{2}{3}$，公比2の等比数列なので

$$\frac{b_n}{3^n}+\frac{1}{3}=\frac{2}{3}\cdot 2^{n-1}$$

$$b_n=3^{n-1}(2^n-1)$$

ゆえに

$$a_n=\frac{1}{b_n}=\boldsymbol{\frac{1}{3^{n-1}(2^n-1)}} \quad \cdots\cdots \text{答}$$

詳説 EXPLANATION

▶1　次のように，nを1つずらした式との差をとることで，$\{a_n\}$の階差数列 $\{b_n\}$に関する漸化式を作れます．

別解

$$a_{n+2}=3a_{n+1}+2(n+1)-4 \quad \cdots\cdots ①'$$

$$a_{n+1}=3a_n+2n-4 \quad \cdots\cdots ①$$

①′，①の辺々の差をとると

$$a_{n+2}-a_{n+1}=3(a_{n+1}-a_n)+2$$

$b_n=a_{n+1}-a_n$ とおくと

$$b_{n+1}=3b_n+2$$

$$b_{n+1}+1=3(b_n+1)$$

数列 $\{b_n+1\}$ は初項 $b_1+1=a_2-a_1+1=(3\cdot 1+2\cdot 1-4)-1+1=1$，公比3の等比数列である．したがって，

$$b_n+1=3^{n-1}$$

$$b_n=3^{n-1}-1$$

$$a_{n+1}-a_n=3^{n-1}-1$$

$$a_{n+1}=a_n+3^{n-1}-1 \quad \cdots\cdots ③$$

①，③から a_{n+1} を消去すると，

$$3a_n+2n-4=a_n+3^{n-1}-1$$

$$a_n=\boldsymbol{\frac{1}{2}\cdot 3^{n-1}-n+\frac{3}{2}} \quad \cdots\cdots \text{答}$$

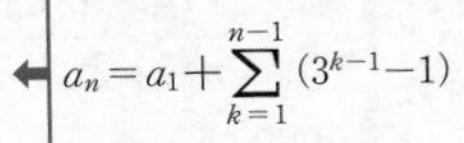

③より，$n \geqq 2$ のとき，$a_n=a_1+\sum_{k=1}^{n-1}(3^{k-1}-1)$ が成り立つので，これを計算してもよい．($n=1$ は最後にチェックする.)

▶この問題に限らず，数列の問題は計算が面倒で，また，解答の式が複雑になりがちです．検算しようにも，間違えた計算をなぞるだけ，となりかねません．本問のように一般項を求める問題であれば，**得られた式に$n=1$や$n=2$を入れ，与えられた条件と矛盾していないか確認すること**は忘れずに行いましょう．

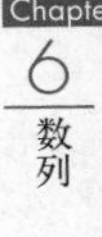

▶2 おき換えて階差数列が見える形にする，次の方法も考えられます．

別解

②までは「解答」と同じ．

②の両辺を6^{n+1}で割ると，

$$\frac{b_{n+1}}{6^{n+1}}=\frac{b_n}{6^n}+\frac{1}{6}\cdot\left(\frac{1}{2}\right)^n$$

ここで，$c_n=\dfrac{b_n}{6^n}$ とおく．数列 $\{c_n\}$ は次のように定められる．

$$c_1=\frac{b_1}{6}=\frac{1}{6},\quad c_{n+1}=c_n+\frac{1}{6}\cdot\left(\frac{1}{2}\right)^n\quad(n=1,\ 2,\ 3,\ \cdots)$$

つまり，$n\geqq 2$で

$$\begin{aligned}c_n&=c_1+\sum_{k=1}^{n-1}\frac{1}{6}\left(\frac{1}{2}\right)^k\\&=\frac{1}{6}+\frac{1}{12}\cdot\frac{1-\left(\frac{1}{2}\right)^{n-1}}{1-\frac{1}{2}}\\&=\frac{1}{3}-\frac{1}{3}\cdot\left(\frac{1}{2}\right)^n\end{aligned}$$

$c_n=\dfrac{b_n}{6^n}$より，

$$b_n=6^nc_n=2\cdot6^{n-1}-3^{n-1}=3^{n-1}(2^n-1)\quad\cdots\cdots③$$

③で $n=1$ とすると $3^0(2^1-1)=1$ であり，$b_1=1$ なので，③は $n=1$ でも成り立つ．

以下，「解答」と同じ．

64. 和と項の漸化式

〈頻出度 ★★★〉

数列 $\{a_n\}$ は $\displaystyle\sum_{k=1}^{n} a_n = -2a_n + 2^{n+1}$ $(n=1,\ 2,\ 3,\ \cdots)$ を満たしている．次の問いに答えよ．

(1) 初項 a_1 を求めよ．

(2) a_{n+1} を a_n を用いて表せ．

(3) 数列 $\{a_n\}$ の一般項を求めよ．

（和歌山大）

着眼 VIEWPOINT

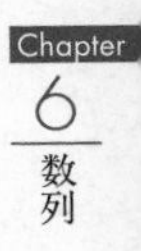

問題61と同様に，漸化式においても「和から項を作る」ために n をずらして差をとるとよいでしょう．Σ で表されると抵抗がある（？）人もいるようですが，次のように和をとる項を書き出してしまえば同じことだとわかります．

$$\sum_{k=1}^{n} a_k = a_1 + a_2 + \cdots\cdots + a_{n-2} + a_{n-1} + a_n$$

$$-)\quad \sum_{k=1}^{n-1} a_k = a_1 + a_2 + \cdots\cdots + a_{n-2} + a_{n-1}$$

$$\sum_{k=1}^{n} a_k - \sum_{k=1}^{n-1} a_k = \qquad a_n$$

(2)で得た漸化式のような，$a_{n+1} = pa_n + f(n)$ の形で，かつ $f(n)$ が指数関数となるものはよく出題される式の一つです．「解答」と「別解」のいずれの方法でも解けるように練習しましょう．

解答 ANSWER

(1) $$\sum_{k=1}^{n} a_k = -2a_n + 2^{n+1} \quad (n=1,\ 2,\ 3,\ \cdots) \quad \cdots\cdots①$$

①で $n=1$ とすると，

$$a_1 = -2a_1 + 4 \quad すなわち \quad a_1 = \frac{4}{3} \quad \cdots\cdots 答$$

(2) ①の n を $n+1$ におき換えると，

$$\sum_{k=1}^{n+1} a_k = -2a_{n+1} + 2^{n+2} \quad (n=0,\ 1,\ 2,\ \cdots) \quad \cdots\cdots②$$

$n=1, 2, 3, \cdots\cdots$において，①，②の辺々の差をとると

$$\sum_{k=1}^{n+1} a_k - \sum_{k=1}^{n} a_k = (-2a_{n+1}+2^{n+2}) - (-2a_n+2^{n+1})$$

すなわち

$$a_{n+1} = -2a_{n+1}+2a_n+(2^{n+2}-2^{n+1})$$

$$3a_{n+1} = 2a_n+2^{n+1}$$

$$a_{n+1} = \boldsymbol{\frac{2}{3}a_n+\frac{2^{n+1}}{3}} \quad \cdots\cdots③$$ **答**

(3)　③の辺々を 2^{n+1} で割って，

$$\frac{a_{n+1}}{2^{n+1}} = \frac{1}{3}\cdot\frac{a_n}{2^n}+\frac{1}{3}$$

ここで，$b_n=\dfrac{a_n}{2^n}$ とおくと，

$$b_{n+1} = \frac{1}{3}b_n+\frac{1}{3}$$

$$b_{n+1}-\frac{1}{2} = \frac{1}{3}\left(b_n-\frac{1}{2}\right) \quad \cdots\cdots④$$

④より，数列 $\left\{b_n-\dfrac{1}{2}\right\}$ が初項 $b_1-\dfrac{1}{2}=\dfrac{a_1}{2}-\dfrac{1}{2}=\dfrac{1}{6}$，公比 $\dfrac{1}{3}$ の等比数列である．つまり

$$b_n-\frac{1}{2} = \frac{1}{6}\cdot\left(\frac{1}{3}\right)^{n-1} \quad \text{すなわち} \quad b_n = \frac{1}{2}+\frac{1}{6}\cdot\left(\frac{1}{3}\right)^{n-1}$$

$b_n=\dfrac{a_n}{2^n}$ より，

$$a_n = 2^n b_n = \boldsymbol{2^{n-1}+\frac{1}{3}\cdot\left(\frac{2}{3}\right)^{n-1}} \quad \cdots\cdots$$ **答**

詳説 EXPLANATION

▶(3)は，次のように変形してもよいでしょう．問題でおき換えを指定されることもあるので，次の方法も十分に練習しておきましょう．

> **別解**
>
> (3)　③，つまり $a_{n+1}=\dfrac{2}{3}a_n+\dfrac{2^{n+1}}{3}$ の両辺に $\left(\dfrac{3}{2}\right)^{n+1}$ を掛けて
>
> $$\left(\frac{3}{2}\right)^{n+1}a_{n+1} = \left(\frac{3}{2}\right)^n a_n+3^n$$

ここで，$c_n=\left(\frac{3}{2}\right)^n a_n$ とおくと，

$$c_{n+1}=c_n+3^n$$

また，$c_1=\frac{3}{2}\cdot a_1=\frac{3}{2}\cdot\frac{4}{3}=2$ であることに注意する．$n=2,\ 3,\ 4,\ \cdots\cdots$ において

$$c_n=c_1+\sum_{k=1}^{n-1}3^k=2+\frac{3^n-3}{3-1}=\frac{3^n}{2}+\frac{1}{2}$$

これは $c_1=2$ かつ $\frac{3^1}{2}+\frac{1}{2}=2$ より，$n=1$ のときも成り立つ．

$c_n=\left(\frac{3}{2}\right)^n a_n$ より，

$$a_n=\left(\frac{2}{3}\right)^n c_n=\boldsymbol{2^{n-1}+\frac{1}{3}\cdot\left(\frac{2}{3}\right)^{n-1}}\quad\cdots\cdots\text{答}$$

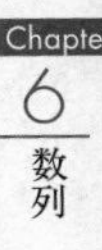

65. 3項間漸化式

〈頻出度 ★★★〉

数列 $\{a_n\}$ は $a_1=1$, $a_2=2$, $a_{n+2}-2a_{n+1}-3a_n=0$ $(n=1, 2, 3, \cdots)$ を満たすとし，数列 $\{b_n\}$, $\{c_n\}$ を $b_n=a_{n+1}+a_n$, $c_n=a_{n+1}-3a_n$ $(n=1, 2, 3, \cdots)$ と定める．自然数 n に対して，以下の問いに答えよ．

(1) b_{n+1} を b_n の式で表せ．

(2) c_{n+1} を c_n の式で表せ．

(3) b_n と c_n をそれぞれ n の式で表せ．

(4) a_n を n の式で表せ． (大阪府立大)

着眼 VIEWPOINT

隣り合う3項に関する漸化式から一般項 a_n を求める問題です．(1), (2)のように，数列 $\{b_n\}$, $\{c_n\}$ の基本的な漸化式に読みかえることで，a_n, a_{n+1} が満たすべき等式を2つ得られ，ここから a_n を求められます．

なお，誘導なしで3項間漸化式を解くこともあります．(1), (2)のおき換えが自力で行えるよう，その過程を理解しておきたいところです．(☞詳説)

解答 ANSWER

$$a_1=1,\ a_2=2,$$
$$a_{n+2}=2a_{n+1}+3a_n \quad (n=1, 2, 3, \cdots) \quad \cdots\cdots ①$$

(1) ①より，

$$\begin{aligned} b_{n+1} &= a_{n+2}+a_{n+1} \\ &= (2a_{n+1}+3a_n)+a_{n+1} \\ &= 3(a_{n+1}+a_n) \\ &= \boldsymbol{3b_n} \quad \cdots\cdots ② \text{答} \end{aligned}$$

(2) ①より，

$$\begin{aligned} c_{n+1} &= a_{n+2}-3a_{n+1} \\ &= (2a_{n+1}+3a_n)-3a_{n+1} \\ &= -(a_{n+1}-3a_n) \\ &= \boldsymbol{-c_n} \quad \cdots\cdots ③ \text{答} \end{aligned}$$

(3) ②より，数列 $\{b_n\}$ は公比3の等比数列である．$\{b_n\}$ の初項は $b_1=a_2+a_1=3$ なので，

$$b_n=3\cdot 3^{n-1}=\boldsymbol{3^n} \quad \cdots\cdots \text{答}$$

③より，数列 $\{c_n\}$ は公比-1の等比数列である．$\{c_n\}$ の初項は $c_1=a_2-3a_1=-1$ なので，

$$c_n=-1\cdot(-1)^{n-1}=\boldsymbol{(-1)^n} \quad \cdots\cdots 答$$

(4) $b_n=a_{n+1}+a_n$，$c_n=a_{n+1}-3a_n$ なので，辺々の差をとり

$$b_n-c_n=4a_n$$

すなわち

$$a_n=\frac{b_n-c_n}{4}=\boldsymbol{\frac{3^n-(-1)^n}{4}} \quad \cdots\cdots 答$$

詳説 EXPLANATION

▶この問題では(1)，(2)で誘導がつけられていますが，次のように考えれば誘導がなくても $\{a_n\}$ の一般項 a_n を求めることが可能です．

$a_{n+2}=2a_{n+1}+3a_n$（……①）を，実数 α，β により次のように変形することを考えます．

$$a_{n+2}-\alpha a_{n+1}=\beta(a_{n+1}-\alpha a_n) \quad \cdots\cdots(*)$$

すなわち

$$a_{n+2}=(\alpha+\beta)a_{n+1}-\alpha\beta a_n \quad \cdots\cdots(**)$$

①，(**)を比較して，$n=1,\ 2,\ 3,\ \cdots\cdots$ でこれらが一致するのは，

$$\begin{cases}\alpha+\beta=2\\ -\alpha\beta=3\end{cases} \quad すなわち \quad (\alpha,\ \beta)=(-1,\ 3),\ (3,\ -1)$$

のときなので，(*)から次のように変形できる．

$$a_{n+2}+a_{n+1}=3(a_{n+1}+a_n),$$
$$a_{n+2}-3a_{n+1}=-(a_{n+1}-3a_n)$$

この第1式が $\{b_n\}$ に関する漸化式 $b_{n+1}=3b_n$，第2式が $\{c_n\}$ に関する漸化式 $c_{n+1}=-c_n$ に相当します．以降は「解答」と全く同様です．

▶$\{a_n\}$ の漸化式を，実数 p，q により $a_{n+2}=pa_{n+1}+qa_n\ (n=1,\ 2,\ 3,\ \cdots)$（……(***)）と与えます．この式を(*)のように変形することを考えると，(**)，(***)から

$$\begin{cases}\alpha+\beta=p\\ -\alpha\beta=q\end{cases} \quad すなわち \quad \begin{cases}\alpha+\beta=p\\ \alpha\beta=-q\end{cases}$$

つまり，$(\alpha,\ \beta)$ は t の2次方程式 $t^2-pt-q=0$，つまり $t^2=pt+q$ の2解です．このことを覚えておけば便利ですが，「うまく a_{n+1} を辺々に分けて(*)の形に変形したい」という姿勢は忘れないようにしましょう．

66. 連立漸化式

〈頻出度 ★★★〉

n は自然数とする．$a_1=1$，$b_1=3$，$a_{n+1}=5a_n+b_n$，$b_{n+1}=a_n+5b_n$ によって定められている数列 $\{a_n\}$，$\{b_n\}$ がある．以下の問いに答えよ．

(1)　a_2，b_2，a_3，b_3 を求めよ．

(2)　a_n+b_n，a_n-b_n の一般項をそれぞれ求めよ．

(3)　a_n，b_n の一般項をそれぞれ求めよ．

（島根大）

着眼 VIEWPOINT

$\{a_n\}$，$\{b_n\}$ に関する連立漸化式から，一般項 a_n，b_n を求める．この問のように，**係数に対称性があるときは，２式の和，差をとる**ことで簡単に $\{a_n \pm b_n\}$ の漸化式を導くことができます．

解答 ANSWER

(1)
$$a_{n+1}=5a_n+b_n \quad \cdots\cdots①$$
$$b_{n+1}=a_n+5b_n \quad \cdots\cdots②$$

①，②のそれぞれで $n=1$ とすると，

$$a_2=5a_1+b_1=\mathbf{8},\ b_2=a_1+5b_1=\mathbf{16} \quad \cdots\cdots\text{答}$$

また，①，②のそれぞれで $n=2$ とすると，

$$a_3=5a_2+b_2=\mathbf{56},\ b_3=a_2+5b_2=\mathbf{88} \quad \cdots\cdots\text{答}$$

(2)　①，②の式の辺々の和をとると，

$$a_{n+1}+b_{n+1}=6(a_n+b_n) \quad \cdots\cdots③$$

③より，数列 $\{a_n+b_n\}$ が公比６の等比数列であることを示している．初項は $a_1+b_1=1+3=4$ であることから，

$$a_n+b_n=\mathbf{4\cdot 6^{n-1}} \quad \cdots\cdots④\text{答}$$

①，②の式の辺々の差をとると，

$$a_{n+1}-b_{n+1}=4(a_n-b_n) \quad \cdots\cdots⑤$$

⑤より，数列 $\{a_n-b_n\}$ が公比４の等比数列であることを示している．初項は $a_1-b_1=1-3=-2$ であることから，

$$a_n-b_n=\mathbf{-2\cdot 4^{n-1}} \quad \cdots\cdots⑥\text{答}$$

(3)　④，⑥の辺々の和をとることで，

$$2a_n=4\cdot 6^{n-1}-2\cdot 4^{n-1} \quad \text{すなわち} \quad a_n=\mathbf{2\cdot 6^{n-1}-4^{n-1}} \quad \cdots\cdots\text{答}$$

また，④，⑥の辺々の差をとることで，

$$2b_n=4\cdot6^{n-1}+2\cdot4^{n-1}\quad \text{すなわち}\quad b_n=\mathbf{2\cdot6^{n-1}+4^{n-1}}\quad\cdots\cdots \text{答}$$

詳説 EXPLANATION

▶ $\{a_n\}$ の 3 項間漸化式を導くこともできます．①から

$$b_n=a_{n+1}-5a_n,\quad b_{n+1}=a_{n+2}-5a_{n+1}$$

が成り立つので，②の b_n, b_{n+1} をおき換えると，

$$a_{n+2}-5a_{n+1}=a_n+5(a_{n+1}-5a_n)$$

$$a_{n+2}=10a_{n+1}-24a_n\quad (n=1,\ 2,\ 3,\ \cdots)\quad\cdots\cdots(*)$$

また，$a_1=1$，①より $a_2=5a_1+b_1=8$ である．

以下，問題65と同じ要領で(*)から式変形を進めていけば，$\{a_n\}$ の一般項を得られます．

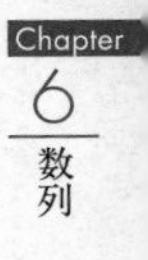

67. 和の計算の工夫(和の公式の証明)

〈頻出度 ★★★〉

以下の問いに答えよ．答えだけでなく，必ず証明も記せ．

(1)　和 $1+2+\cdots+n$ を n の多項式で表せ．

(2)　和 $1^2+2^2+\cdots+n^2$ を n の多項式で表せ．

(3)　和 $1^3+2^3+\cdots+n^3$ を n の多項式で表せ．

(九州大)

着眼 VIEWPOINT

誰もが知っている，和の公式の証明です．

和の公式

$$\sum_{k=1}^{n} k = 1+2+3+\cdots\cdots+n = \frac{n(n+1)}{2}$$

$$\sum_{k=1}^{n} k^2 = 1^2+2^2+3^2+\cdots\cdots+n^2 = \frac{n(n+1)(2n+1)}{6}$$

$$\sum_{k=1}^{n} k^3 = 1^3+2^3+3^3+\cdots\cdots+n^3 = \frac{n^2(n+1)^2}{4}$$

和の公式の証明はしばしば入試問題の題材とされてきています．この証明，実にさまざまな方法があるのですが，まずは「階差の和」の形に読みかえることです．この手の計算で有名なものは，分数を差の形に分解(部分分数分解)するものです．

$$\sum_{k=1}^{n} \frac{1}{k(k+1)} = \sum_{k=1}^{n}\left(\frac{1}{k}-\frac{1}{k+1}\right) = \left(\frac{1}{1}-\frac{1}{2}\right)+\left(\frac{1}{2}-\frac{1}{3}\right)+\cdots$$
$$\cdots+\left(\frac{1}{n}-\frac{1}{n+1}\right) = 1-\frac{1}{n+1}$$

同じ発想で，次の「連続する整数の積の分解」に慣れたいところです．

$$\sum_{k=1}^{n} k(k+1) = \frac{1}{3}\sum_{k=1}^{n}\{k(k+1)(k+2)-(k-1)k(k+1)\}$$
$$= \frac{1}{3}\{(1\cdot2\cdot3-0\cdot1\cdot2)+(2\cdot3\cdot4-1\cdot2\cdot3)+\cdots$$
$$\cdots+(n(n+1)(n+2)-(n-1)n(n+1))\}$$
$$= \frac{1}{3}n(n+1)(n+2)$$

解答 ANSWER

(1) 求める和をSとすると，

$$2S=\sum_{k=1}^{n}\{k+(n+1-k)\}=(n+1)\cdot n$$

$$\begin{array}{rl} S= & 1+2+\cdots\cdots+(n-1)+n \\ +)\ S= & n+(n-1)+\cdots\cdots+2+1 \\ \hline 2S= & n\times(1+n) \end{array}$$

$$\therefore\quad S=\frac{n(n+1)}{2}$$ （証明終）

(2) 求める和をTとする．

$$T=\sum_{k=1}^{n}k^2=\sum_{k=1}^{n}\{k(k+1)-k\}=\sum_{k=1}^{n}k(k+1)-S \quad \cdots\cdots①$$

ここで，

$$\begin{aligned}\sum_{k=1}^{n}k(k+1)&=\frac{1}{3}\sum_{k=1}^{n}\{k(k+1)(k+2)-(k-1)k(k+1)\}\\&=\frac{1}{3}\{n(n+1)(n+2)-0\cdot1\cdot2\}\\&=\frac{1}{3}n(n+1)(n+2)\end{aligned}$$

したがって，①から，(1)の結果と合わせて，

$$\begin{aligned}T&=\frac{1}{3}n(n+1)(n+2)-\frac{1}{2}n(n+1)\\&=\frac{1}{6}n(n+1)\{2(n+2)-3\}\\&=\frac{1}{6}n(n+1)(2n+1)\end{aligned}$$ （証明終）

(3) 求める和をUとすると，

$$\begin{aligned}U&=\sum_{k=1}^{n}k^3=\sum_{k=1}^{n}\{k(k+1)(k+2)-3k^2-2k\}\\&=\sum_{k=1}^{n}k(k+1)(k+2)-3T-2S \quad \cdots\cdots②\end{aligned}$$

ここで，

$$\begin{aligned}\sum_{k=1}^{n}k(k+1)(k+2)&=\frac{1}{4}\sum_{k=1}^{n}\{k(k+1)(k+2)(k+3)-(k-1)k(k+1)(k+2)\}\\&=\frac{1}{4}\{n(n+1)(n+2)(n+3)-0\cdot1\cdot2\cdot3\}\\&=\frac{1}{4}n(n+1)(n+2)(n+3)\end{aligned}$$

Chapter 6 数列

したがって，②から，(1)，(2)の結果と合わせて，

$$U=\frac{1}{4}n(n+1)(n+2)(n+3)-3\cdot\frac{1}{6}n(n+1)(2n+1)-2\cdot\frac{1}{2}n(n+1)$$

$$=\frac{1}{4}n(n+1)\{(n+2)(n+3)-2(2n+1)-4\}$$

$$=\frac{1}{4}n^2(n+1)^2$$ （証明終）

詳説 EXPLANATION

▶次のような方法も有名です．$\sum_{k=1}^{n}k=\frac{n(n+1)}{2}$ は認めたうえで，$\sum_{k=1}^{n}k^2$ の公式のみ示しておきます．

別解

(2)　$(k+1)^3-k^3=3k^2+3k+1$（……③）は常に成り立つ．③で，$k=1$，2，3，……，n としたすべての式の辺々の和をとると

$$\begin{array}{rl} 2^3-1^3 &= 3\cdot1^2+3\cdot1+1 \\ 3^3-2^3 &= 3\cdot2^2+3\cdot2+1 \\ 4^3-3^3 &= 3\cdot3^2+3\cdot3+1 \\ \vdots\quad & \quad\vdots \\ +)\quad (n+1)^3-n^3 &= 3n^2+3n+1 \\ \hline (n+1)^3-1^3 &= 3\sum_{k=1}^{n}k^2+3\cdot\frac{n(n+1)}{2}+1\cdot n \end{array}$$

← $1+2+\cdots+n=\frac{n(n+1)}{2}$

したがって

$$3\sum_{k=1}^{n}k^2=(n+1)^3-\frac{3}{2}n(n+1)-n-1$$

$$=\frac{n+1}{2}\{2(n+1)^2-3n-2\}$$

$$=\frac{n(n+1)(2n+1)}{2}$$

$$\sum_{k=1}^{n}k^2=\frac{n(n+1)(2n+1)}{6}$$ （証明終）

▶結果を知っているからこそ思いつく方法ではありますが，(2)であれば，$S_n=\frac{n(n+1)(2n+1)}{6}$ の階差数列を考える，という方法で難なく示せてしまいます．

別解

(2)　$n=1$，2，3，……で，

$$\frac{n(n+1)(2n+1)}{6}-\frac{(n-1)n(2n-1)}{6}$$

$$=\frac{n}{6}\{(n+1)(2n+1)-(n-1)(2n-1)\}$$

$$=\frac{n\cdot 6n}{6}=n^2$$

である．したがって，

$$\sum_{k=1}^{n}k^2=\sum_{k=1}^{n}\left\{\frac{k(k+1)(2k+1)}{6}-\frac{(k-1)k(2k-1)}{6}\right\}$$

$$=\frac{n(n+1)(2n+1)}{6}-\frac{0\cdot1\cdot1}{6}=\frac{n(n+1)(2n+1)}{6}$$　（証明終）

▶**正の整数に関する命題の証明なので，数学的帰納法で示そう**，と考えるのはごく自然です．（ただし，この問題は数学的帰納法「以外」でも示せることがとても大切です．）ここでは，$\sum_{k=1}^{n}k^2$ の公式のみ示しておくので，他の 2 つについては考えてみてください．

別解

(2)　$\sum_{k=1}^{n}k^2=\frac{n(n+1)(2n+1)}{6}$　(……④) が $n=1$，2，3，……で成り立つことを，数学的帰納法で示す．

(Ⅰ)　$1^2=1$，$\frac{1(1+1)(2\cdot1+1)}{6}=1$ なので，$n=1$ で④は成り立つ．

(Ⅱ)　$n=m$（m は正の整数）で④が成り立つとする．すなわち

$$\sum_{k=1}^{m}k^2=\frac{m(m+1)(2m+1)}{6}\quad\cdots\cdots⑤$$

を仮定する．このとき

$$\sum_{k=1}^{m+1}k^2=\sum_{k=1}^{m}k^2+(m+1)^2$$

$$=\frac{m(m+1)(2m+1)}{6}+(m+1)^2$$　（④より）

$$=\frac{(m+1)}{6}\{m(2m+1)+6(m+1)\}$$

$$=\frac{(m+1)}{6}\cdot(2m^2+7m+6)$$

$$=\frac{(m+1)(m+2)(2m+3)}{6}$$

つまり，⑤のもとで，$n=m+1$ で④は成り立つ．

(I)，(II)より，$n=1$，2，……で④が成り立つことを示した．　(証明終)

68. 漸化式と数学的帰納法

〈頻出度 ★★★〉

数列 $\{a_n\}$ が，$a_2=6$ であり，以下の関係を満たすとき，次の(1)，(2)，(3)に答えよ．

$$(n-1)a_{n+1}=(n+1)(a_n-2)\ (n=1,\ 2,\ 3,\ \cdots)$$

(1) a_1を求めよ．

(2) a_3，a_4，a_5，a_6を求めよ．

(3) 一般項a_nを推測し，それを数学的帰納法によって証明せよ． (宮城大)

着眼 VIEWPOINT

与えられた項と漸化式から一般項a_nを推測し，それが任意の正の整数nで成り立つことを数学的帰納法で証明する問題です．

数学的帰納法

正の整数nに関する命題$P(n)$について，すべての自然数nについて$P(n)$が成り立つことを証明するには，例えば次の(I)，(II)を示せばよい．

(I) $P(1)$が成り立つ．

(II) $P(k)$が成り立つと仮定すると，$P(k+1)$が成り立つ．

このような証明の方法を**数学的帰納法**という．

一般項の推測さえできてしまえば，証明自体はそれほど難しくありません．(推測が正しければ)a_{k+1}の式は見えているはずなので，そこに向かって変形を進めていきましょう．なお，この問題で与えられた漸化式では，「a_1からa_2を決めることができない」ことには注意したいところです．

解答 ANSWER

$$(n-1)a_{n+1}=(n+1)(a_n-2)\quad\cdots\cdots①$$

(1) ①について，$n=1$として，

$$0=2(a_1-2)\quad すなわち\quad a_1=\mathbf{2}\quad\cdots\cdots 答$$

(2) $n\geqq 2$のとき，①より，

$$a_{n+1}=\frac{n+1}{n-1}(a_n-2)\quad\cdots\cdots②$$

②について，$n=2$として，

$$a_3=3(a_2-2)=3(6-2)=\mathbf{12}\quad\cdots\cdots 答$$

Chapter 6 数列

以下同様に，②について $n=3,\ 4,\ 5$ として，

$$a_4=\frac{4}{2}(a_3-2)=2(12-2)=\mathbf{20} \quad \cdots\cdots \text{答}$$

$$a_5=\frac{5}{3}(a_4-2)=\frac{5}{3}(20-2)=\mathbf{30} \quad \cdots\cdots \text{答}$$

$$a_6=\frac{6}{4}(a_5-2)=\frac{3}{2}(30-2)=\mathbf{42} \quad \cdots\cdots \text{答}$$

(3) $a_1=1\cdot 2,\ a_2=2\cdot 3,\ a_3=3\cdot 4,\ a_4=4\cdot 5,\ a_5=5\cdot 6,\ a_6=6\cdot 7 \quad \cdots\cdots ③$

である．③から，$\{a_n\}$ の一般項が $a_n=n(n+1)$（……④）であることが推測される．④が $n=1,\ 2,\ 3,\ \cdots\cdots$ で成り立つことを数学的帰納法で示す．

(I) ③より，④は $n=1,\ 2$ で成り立つ．

(II) k を 2 以上の整数とする．$n=k$ のときに③が成り立つこと，つまり $a_k=k(k+1)$（……⑤）を仮定する．②より，

$$\begin{aligned}a_{k+1}&=\frac{k+1}{k-1}(a_k-2)\\&=\frac{k+1}{k-1}\{k(k+1)-2\}\\&=\frac{k+1}{k-1}(k-1)(k+2)\\&=(k+1)(k+2)\end{aligned}$$

つまり，⑤の下で，$n=k+1$ のときも④は成り立つ．

(I)，(II)から，$n=1,\ 2,\ 3,\ \cdots\cdots$ で④は成り立つ．つまり，$\{a_n\}$ の一般項は，$a_n=n(n+1)$ である．（証明終）

詳説 EXPLANATION

▶この問題は「数学的帰納法で証明せよ」と指定がありますが，漸化式を変形しても一般項を導けます．

$$(n-1)a_{n+1}=(n+1)(a_n-2)$$

から，$n\geqq 2$ において両辺を $(n-1)n(n+1)$ で割ると

$$\frac{a_{n+1}}{n(n+1)}=\frac{a_n}{(n-1)n}-\frac{2}{(n-1)n}$$

これは，$n=2,\ 3,\ 4,\ \cdots\cdots$ で定まる数列 $\left\{\frac{a_n}{(n-1)n}\right\}$ の階差数列が

$\left\{-\frac{2}{(n-1)n}\right\}$ であることを示している．つまり，$n\geqq 3$ において

$$\frac{a_n}{(n-1)n}=\frac{a_2}{1\cdot 2}-\sum_{k=2}^{n-1}\frac{2}{(k-1)k}$$

$$=\frac{6}{2}-2\sum_{k=2}^{n-1}\left(\frac{1}{k-1}-\frac{1}{k}\right)$$

$$=3-2\left(1-\frac{1}{n-1}\right)$$

$$=1+\frac{2}{n-1}$$

$\therefore\quad a_n=(n-1)n+2n=n(n+1)\quad\cdots\cdots(*)$

$(*)$は$n=1$，2でも成り立つ．つまり，一般項は$a_n=n(n+1)$である．

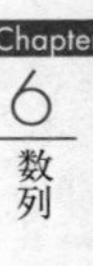

場合の数と確率

数学	A
問題頁	P.26
問題数	11問

69. 順列

〈頻出度 ★★★〉

1 5個の数字0, 1, 3, 5, 7から異なる数字を3個選んで3桁の整数を作るとき，次の問いに答えよ．

(1) 整数は何個あるか．　(2) 3の倍数は何個あるか．

(3) 6の倍数は何個あるか．　(4) 15の倍数は何個あるか．（名城大）

2 2個の文字A，Bを重複を許して左から並べて7文字の順列を作る．次の条件を満たす順列はそれぞれいくつあるか答えなさい．

(1) Aが5個以上現れる．

(2) AABBがこの順に連続して現れる．

(3) Aが3個以上連続して現れる．（首都大）

着眼 VIEWPOINT

1 百の位に0を使えないことに注意しましょう．(2)のように,「3の倍数か否か」を考える問はよく出題されます．「解答」の(*)の読みかえを利用しましょう(☞詳説)．(3)は，$6=2\times3$より，(2)の整数のうちで偶数であるものを数えればよいでしょう．一の位から判断できます．(4)も同様に考えましょう．順列を考えるときは，**あれこれと条件がついているものを先に並べる**のが原則です．並べる3個の数が決まれば，百,一,十の位，の順に考えるとよいでしょう．

2 「重複を許して」とは,「(A, Bそれぞれ) 何回使ってもよい」という意味です．(1)はAの個数で分けて数えていけばよいのですが，(3)で同じ方法で進めようとするとやや考えにくいでしょう．「Aが3個以上連続」が開始する位置で分類してみましょう．

解答 ANSWER

1(1) 百の位には0以外の数字，つまり1, 3, 5, 7から選ばれるので，選び方は4通りである．

百の位を決めると，十の位，一の位の数字は，0を含む残りの4個の数から2個を選び並べる．

ゆえに，求める個数は　$4\times(4\times3)=$ **48(個)**　……答

(2)　正の整数Nが３の倍数である $\Longleftrightarrow$ Nの各位の値の和が３の倍数　……(*)
に注意する．0，1，3，５，7のうち，和が３の倍数になるような３つの数の選び方は，次の４組である．

①　{0，1，5}　②　{0，5，7}　③　{1，3，5}　④　{3，5，7}

①，②について，０は百の位におけないことに注意して，それぞれの組について並べなおす．条件を満たす整数は　$2\times2!=4$(個)(……⑤)ある．また，③，④について，３桁の整数は　$3!=3\cdot2\cdot1=6$(個)(……⑥)ある．

⑤，⑥より，求める３の倍数の個数は$4\times2+6\times2=$**20(個)**　……**答**

(3)　(2)の①～④を並べかえてできる整数のうち，２の倍数であるものを考える．つまり，(2)の整数のうち，一の位が偶数，すなわち０であるものを数え上げる．

①，②について，いずれも一の位が０のときに限られる．つまり，条件を満たす整数はそれぞれ２個である．　……⑦

③，④について，３つの数をどのように並べても奇数となる．　……⑧

⑦，⑧より，６の倍数の個数は　$2\times2=$**4(個)**　……**答**

(4)　(2)の①～④を並べかえてできる整数のうち，５の倍数であるものを考える．つまり，(2)の整数のうち，一の位が０または５であるものを数え上げる．

①，②について，一の位を０とする数は，残りの２つの数を十の位，百の位に並べて，それぞれ２個．また，一の位を５とする数は，残る２つの数の一方が０なので，並べ方は１個に決まる．これらより，条件を満たす整数は①，②それぞれの組から３個決まる．　……⑨

③，④については，並べかえて５の倍数となるのは一の位が５のときのみである．一の位を５とすれば，残りの２つの数を十の位，百の位に並べて，それぞれ２個決まる．　……⑩

⑨，⑩より，15の倍数の個数は　$3\times2+2\times2=$**10(個)**　……**答**

2 (1)　Ａの個数で場合分けして考える．

(i)　Ａがちょうど５個のとき

A,A,A,A,A,B,Bを並べかえて，$\dfrac{7!}{5!2!}=21$通り　……①

(ii)　Ａがちょうど６個のとき

A,A,A,A,A,A,Bを並べかえて，$\dfrac{7!}{6!}=7$通り　……②

(iii)　Ａが７個のとき

A,A,A,A,A,A,Aの１通りのみである．　……③

①，②，③より，Ａが５個以上現れる順列は　$21+7+1=$**29(通り)**　……**答**

(2)　７文字の順列で「AABB」が２回現れることはない．これにより，AABBをＸ，ＡでもＢでもよい文字をＹと表すとき(以降も同様とする)，「Ｘが１個，Ｙが３個」の４文字の順列の総数を考え，それぞれの並びに対して３か所の

YにAかBを入れればよい．それぞれ入れ方は2^3通りあるので，求める順列の総数は

$$\frac{4!}{3!}\cdot 2^3 = \mathbf{32}\text{（通り）}$$ ……答

(3)「はじめてAが３個以上連続する」のが何番目から始まるかで，場合分けして考える．次の④～⑧の場合がある．

④　<u>AAA</u>YYYY
⑤　B<u>AAA</u>YYY
⑥　YB<u>AAA</u>YY
⑦　YYB<u>AAA</u>Y
⑧　YYYB<u>AAA</u>

ただし，⑧のYYYは「AAA」の場合のみを除く．YはそれぞれA，Bを選択できる．つまり④は2^4通り，⑤～⑦は2^3通り，⑧は2^3-1通りである．
したがって，求める並べ方は

$$2^4+3\cdot 2^3+(2^3-1) = \mathbf{47}\text{（通り）}$$ ……答

詳説 EXPLANATION

▶１　(1)は，最高位が０か否かを気にせずに一旦並べてしまい，最高位が０のものをとり除いてもよいでしょう．

> **別解**
>
> (1)　0，1，3，5，7から３個とって並べる順列の総数は
>
> $$5\cdot 4\cdot 3 = 60\text{（通り）}$$ ……⑨
>
> である．⑨のうち，百の位が０になるような３桁の整数は，百の位を０として，残りの数から２つを十の位，一の位に並べるので，
>
> $$4\cdot 3 = 12\text{（通り）}$$ ……⑩
>
> である．⑨，⑩より，求める整数の個数は
>
> $$60-12 = \mathbf{48}\text{（個）}$$ ……答

▶整数が３の倍数か否かを判定する，(*)の読みかえは（特に，場合の数と確率，整数の問題で）よく用いられます．10進法で“abc”と表される数$abc_{(10)}$が次のように書き換えられることによります．

$$\begin{aligned} abc_{(10)} &= 100a+10b+c \\ &= (3\cdot 33+1)a+(3\cdot 3+1)b+c \\ &= 3(33a+3b)+(a+b+c) \end{aligned}$$

$3(33a+3b)$は３の倍数なので，$abc_{(10)}$と$a+b+c$を３で割った余りは一致します．

70. 順列と組み合わせ 〈頻出度 ★★★〉

8 人を 4 組に分けることを考える．なお，どの組にも 1 人は属するものとする．

(1) 2 人ずつ 4 組に分ける場合の数は何通りか．

(2) 1 人，2 人，2 人，3 人の 4 組に分ける場合の数は何通りか．

(3) 4 組に分ける場合の数は何通りか．

(4) ある特定の 2 人が同じ組に入る場合の数は何通りか． （帝京大 改題）

着眼 VIEWPOINT

条件を満たす並べ方，組み合わせの場合の数を求める典型的な問題です．場合の数を求める原則として，**あれこれと条件をつける人やものから，先に並べてしまう（組んでしまう）**という点を押さえておきましょう．「特に希望がない人は後回しにして，文句をいいそうな人の場所は先に決めてしまう」ことです．後は，よく出てくる考え方を，それぞれの問題を通じてマスターしましょう．

同じ人数の組は，「いったん，組を区別して組ませ，後で組の区別を除く」が原則です．「ある特定の 2 人」は，8 人を出席番号 1，2，……，8 として，1 番と 2 番の人，などと具体的にイメージするとよいでしょう．もちろん，この 2 人はあれこれ条件をつけているので，先に組に入れてしまいましょう．

解答 ANSWER

(1) 4 つの 2 人組にA，B，C，Dと名前をつけて区別する．

A，B，C，D の順に入る 2 人を決めていくと，このような分け方は

${}_8C_2 \cdot {}_6C_2 \cdot {}_4C_2$ 通り（……①）である．

4つの組の区別を除くと，区別を除いたときの分け方 1 通りと，①の 4! 通り（A，B，C，D の入れかえ）が対応するから，求める分け方は

$$\frac{{}_8C_2 \cdot {}_6C_2 \cdot {}_4C_2}{4!} = \mathbf{105}\,(\textbf{通り}) \quad \cdots\cdots \text{答}$$

(2) 2 個の 2 人の組にA，Bと名前をつけて区別する．

1人の組，A，B，3 人組の順に入る人を決めていくと，このような分け方は

$8 \cdot {}_7C_2 \cdot {}_5C_2$ 通り（……②）である．

A，B の区別を除くと，区別を除いたときの分け方 1 通りと，②の 2! 通り（A，B の入れかえ）が対応するから，求める分け方は

Chapter 7 場合の数と確率

$$\frac{8\cdot{}_7C_2\cdot{}_5C_2}{2!}=\mathbf{840}$$ **(通り)** ……**答**

(3) 4組のうち，最も人数の少ない組は2人組であり，このときは(1)で数えている．以下，1人だけの組がいくつあるか，に注意して数える．

・1人，1人，1人，5人と分ける

8人から5人組を決めて，

$${}_8C_5={}_8C_3=56\text{(通り)}$$

・1人，1人，2人，4人と分ける

8人から2人組，残り6人から4人組を決めて，

$${}_8C_2\cdot{}_6C_4=420\text{(通り)}$$

・1人，1人，3人，3人と分ける

8人のうちどの2人が1人組かで${}_8C_2$通り，残り6人が3人ずつ分かれる方法は$\frac{{}_6C_3}{2!}$通りあるから，

$${}_8C_2\cdot\frac{{}_6C_3}{2!}=280\text{(通り)}$$

・1人，2人，2人，3人と分ける

(2)より，840(通り)

(1)の結果と合わせて，求める分け方は，

$$\mathbf{105+56+420+280+840=1701}$$ **(通り)** ……**答**

(4) 問題文の「ある特定の2人」をX，Yとする．

・2人，2人，2人，2人と分けるとき

X，Y以外の6人が3個の2人組に分かれるから，

$$\frac{{}_6C_2\cdot{}_4C_2}{3!}=15\text{(通り)}$$

・1人，2人，2人，3人と分けるとき

X，Yが2人組に入る場合，残り6人が1人，2人，3人に分かれるから，

$$6\cdot{}_5C_2=60\text{(通り)}$$

X，Yが3人組に入る場合，残りの6人のうちどの人がX，Yと一緒かで6通り．5人が1人，2人，2人に分かれる方法は$\frac{{}_5C_1\cdot{}_4C_2}{2!}$通りあるから，

$$6\times\frac{{}_5C_1\cdot{}_4C_2}{2!}=90\text{(通り)}$$

・1人，1人，1人，5人と分けるとき

X，Y以外の6人のうちどの3人がX，Yと一緒かで

$${}_6C_3=20\text{(通り)}$$

・1人，1人，2人，4人と分けるとき

X，Yが2人組に入る場合，残り6人から4人組を作り，

$_6C_4=15$(通り)

X，Yが4人組に入る場合，残り6人のうちどの2人がX，Yと一緒か，どの2人が2人組かを考えて，

$_6C_2\cdot{}_4C_2=90$(通り)

・1人，1人，3人，3人と分ける

残り6人のうち誰がX，Yと一緒かで6通り，他の5人から3人組を作ればよく，

$6\cdot{}_5C_3=60$(通り)

以上から，求める分け方は，

$15+60+90+20+15+90+60=$ **350(通り)** ……**答**

詳説 EXPLANATION

▶(3)は，(かなり面倒ですが，) いったん，4つの組に区別をつけたうえで，誰も入らない組 (0人の組) を認めて8人を4組に分けてしまい，0人の組が存在する場合すべて除く，という考え方でもできるでしょう．

別解

(3) 組にA，B，C，Dと名前をつけて区別する．誰も入らない組を認めれば，それぞれの人についてどの組に入るかは4通りずつある．つまり，8人の入り方は4^8通り．このうち，

・1つの組にのみ人が入るとき

4(通り)

・2つの組にのみ人が入るとき

A～Dのうちどの2組かで$_4C_2$通り．AとBに入る場合は2^8-2通り．他の場合も同様だから，全部で

$_4C_2\cdot(2^8-2)$(通り)

・3つの組にのみ人が入るとき

A～Dのうちどの3組かで$_4C_3$通り．A，B，Cに入る場合は

$3^8-3-{}_3C_2\cdot(2^8-2)$(通り)

他の場合も同様だから，全部で

$_4C_3\cdot\{3^8-3-{}_3C_2\cdot(2^8-2)\}$(通り)

以上から，A～Dそれぞれ1人以上入るものは，

$4^8-4-{}_4C_2\cdot(2^8-2)-{}_4C_3\cdot\{3^8-3-{}_3C_2\cdot(2^8-2)\}$

$=4^8-4\cdot3^8+6\cdot2^8-4=40824$(通り)

４つの組Ａ～Ｄの区別をとり除くと，求める場合の数は

$$\frac{40824}{4!}=\mathbf{1701}(\textbf{通り})\quad\cdots\cdots 答$$

(4)では，「ある２人」を１人にみて，(2)と同様に考えることもできます．

別解

(4)　X，Yを１人にみる．このとき，求めるのは「7人を４組に分ける場合の数」である．

・１人，１人，１人，４人と分けるとき

$${}_7C_4=35(\text{通り})$$

・１人，１人，２人，３人と分けるとき

$${}_7C_3\cdot{}_4C_2=210(\text{通り})$$

・１人，２人，２人，２人と分けるとき

$${}_7C_2\cdot{}_5C_2\cdot{}_3C_2\cdot\frac{1}{3!}=105(\text{通り})$$

以上から，求める分け方は

$$35+210+105=\mathbf{350}(\textbf{通り})\quad\cdots\cdots 答$$

71. 組分けに帰着

〈頻出度 ★★★〉

Kを3より大きな奇数とし，$l+m+n=K$を満たす正の奇数の組$(l,\ m,\ n)$の個数Nを考える．ただし，例えば，$K=5$のとき，$(l,\ m,\ n)=(1,\ 1,\ 3)$と$(l,\ m,\ n)=(1,\ 3,\ 1)$とは異なる組とみなす．

(1) $K=99$のとき，Nを求めよ．

(2) $K=99$のとき，$l,\ m,\ n$の中に同じ奇数を2つ以上含む組$(l,\ m,\ n)$の個数を求めよ．

(3) $N>K$を満たす最小のKを求めよ．

（東北大）

着眼 VIEWPOINT

与えられた式のままでは数え上げにくいので，正の整数の組と対応づけられるよう，おき換えてしまうのがよいでしょう．このように，**数えにくいものは，数えやすいものに対応づける**考え方は重要です．おき換えてしまえば，「区別のないものを，区別ある組に分ける」典型的な問題になります．(2)は，3つとも同じ奇数のときとちょうど2つだけが同じ奇数のときで分けてしまうのが数えやすいでしょう．

解答 ANSWER

$$l+m+n=K \quad \cdots\cdots①$$

$l=2a-1,\ m=2b-1,\ n=2c-1$（$a,\ b,\ c$は正の整数）とおくと，①より

$$2(a+b+c)-3=K \quad \text{すなわち} \quad a+b+c=\frac{K+3}{2} \quad \cdots\cdots②$$

(1) $K=99$のとき，②は

$$a+b+c=51 \quad \cdots\cdots③$$

求めるNの値は，③を満たす正の整数の組$(a,\ b,\ c)$の個数と同じ．

③を満たす組$(a,\ b,\ c)$と，「51個の○を1列に並べ，○同士の50カ所のすき間から2カ所を選んで仕切りを入れ，仕切られた3カ所にある○の個数を左から順に$a,\ b,\ c$とする」分け方は1対1に対応する．

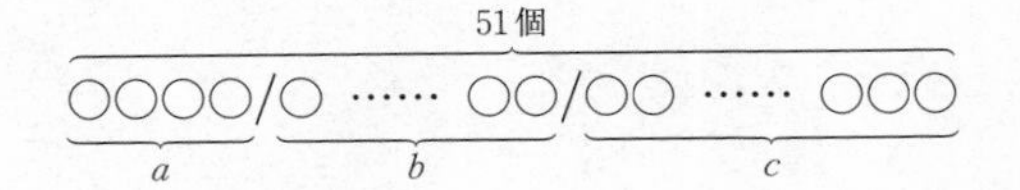

したがって，求める値は

$$N={}_{50}\mathrm{C}_2=25\cdot 49=\mathbf{1225}$$ ……**答**

(2)・$a=b=c$ のとき

③より，$a=b=c=17$ となり，1個ある．

・$a=b\neq c$，$a=c\neq b$，$b=c\neq a$ のとき

③より，$a=b\neq c$ となるのは，$2a+c=51$ より，$a=1,\ 2,\ \cdots,\ 25$ から $a=17$ を除いた $25-1=24$ 個ある．

これは，$a=c\neq b$，$b=c\neq a$ でも同様である．

以上より，求める組の数は

$1+24\times 3=\mathbf{73}$ **(個)** ……**答**

(3) (1)と同様に，$N={}_{\frac{K+1}{2}}\mathrm{C}_2$ だから，$N>K$ を書き換えると

$$\frac{\frac{K+1}{2}\cdot\frac{K-1}{2}}{2}>K \iff (K+1)(K-1)>8K$$

$$\iff K(K-8)>1 \quad \cdots\cdots④$$

④を満たす最小の K が求める値である．

$K=5,\ 7$ のときは，$K(K-8)$ は負である．

$K=9$ のとき，$K(K-8)=9>1$ なので，求める値は $K=\mathbf{9}$ ……**答**

72. 確率の計算①

〈頻出度 ★★★〉

座標平面上の点Pは，原点$(0,\ 0)$から出発し，1枚の硬貨を投げて表が出ればx軸の正の方向に1だけ進み，裏が出ればy軸の正の方向に1だけ進む.

(1) 硬貨を3回投げたとき，点Pが点$(3,\ 0)$にある確率を求めよ.

(2) 硬貨を10回投げたとき，点Pが点$(7,\ 3)$にある確率を求めよ.

(3) 硬貨を10回投げたとき，点Pが点$(3,\ 1)$を通って，点$(5,\ 5)$にある確率を求めよ.

(4) 硬貨を10回投げたとき，点Pが点$(3,\ 3)$を通らずに，点$(6,\ 4)$にある確率を求めよ.

(5) 点Pが点$(2,\ 2)$に到達したら点Pは原点に戻るものとして，次の問いに答えよ.

(i) 硬貨を10回投げたとき，点Pのx座標が6以上となる確率を求めよ.

(ii) 硬貨を10回投げたとき，点Pが点$(5,\ 5)$にあったという条件のもとで，点Pが点$(3,\ 4)$を通っていた条件つき確率を求めよ. (山形大)

着眼 VIEWPOINT

座標平面上を動く点に関する問題です. ただし，上に進む，右に進む確率はともに$\dfrac{1}{2}$なので，移動回数が同じであればどの経路でも同様に確からしく，実質的に経路数の数え上げの問題です.

解答 ANSWER

硬貨をn回投げるとき，表，裏の出方は全部で2^n通りであり，これらは同様に確からしい.

(1) 硬貨を3回投げて$\mathrm{P}(3,\ 0)$となるのは，3回すべて表が出たときに限られる.

その確率は，

$$\frac{1}{2^3}=\boldsymbol{\frac{1}{8}}\quad\cdots\cdots\text{答}$$

Chapter 7 場合の数と確率

(2)　硬貨を10回投げたときにP(7, 3)となるのは，表が７回，裏が３回のときに限られる．このような硬貨の出方は10回のうち，何回目に表が出たかにより決まるので，${}_{10}C_7$通りである．したがって，求める確率は

$$\frac{{}_{10}C_7}{2^{10}}=\frac{10\cdot9\cdot8}{3\cdot2\cdot2^{10}}=\mathbf{\frac{15}{128}}$$ ……答

(3)　Pが(0, 0)から(3, 1)へと進むのは，「表が３回，裏が１回」のときであり，Pが(3, 1)から(5, 5)へと進むのは，「表が２回，裏が４回」のときである．

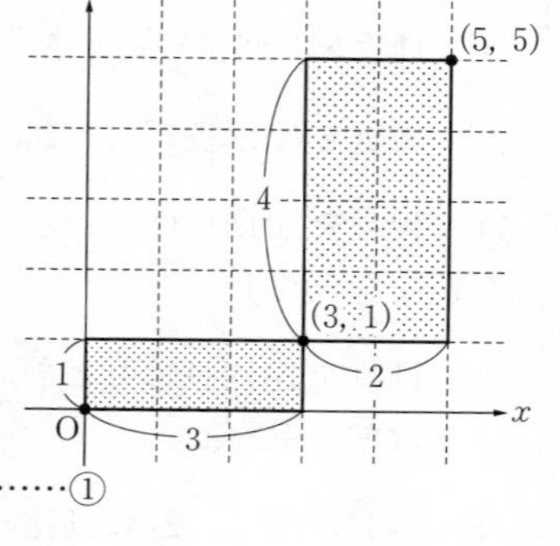

したがって，求める確率は

$$\frac{{}_4C_3\times{}_6C_2}{2^{10}}=\frac{4\cdot15}{2^{10}}=\mathbf{\frac{15}{256}}$$ ……答

(4)　Pが(0,　0)から(6,　4)へと進む道順は，

$${}_{10}C_4=\frac{10\cdot9\cdot8\cdot7}{4\cdot3\cdot2}=10\cdot3\cdot7=210\text{通り}$$ ……①

このうち，(3, 3)を通って(6, 4)に着く道順を考える．前半の移動が「表が３回，裏が３回」，後半の移動が「表が３回，裏が１回」なので，その道順は

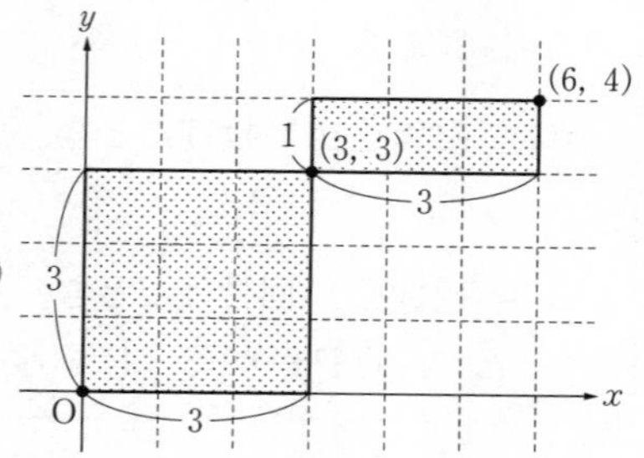

$${}_6C_3\times{}_4C_3=20\times4=80\text{通り}$$ ……②

である．①，②より，求める確率は，

$$\frac{210-80}{2^{10}}=\frac{130}{2^{10}}=\mathbf{\frac{65}{512}}$$ ……答

(5)(i)　10回のうちで２度，点(2, 2)に到達するとx座標が６以上の点に到達できない．したがって，最初の４回で(2, 2)に到達するか，一度も点(2, 2)を通らないか，いずれかのときを考える．

(a)　最初の４回で(2, 2)に到達するとき

５回目以降，すべて表で10回終了後に(6, 0)にあるときに限り，Pのx座標が６以上となる．

このような表，裏の出方は${}_4C_2=6$通りである．

(b)　一度も点(2, 2)を通らないとき

表の出る回数で場合分けして数える．

・表がちょうど６回出る場合

出方は全部で${}_{10}C_6=210$通りあるが，このうちで点(2, 2)を通るもの，つまり，前半の移動が「表２回，裏２回」，後半の移動が「表４回，裏２回」となる${}_4C_2\times{}_6C_4=6\times15=90$(通り)を除いて

$$210-90=120(\text{通り})$$

・表がちょうど7回出る場合

同様に，すべての出方から前半の移動が「表2回，裏2回」，後半の移動が「表5回，裏1回」となるものを除くと

$${}_{10}C_7 - {}_4C_2 \times {}_6C_5 = 120 - 6 \times 6 = 84 \text{(通り)}$$

・表がちょうど8回出る場合

同様に，すべての出方から前半の移動が「表2回，裏2回」，後半の移動が「表6回，裏0回」となるものを除くと

$${}_{10}C_8 - {}_4C_2 \times {}_6C_6 = 45 - 6 = 39 \text{(通り)}$$

・表がちょうど9回または10回出る場合

いずれのときも，点(2, 2)を通らないことから，

表がちょうど9回のとき，${}_{10}C_9 = 10$(通り)

表がちょうど10回のとき，1通り

以上より，求める確率は，

$$\frac{6+120+84+39+10+1}{2^{10}} = \frac{260}{2^{10}} = \mathbf{\frac{65}{256}} \quad \cdots\cdots \text{答}$$

(ii) 最初の4回で(2, 2)に到達すると，Pが(5, 5)に到達することはない．

表が5回，裏が5回となる出方は，

$${}_{10}C_5 = \frac{10 \cdot 9 \cdot 8 \cdot 7 \cdot 6}{5 \cdot 4 \cdot 3 \cdot 2} = 252 \text{(通り)}$$

である．このうち，(2, 2)を通るものは${}_4C_2 \times {}_6C_3 = 120$(通り)だから，Pが(5, 5)にあるような表裏の出方は，

$$252 - 120 = 132 \text{(通り)}$$

最初の7回のうち3回表が出て，続く3回のうち2回表が出るような出方は${}_7C_3 \times {}_3C_2 = 105$(通り)あり，このうち(2, 2)を通るものは${}_4C_2 \times {}_3C_1 \times {}_3C_2 = 6 \times 3 \times 3 = 54$(通り)である．

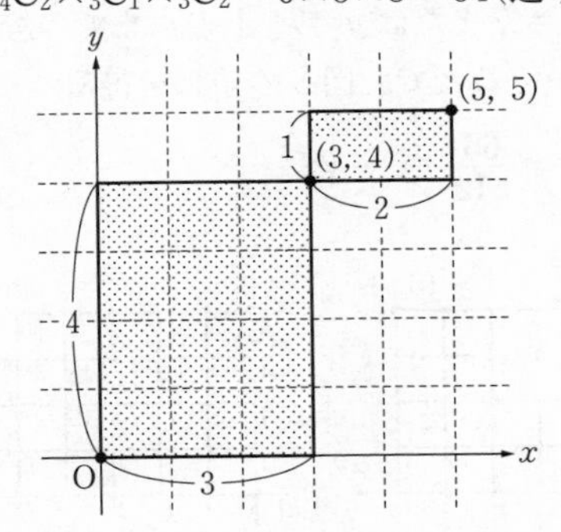

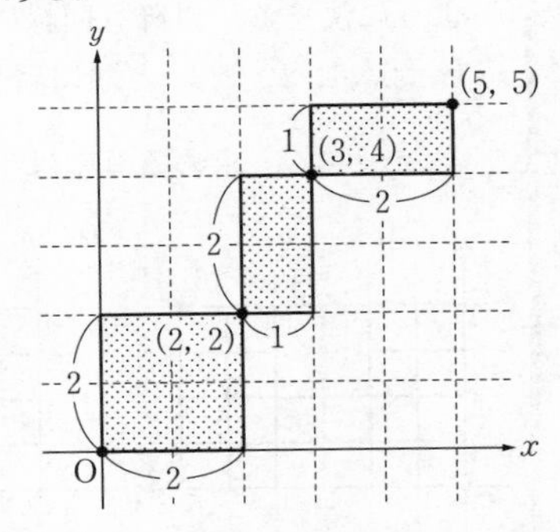

したがって，(3, 4)を通って(5, 5)に到達するような表裏の出方は，

$$105 - 54 = 51 \text{(通り)}$$

したがって，求める条件つき確率は，

$$\frac{51}{132}=\mathbf{\frac{17}{44}}$$ ……**答**

← $\dfrac{\text{Pが(3, 4)を通り，(5, 5)に着く確率}}{\text{Pが(5, 5)に着く確率}}=\dfrac{\frac{51}{2^{10}}}{\frac{132}{2^{10}}}$

詳説 EXPLANATION

▶例えば(2)の問題であれば，${}_{10}C_7\left(\frac{1}{2}\right)^7\left(\frac{1}{2}\right)^3=\frac{15}{128}$，と書くことに慣れている人も多いでしょう．どちらでも問題はありません．この問題は，あくまで「どの経路でも等しく起こる」ことから，$\dfrac{\text{(条件を満たす経路数)}}{\text{(すべての経路数)}}$で「解答」を書いているにすぎません．

▶「右，または上の移動を繰り返す」とき，その点に至るまでの最短の経路をすべて数えることもできます．

1．スタート地点（ここでは原点）を通る直線上の格子点までの経路はすべて１なので，これを書き込む．

2．次に，それぞれの点に関して，すぐ左の点までの経路数と，すぐ下の点までの経路数の和をとる．

3．2.を繰り返す．

a　　$a+b$

b

例えば，(4)であれば上の方法で次のように経路数を数え，答えを求めることも可能です．この問題で必ずしも採用してほしい方法ではないのですが，より難しい問題に当たったときの「逃げ道」として覚えておいても悪くはないでしょう．

別解

(4)　下の図１のように，「$x=0$ または $y=0$」上の点までの経路はすべて１通りである．これより，「$x=1$ または $y=1$」上の点までの経路は図２のように決まる．以降も同様に，「$x=k$ または $y=k$」上の点までの経路を，$k=0,\ 1,\ 2,$ ……と順に調べていくことで，図３の結果を得る．

したがって，求める確率は　$\dfrac{130}{2^{10}}=\mathbf{\dfrac{65}{512}}$　……**答**

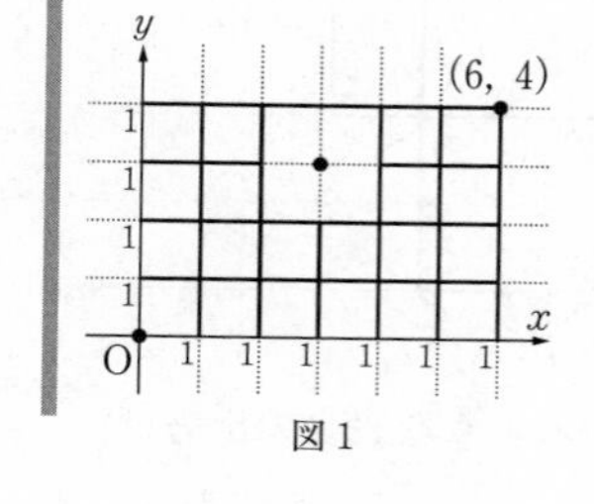

図１

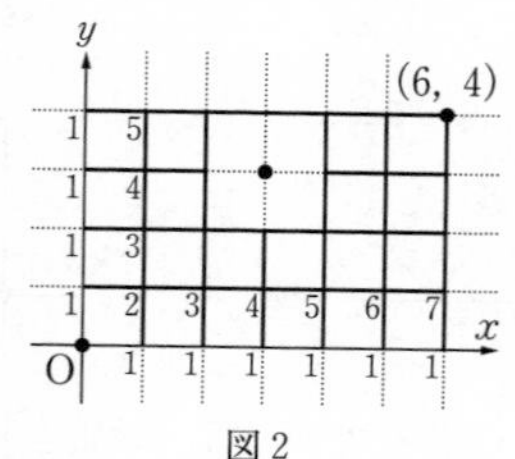

図２

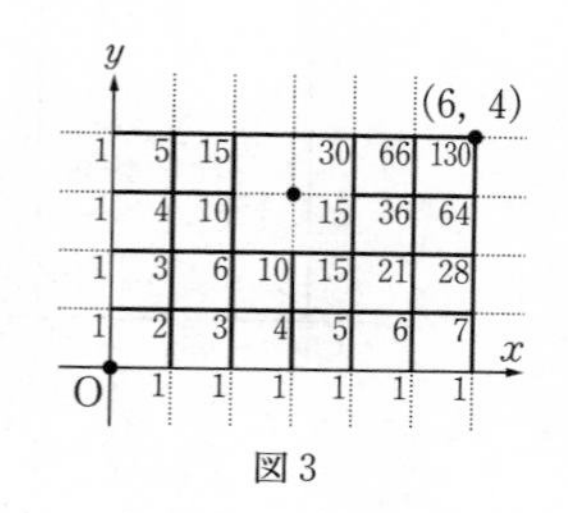

図３

73. 確率の計算②

〈頻出度 ★★★〉

1から12までの数がそれぞれ1つずつ書かれた12枚のカードがある．これら12枚のカードから同時に3枚のカードをとり出し，書かれている3つの数を小さい順に並べかえ，$X<Y<Z$とする．このとき，以下の問いに答えよ．

(1) $3\leqq k\leqq 12$ のとき，$Z=k$ となる確率を，kを用いて表せ．

(2) $2\leqq k\leqq 11$ のとき，$Y=k$ となる確率を，kを用いて表せ．

(3) $2\leqq k\leqq 11$ のとき，$Y=k$ となる確率が最大になるkの値を求めよ．

（中央大）

着眼 VIEWPOINT

値の大小などの条件を満たす組に関する問題です．「解答」のように，番号の並びを図にかいてしまい，どこからとり出しているのか，を具体的にイメージした方が間違いは少ないでしょう．

後半のような，確率の最大値を求める問題では，「解答」のように**隣り合う2項の差か比に着目して，値の増減を調べる**ことが一般的です．ただし，本問の場合は2次関数ととらえて最大値を調べても，さほど苦労はありません．(☞詳説)

解答 ANSWER

(1) 3枚のカードのとり出し方の総数は，

$$_{12}C_3=\frac{12\cdot11\cdot10}{3\cdot2\cdot1}=220\ (\text{通り})\quad\cdots\cdots①$$

であり，これらは同様に確からしい．

①のうち，$Z=k$となるのは，残り2枚のカードを1以上$k-1$以下からとり出すときである．したがって，とり出し方は$_{k-1}C_2=\dfrac{(k-1)(k-2)}{2}$(通り)なので，

$Z=k$となる確率は

$$\frac{_{k-1}C_2}{_{12}C_3}=\boldsymbol{\frac{(k-1)(k-2)}{440}}\quad\cdots\cdots\text{答}$$

(2) ①のうち，$Y=k$となるとり出し方は，残り2枚のカードを「1以上$k-1$以下」「$k+1$以上12以下」から1枚ずつとり出すときである．

Chapter 7 場合の数と確率

$\boxed{1}\ \boxed{2}\ \cdots\cdots\ \boxed{k-1}\ \boxed{k}\ \boxed{k+1}\ \cdots\cdots\ \boxed{12}$

1枚とる　　とる　　1枚とる

このようなとり出し方は，$(k-1)(12-k)$ 通りである．したがって，$Y=k$ となる確率を p_k とすると，

$$p_k=\frac{\boldsymbol{(k-1)(12-k)}}{\mathbf{220}}\quad\cdots\cdots ②$$ 答

(3)　$Y=k$ となる確率を p_k とする．②より，$2\leqq k\leqq 11$ で

$$p_{k+1}-p_k=\frac{1}{220}\Big[k\cdot\{12-(k+1)\}-(k-1)(12-k)\Big]$$

$$=\frac{1}{220}\Big\{k(11-k)-(k-1)(12-k)\Big\}$$

$$=\frac{1}{220}\Big\{(-k^2+11k)-(-k^2+13k-12)\Big\}$$

$$=\frac{-k+6}{110}$$

つまり，$k<6$ で $p_{k+1}>p_k$，$k=6$ で $p_{k+1}=p_k$，$k>6$ で $p_{k+1}<p_k$ である．
したがって，$\{p_k\}$ の増減は次のようになる．

$$p_2<p_3<\cdots\cdots<p_6=p_7>p_8>\cdots\cdots>p_{12}$$

ゆえに，$Y=k$ となる確率が最大となる k の値は　$k=\mathbf{6,\ 7}$　……答

詳説 EXPLANATION

別解

(3)　$Y=k$ となる確率を p_k とする．②より，$2\leqq k\leqq 11$ で

$$\frac{p_{k+1}}{p_k}=\frac{220}{(k-1)(12-k)}\cdot\frac{k\cdot\{12-(k+1)\}}{220}=\frac{k(11-k)}{(k-1)(12-k)}$$

であり，$\dfrac{p_{k+1}}{p_k}\geqq 1$ となる k を求める．$\dfrac{k(11-k)}{(k-1)(12-k)}\geqq 1$ から

$$k(11-k)\geqq(k-1)(12-k)$$

$$-k^2+11k\geqq -k^2+13k-12$$

$$\therefore\quad k\leqq 6$$

したがって，$\{p_k\}$ の増減は次のようになる．

$$p_2<p_3<\cdots\cdots<p_6=p_7>p_8>\cdots\cdots>p_{12}$$

ゆえに，$Y=k$ となる確率が最大となる k の値は　$k=\mathbf{6,\ 7}$　……答

▶「解答」の(3)ではp_kの増減に着目していますが，素朴に，kの2次関数ととらえてもよいでしょう．

別解

(3) $p_k=\dfrac{-k^2+13k-12}{220}$

$=-\dfrac{1}{220}\left\{\left(k-\dfrac{13}{2}\right)^2-\left(\dfrac{13}{2}\right)^2+12\right\}$

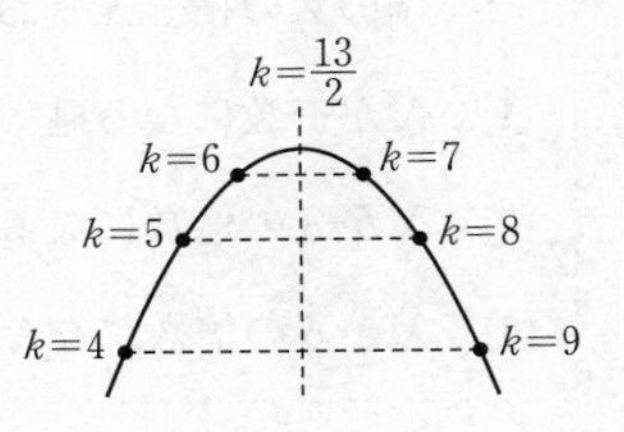

つまり，$Y=k$となる確率が最大となるkの値は

$k=$ **6, 7** ……答

74. 確率の計算③

〈頻出度 ★★★〉

1から9までのそれぞれの数字が1つずつ書かれた9枚のカードがある．この中から無作為に4枚のカードを同時にとり出し，カードに書かれた4個の数の積をXとおく．

(1) Xが奇数になる確率を求めよ．

(2) Xが3の倍数になる確率を求めよ．

(3) Xが6の倍数になる確率を求めよ．

（津田塾大 改題）

着眼 VIEWPOINT

「さいころの目の積XがNの倍数となる確率」を求める問題は，非常によく出題されます．

この問題は見た目よりもずっと解きにくく，確率が苦手な人からすれば「答えを読めばわかるけど，自分では解けない」典型的な問題です．(2)の「Xが3の倍数になる確率」は，4個の数のうち1つでも3の倍数であればよく，これを直接考えるのは(場合が多くて)面倒です．余事象，つまり「Xが3の倍数でない」確率から考えた方が解きやすいでしょう．(3)も余事象から考えるとよいでしょう．

解き進める際には，**元の事象と余事象のどちらを相手にしているか意識すること，できるだけ具体的に場合を分けること**の2点に注意しましょう．

解答 ANSWER

9枚のカードから同時に4枚をとり出す方法は${}_9C_4$通りであり，これらは同様に確からしい．また，

事象A：Xが2の倍数である，　事象B：Xが3の倍数である

とする．

(1) 4個の数の積Xが奇数となる，すなわち$\overline{A}$が起こるのは，4個の数がすべて奇数のときである．つまり，「1, 3, 5, 7, 9」の5枚の中から4枚をとり出すときに限られる．このようなとり出し方は${}_5C_4$通りなので，求める確率は，

$$P(\overline{A})=\frac{{}_5C_4}{{}_9C_4}=\frac{5\cdot4\cdot3\cdot2}{9\cdot8\cdot7\cdot6}=\mathbf{\frac{5}{126}}\quad\cdots\cdots\text{答}$$

(2) $\overline{B}$が起こるのは，4個の数すべてが3の倍数でないときである．つまり，「1, 2, 4, 5, 7, 8」の6枚の中から4枚をとり出すときに限られる．このようなとり出し方は${}_6C_4$通りなので，

$$P(\overline{B})=\frac{{}_6C_4}{{}_9C_4}=\frac{6\cdot5\cdot4\cdot3}{9\cdot8\cdot7\cdot6}=\frac{5}{42}$$

$$\therefore\quad P(B)=1-\frac{5}{42}=\frac{\mathbf{37}}{\mathbf{42}}\quad\cdots\cdots\text{答}$$

(3)　　事象A：Xが2の倍数である
　　　事象B：Xが3の倍数である

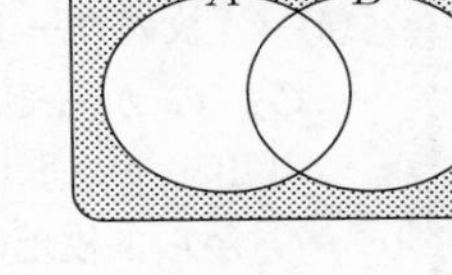

とする．事象$A\cap B$が起こる確率は，

$$\begin{aligned}P(A\cap B)&=1-P(\overline{A\cap B})\\&=1-P(\overline{A}\cup\overline{B})\\&=1-\{P(\overline{A})+P(\overline{B})-P(\overline{A}\cap\overline{B})\}\quad\cdots\cdots①\end{aligned}$$

である．

ここで，$\overline{A}\cap\overline{B}$，つまり「$X$が2の倍数でない」かつ「$X$が3の倍数でない」確率を考える．

「Xが2の倍数でない」，つまりXが奇数になるのは「1, 3, 5, 7, 9」の5枚(……②)の中から4枚をとり出すときである．また，「Xが3の倍数でない」のは，3の倍数でないカード，「1, 2, 4, 5, 7, 8」の6枚(……③)の中から4枚をとり出すときである．

②，③に共通する数が4個以上存在しないので，「Xが2の倍数でない」かつ「Xが3の倍数でない」確率は0，つまり$P(\overline{A}\cap\overline{B})=0$である．(1)より$P(\overline{A})=\frac{5}{126}$，①より$P(\overline{B})=\frac{5}{42}$である．

以上より，求める確率は

$$P(A\cap B)=1-\left(\frac{5}{126}+\frac{5}{42}-0\right)=\frac{\mathbf{53}}{\mathbf{63}}\quad\cdots\cdots\text{答}$$

詳説 EXPLANATION

▶(3)の問題を難しくしている部分は，「とり出したカードに6が含まれるか否か」という点です．これを踏まえれば，次のように考えられる状況を細かく分けて考える方針も考えられます．

別解

(3)　9枚のカードを次の4つに分ける．

$G_1=\{1,\ 5,\ 7\}$　(2，3のそれぞれと互いに素)
$G_2=\{2,\ 4,\ 8\}$　(2の倍数かつ3の倍数でない)
$G_3=\{3,\ 9\}$　(2の倍数でなく，かつ3の倍数)
$G_4=\{6\}$　($2\cdot3=6$の倍数)

Xが６の倍数となるのは，次のいずれかのときである．

(i)　４枚のカードに６を含むとき

このようなとり出し方は，G_1，G_2，G_3から３枚，G_4から１枚とるときに限られる．つまり

$${}_8C_3=56\text{通り}$$

(ii)　４枚のカードに６を含まないとき

G_2，G_3からそれぞれ１枚以上，かつG_4から選ばないよう，４枚をとり出す．つまり，

G_2から１枚だけとるとき, ４枚のとり方は　${}_3C_1\times({}_5C_3-1)=27$通り

G_2から２枚だけとるとき, ４枚のとり方は　${}_3C_2\times({}_5C_2-{}_3C_2)=21$通り

G_2から３枚とるとき，４枚のとり方は　２通り

以上から，求める確率は

$$\frac{56+27+21+2}{{}_9C_4}=\frac{106}{126}=\mathbf{\frac{53}{63}}$$　……答

75. 確率と漸化式

〈頻出度 ★★★〉

数直線上に動く点Pが，最初原点の位置にある．１個のさいころを繰り返し投げ，１回投げるごとにさいころの出た目に応じて次の操作を行う．

・さいころの出た目が奇数のときは，点Pを＋1だけ移動させる．

・さいころの出た目が２または４のときは，点Pを動かさない．

・さいころの出た目が６のときは，点Pが原点の位置になければ点Pを原点に移動させ，点Pが原点の位置にあれば動かさない．

さいころを n 回投げた後に点Pが原点にある確率を p_n とする．

(1) p_1 と p_2 をそれぞれ求めよ．

(2) $n \geqq 1$ のとき，p_{n+1} を p_n を用いて表せ．

(3) p_n を n の式で表せ．

（青山学院大）

着眼 VIEWPOINT

漸化式を立式することで，確率を求める典型的な問題です．
本問のように，漸化式を立てるよう誘導がついていることが多いですが，必要に応じて，自力で漸化式を立てることが求められる問題もあります．漸化式を立てることでうまくいく問題は，「直前の状況により，今の状況が決まること」「数少ない状況を行き来していること」が挙げられます．“樹形図をかいたときに，同じ枝が繰り返される”といえば，イメージできるでしょうか．点Pが原点Oにあることを○，原点以外にあることを×で表すと……

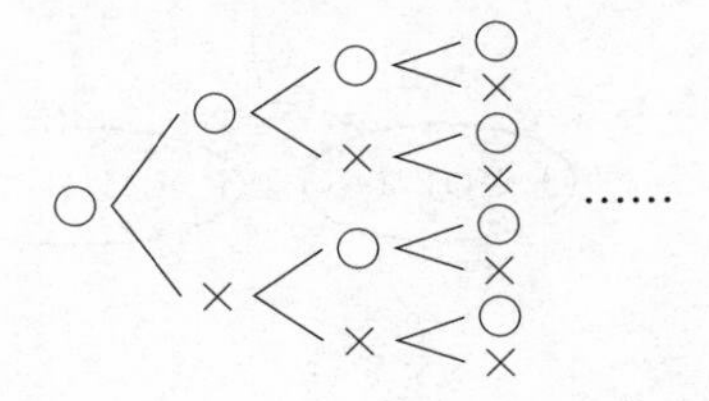

このように，○＜$^{○}_{×}$，×＜$^{○}_{×}$ の２種類の枝が延々と続くのが，この問題における推移の過程です．この，**「繰り返される枝」を式にしてしまおう，というのが，漸化式を立てて考える根拠**です．

「Pがどの座標にあるか」を細かく分類した人は，混乱するかもしれません．「Pが原点にあり，次の操作でも原点に留まる」と「Pが原点以外にあり，次の操作で原点に移る」の２通りを考えれば十分で，この問題では原点以外の点１つ１つを区別する意味がないわけです．**推移に着目し，いくつかの状況を同一にみることがポイントです．**

解答 ANSWER

(1)　Pが１回の操作の後に原点Oにあるのは，１回目のさいころの目が2, 4, 6のいずれかときに限られる．

$$p_1=\frac{3}{6}=\mathbf{\frac{1}{2}} \quad \cdots\cdots 答$$

Pが２回の操作の後に原点Oにあるのは，次のいずれかのときである．

・１回の操作の後にPが原点Oにあって$\left(確率\ p_1=\frac{1}{2}\right)$，次のさいころの目が2，4，6のいずれかのとき

・１回の操作の後にPが点１にあって$\left(確率\frac{3}{6}\right)$，次のさいころの目が６のとき

したがって，

$$p_2=\frac{1}{2}\cdot\frac{3}{6}+\frac{3}{6}\cdot\frac{1}{6}=\mathbf{\frac{1}{3}} \quad \cdots\cdots 答$$

(2)　Pが$n+1$回後に原点Oにあるのは，次のいずれかのときである．

・n回後にPが原点Oにあって（確率p_n），次のさいころの目が2，4，6のいずれかのとき

・n回後にPが原点O以外にあって（確率$1-p_n$），次のさいころの目が６のとき

つまり，p_{n+1}をp_nで表すと，

$$p_{n+1}=p_n\cdot\frac{1}{2}+(1-p_n)\cdot\frac{1}{6}$$

$$=\mathbf{\frac{1}{3}p_n+\frac{1}{6}} \quad \cdots\cdots ①答$$

$\times\frac{1}{6}$
PがOにある
PがO以外にある
$\times\frac{1}{2}$

(3)　①より

$$p_{n+1}=\frac{1}{3}p_n+\frac{1}{6}$$

$$p_{n+1}-\frac{1}{4}=\frac{1}{3}\left(p_n-\frac{1}{4}\right) \quad \cdots\cdots ②$$

②より，数列$\left\{p_n-\frac{1}{4}\right\}$は初項$p_1-\frac{1}{4}=\frac{1}{2}-\frac{1}{4}=\frac{1}{4}$，公比$\frac{1}{3}$の等比数列であ

る．したがって，

$$p_n-\frac{1}{4}=\frac{1}{4}\cdot\left(\frac{1}{3}\right)^{n-1} \quad すなわち \quad p_n=\frac{1}{4}\left\{1+\left(\frac{1}{3}\right)^{n-1}\right\} \quad \cdots\cdots 答$$

詳説 EXPLANATION

▶(3)の結果で，nを大きくすると$\left(\frac{1}{3}\right)^{n-1}$は0に限りなく近づきます．つまり，$p_n$は$\frac{1}{4}$に限りなく近づきます．$p_n$は「$n$回の操作で点Pが原点Oにある確率」ですから，$n$を大きくしたときに$p_n$が近づく値は，少なくとも0から1の間のはずです．また，(3)の結果に$n=1$，2を代入して，(1)で求めたp_1，p_2に一致することを確認しておくとよいでしょう．

76. 条件つき確率（原因の確率）

〈頻出度 ★★★〉

ある感染症の検査について，感染していると判定されることを陽性といい，また，感染していないと判定されることを陰性という．そして，ここで問題にする検査では，感染していないのに陽性（偽陽性）となる確率が10％あり，感染しているのに陰性（偽陰性）となる確率が30％ある．全体の20％が感染している集団から無作為に１人を選んで検査するとき，以下の問いに答えよ．なお，(1)～(4)では，１回だけこの検査を行うものとする．

(1)　検査を受ける者が感染していない確率を求めよ．

(2)　検査を受ける者が感染しており，かつ陽性である確率を求めよ．

(3)　検査を受ける者が陽性である確率を求めよ．

(4)　検査の結果が陽性であった者が実際に感染している確率を求めよ．

(5)　１回目の検査で陰性であった者に対してのみ，２回目の検査を行うものとする．このとき，１回目または２回目の検査で陽性と判定された者が，実際には感染していない確率を求めよ．

（成蹊大）

着眼 VIEWPOINT

条件つき確率の問題はもとより出題頻度は高いのですが，新型コロナウイルスの蔓延をきっかけに，感染症の検査，あるいは感染の拡大を題材とした入試問題が医学部，薬学部を中心に非常に多くなりました．

条件つき確率は，次のように定義されます．

条件つき確率

２つの事象A，Bについて，Aが起こったときにBの起こる確率を，Aが起こったときのBが起こる条件つき確率といい，$P_A(B)$で表す．このとき

$$P_A(B)=\frac{P(A\cap B)}{P(A)}$$

ただし，これを覚えて解こう，というのは土台無理な話です．（無理に覚えても

理解が伴いません.）条件つき確率 $P_A(B)$ とは,「AかつBが起こる確率」ではなく,「もうAが起こっていて，そのもとでBも起こる確率」です.

解答 ANSWER

(1)　全体の20％が感染していることから，感染していない確率は,

$$1-\frac{1}{5}=\mathbf{\frac{4}{5}}$$ ……答

(2)　(1)の結果と問いの条件より，次の表を得る.

	感染者	非感染者
陽性	$\frac{1}{5}\cdot\frac{7}{10}$ ①	$\frac{4}{5}\cdot\frac{1}{10}$ ②
陰性	$\frac{1}{5}\cdot\frac{3}{10}$ ③	$\frac{4}{5}\cdot\frac{9}{10}$ ④

表の①の確率が求めるものである．したがって，$\frac{1}{5}\cdot\frac{7}{10}=\mathbf{\frac{7}{50}}$ ……答

(3)　「実際に感染していて，陽性」「実際には感染しておらず，陽性」の2つの場合を考える．つまり,表の①＋②が求める確率である．$\frac{7}{50}+\frac{4}{5}\cdot\frac{1}{10}=\mathbf{\frac{11}{50}}$ ……答

(4)　陽性である確率は①＋②であり，また,「実際に感染していて，陽性」である確率は①である.

したがって，求める条件つき確率は　$\dfrac{①}{①+②}=\dfrac{\frac{7}{50}}{\frac{11}{50}}=\mathbf{\dfrac{7}{11}}$ ……答

(5)　表の③と④にあたる人に再検査を行う.「再検査を行い，かつ，2回目の検査で陽性」の確率は，③$\times\frac{7}{10}+$④$\times\frac{1}{10}$ である．したがって，求める条件つき確率は $\dfrac{(\text{感染していないかつ1回目または2回目で陽性の確率})}{(\text{1回目で陽性の確率})+(\text{2回目で陽性の確率})}$ であるから,

$$\frac{②+④\times\frac{1}{10}}{①+②+③\times\frac{7}{10}+④\times\frac{1}{10}}=\frac{\frac{4}{50}+\frac{4}{5}\cdot\frac{9}{10}\cdot\frac{1}{10}}{\frac{11}{50}+\frac{1}{5}\cdot\frac{3}{10}\cdot\frac{7}{10}+\frac{4}{5}\cdot\frac{9}{10}\cdot\frac{1}{10}}$$

$$=\mathbf{\frac{76}{167}}$$ ……答

詳説 EXPLANATION

▶次のような例だと，「条件つき確率」を理解できるでしょうか.

「どこかに行くたびにサイフを $\frac{1}{5}$ の確率で落とす T くんが，家を出発し，学校，コンビニ，公園，と寄り道して帰ったら，サイフを落としていたとします．学校にある確率は？」

求めるのは「学校にサイフを落とした確率」ではありません．「もうサイフはどこかに落としていて，そのサイフが学校に落ちている確率」ということですね.

無理なく $P_A(B)$ などの記号を使える人はそれでよいですが，実践的には，「解答」のように，起こりうる場合を表にまとめ，どの値の比をとっているかを書いてしまう，という形が良いでしょう.

▶ 1回の検査で「陽性だが，感染していない」条件つき確率は

$\frac{②}{①+②}=\frac{4}{11}$（$=0.36\cdots\cdots$）です．(5)の結果 $\frac{76}{167}$（$=0.45\cdots\cdots$）の方が大きくなっています．回数を増やせば「陽性だが感染していない」人の割合は増えていく，ということです.

77. 期待値①

〈頻出度 ―――〉※

文字A, B, C, D, Eが1つずつ書かれた5個の箱の中に，文字A, B, C, D, Eが書かれた5個の玉を1個ずつでたらめに入れ，箱の文字と玉の文字が一致した組の個数を得点とする．得点がkである確率をp_kで表すとき，次の問いに答えよ．

(1) p_3を求めよ．

(2) p_2を求めよ．

(3) 得点の期待値を求めよ．

(東北学院大)

※問題77～79は，「新課程」の新しい項目で頻出度が不明であるため，〈**頻出度 ―――**〉としています．

着眼 VIEWPOINT

期待値の基本的な問題です．まず，定義を確認しておきましょう．

期待値

ある試行の結果に応じて，x_1，x_2，x_3，……，x_nのどれか1つの値をとる数量X(確率変数)があり，各値をとる確率が次の表のように対応するとする．

X	x_1	x_2	x_3	……	x_n
確率	p_1	p_2	p_3	……	p_n

(ただし，$\sum_{k=1}^{n} p_k=1$)

このとき，

$$E=\sum_{k=1}^{n} x_k p_k = x_1p_1+x_2p_2+x_3p_3+\cdots\cdots+x_np_n$$

を数量Xの**期待値**といい，$E(X)$と表す．

まずは基本通りに計算してみます．さまざまなことが学べる問題です．

解答 ANSWER

区別された5つの玉を区別された5つの箱に入れるとき，その入れ方は$5!=120$(通り)ある．これらは同様に確からしい．以降，区別のために玉に書かれたアルファベットはa，b，c，d，e，箱はA，B，C，D，Eとする．

(1) 得点がちょうど3点になる入れ方を考える．箱A，B，Cが入っている玉のアルファベットと一致し，箱D，Eが一致していないとき，Dは玉e，Eには玉ｄが入るような入れ方しかない.

箱と玉が同じアルファベットとなる文字の決め方は ${}_5C_3=10$（通り）なので，求める確率は

$$p_3=\frac{10}{120}=\mathbf{\frac{1}{12}} \quad \cdots\cdots①\text{答}$$

⑵ 得点がちょうど２点となる入れ方を考える．箱Ａ，Ｂが入っている玉のアルファベットと一致し，箱Ｃ，Ｄ，Ｅが一致していないとすると，玉ｃ，ｄ，ｅを箱Ｃ，Ｄ，Ｅに入れる方法は，

(イ) Ｃ－ｄ，Ｄ－ｅ，Ｅ－ｃ

(ロ) Ｃ－ｅ，Ｄ－ｃ，Ｅ－ｄ

の２通りである．箱と玉のアルファベットが一致する文字の決め方は ${}_5C_2=10$（通り）なので，求める確率は

$$p_2=\frac{10\times2}{120}=\mathbf{\frac{1}{6}} \quad \cdots\cdots②\text{答}$$

⑶ 得点が５となるような玉の入れ方は１通りなので，$p_5=\frac{1}{120}$ ……③

４つの箱で，玉とのアルファベットが一致していれば，残りの１つも一致するので，得点が４点となることはない．$p_4=0$ ……④

箱Ａだけが入っている玉のアルファベットと一致し，他は一致しない入れ方を考える.

箱Ｂに玉ｃを入れるとする，残りの玉の入れ方は次の３通りある.

(ハ) (Ｂ－ｃ,)Ｃ－ｂ，Ｄ－ｅ，Ｅ－ｄ

(ニ) (Ｂ－ｃ,)Ｃ－ｄ，Ｄ－ｅ，Ｅ－ｂ

(ホ) (Ｂ－ｃ,)Ｃ－ｅ，Ｄ－ｂ，Ｅ－ｄ

「箱Ｂに玉ｄを入れるとき」「箱Ｂに玉ｅを入れるとき」も，それぞれ３通りずつある．したがって，Ａだけが一致するような玉の入れ方は $3\times3=9$ 通りである．Ｂ～Ｅについても同様に考えることで，得点が１になる玉の入れ方は $9\times5=45$ 通りあるので，$p_1=\frac{45}{120}$ ……⑤

以上，①～⑤より，求める期待値 E は,

$$E=1\cdot\frac{45}{120}+2\cdot\frac{20}{120}+3\cdot\frac{10}{120}+4\cdot0+5\cdot\frac{1}{120}=\mathbf{1} \quad \cdots\cdots\text{答}$$

詳説 EXPLANATION

▶⑶の「得点が１点のとき」は，例えば次のように地味に書き出してもよいでしょう．（他にもさまざまな考え方があります．）

別解

④までは「解答」と同じ.

・得点が1点となるような球の入れ方を考える.

箱Aだけが入っている玉のアルファベットと一致し，他は一致しない入れ方を考える．残る箱B～Eと玉b～eの組み合わせを考える．最初に，4つすべての箱で入っている玉のアルファベットと一致している状態として，条件を満たすように球を入れかえることを考える.

(i) アルファベットを2つずつ2組に分けて，
それぞれに玉を入れかえる
このような分け方は

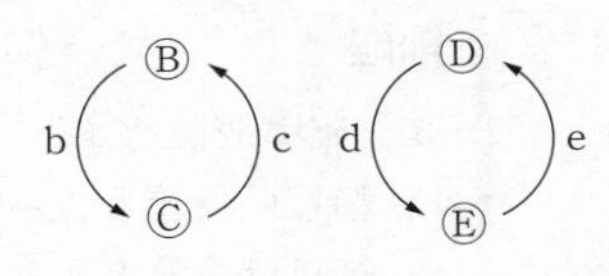

$${}_4C_2 \cdot \frac{1}{2!} = 3 \text{(通り)}$$

(ii) アルファベット4つで円形に並び，左回りに玉を渡す
このような分け方は(右図の○にC，D，Eが入る.)

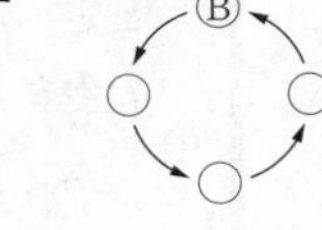

$$\frac{4!}{4} = 6 \text{(通り)}$$

(i)，(ii)より，「箱Aのみ入っている玉のアルファベットと一致する」分け方は3+6=9通り．箱B，C，D，Eの場合も同様で，5×9=45通りである.

したがって，$p_1 = \frac{45}{120}$ ……⑤

▶この問題では(解答を得るために必要がないので)，得点が0点となる場合の確率を直接求めてはいません．本問で得点が0点となるような分け方，つまり「文字を並べ直したとき，どの文字も最初の位置にない」ような並びは，攪乱(かくらん)順列，あるいは完全順列と呼ばれています.

$n \geqq 2$として，「n個の異なる文字を横一列に並べ，これを並べかえたとき，どの文字ももとの位置にない」並べ方の総数をa_nとすると，

$$a_2 = 1,\ a_3 = 2,\ a_{n+2} = (n+1)(a_{n+1} + a_n) \quad (n = 2,\ 3,\ 4,\ \cdots)$$

が成り立ちます.(左端にあった文字がk番目に移るとして，左からk番目にあった文字の移る先，に着目することで，この式を得る.)

これより，$a_n = n! \sum_{k=0}^{n} \frac{(-1)^k}{k!}$を得られます．したがって，$n$文字の攪乱順列が起こる確率は$\sum_{k=0}^{n} \frac{(-1)^k}{k!}$であり，(数学Ⅲの極限まで学習済みであれば，)$n \to \infty$とすると，自然対数の底$e$の逆数$\frac{1}{e}$に収束することが知られています.

▶一般に，次が成り立ちます．

期待値の線形性

確率変数X，Yの期待値に関し，次が成り立つ．

$$E(X+Y)=E(X)+E(Y)$$

これは，「値の和」の期待値と，「それぞれが得る値の期待値」の和が一致する，ということです．これを用いれば，(3)の期待値は簡単に求めることができます．

別解

(3) 確率変数X_Uを
「箱Uは，箱と入った玉のアルファベットが一致」しているときに1，
「箱Uは，箱と入った玉のアルファベットが一致」していないときに0
と定める．(U＝A，B，C，D，E)
このとき，「箱Uは，箱と入った玉のアルファベットが一致」する確率はいずれも$\frac{1}{5}$であることから，それぞれの期待値は

$$E(X_A)=\cdots=E(X_E)=1\cdot\frac{1}{5}=\frac{1}{5}$$

である．求める得点は$X_A+X_B+X_C+X_D+X_E$なので，期待値は

$$\begin{aligned}&E(X_A+X_B+X_C+X_D+X_E)\\&=E(X_A)+E(X_B)+E(X_C)+E(X_D)+E(X_E)\\&=\frac{1}{5}\times5=\mathbf{1}\quad\cdots\cdots\text{答}\end{aligned}$$

また，この別解の考え方により，箱の数によらず期待値が常に1となることがわかります．

78. 期待値②

〈頻出度 ーーー〉

1，2，…，n と書かれたカードがそれぞれ1枚ずつ合計 n 枚ある．ただし，n は3以上の整数である．この n 枚のカードからでたらめに抜きとった3枚のカードの数字のうち最大の値を X とする．次の問いに答えよ．

(1) $k=1,\ 2,\ \cdots,\ n$ に対して，$X=k$ である確率 p_k を求めよ．

(2) $\displaystyle\sum_{k=1}^{n} k(k-1)(k-2)$ を求めよ．

(3) X の期待値を求めよ．

（名古屋市立大）

着眼 VIEWPOINT

「とり出した複数のカードの最大値」を考える頻出問題です．「解答」のように，実際にカードが並んでいる状況をイメージするとよいでしょう．

解答 ANSWER

(1) n 枚のカードから3枚をとるとき，とり方は ${}_n\mathrm{C}_3$ 通りであり，これらは同様に確からしい．

$k=1,\ 2$ のとき，明らかに $X=k$ とならない．

$k \geqq 3$ とする．3枚のうち，最大の数字が k であるのは，残り2枚のカードの数字が $1\sim(k-1)$ のいずれかのときだから，${}_{k-1}\mathrm{C}_2$ 通りである．

[1] [2] [3] …… [$k-1$] [k] [$k+1$] …… [$n-1$] [n]

（1〜$k-1$：2枚とる，k：最大）

この確率は $\dfrac{{}_{k-1}\mathrm{C}_2}{{}_n\mathrm{C}_3}=\dfrac{3(k-1)(k-2)}{n(n-1)(n-2)}$ であり，$k=1,\ 2$ で0なのでこのときも成り立つ．

したがって，求める確率は

$$P_k=\frac{{}_{k-1}\mathrm{C}_2}{{}_n\mathrm{C}_3}=\boldsymbol{\frac{3(k-1)(k-2)}{n(n-1)(n-2)}}\quad\cdots\cdots\text{答}$$

(2)
$$\sum_{k=1}^{n} k(k-1)(k-2)=\frac{1}{4}\sum_{k=1}^{n}\{(k+1)k(k-1)(k-2)-k(k-1)(k-2)(k-3)\}$$
$$=\boldsymbol{\frac{1}{4}(n+1)n(n-1)(n-2)}\quad\cdots\cdots\text{答}$$

(3) 求める期待値は，(1)，(2)より，

$$\sum_{k=1}^{n} k\cdot\frac{3(k-1)(k-2)}{n(n-1)(n-2)}=\frac{3}{n(n-1)(n-2)}\sum_{k=1}^{n} k(k-1)(k-2)$$

$$=\frac{3}{n(n-1)(n-2)}\cdot\frac{1}{4}(n+1)n(n-1)(n-2)$$

$$=\boldsymbol{\frac{3(n+1)}{4}}$$ ……**答**

詳説 EXPLANATION

▶(2)の計算は，数列でもしばしば登場する，「互いに打ち消し合う」和の計算です．

$$\sum_{k=1}^{n}\{(k+1)k(k-1)(k-2)-k(k-1)(k-2)(k-3)\}$$

$$=(\cancel{2\cdot1\cdot0\cdot(-1)}-1\cdot0\cdot(-1)\cdot(-2))$$

$$+(\cancel{3\cdot2\cdot1\cdot0}-\cancel{2\cdot1\cdot0\cdot(-1)})$$

$$+(\cancel{4\cdot3\cdot2\cdot1}-\cancel{3\cdot2\cdot1\cdot0})$$

$$+(\cancel{5\cdot4\cdot3\cdot2}-\cancel{4\cdot3\cdot2\cdot1})$$

$$+\cdots\cdots$$

$$+\{(n+1)n(n-1)(n-2)-\cancel{n(n-1)(n-2)(n-3)}\}$$

もちろん，$\displaystyle\sum_{k=1}^{n}k(k-1)(k-2)=\sum_{k=1}^{n}k^3-3\sum_{k=1}^{n}k^2+2\sum_{k=1}^{n}k$ としてΣの和の公式から計算しても答えは得られますが，上のような計算には慣れておきたいところです．

▶感覚的には，「１から n までの n 枚のカードから３枚をとる」ので，３枚がおおよそ均等にとられたと考えれば，(3)の結果にも納得が行きます．

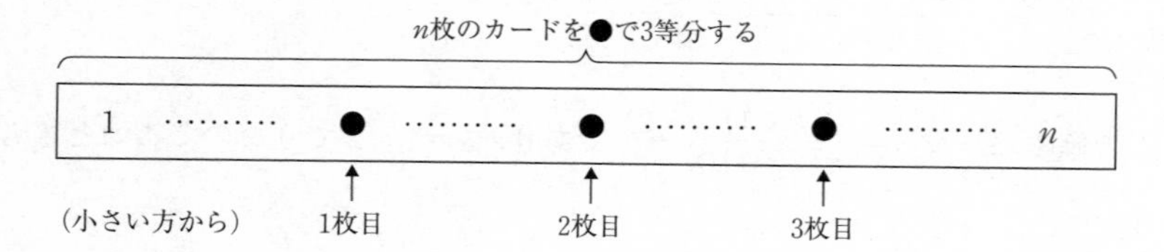

79. 期待値③

〈頻出度 ーーー〉

1枚の硬貨を表を上にしておく．ここで「1個のさいころを振り，1，2，3，4，5のいずれかの目が出れば硬貨を裏返し，6の目が出れば硬貨をそのままにする」という試行を何回か繰り返す．すべての試行を終えたとき，硬貨の表が上であれば1点，裏が上であれば-1点が得点となるものとしよう．

(1) この試行を3回で終えたときの得点の期待値を求めよ．

(2) この試行をn回で終えたときの得点の期待値をnの式で表せ．

(慶應義塾大)

着眼 VIEWPOINT

硬貨が表か裏かの2つの状況を行き来しています．裏返す回数を考えていく方針でいくか，漸化式を立てるか(☞詳説)，という方針が考えられるでしょう．

(2)は，二項展開を用いているので，不慣れな人は少々戸惑うかもしれません．

二項展開

nを正の整数とするとき，次が成り立つ．

$$(a+b)^n={}_n\mathrm{C}_0a^n+{}_n\mathrm{C}_1a^{n-1}b+{}_n\mathrm{C}_2a^{n-2}b^2+\cdots\cdots$$

$$+{}_n\mathrm{C}_ra^{n-r}b^r+\cdots\cdots+{}_n\mathrm{C}_{n-1}ab^{n-1}+{}_n\mathrm{C}_nb^n\left(=\sum_{k=0}^{n}{}_n\mathrm{C}_k\cdot a^{n-k}\cdot b^k\right)$$

また，各項の係数

$${}_n\mathrm{C}_0,\ {}_n\mathrm{C}_1,\ {}_n\mathrm{C}_2,\ \cdots,\ {}_n\mathrm{C}_r,\ \cdots,\ {}_n\mathrm{C}_{n-1},\ {}_n\mathrm{C}_n$$

を**二項係数**という．

まずは，${}_n\mathrm{C}_r$を含む値の和が出てきたら，二項展開で読みかえられる可能性を疑ってみてもよいでしょう．

解答 ANSWER

(1) 3回のうち

・「3回とも6が出る」「2回が1～5，1回は6が出る」ときは，1点

・「1回が1～5，2回は6が出る」「3回とも1～5が出る」ときは，-1点

である．求める期待値は

$$1\cdot\left\{\left(\frac{1}{6}\right)^3+{}_3\mathrm{C}_2\left(\frac{5}{6}\right)^2\cdot\frac{1}{6}\right\}+(-1)\cdot\left\{{}_3\mathrm{C}_1\cdot\frac{5}{6}\left(\frac{1}{6}\right)^2+\left(\frac{5}{6}\right)^3\right\}=-\frac{8}{27}$$ ……答

(2)　n 回のうち

・1 ～ 5 の目が出る回数が偶数，残りの回に 6 が出るときは 1 点

・1 ～ 5 の目が出る回数が奇数，残りの回に 6 が出るときは -1 点

である．したがって，求める期待値は，二項定理から

$$1\cdot\left\{\left(\frac{1}{6}\right)^n+{}_n\mathrm{C}_2\left(\frac{5}{6}\right)^2\left(\frac{1}{6}\right)^{n-2}+{}_n\mathrm{C}_4\left(\frac{5}{6}\right)^4\left(\frac{1}{6}\right)^{n-4}+\cdots\cdots\right\}$$

$$+(-1)\cdot\left\{{}_n\mathrm{C}_1\frac{5}{6}\cdot\left(\frac{1}{6}\right)^{n-1}+{}_n\mathrm{C}_3\left(\frac{5}{6}\right)^3\left(\frac{1}{6}\right)^{n-3}+\cdots\cdots\right\}$$

$$={}_n\mathrm{C}_0\left(\frac{1}{6}\right)^n+{}_n\mathrm{C}_1\left(-\frac{5}{6}\right)\cdot\left(\frac{1}{6}\right)^{n-1}+{}_n\mathrm{C}_2\left(-\frac{5}{6}\right)^2\left(\frac{1}{6}\right)^{n-2}$$

$$+{}_n\mathrm{C}_3\left(-\frac{5}{6}\right)^3\left(\frac{1}{6}\right)^{n-3}+{}_n\mathrm{C}_4\left(-\frac{5}{6}\right)^4\left(\frac{1}{6}\right)^{n-4}+\cdots\cdots+{}_n\mathrm{C}_n\left(-\frac{5}{6}\right)^n$$

$$=\left\{\frac{1}{6}+\left(-\frac{5}{6}\right)\right\}^n=\boldsymbol{\left(-\frac{2}{3}\right)^n}\quad\cdots\cdots\text{答}$$

詳説 EXPLANATION

▶ n 回の試行で「硬貨が表である」「硬貨が裏である」の 2 つの状態しかとらないことから，漸化式を立てて考えるのも有効な方法です．こちらの方針が自然と考える人もいるでしょう．

別解

n 回後に硬貨が表である確率を p_n とおく．$n+1$ 回後に表になるのは，

・n 回後に硬貨が表で，$n+1$ 回目に 6 の目が出るとき

・n 回後に硬貨が裏で，$n+1$ 回目に1～5の目が出るとき

のいずれかである．したがって，次が成り立つ．

$$p_{n+1}=p_n\cdot\frac{1}{6}+(1-p_n)\cdot\frac{5}{6}$$

$$p_{n+1}=-\frac{2}{3}p_n+\frac{5}{6}$$

$$p_{n+1}-\frac{1}{2}=-\frac{2}{3}\left(p_n-\frac{1}{2}\right)\quad\cdots\cdots(*)$$

$p_0=1$ として，(*) は $n\geqq 0$ で成り立つ．このとき，

数列 $\left\{p_n-\dfrac{1}{2}\right\}$ は初項 $p_0-\dfrac{1}{2}=\dfrac{1}{2}$，公比 $-\dfrac{2}{3}$ の等比数列なので

$$p_n-\frac{1}{2}=\left(-\frac{2}{3}\right)^n\cdot\frac{1}{2}\quad\text{すなわち}\quad p_n=\left(-\frac{2}{3}\right)^n\cdot\frac{1}{2}+\frac{1}{2}$$

したがって，求める期待値は，

$$1\times p_n+(-1)\times(1-p_n)=2p_n-1=\left(-\frac{2}{3}\right)^n \quad \cdots\cdots \text{答}$$

▶期待値 E_n に対して成り立つ漸化式を直接考えることもできます．

別解

求める期待値を E_n とおく．

(i)　最初に6の目が出るとき

2回目は「硬貨が表」から始まる．したがって，最初から数えて $n+1$ 回後の得点の期待値は，試行を n 回行ったときの期待値に等しい．つまり，E_n である．

(ii)　最初に1～5の目が出るとき

2回目は「硬貨が裏」から始まる．したがって，最初から数えて $n+1$ 回後の得点の期待値は，試行の表と裏を入れかえたものを n 回行ったときの期待値に等しい．つまり，$-E_n$ である．

(i), (ii)より，数列 $\{E_n\}$ について次が成り立つ．

$$E_{n+1}=\frac{1}{6}\cdot E_n+\frac{5}{6}\cdot(-E_n) \quad \text{すなわち} \quad E_{n+1}=-\frac{2}{3}E_n$$

$\{E_n\}$ は公比 $-\frac{2}{3}$ の等比数列であり，$E_0=1$ として，上の式は，$n\geqq 0$ で成り立つ．このとき，求める期待値は

$$E_n=\left(-\frac{2}{3}\right)^n\cdot E_0=\left(-\frac{2}{3}\right)^n \quad \cdots\cdots \text{答}$$

Chapter 7 場合の数と確率

整数

80. 最小公倍数と最大公約数

〈頻出度 ★★★〉

1 和が96，最大公約数が24となる2個の自然数の組 $(a,\ b)$（ただし，$a \leqq b$）を求めよ．

（産業医科大）

2 自然数 a，b，c が次の条件をすべて満たすとする．

(ア) $a > b > c$

(イ) a，b の最大公約数は10．最小公倍数は140

(ウ) a，b，c の最大公約数は2

(エ) b，c の最小公倍数は60

このとき，自然数の組 $(a,\ b,\ c)$ をすべて求めよ．

（福岡大 改題）

着眼 VIEWPOINT

最大公約数と最小公倍数に関し，次が成り立ちます．

最大公約数と最小公倍数の関係

2つの整数 a，b の最大公約数を G，最小公倍数を L とする．このとき，

$a = a'G$，$b = b'G$（a' と b' は互いに素）

である整数 a'，b' が存在する．また，この a'，b' により，最小公倍数は

$\boldsymbol{L = a'b'G}$

と表される．

この関係から，等式の条件を導いて考えましょう．

解答 ANSWER

1 $a+b=96$ ……①　$a \leqq b$ ……②

a と b の最大公約数が24なので，互いに素な正の整数 p，q により

$a=24p$，$b=24q$ ……③

と表される．ただし，②より $p \leqq q$ である．①，③より

$24p+24q=96$　すなわち　$p+q=4$ ……④

p と q が互いに素であることと，$p \leqq q$ より，$(p,\ q)=(1,\ 3)$ である．

したがって，③より　$(a,\ b)=\boldsymbol{(24,\ 72)}$ ……答

2 (イ)より，a と b の最大公約数が10である．したがって，互いに素な正の整数 A，Bにより

$$a=10A,\ b=10B \quad \cdots\cdots①$$

と表される．ここで，(ア)について，$a>b$ から $A>B$ である．また，a と b の最小公倍数が140なので，

$$10AB=140 \quad すなわち \quad AB=14 \quad \cdots\cdots②$$

である．②と $A>B$ より，$(A,\ B)=(14,\ 1),\ (7,\ 2)$ であり，①から $(a,\ b)=(140,\ 10),\ (70,\ 20)$ である．

以下，これらの組について，(ア)，(ウ)，(エ)を満たすcが決まるか調べる．$60=2^2\cdot3\cdot5$ に注意する．

(i) $(a,\ b)=(140,\ 10)$ のとき

$b=10=2\cdot5$ なので，$b>c$ を満たす正の偶数で 5 で割り切れない c のうち，b と c の最小公倍数が60となるものは存在しない．

(ii) $(a,\ b)=(70,\ 20)$ のとき

$b=20=2^2\cdot5$ なので，$b>c$ を満たす正の偶数で 5 で割り切れない c のうち，b と c の最小公倍数が60となるものは，$c=6,\ 12$ の 2 つである．

以上より，　$(a,\ b,\ c)=$ **(70, 20, 6)，(70, 20, 12)** ……答

Chapter 8 整数

81. 素因数分解の応用（約数の個数）

〈頻出度 ★★★〉

ある自然数の 3 乗になっている数を立方数と呼ぶことにする．例えば，$1=1^3,\ 8=2^3,\ 216=6^3=2^3\cdot 3^3$ などは立方数である．自然数 $m=25920$ について，次の問いに答えよ．

(1) mnが立方数となる最小の自然数nを求めよ．

(2) mの正の約数の個数を求めよ．

(3) mの正の約数で，かつ立方数でもあるものの個数を求めよ．

(4) $2^k m$の正の約数で，かつ立方数であるものが12個となるような自然数kのうち，最大のものを求めよ．

（岩手大）

着眼 VIEWPOINT

正の整数Nの正の約数の個数は，Nの素因数分解から求められます．正の約数の個数に関し，次が成り立つことが知られています．

正の約数の個数

正の整数Nが，

$$N=p_1{}^{a_1}\times p_2{}^{a_2}\times\cdots\cdots\times p_n{}^{a_n}$$

（p_iは互いに異なる素数，a_iは 0 以上の整数）

と素因数分解されるとき，Nの正の約数の個数$N(m)$ は

$$N(m)=(a_1+1)\times(a_2+1)\times\cdots\cdots\times(a_n+1)$$

この式を暗記して使おう，という人はほとんどいないでしょう．$N=24=2^3\cdot 3$ ならば，Nの正の約数は $2^a\cdot 3^b$ の形で表され，$0\leqq a\leqq 3$，$0\leqq b\leqq 1$ から，組 $(a,\ b)$ が $4\cdot 2=8$ 通り，と述べているにすぎません．

(2)，(3)は，上の考え方から説明できます．(4)がやや難しいでしょう．まずは$2^k m$の素因数分解を行うことにより，$2^k m$が立方数であるときの素因数 2，3，5 の個数としてとり得る値を考えましょう．

解答 ANSWER

(1)

$$m=25920=2^6\cdot 3^4\cdot 5 \quad\cdots\cdots①$$

である．つまり，mnが立方数となるようなnのうち，最小となるのは

$$mn=2^6\cdot 3^6\cdot 5^3=(2^2\cdot 3^2\cdot 5)^3$$

のときである．このときのnは

$n=3^2\cdot5^2=\mathbf{225}$ ……答

(2) ①より，mの正の約数は

$2^a\cdot3^b\cdot5^c$

（ただし，a，b，cは整数で，$0\leqq a\leqq6$，$0\leqq b\leqq4$，$0\leqq c\leqq1$ ……②）

と表される．②を満たす整数の組$(a,\ b,\ c)$と正の約数が一対一に対応することより，mの正の約数の個数は

$(6+1)(4+1)(1+1)=7\cdot5\cdot2=\mathbf{70}$**個** ……答

(3) mの正の約数が立方数になるのは，②におけるa，b，cがいずれも3の倍数のときである．つまり，

$a=0,\ 3,\ 6,\quad b=0,\ 3,\quad c=0$

のときに限られる．つまり，条件を満たす数の個数は

$3\times2\times1=\mathbf{6}$**個** ……答

(4) $2^km=2^k\cdot(2^6\cdot3^4\cdot5)=2^{k+6}\cdot3^4\cdot5$ ……③

③の正の約数のうち立方数であるものは，$k+6$以下の最大の3の倍数を$3p$とするとき（……④），$2^{3x}\cdot3^{3y}$ （ただし，$0\leqq x\leqq p$，$0\leqq y\leqq1$）と表される．正の約数が12個であることから

$(p+1)(1+1)=12$ すなわち $p=5$ ……⑤

ここで，④より$3p\leqq k+6<3(p+1)$が成り立つので，⑤より

$3\cdot5\leqq k+6<3\cdot6$ すなわち $9\leqq k<12$

この不等式を満たす最大の自然数kは， $k=\mathbf{11}$ ……答

82. 素因数の数え上げ

〈頻出度 ★★★〉

m, n を自然数とする.

(1) 30! が 2^m で割り切れるとき，最大の m の値を求めよ.

(2) 125! は末尾に 0 が連続して何個並ぶか.

(3) n! が 10^{40} で割り切れる最小の n の値を求めよ.

（立命館大）

着眼 VIEWPOINT

30! = 1×2×3……×30 を計算するわけにはいきません．1から30までの偶数に着目して，それぞれが「素因数2を何個もつか」で分類してみましょう．「解答」のように，表を作って考えるとよいでしょう.

解答 ANSWER

(1)

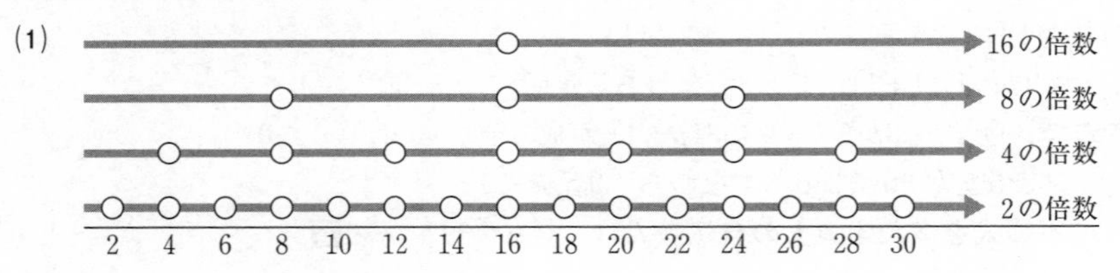

1, 2, 3, ……, 30 それぞれの素因数 2 の個数は上の図の通りである（図中の○は素因数 2 の個数を表す）．図の下段から○の個数を数えていくと,

$30=2\times15$ より，1から30のうち2の倍数は　15個

$30=2^2\times7+2$ より，1から30のうち4の倍数は　7個

$30=2^3\times3+6$ より，1から30のうち8の倍数は　3個

$30=2^4\times1+14$ より，1から30のうち16の倍数は1個

であり，$30<2^5$ である．したがって,

$m=15+7+3+1=\mathbf{26}$ ……**答**

(2) $10=2\times5$ より，125! に含まれる素因数 5 の個数 N を数える.　……(*)

(1)と同様に考え，1から125までの整数について，5の倍数，5^2 の倍数，5^3 の倍数の個数を順に数える.

$125=5\times25$ より，1から125のうち5の倍数は　25個

$125=5^2\times5$ より，1から125のうち25の倍数は　5個

$125=5^3\times1$ より，1から125のうち125の倍数は　1個

であり，$125 < 5^4$ である．したがって，求める個数は，

$$N = 25 + 5 + 1 = \mathbf{31}$$ ……答

(3)　(2)より，125! は 10^{31} で割り切れて，10^{32} で割り切れない．

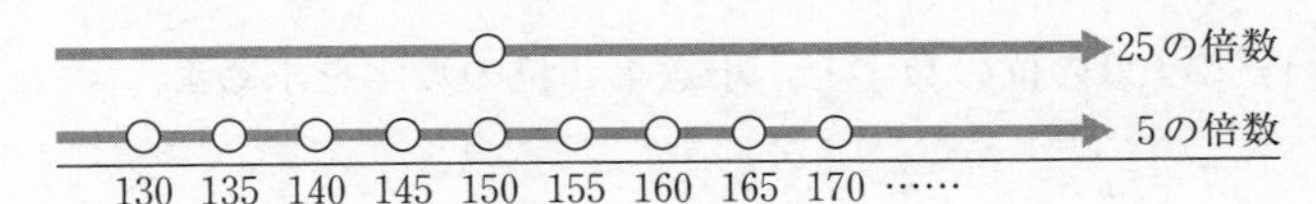

125より大きい5の倍数がもつ素因数5の個数は上の図の通りである（図中の○は素因数5の個数を表す）．165!の素因数5の個数は $31 + 8 + 1 = 40$ である．つまり，165が条件を満たす最小の n である．　$n = \mathbf{165}$ ……答

詳説 EXPLANATION

▶(*)は，125!において，（素因数2の個数）＞（素因数5の個数）が成り立つことを認めています．念のため，素因数2の個数を M として，M も求めておきましょう．

$$125 = 2 \times 62 + 1,\ 125 = 2^2 \times 31 + 1,\ 125 = 2^3 \times 15 + 5,\ 125 = 2^4 \times 7 + 13,$$
$$125 = 2^5 \times 3 + 29,\ 125 = 2^6 \times 1 + 61,\ 125 < 2^7$$

したがって，

$$M = 62 + 31 + 15 + 7 + 3 + 1 = 119$$

より，$M > N$ が確認できました．

83. 余りの計算

〈頻出度 ★★★〉

1 2010^{2010} を 2009^2 で割った余りを求めよ． （琉球大）

2 $(100.1)^7$ の 100 の位の数字と，小数第 4 位の数字を求めよ． （上智大）

着眼 VIEWPOINT

1は割る値が大きいために計算しづらく，2は調べる桁が中途半端です．

例えば，「13^{14} の一の位を求めよ」であれば，3^n の一の位に着目して，$3\to9\to7\to1\to\cdots\cdots$ となることから，一の位は 9，とわかります．これは，

$$13^{14}=(10+3)^{14}$$
$$=\underset{\sim\sim\sim}{10^{14}+{}_{14}C_1\cdot10^{13}\cdot3+{}_{14}C_2\cdot10^{12}\cdot3^2+\cdots\cdots+{}_{14}C_{13}\cdot10\cdot3^{13}}+3^{14}$$

として，〰の部分が 10 の倍数なので，3^{14} だけ調べよう，と考えているわけです．1も2も，上の計算と同じ要領で，「展開して 2009^N を作るために $2010=1+2009$ とする」「展開して 10^N を作るために $100.1=10^2+\dfrac{1}{10}$ とする」と考えることは，ごく自然な発想です．

解答 ANSWER

1 二項定理より，

$$2010^{2010}=(2009+1)^{2010}$$
$$=2009^{2010}+{}_{2010}C_1\cdot2009^{2009}\cdot1+\cdots$$
$$\cdots+{}_{2010}C_{2008}\cdot2009^2\cdot1^{2008}+{}_{2010}C_{2009}\cdot2009\cdot1^{2009}+1^{2010}$$

ここで，${}_{2010}C_k\ (k=1,\ 2,\ \cdots,\ 2008)$ は整数なので，〰の部分は 2009^2 の倍数である．残る……の部分に着目して

$${}_{2010}C_{2009}\cdot2009\cdot1^{2009}+1^{2010}=2010\cdot2009+1$$
$$=(2009+1)\cdot2009+1$$
$$=2009^2+2010$$

← $2010<2009^2$

したがって，求める余りは **2010** ……答

2 $100.1=100+0.1=10^2+\dfrac{1}{10}$ である．二項定理より，

$$(100.1)^7=\left(10^2+\frac{1}{10}\right)^7$$
$$=\sum_{k=0}^{7}{}_7C_k(10^2)^{7-k}\cdot\left(\frac{1}{10}\right)^k$$

$$=\sum_{k=0}^{7} {}_7C_k 10^{2(7-k)-k}$$
$$=\sum_{k=0}^{7} {}_7C_k 10^{14-3k}$$
$$=\underset{\sim\sim\sim}{10^{14}+7\cdot10^{11}+21\cdot10^{8}+35\cdot10^{5}}+\underline{35\cdot10^{2}+21\cdot10^{-1}+7\cdot10^{-4}+10^{-7}}$$

〰〰の部分は100000の倍数であり，100の位と小数第4位に影響を与えない．
残る部分………について計算すると，

$$3500+2.1+0.0007+0.0000001=3502.1007001$$

したがって，**100の位の数字は5，小数第4位の数字は7**　……答

詳説 EXPLANATION

▶1　2010＝2009＋1 より，「2010^n を 2009 で割った余りは1」であることを利用した，次の方法も考えられます．

別解

2010＝2009＋1 より，どのような正の整数nでも，

$$2010^n=(2009+1)^n$$
$$=2009^n+{}_nC_1\cdot2009^{n-1}+\cdots\cdots+{}_nC_{n-1}\cdot2009+1^n$$
$$=2009m+1$$

となる正の整数mが存在する．つまり，2010^n を 2009 で割った余りは1である．（……①）ここで，

$$2010^{2010}-1$$
$$=2010^{2010}-1^{2010}$$
$$=(2010-1)(\underset{\sim\sim\sim}{2010^{2009}+2010^{2008}+\cdots\cdots2010+1})$$

であり，①より，〰〰を 2009 で割った余りは

$$\underbrace{1+1+\cdots\cdots+1}_{2010個}=2010=2009+1$$

より，1である．つまり，ある正の整数kにより，次のように表される．

$$2010^{2010}-1=2009(2009k+1)$$
$$2010^{2010}=2009^2k+2010$$

つまり，求める値は　**2010**　……答

84. 等式を満たす整数の組

〈頻出度 ★★★〉

[1] 等式 $3n+4=(m-1)(n-m)$ を満たす自然数の組 $(m,\ n)$ をすべて求めよ.

(学習院大)

[2] $55x^2+2xy+y^2=2007$ を満たす整数の組 $(x,\ y)$ をすべて求めよ.

(立命館大)

[3] $a^4=b^2+2^c$ を満たす正の整数の組 $(a,\ b,\ c)$ で a が奇数であるものを求めよ.

(横浜国立大)

[4] 方程式 $xyz=x+y+z$ を満たす自然数の組は何組あるか.

(頻出問題)

着眼 VIEWPOINT

2次以上の等式や不等式を満たす整数の組を調べる問題です. 大原則として, 次の2点に注意しましょう.

- 因数分解, 素因数分解など, **積の形を利用**する.
- 値の大小や実数となる条件から, **とりうる値の候補を調べ, 検討**する.

特に, [1]や[2]のような2次の等式(不等式)であれば, 「一つの文字について整理する」「平方完成する」などをすることで, 突破口が開けることが多いでしょう. いずれにせよ, 様々な問題の経験を積んでおくことは大切ですが, このケースはこの方法, と決めて解けるものではありません. 行き詰まったら色々と試してみることが重要です.

解答 ANSWER

[1] 与えられた式を n で整理する.

$$(m-4)n=m^2-m+4$$
$$(m-4)n=(m-4)(m+3)+12+4$$
$$(m-4)\{n-(m+3)\}=16$$
$$(m-4)(n-m-3)=16 \quad \cdots\cdots ①$$

ここで, $m-4 \geqq 1-4=-3$ であることに注意すると, ①より

$m-4$	-2	-1	1	2	4	8	16
$n-m-3$	-8	-16	16	8	4	2	1

← 上段, 下段の値の和をとれば, $n-7$ を得る

m	2	3	5	6	8	12	20
n	-3	-10	24	17	15	17	24

このうち，m，nがいずれも自然数となる組は，

$(m,\ n) = \mathbf{(5,\ 24),\ (6,\ 17),\ (8,\ 15),\ (12,\ 17),\ (20,\ 24)}$ ……**答**

2 $$55x^2+2xy+y^2=2007$$

より，

$$54x^2+(x^2+2xy+y^2)=2007$$
$$54x^2+(x+y)^2=2007$$
← yに着目して平方完成している
$$(x+y)^2=3^2(223-6x^2) \quad \cdots\cdots①$$

$(x+y)^2$，3^2は平方数，$223-6x^2$は整数なので，$223-6x^2$は平方数である．
また，①の左辺は0以上なので，$223-6x^2 \geqq 0$である．つまり，

$$x^2 \leqq \frac{223}{6}=37.1\cdots\cdots$$

である．$x=\pm6$で$x^2=36$，$x=\pm7$で$x^2=49$であることから，$0 \leqq x^2 \leqq 36$のみを調べればよい．

x^2	0	1	4	9	16	25	36
$223-6x^2$	223	217	199	$169=13^2$	127	73	7

上の表のように，$223-6x^2$が平方数となるのは，$x^2=9$のときに限られる．このとき，①より，

$$(x+y)^2=9\cdot169$$
$$x+y=\pm3\cdot13=\pm39 \quad \cdots\cdots②$$

$x=\pm3$から，

$x=3$のとき，②より　$y=-3\pm39$

$x=-3$のとき，②より　$y=3\pm39$

まとめると，求める組は，

$(x,\ y) = \mathbf{(3,\ 36),\ (3,\ -42),\ (-3,\ 42),\ (-3,\ -36)}$ ……**答**

3 $a^4=b^2+2^c$（……①）より，

$$(a^2)^2-b^2=2^c$$
$$(a^2+b)(a^2-b)=2^c$$

ここで，a，b，cは正の整数だから，$s+t=c$（……②）となる0以上の整数s，t（ただし，$s>t$）により次のように表せる．

$$a^2+b=2^s,\ a^2-b=2^t \quad \cdots\cdots③$$

③の辺々の和をとり

$$2a^2=2^s+2^t$$
$$=2^t(2^{s-t}+1)>2$$

より，aは1より大きい．また，aは奇数であり，$s>t$より$2^{s-t}+1$は奇数なので，

$$2=2^t,\ a^2=2^{s-t}+1$$

が成り立つ．つまり，$t=1$であり，

$$a^2=2^{s-1}+1>1 \quad \cdots\cdots④$$

である．aは3以上の奇数であることから，正の整数mにより，$a=2m+1$と表すと，④より

$$(2m+1)^2=2^{s-1}+1 \quad すなわち \quad m(m+1)=2^{s-3}$$

となる．m，$m+1$は連続する2つの正の整数でありこれがいずれも2のべき乗，または1となるのは，$m=1$に限られる．このとき，$2^{s-3}=2$から，$s=4$である．

したがって，$(s,\ t)=(4,\ 1)$であり，②より$c=5$，④より$a=3$，③より$b=7$を得る．求める正の整数の組$(a,\ b,\ c)$は

$$(a,\ b,\ c)=(\mathbf{3,\ 7,\ 5}) \quad \cdots\cdots 答$$

4 $$xyz=x+y+z \quad \cdots\cdots①$$

①は文字x，y，zに関して対称なので，

←左辺は積，右辺は和なので，x，y，zを大きくしていくと，すぐに左辺の方が大きくなる．

$x\leqq y\leqq z$(……②)として考える．①，②より，

$$xyz=x+y+z\leqq z+z+z=3z$$

であり，$z>0$より，$xy\leqq 3$である．したがって，$(x,\ y)=(1,\ 1)$，$(1,\ 2)$，$(1,\ 3)$のみ考えれば十分．

- $(1,\ 1)$のとき，①から$z=2+z$であり，不適．
- $(1,\ 2)$のとき，①から$2z=3+z$より，$z=3$．
- $(1,\ 3)$のとき，①から$3z=4+z$より$z=2$となるが，②に反する．

ゆえに，①，②を満たす組は，$(x,\ y,\ z)=(1,\ 2,\ 3)$である．

x，y，zの大小を考えて，①を満たす自然数の組は，$3!=$**6組** ……答

詳説 EXPLANATION

▶1 「nを求める」つもりで式を変形しても，次のようにnが整数となる(必要)条件を得られます．結局，②から(両辺に$m-4$を掛けることで)因数分解できるので，「解答」と同じことともいえます．

別解

与式より，$(m-4)n=m^2-m+4 \quad \cdots\cdots②$

$m=4$のとき②は成り立たないから，$m\neq 4$である．したがって

$$n=\frac{m^2-m+4}{m-4}=\frac{(m+3)(m-4)+16}{m-4}=m+3+\frac{16}{m-4}$$

nが整数になるためには，$\dfrac{16}{m-4}$が整数になること，つまり，$m-4$は16の

約数であることが必要である.
$m \geqq 1$ より $m-4 \geqq 1-4=-3$ なので,

$m-4$	-2	-1	1	2	4	8	16
m	2	3	5	6	8	12	20
n	-3	-10	24	17	15	17	24

このうち, m, n がともに自然数となる組は,

$(m, n)=$ **(5, 24), (6, 17), (8, 15), (12, 17), (20, 24)** ……答

▶2 素朴ですが, 2次方程式が実数解をもつ条件から, 解の候補を絞り込んでもよいでしょう.

別解

$$55x^2+2xy+y^2=2007 \quad \text{すなわち} \quad y^2+2xy+55x^2-2007=0 \quad \cdots\cdots③$$

と変形する. y の2次方程式③が実数解をもつための条件は,
(③の判別式) $\geqq 0$ より,

$$x^2-(55x^2-2007) \geqq 0$$

$$\therefore \quad x^2 \leqq \frac{223}{6}=37.1\cdots\cdots$$

したがって, $x^2=0, 1, 4, 9, 16, 25, 36$ について考える.

以下,「解答」と同様に, ③に代入して y の値を調べればよい.

▶3 ④から,

$$a^2-1=2^{s-1} \quad \text{すなわち} \quad (a+1)(a-1)=2^{s-1}$$

として,「素因数2を分配」しても同じことです. $a\pm1$ は偶数なので, ともに2のべき乗, または1となるのは

$$a+1=4, \ a-1=2$$

が成り立つときに限られ, これより $a=3$ が決まります.

85. 1次不定方程式 $ax+by=c$ の整数解

〈頻出度 ★★★〉

方程式 $7x+13y=1111$ を満たす自然数 x, y に対して，次の問いに答えよ．

(1) この方程式を満たす自然数の組 $(x,\ y)$ はいくつあるか求めよ．

(2) $s=-x+2y$ とするとき，s の最大値と最小値を求めよ．

(3) $t=|2x-5y|$ とするとき，t の最大値と最小値を求めよ．　（鳥取大）

着眼 VIEWPOINT

x，y の1次方程式を満たす整数の組 $(x,\ y)$ を調べる問題です．「解答」のように，**等式を満たす組 $(x,\ y)$ を1つ見つけて積の形に直す**方法を，まずは身につけるとよいでしょう．係数に着目して式を整理していく方法もあります．

（☞詳説）

解答 ANSWER

(1)
$$7x+13y=1111 \quad \cdots\cdots ①$$
また，$7\cdot2+13\cdot(-1)=1$ なので，両辺を1111倍することで
$$7\cdot2222+13\cdot(-1111)=1111 \quad \cdots\cdots ②$$
を得る．①，②の辺々の差をとると，
$$7(x-2222)+13(y+1111)=0$$
$$7(2222-x)=13(y+1111) \quad \cdots\cdots ③$$
③について，7と13が互いに素であることから，$(x,\ y)$ に対し，次を満たす整数 k が存在する．
$$\begin{cases} 2222-x=13k \\ y+1111=7k \end{cases} \quad \text{すなわち} \quad \begin{cases} x=-13k+2222 \\ y=7k-1111 \end{cases} \quad \cdots\cdots ④$$
$x>0$，$y>0$ より，
$$\begin{cases} -13k+2222>0 \\ 7k-1111>0 \end{cases} \iff \frac{1111}{7}<k<\frac{2222}{13}$$
$\dfrac{1111}{7}=158.7\cdots$，$\dfrac{2222}{13}=170.9\cdots$ なので，$k=159,\ 160,\ \cdots\cdots,\ 170$ （$\cdots\cdots$⑤）

の12個の値をとる．

それぞれの k に相異なる $(x,\ y)$ が1組ずつ対応するので，求める組は

12個 ……答

(2) ④より，

$$
\begin{aligned}
s&=-x+2y\\
&=-(-13k+2222)+2(7k-1111)\\
&=27k-4444
\end{aligned}
$$

s は k に対して増加する．⑤より，k は $159\leqq k\leqq 170$ の値をとるので，

$k=170$ のとき，s は最大値をとり，　$27\cdot170-4444=\mathbf{146}$ ……答

$k=159$ のとき，s は最小値をとり，　$27\cdot159-4444=\mathbf{-151}$ ……答

(3)

$$
\begin{aligned}
t&=|2x-5y|\\
&=|2(-13k+2222)-5(7k-1111)|\\
&=|-61k+9999|
\end{aligned}
$$

したがって，$\dfrac{9999}{61}=163.9\cdots$ から，t は図のように変化する．

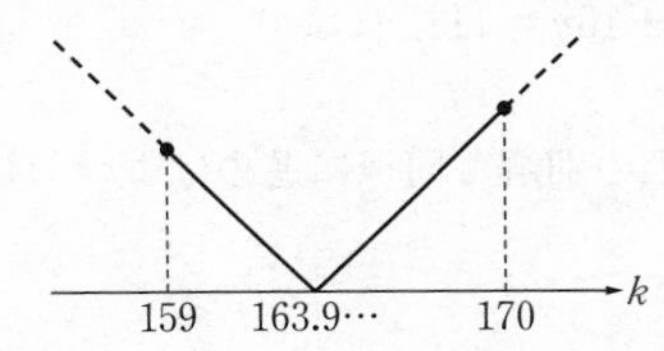

⑤より，図を参照して，

$k=170$ のとき，t は最大値をとり，　$|-61\cdot170+9999|=\mathbf{371}$ ……答

$k=164$ のとき，t は最小値をとり，　$|-61\cdot164+9999|=\mathbf{5}$ ……答

詳説 EXPLANATION

▶(2)以降を解くうえで，例えば $k=158$ とすれば $(x,\ y)=(168,\ -5)$ なので，一般解を $(x,\ y)=(-13k+168,\ 7k-5)$ などとおき直せます．このようにすれば，(2)(3)の計算は，多少は楽に進められるでしょう．

▶次のように，1111，13を7で割ることで，「係数の小さい不定方程式で考える」ことは非常に重要な方法です．次の方法で(1)の一般解を $(x,\ y)=(168-13k,\ 7k-5)$ の形で見つけておけば，(2)(3)の計算も多少は楽になるでしょう．

別解

(1) $1111=7\cdot158+5$ なので，

$$
\begin{aligned}
&7x+13y=1111\\
&7(x+2y)-y=7\cdot158+5\\
&7(x+2y-158)=y+5 \quad \cdots\cdots①
\end{aligned}
$$

したがって，$y+5$ は7の倍数であり，整数 k を用いて $y+5=7k$ と表せる．

これを①に代入して,

$$7\{x+2(7k-5)-158\}=7k \quad \therefore \quad x=168-13k$$

これより,$(x,\ y)=(168-13k,\ 7k-5)$ と表される.

$x>0$, $y>0$ から,

$$\begin{cases} 168-13k>0 \\ 7k-5>0 \end{cases} \iff \frac{5}{7}<k<\frac{168}{13}$$

$\frac{5}{7}=0.71\cdots\cdots$, $\frac{168}{13}=12.9\cdots\cdots$ なので,$k=1,\ 2,\ \cdots\cdots,\ 12$ である.

それぞれの k に $(x,\ y)$ が1組ずつ対応するので, 求める組は

12個 ……**答**

▶合同式による除法で説明もできますが,結局は上と同じことです.法を7として,$7x\equiv 0$, $13\equiv -1$, $1111\equiv 5$ なので,$7x+13y=1111$ により

$$-y\equiv 5 \iff y\equiv -5$$

なので,$y=7k-5$ と表せます.あとは,上の別解と同様に進めばよいでしょう.

86. mの倍数であることの証明

〈頻出度 ★★★〉

pは奇数である素数とし，$N=(p+1)(p+3)(p+5)$ とおく．

(1) Nは48の倍数であることを示せ．

(2) Nが144の倍数になるようなpの値を，小さい順に5つ求めよ．

（千葉大）

着眼 VIEWPOINT

文字式で与えられた整数がもつ約数を調べる問題です．まずは，次のいずれかの方針で進めてみましょう．

- **隣り合ういくつかの整数の積**を作る．（例えば，連続する3つの整数の積であれば，その中に2の倍数，3の倍数が含まれる．）
- **ある正の整数で割った余りにより整数を分類**して調べる．（例えば，3の倍数であることを調べたければ，kを整数として $n=3k$，$n=3k+1$，$n=3k+2$ を代入して調べる．）

この問題ではnを正の整数として $p=2n-1$ と表せるので，これを代入して式を整理することから始めるとよいでしょう．

解答 ANSWER

(1) pは奇数なので，正の整数nにより $p=2n-1$ と表される．このとき

$$\begin{aligned}N&=\{(2n-1)+1\}\{(2n-1)+3\}\{(2n-1)+5\}\\&=2n(2n+2)(2n+4)\\&=8n(n+1)(n+2)\end{aligned}$$

n，$n+1$，$n+2$ は隣り合う3つの整数なので，このうちに2の倍数，3の倍数が含まれる．2，3が互いに素であることから，$n(n+1)(n+2)$ は6の倍数である．つまり，Nは48の倍数である．（証明終）

(2) $144=16\cdot 9$ である．また，$48=16\cdot 3$ なので，(1)よりNは16の倍数である．したがって，$n(n+1)(n+2)$ が9の倍数となるようなpを求める．……(*)

ここで，n，$n+1$，$n+2$ の中に3の倍数はただ1つしかない．これより，$n(n+1)(n+2)$ が9の倍数となるのはn，$n+1$，$n+2$ のうち，3の倍数であるただ1つの整数が9の倍数のときである．以下，kを正の整数として，n，$n+1$，$n+2$のどれが3の倍数かで場合分けする．

(i) $n=9k$ と表せるとき

$p=18k-1$ であり，pが素数になるのは，小さい方から $p=17,\ 53,\ 71,\ \cdots\cdots$

である.

(ii) $n+1=9k$ と表せるとき

$n=9k-1$ なので,

$$p=2(9k-1)-1=3(6k-1)$$

であり，$6k-1 \geqq 6\cdot 1-1=5$ より，p は素数でない.

(iii) $n+2=9k$ と表せるとき

$n=9k-2$ なので,

$$p=2(9k-2)-1=18k-5$$

であり，p が素数になるのは，$k=1$，2，3，……と代入していくと，小さい方から $p=13$，31，67，……である.

以上，(i)〜(iii)より，条件を満たす p を小さい方から5つ並べると

13，17，31，53，67 ……答

詳説 EXPLANATION

▶(*)において，$144=48\times 3$ なので，(1)と合わせて，「N が3の倍数となる p を求める」と考えてはなりません．$48=16\times 3$ なので,

$$N\text{が48の倍数 かつ } N\text{が3の倍数} \iff N\text{が48の倍数}$$

です.

87. ピタゴラス数の性質

〈頻出度 ★★★〉

自然数の組 $(x,\ y,\ z)$ が等式 $x^2+y^2=z^2$ を満たすとする．

(1) すべての自然数 n について，n^2 を 4 で割ったときの余りは 0 か 1 のいずれかであることを示せ．

(2) x と y の少なくとも一方が偶数であることを示せ．

(3) x が偶数，y が奇数であるとする．このとき，x が 4 の倍数であることを示せ．

(早稲田大)

着眼 VIEWPOINT

剰余に着目して証明を進めていきます．(1)は，$n=4k+r$ としても問題ないのですが，「n^2を 4 で割った余り」を考えるのですから，nを偶奇，つまり $n=2k+r$ とすれば事足りる，と気づきたいところです．(2)は，(1)の利用を考えれば，背理法の出番でしょう．(3)は，$x=2X$，$y=2Y-1$ と自然数X，Yを用いて表せることまでは気づくはずです．示すべきことは「xが 4 の倍数」，つまり「Xが偶数」です．ここまで読めれば，$x^2=(z-y)(z+y)$ として右辺の偶奇に着目，と流れが見えてほしいところです．このように，**示すべきことを読みかえ，証明の道筋を探ること**はどの単元の問題でも大切になります．

解答 ANSWER

$$x^2+y^2=z^2 \quad \cdots\cdots ①$$

(1) どのような自然数 n でも，ある整数 k と $r=0,\ 1$ により $n=2k+r$ と表せる．
このとき，

$$n^2=(2k+r)^2=4(k^2+kr)+r^2$$

したがって，n^2 を 4 で割った余りと r^2 を 4 で割った余りは等しい．r と r^2 は表のように対応するので r^2 を 4 で割った余りは 0 か 1 である．(証明終)

r	0	1
r^2	0	1

(2) 背理法で示す．x と y がともに奇数であると仮定する．このとき，(1)より，x^2，y^2 を 4 で割った余りは 1 なので，

$$x^2+y^2 \text{ を 4 で割った余りは 2} \quad \cdots\cdots ②$$

また，(1)より

$$z^2 \text{ を 4 で割った余りは 0 か 1} \quad \cdots\cdots ③$$

である．②，③から，①に矛盾する．
したがって，x と y の少なくとも一方は偶数である．(証明終)

(3) xは正の偶数，yは正の奇数なので，①からzは奇数である．つまり，自然数X，Y，Zを用いて

⇐ (偶数)＋(奇数)＝(奇数)

$$x=2X,\ y=2Y-1,\ z=2Z-1 \quad \cdots\cdots④$$

と表せる．

また，①から

$$x^2=z^2-y^2$$
$$x^2=(z-y)(z+y)$$

が成り立つので，④より

$$(2X)^2=\{(2Z-1)-(2Y-1)\}\{(2Z-1)+(2Y-1)\}$$
$$4X^2=2(Z-Y)\cdot 2(Z+Y-1)$$
$$X^2=(Z-Y)(Z+Y-1) \quad \cdots\cdots⑤$$

ここで，⑤の右辺について，

$$(Z+Y-1)-(Z-Y)=2Y-1 \quad (\text{奇数})$$

なので，$Z-Y$と$Z+Y-1$の偶奇は異なる．すなわち，いずれか一方は偶数なので，⑤の右辺は偶数，したがって，Xは偶数である．これより，$x=2X$から，xは 4 の倍数である．(証明終)

詳説 EXPLANATION

▶(3)は，次のように 8 で割った偶奇に着目することでも証明できます．

別解

(3) どのような自然数nでも，ある整数qとrにより

$$n=8q+r \quad (r=0,\ \pm1,\ \pm2,\ \pm3,\ 4)$$

と表せる．このとき，

$$n^2=(8q+r)^2=8(8q^2+2qr)+r^2$$

より，n^2を 8 で割った余りはr^2を 8 で割った余りに等しいので，8 を法としてr，r^2の余りはそれぞれ以下の表のように表せる．

r	0	±1	±2	±3	4
r^2	0	1	4	$9\equiv1$	$16\equiv0$

……⑥

ここで，

xは偶数なので，x^2を 8 で割った余りは 0 か 4，

yは奇数なので，y^2を 8 で割った余りは 1

である．また，$x^2+y^2=z^2$より，左辺が奇数なので，zは奇数である．したがって，⑥の表より，

z^2を 8 で割った余りは 1 ……⑦

である．x^2を 8 で割った余りが 4 のとき，$z^2=x^2+y^2$を 8 で割った余り

は $1+4=5$ であるが，これは⑦に反する．したがって，x^2 を 8 で割った余りは 0 である．⑥の表より，x を 8 で割った余りは 0 か 4，つまり，x は 4 の倍数である．（証明終）

88. 有理数・無理数に関する証明

〈頻出度★★★〉

以下の問いに答えよ.

(1) $\sqrt{3}$ は無理数であることを証明せよ.

(2) 有理数 a, b, c, d に対して, $a+b\sqrt{3}=c+d\sqrt{3}$ ならば, $a=c$ かつ $b=d$ であることを示せ.

(3) $(a+\sqrt{3})(b+2\sqrt{3})=9+5\sqrt{3}$ を満たす有理数 a, b を求めよ.

(鳥取大)

着眼 VIEWPOINT

有理数・無理数に関する基本的な証明問題です. 有理数の定義「整数の比で表せる」ことから考えましょう.

解答 ANSWER

(1) $\sqrt{3}$ が有理数と仮定する. このとき, 互いに素な自然数 m, n により

$$\sqrt{3}=\frac{m}{n}$$

と表せる. したがって

$$3=\frac{m^2}{n^2} \qquad \therefore \quad m^2=3n^2 \quad \cdots\cdots①$$

①の右辺は3の倍数なので, 左辺は3の倍数, つまり m は3の倍数である. したがって, $m=3k$ となる正の整数 k が存在する. このとき, ①から

$$(3k)^2=3n^2 \qquad \therefore \quad n^2=3k^2 \quad \cdots\cdots②$$

②の右辺は3の倍数なので, 左辺は3の倍数, つまり n は3の倍数だが, これは m, n が互いに素であることに反する.

したがって, $\sqrt{3}$ は無理数である. (証明終)

(2)

$$a+b\sqrt{3}=c+d\sqrt{3} \quad \cdots\cdots③$$

$$(b-d)\sqrt{3}=c-a \quad \cdots\cdots④$$

ここで, $b\neq d$ とする.

$$\sqrt{3}=\frac{c-a}{b-d} \quad \cdots\cdots⑤$$

a, b, c, d は有理数なので, $\dfrac{c-a}{b-d}$ は有理数である. (1)より $\sqrt{3}$ は無理数なの

で，これは⑤に反する．

ゆえに，$b=d$ であり，このとき，④より $c=a$ である．

以上より，③のとき，$a=c$ かつ $b=d$ であることを示した．（証明終）

(3) $$(a+\sqrt{3})(b+2\sqrt{3})=9+5\sqrt{3}$$
$$ab+6+(2a+b)\sqrt{3}=9+5\sqrt{3} \quad \cdots\cdots ⑥$$

a，b は有理数なので，$ab+6$，$2a+b$ も有理数である．したがって，(2)で示したことより

⑥ $\Longrightarrow$ $ab+6=9$ ……⑦ かつ $2a+b=5$ ……⑧

⑦より，$ab=3$ であり，⑧より $b=5-2a$ なので，⑦，⑧より

$$a(5-2a)=3$$
$$2a^2-5a+3=0 \quad \text{すなわち} \quad a=1,\ \frac{3}{2}$$

このとき，$(a,\ b)=(1,\ 3)$，$\left(\frac{3}{2},\ 2\right)$ が必要であり，これらは問題の条件を満たす．よって，求める組は，$(a,\ b)=\mathbf{(1,\ 3)}$，$\mathbf{\left(\frac{3}{2},\ 2\right)}$ ……答

詳説 EXPLANATION

▶「n^2 が 3 の倍数ならば，n は 3 の倍数である」ことは，n^2 が 3 の倍数であれば，ある正の整数 k を用いて $n^2=3k$ と表せる（n が素因数 3 をもつ）ことから明らかです．

▶(1)は，「素因数分解の一意性」を前提とした，次の説明でもよいでしょう．

別解

(1) ①までは「解答」と同じ．

$$m^2=3n^2$$

m が素因数 3 を M 個，n が 3 を N 個持っているならば，m^2 は素因数 3 を $2M$ 個，$3n^2$ は素因数 3 を $2N+1$ 個持っている．3 の個数の偶奇が一致しないので，①と矛盾する．したがって，$\sqrt{3}$ は無理数である．（証明終）

データの分析

89. 分散の基本的な性質

〈頻出度 ★★★〉

[1] あるクラスにおいて，10点満点のテストを実施したところ，そのテストの平均値が6，分散が4であった．このテストの点数を2倍にして10を加えて30点満点にしたデータの平均値，分散，標準偏差を求めよ．

（大阪医科大 改題）

[2] 20個の値からなるデータがある．そのうちの15個の値の平均値は10で分散は5であり，残りの5個の値の平均値は14で分散は13である．このデータの平均値と分散を求めよ．

（信州大）

着眼 VIEWPOINT

[1] 分散，標準偏差の定義から確認しておきます．

分散，標準偏差

偏差の2乗（偏差平方）の平均値を**分散**という．すなわち，平均値を$\overline{x}$としたn個のデータx_1，x_2，x_3，……，x_nの分散s^2は

$$s^2=\frac{(x_1-\overline{x})^2+(x_2-\overline{x})^2+(x_3-\overline{x})^2+\cdots\cdots+(x_n-\overline{x})^2}{n}$$

また，分散s^2の正の平方根を**標準偏差**とよぶ．すなわち標準偏差sは

$$s=\sqrt{\frac{(x_1-\overline{x})^2+(x_2-\overline{x})^2+(x_3-\overline{x})^2+\cdots\cdots+(x_n-\overline{x})^2}{n}}$$

変量の変換に関しては，上記の定義の式が頭に入っていれば対応する値がどのように変換されるかは読みとれます．問題を解く際にも，これを考えながら進めるとよいでしょう．

[2] 次の，分散と2乗平均の関係を用いましょう．

分散と2乗平均

変量xについて，平均値を$\overline{x}$，それぞれを2乗した値の平均値を$\overline{x^2}$，分散をs^2とするとき，次の関係がある．

$$s^2=\overline{x^2}-(\overline{x})^2$$

この関係式は，本問のような，いくつかのデータをまとめて1つのデータとしたり，逆に分けたりするときに使います．証明は難しくなく，一度は自力で導いておきましょう．(☞詳説) 入試問題として出題されることもあります．

解答 ANSWER

[1] 変量をx，xの平均を$\overline{x}$，分散を$s_x{}^2$と表す．換算後の変量をyと表すと，$y=2x+10$である．このとき

$\overline{x}=6$，$s_x{}^2=4$

である．換算後のデータの平均値$\overline{y}$，分散$s_y{}^2$，標準偏差s_yはそれぞれ，

$\overline{y}=2\overline{x}+10=2\cdot6+10=\mathbf{22}$ ……答

$s_y{}^2=2^2\cdot s_x{}^2=4\cdot4=\mathbf{16}$ ……答

$s_y=\sqrt{16}=\mathbf{4}$ ……答

分散の定義さえ頭に入っていれば，「$(\ \ )^2$の中身をそれぞれ2倍しているから，$2^2=4$倍される」と判断できます．

$$s_y{}^2=\frac{1}{n}\sum_{k=1}^{n}(y_k-\overline{y})^2$$
$$=\frac{1}{n}\sum_{k=1}^{n}\{(2x_k+10)-(2\overline{x}+10)\}^2$$
$$=\frac{1}{n}\sum_{k=1}^{n}2^2(x_k-\overline{x})^2$$
$$=4\cdot\frac{1}{n}\sum_{k=1}^{n}(x_k-\overline{x})^2$$
$$=4s_x{}^2$$

[2] 20個の値を

x_1，x_2，……，x_{15}，x_{16}，……，x_{20}

とし，

x_1からx_{15}までの平均値を10，分散を5

x_{16}からx_{20}までの平均値を14，分散を13

とする．20個の値の総和は，

$$\sum_{k=1}^{20}x_k=15\cdot10+5\cdot14=220$$

したがって，20個の値の平均値は $\dfrac{220}{20}=\mathbf{11}$ ……答

次に，x_1からx_{15}，x_{16}からx_{20}それぞれに，分散と2乗平均の関係を用いる．

$$\frac{x_1{}^2+x_2{}^2+\cdots\cdots+x_{15}{}^2}{15}-10^2=5$$

$$\frac{x_{16}{}^2+\cdots\cdots+x_{20}{}^2}{5}-14^2=13$$

これより，20個の値の2乗平均を求めると

$$(x_1{}^2+\cdots\cdots+x_{15}{}^2)+(x_{16}{}^2+\cdots\cdots+x_{20}{}^2)=(5+10^2)\cdot15+(13+14^2)\cdot5$$
$$=2620$$

$$\therefore\quad\frac{x_1{}^2+x_2{}^2+\cdots\cdots+x_{20}{}^2}{20}=\frac{2620}{20}=131$$

したがって，分散と2乗平均の関係から，20個の値の分散は

$131-11^2=\mathbf{10}$ ……答

詳説 EXPLANATION

▶分散と 2 乗平均の関係式の導出を確認しておきましょう．

x_1，x_2，……，x_n の平均値を $\overline{x}$，$x_1{}^2$，$x_2{}^2$，……，$x_n{}^2$ の平均値を $\overline{x^2}$ とすると，

$$\begin{aligned}\frac{1}{n}\sum_{k=1}^{n}(x_k-\overline{x})^2&=\frac{1}{n}\sum_{k=1}^{n}\{x_k{}^2-2\overline{x}x_k+(\overline{x})^2\}\\&=\frac{1}{n}\sum_{k=1}^{n}x_k{}^2-2\overline{x}\cdot\frac{1}{n}\sum_{k=1}^{n}x_k+\frac{1}{n}\cdot n(\overline{x})^2\\&=\frac{1}{n}\sum_{k=1}^{n}x_k{}^2-2\overline{x}\cdot\overline{x}+(\overline{x})^2\\&=\overline{x^2}-(\overline{x})^2\end{aligned}$$

← $\frac{1}{n}\sum_{k=1}^{n}x_k=\overline{x}$

$\frac{1}{n}\sum_{k=1}^{n}x_k{}^2=\overline{x^2}$

したがって，$s^2=\overline{x^2}-(\overline{x})^2$ が成り立つ．（証明終）

90. 共分散と相関係数

〈頻出度 ★★★〉

20人の学生が2回の試験を受験した．1回目の試験は10点満点で，2回目の試験は20点満点である．これらの試験得点に対し，1回目の試験得点を4倍，2回目の試験得点を3倍に換算した試験得点を計算し，これらの得点の合計から100点満点の総合得点を算出した．下の表は，もとの試験得点，換算した試験得点，総合得点から計算された数値をまとめたものである．表にはそれぞれの得点から計算された，平均値，中央値，分散，標準偏差と，1回目の試験得点と2回目の試験得点から計算された共分散と相関係数を記入する欄がある．

下の表中の［ア］～［コ］に入る数値を求めよ．なお，表に示された数値だけでは求められない場合は，数値ではなく×を記入すること．

注意：表の一部の数値は（　）として，意図的に記入していない．

	もとの試験得点		換算した試験得点		総合得点
	1回目	2回目	1回目	2回目	
平均値	6	11	［ウ］	33	［ク］
中央値	6.5	11.5	26	［エ］	［ケ］
分散	9	25	［オ］	（　）	［コ］
標準偏差	［ア］	（　）	（　）	［カ］	（　）
共分散	13.5		（　）		
相関係数	［イ］		［キ］		

（関西医科大）

着眼 VIEWPOINT

共分散，標準偏差に関する問題です．定義を確認しておきましょう．

共分散

2つの変量 x，y について，n 個のデータを

$(x_1,\ y_1)$，$(x_2,\ y_2)$，$(x_3,\ y_3)$，……，$(x_n,\ y_n)$

とする．また，x の平均値を $\overline{x}$，y の平均値を $\overline{y}$ とするとき，それぞれのデータの，x の偏差と y の偏差の積 $(x_k-\overline{x})(y_k-\overline{y})$ の平均値を，**共分散**という．x，y の共分散を s_{xy} と表すとき

$$s_{xy}=\frac{(x_1-\overline{x})(y_1-\overline{y})+(x_2-\overline{x})(y_2-\overline{y})+\cdots\cdots+(x_n-\overline{x})(y_n-\overline{y})}{n}$$

相関係数

共分散 s_{xy} を変量 x，変量 y の標準偏差の積で割った値

$$\boldsymbol{r=\frac{s_{xy}}{s_x s_y}}$$

$$=\frac{\frac{1}{n}\{(x_1-\overline{x})(y_1-\overline{y})+(x_2-\overline{x})(y_2-\overline{y})+\cdots\cdots+(x_n-\overline{x})(y_n-\overline{y})\}}{\sqrt{\frac{1}{n}\{(x_1-\overline{x})^2+\cdots\cdots+(x_n-\overline{x})^2\}}\cdot\sqrt{\frac{1}{n}\{(y_1-\overline{y})^2+\cdots\cdots+(y_n-\overline{y})^2\}}}$$

$$=\frac{(x_1-\overline{x})(y_1-\overline{y})+(x_2-\overline{x})(y_2-\overline{y})+\cdots\cdots+(x_n-\overline{x})(y_n-\overline{y})}{\sqrt{\{(x_1-\overline{x})^2+\cdots\cdots+(x_n-\overline{x})^2\}\{(y_1-\overline{y})^2+\cdots\cdots+(y_n-\overline{y})^2\}}}$$

の値を，x，y の**相関係数**という．

相関係数 r の値が1に近いほど正の相関が強く，-1 に近いほど負の相関が強い．また，r の値が0に近いほど，相関は弱い．

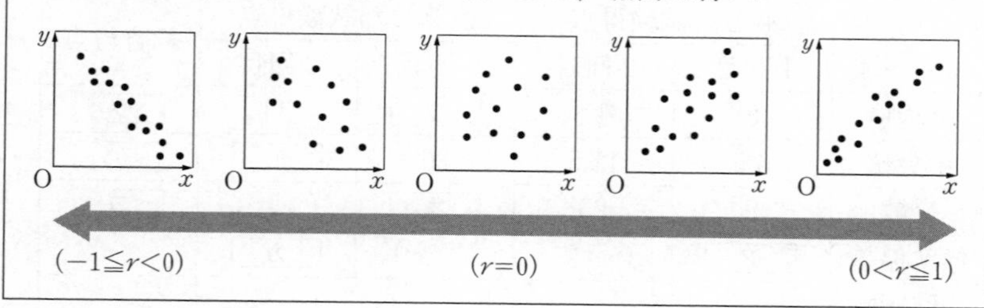

解答 ANSWER

1回目の試験の得点 x のデータを x_1，……，x_{20}

2回目の試験の得点 y のデータを y_1，……，y_{20}

とする．また，総合得点を $z=4x+3y$ とする．

変量 x の平均値を $\overline{x}$，分散を $s_x{}^2$ と表し，y も同様に表す．また，x と y の共分散を s_{xy}，相関係数を r_{xy} と表す．

問題の表から，

$\overline{x}=6$，$s_x{}^2=9$，$\overline{y}=11$，$s_y{}^2=25$，$s_{xy}=13.5$

であるから，$s_x=\mathbf{3}$（……(ア)），$s_y=5$

したがって，相関係数は

$$r_{xy}=\frac{s_{xy}}{s_x s_y}=\frac{13.5}{3\times5}=\mathbf{0.9} \quad \cdots\cdots(イ)$$

得点を4倍に換算すれば，平均点も4倍となるので $\overline{4x}=4\overline{x}=\mathbf{24}$ ……(ウ)

また，分散と 2 乗平均の関係から，「1 回目の試験の換算後」のデータの分散は

$$s_{4x}{}^2=\overline{(4x)^2}-(\overline{4x})^2=4^2\{\overline{x^2}-(\overline{x})^2\}=4^2s_x{}^2=\mathbf{144}\quad \cdots\cdots(オ)$$

したがって，標準偏差は $s_{4x}=12$.

同様に考えて，「2 回目の試験の換算後」のデータの分散，標準偏差は

$$s_{3y}{}^2=3^2s_y{}^2\quad すなわち\quad s_{3y}=\mathbf{15}\quad \cdots\cdots(カ)$$

さらに,「1 回目，2 回目の試験それぞれの換算後のデータ」の共分散は，定義から

$$s_{4x3y}=\frac{1}{20}\sum_{k=1}^{20}(4x_k-\overline{4x})(3y_k-\overline{3y})=4\cdot 3s_{xy}$$

であるから，相関係数は

$$r_{4x3y}=\frac{s_{4x3y}}{s_{4x}s_{3y}}=\frac{s_{xy}}{s_xs_y}=r_{xy}=\mathbf{0.9}\quad \cdots\cdots(キ)$$

また，総合得点 z について，平均点は

$$\overline{z}=\overline{4x+3y}=\overline{4x}+\overline{3y}=24+33=\mathbf{57}\quad \cdots\cdots(ク)$$

である．したがって，総合得点の分散は

$$\begin{aligned}s_z{}^2&=\frac{1}{20}\sum_{k=1}^{20}(z_k-\overline{z})^2\\&=\frac{1}{20}\sum_{k=1}^{20}\{4(x_k-\overline{x})+3(y_k-\overline{y})\}^2\\&=4^2s_x{}^2+2\cdot 4\cdot 3s_{xy}+3^2s_y{}^2\\&=4^2\cdot 9+24\cdot 13.5+3^2\cdot 25\\&=\mathbf{693}\quad \cdots\cdots(コ)\end{aligned}$$

← $4^2\cdot 9+3\cdot 8\cdot 3\cdot 4.5+3^2\cdot 25$
$=9(4^2+8\cdot 4.5+25)$

y の中央値を m_y と表す．$m_y=11.5$ より，

$$m_{3y}=3m_y=\mathbf{34.5}\quad \cdots\cdots(エ)$$

また，総合得点のデータ z_1，z_2，……，z_{20} は与えられた数値だけではわからない．
つまり，m_z は決まらない．　×　……(ケ)

数学	C
問題頁	P.36
問題数	10問

91. 条件を満たす平面上の点の存在範囲

〈頻出度 ★★★〉

平面上に3点A，B，Cがあり，$|2\overrightarrow{AB}+3\overrightarrow{AC}|=15$，$|2\overrightarrow{AB}+\overrightarrow{AC}|=7$，$|\overrightarrow{AB}-2\overrightarrow{AC}|=11$ を満たしている．次の問いに答えよ．

(1) $|\overrightarrow{AB}|$，$|\overrightarrow{AC}|$，内積 $\overrightarrow{AB}\cdot\overrightarrow{AC}$ の値を求めよ．

(2) 実数 s，t が $s \geqq 0$，$t \geqq 0$，$1 \leqq s+t \leqq 2$ を満たしながら動くとき，$\overrightarrow{AP}=2s\overrightarrow{AB}-t\overrightarrow{AC}$ で定められた点Pの動く部分の面積を求めよ．

（横浜国立大）

着眼 VIEWPOINT

(1) は，与えられた式をそれぞれ2乗して，$|\overrightarrow{AB}|$，$|\overrightarrow{AC}|$，$\overrightarrow{AB}\cdot\overrightarrow{AC}$ の連立方程式にもち込めばよいでしょう．(2) が厄介に見える人もいるかもしれません．**ベクトルで表された平面上の点の存在範囲を考えるときは，直交座標との対応を考えるとよいでしょう**．なお，直線のベクトル方程式（共線条件）から説明することもできないわけではありません．（☞詳説）

解答 ANSWER

$$|2\overrightarrow{AB}+3\overrightarrow{AC}|=15,\ |2\overrightarrow{AB}+\overrightarrow{AC}|=7,\ |\overrightarrow{AB}-2\overrightarrow{AC}|=11 \quad \cdots\cdots ①$$

(1) ①のそれぞれの式の両辺を2乗して

$$\begin{cases} |2\overrightarrow{AB}+3\overrightarrow{AC}|^2=15^2 \\ |2\overrightarrow{AB}+\overrightarrow{AC}|^2=7^2 \\ |\overrightarrow{AB}-2\overrightarrow{AC}|^2=11^2 \end{cases}$$

$$\begin{cases} 2^2|\overrightarrow{AB}|^2+2\cdot6\overrightarrow{AB}\cdot\overrightarrow{AC}+3^2|\overrightarrow{AC}|^2=225 \\ 2^2|\overrightarrow{AB}|^2+2\cdot2\overrightarrow{AB}\cdot\overrightarrow{AC}+|\overrightarrow{AC}|^2=49 \\ |\overrightarrow{AB}|^2-2\cdot2\overrightarrow{AB}\cdot\overrightarrow{AC}+2^2|\overrightarrow{AC}|^2=121 \end{cases}$$

$p=|\overrightarrow{AB}|^2$，$q=|\overrightarrow{AC}|^2$，$r=\overrightarrow{AB}\cdot\overrightarrow{AC}$ とすると

$$\begin{cases} 4p+9q+12r=225 \\ 4p+q+4r=49 \\ p+4q-4r=121 \end{cases}$$

これを解いて，$(p,\ q,\ r)=(9,\ 25,\ -3)$．

したがって，$|\overrightarrow{AB}|=\mathbf{3}$，$|\overrightarrow{AC}|=\mathbf{5}$，$\overrightarrow{AB}\cdot\overrightarrow{AC}=\mathbf{-3}$ ……答

(2) $(2s, \ -t)=(x, \ y)$ とおき換え，$\overrightarrow{AP}=x\overrightarrow{AB}+y\overrightarrow{AC}$ とする．実数s，tに関する条件

$$s \geqq 0 \quad \text{かつ} \quad t \geqq 0 \quad \text{かつ} \quad 1 \leqq s+t \leqq 2$$

をx，yで書き換えると

$$\frac{x}{2} \geqq 0 \quad \text{かつ} \quad -y \geqq 0 \quad \text{かつ} \quad 1 \leqq \frac{x}{2}+(-y) \leqq 2$$

$$\Leftrightarrow x \geqq 0 \quad \text{かつ} \quad y \leqq 0 \quad \text{かつ} \quad \frac{x}{2}-2 \leqq y \leqq \frac{x}{2}-1 \quad \cdots\cdots ②$$

②の表す領域は，直交座標(左下図)との対応を考えることで，右下図の網目部分である．(境界をすべて含む)

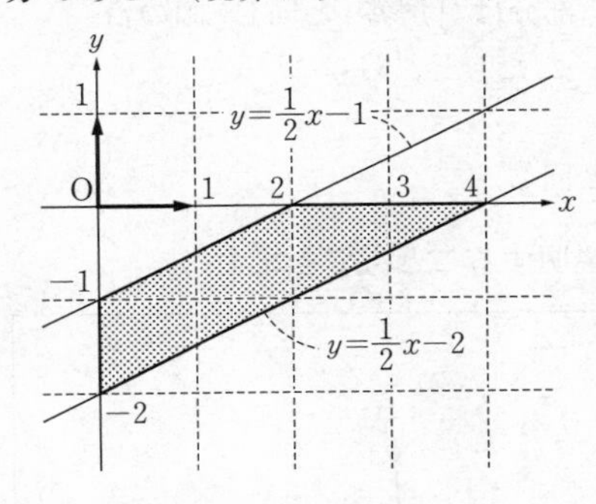

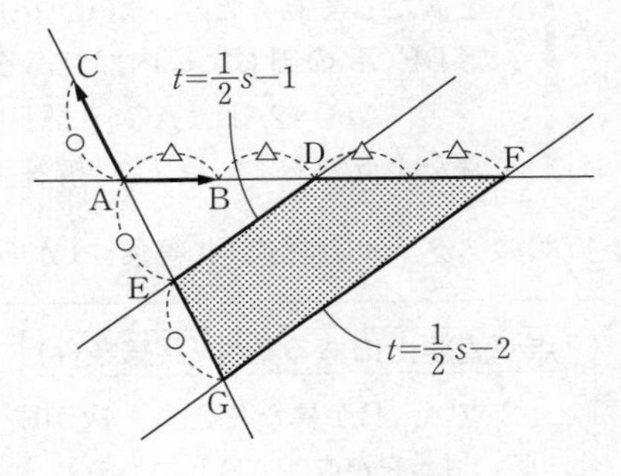

求める面積をSとすると

$$S=(\text{四角形DEGF})$$
$$=\triangle AGF-\triangle AED$$
$$=8\triangle ABE-2\triangle ABE$$
$$=6\triangle ABE$$
$$=6\triangle ABC$$

← AF = 4AB，AG = 2AE より，△AGF：△ABE = 4×2：1

(1)より

$$S=6\triangle ABC$$
$$=6\cdot\frac{1}{2}\sqrt{|\overrightarrow{AB}|^2|\overrightarrow{AC}|^2-(\overrightarrow{AB}\cdot\overrightarrow{AC})^2}$$
$$=3\sqrt{3^2\cdot5^2-(-3)^2}$$
$$=\mathbf{18\sqrt{6}} \quad \cdots\cdots \text{答}$$

← $3\cdot3\sqrt{5^2-1}=9\cdot2\cdot\sqrt{6}$

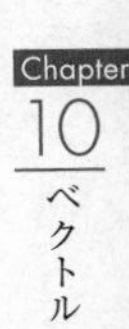

詳説 EXPLANATION

▶「解答」の(2)では$\overrightarrow{AB}$，$\overrightarrow{AC}$を位置の基準とするベクトル（基底）に見ていますが，$2\overrightarrow{AB}$，$-\overrightarrow{AC}$を基準に見ても，問題なく結論に至ります．

別解

(2)　点D，Eを$\overrightarrow{AD}=2\overrightarrow{AB}$，$\overrightarrow{AE}=-\overrightarrow{AC}$となるように定める．このとき，

$$\overrightarrow{AP}=2s\overrightarrow{AB}-t\overrightarrow{AC}=s\overrightarrow{AD}+t\overrightarrow{AE}$$

ここで，定数s，tが

$$s\geqq 0,\ t\geqq 0,\ 1\leqq s+t\leqq 2$$

を満たして動くとき，点Pの動く部分は（「解答」と同じ）図の台形DEGFの周および内部である．ただしF，Gは

$$\overrightarrow{AF}=2\overrightarrow{AD},\ \overrightarrow{AG}=2\overrightarrow{AE}$$

を満たす点である．以下，「解答」と同じ．

▶直線のベクトル方程式（共線条件）から説明することもできます．

点が直線上にある条件（共線条件）

2点A，Bが異なるとき，次が成り立つ．

（点Pが直線AB上にある）

$\Longleftrightarrow$（$\overrightarrow{AP}=k\overrightarrow{AB}$を満たす実数$k$が存在する）

$\Longleftrightarrow$（$\overrightarrow{OP}-\overrightarrow{OA}=k(\overrightarrow{OB}-\overrightarrow{OA})$を満たす実数$k$が存在する）

$\Longleftrightarrow$（$\overrightarrow{OP}=s\overrightarrow{OA}+t\overrightarrow{OB}$ かつ $s+t=1$を満たす実数の組$(s,\ t)$が存在する）

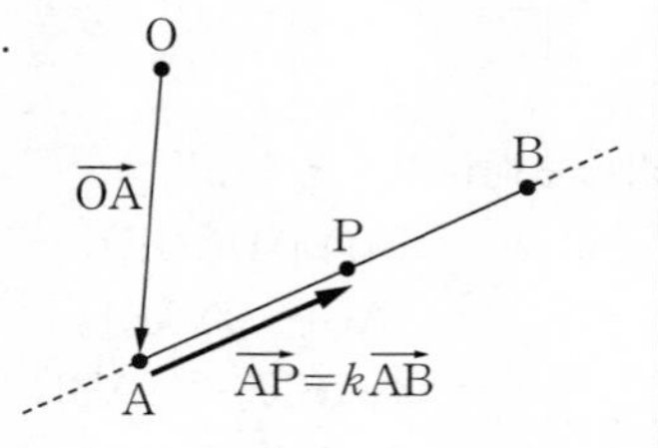

ただし，やや説明が煩雑になるので，「解答」を読んで理解することは大切ですが，実践的には，斜交座標で解答をまとめてしまった方がよいでしょう．

別解

(2)　s，tの条件

$$s\geqq 0 \quad かつ \quad t\geqq 0 \quad かつ \quad 1\leqq s+t\leqq 2$$

について，$s+t=k$とおくと，$1\leqq k\leqq 2$となる．このとき，

$$\overrightarrow{AP}=2s\overrightarrow{AB}-t\overrightarrow{AC}=\frac{s}{k}(2k\overrightarrow{AB})+\frac{t}{k}\cdot(-k\overrightarrow{AC})$$

と変形し，$2k\overrightarrow{AB}=\overrightarrow{AB'}$，$-k\overrightarrow{AC}=\overrightarrow{AC'}$となるようB′，C′を定めると，

$\dfrac{s}{k} \geqq 0$ かつ $\dfrac{t}{k} \geqq 0$ かつ $\dfrac{s}{k}+\dfrac{t}{k}=1$ より，kを固定したとき，Pは線分B′C′上の全体を動く．(D，E，F，Gは「解答」と同様に定める．)

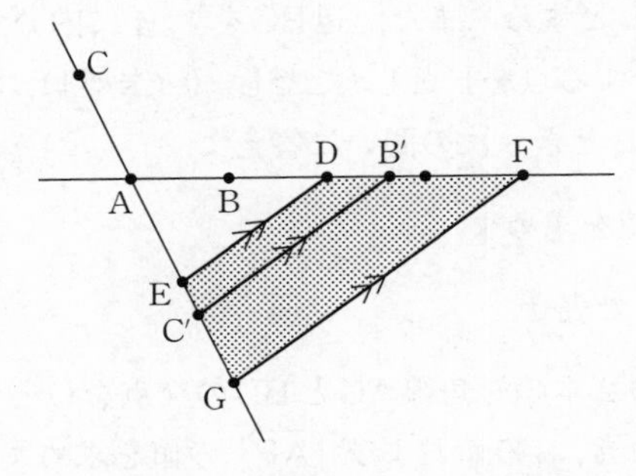

$k=1$ のときはB′はD，C′はEと重なり，また$k=2$ のときはB′はF，C′はGと重なる．B′C′∥DE が常に成り立つことから，kを $1 \leqq k \leqq 2$ で動かすことで線分B′C′は図の四角形DEGFを通過し，これが点Pの存在する範囲である．以下，「解答」と同じ．

92. 平面上の点の位置ベクトル①

〈頻出度★★★〉

平行四辺形ABCDにおいて，$\overrightarrow{AB}=\vec{a}$，$\overrightarrow{AD}=\vec{b}$ とおき，$|\vec{a}|=4$，$|\vec{b}|=5$，$|\overrightarrow{AC}|=6$ であるとする．また，辺BCを $1:4$ に内分する点をE，辺ABを $s:(1-s)$ に内分する点をFとし（ただし，$0<s<1$），線分AEと線分DFの交点をPとするとき，次の問いに答えよ．

(1) $\vec{a}$と$\vec{b}$の内積$\vec{a}\cdot\vec{b}$の値を求めよ．

(2) $\overrightarrow{AP}$を$\vec{a}$，$\vec{b}$およびsで表せ．

(3) 平行四辺形ABCDの2本の対角線ACとBDの交点をQとする．$\overrightarrow{PQ}$が$\vec{b}$と平行であるとき，sの値および $|\overrightarrow{AP}|$ の値を求めよ．（岩手大）

着眼 VIEWPOINT

平面上の点の位置ベクトルを決定する，基本的な問題です．平面（空間）上の点がいくつかの条件で決まるとき，**点を決める条件を1つずつ（ベクトルの）式で表す**，ことを徹底しましょう．本問の(2)であれば「点Pは直線AE上」「点Pは直線DF上」の2つの条件で決まるので，これを適当な文字を用いて式にすればよいわけです．

解答 ANSWER

(1)
$$|\vec{a}|=4,\ |\vec{b}|=5 \quad \cdots\cdots①$$
$$|\overrightarrow{AC}|=6 \quad \cdots\cdots②$$

$\overrightarrow{AC}=\overrightarrow{AB}+\overrightarrow{BC}=\vec{a}+\vec{b}$ であり，②より，$|\vec{a}+\vec{b}|=6$ である．この両辺を2乗して，
$$|\vec{a}+\vec{b}|^2=6^2$$
$$|\vec{a}|^2+2\vec{a}\cdot\vec{b}+|\vec{b}|^2=36$$
①より，

$$4^2+2\vec{a}\cdot\vec{b}+5^2=36 \qquad \therefore\ \vec{a}\cdot\vec{b}=-\frac{5}{2} \quad \cdots\cdots \text{答}$$

(2) $\overrightarrow{AE}=\overrightarrow{AB}+\overrightarrow{BE}=\vec{a}+\dfrac{1}{5}\vec{b}$ である．

$\overrightarrow{AP}/\!/\overrightarrow{AE}$ であるから，実数kを用いて
$$\overrightarrow{AP}=k\overrightarrow{AE}=k\vec{a}+\frac{k}{5}\vec{b} \quad \cdots\cdots③$$

と表せる．また，点Pは直線DF上にあるので，実数 t を用いて

$$\overrightarrow{\mathrm{AP}}=\overrightarrow{\mathrm{AD}}+t\overrightarrow{\mathrm{DF}}=\overrightarrow{\mathrm{AD}}+t(\overrightarrow{\mathrm{AF}}-\overrightarrow{\mathrm{AD}})=t\cdot s\vec{a}+(1-t)\vec{b}\quad\cdots\cdots④$$

と表せる．$\vec{a}$，$\vec{b}$ は $\vec{0}$ でなく，平行でないので，③，④より

$$\begin{cases} k=st \\ \dfrac{k}{5}=1-t \end{cases}\quad \text{すなわち}\quad (k,\ t)=\left(\frac{5s}{5+s},\ \frac{5}{5+s}\right)$$

したがって，$\boldsymbol{\overrightarrow{\mathrm{AP}}=\dfrac{5s}{5+s}\vec{a}+\dfrac{s}{5+s}\vec{b}}$ ……答

(3)

$$\begin{aligned}\overrightarrow{\mathrm{PQ}}&=\overrightarrow{\mathrm{AQ}}-\overrightarrow{\mathrm{AP}}\\&=\frac{1}{2}(\vec{a}+\vec{b})-\left(\frac{5s}{5+s}\vec{a}+\frac{s}{5+s}\vec{b}\right)\\&=\left(\frac{1}{2}-\frac{5s}{5+s}\right)\vec{a}+\left(\frac{1}{2}-\frac{s}{5+s}\right)\vec{b}\end{aligned}$$

$\overrightarrow{\mathrm{PQ}}/\!/\vec{b}$ となる条件は，

$$\frac{1}{2}-\frac{5s}{5+s}=0\quad \text{かつ}\quad \frac{1}{2}-\frac{s}{5+s}\neq 0\quad \text{すなわち}\quad s=\frac{5}{9}$$

このとき，$\overrightarrow{\mathrm{AP}}=\dfrac{1}{10}(5\vec{a}+\vec{b})$ であり，また

$$|5\vec{a}+\vec{b}|^2=25|\vec{a}|^2+10\vec{a}\cdot\vec{b}+|\vec{b}|^2=5^2(16-1+1)=5^2\cdot4^2$$

$$\therefore\quad |5\vec{a}+\vec{b}|=20$$

したがって，$|\overrightarrow{\mathrm{AP}}|=\dfrac{1}{10}\cdot20=\boldsymbol{2}$ ……答

詳説 EXPLANATION

▶(2)の「解答」は「経路ごとにパラメタを設定して $\overrightarrow{\mathrm{AP}}$ を2通りの式で表し，$\vec{a}$，$\vec{b}$ の係数を比較する」流れですが，下のように共線条件を利用しても同じことです．

別解

(2) ③までは「解答」と同じ．$\vec{a}=\dfrac{1}{s}\overrightarrow{\mathrm{AF}}$ に注意して，③より

$$\overrightarrow{\mathrm{AP}}=\frac{k}{s}\overrightarrow{\mathrm{AF}}+\frac{k}{5}\overrightarrow{\mathrm{AD}}$$

点PはDF上にあることから，

$$\frac{k}{s}+\frac{k}{5}=1\quad \text{すなわち}\quad k=\frac{5s}{5+s}$$

以下，「解答」と同じ．

93. 平面上の点の位置ベクトル② 〈頻出度★★★〉

面積$\sqrt{5}$の平行四辺形ABCDについて$AB=\sqrt{2}$，$AD=\sqrt{3}$ が成り立っており，∠DABは鋭角である．このとき，$0<t<1$を満たす実数tに対して，辺BCを$t:1-t$に内分する点をPとする．

(1) 2つのベクトル$\overrightarrow{AB}$と$\overrightarrow{AD}$の内積を求めよ．

(2) 線分APとBDが直交するようなtの値を求めよ．

(3) (2)のとき，APとBDの交点をQとする．長さの比$\dfrac{BQ}{BD}$を求めよ．

（学習院大 改題）

着眼 VIEWPOINT

問題92と同様，平面上の点の位置ベクトルを決定する問題です．直線（線分）同士が垂直であるとき，「2つのベクトルの内積が0となること」を利用します．

解答 ANSWER

(1) $AB=\sqrt{2}$，$AD=\sqrt{3}$ ……①

∠DAB$=\theta$とすると，平行四辺形ABCDの面積について

$$\sqrt{5}=AB\cdot AD\sin\theta$$

が成り立つので，①より

$$\sqrt{2}\cdot\sqrt{3}\cdot\sin\theta=\sqrt{5}$$

$$\therefore\quad \sin\theta=\frac{\sqrt{5}}{\sqrt{6}}$$

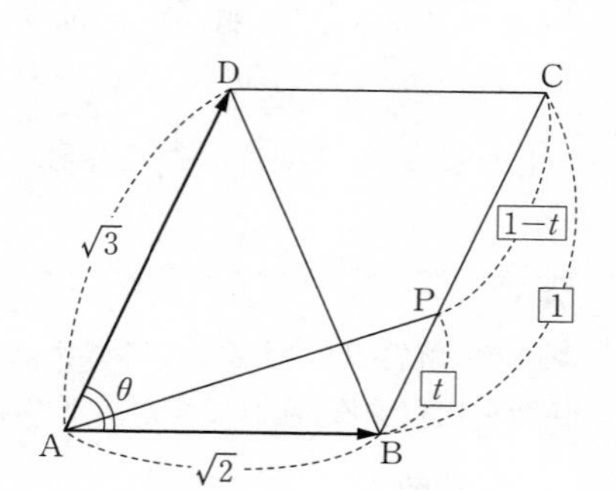

∠DAB$=\theta$は鋭角より，$\cos\theta>0$なので，

$\cos\theta=\sqrt{1-\sin^2\theta}=\dfrac{1}{\sqrt{6}}$．ゆえに，

$$\overrightarrow{AB}\cdot\overrightarrow{AD}=|\overrightarrow{AB}||\overrightarrow{AD}|\cos\theta=\sqrt{2}\cdot\sqrt{3}\frac{1}{\sqrt{6}}=1 \quad \cdots\cdots 答$$

(2)

$$\overrightarrow{AP}=\overrightarrow{AB}+\overrightarrow{BP}=\overrightarrow{AB}+t\overrightarrow{BC}=\overrightarrow{AB}+t\overrightarrow{AD} \quad \cdots\cdots ②$$

$$\overrightarrow{BD}=\overrightarrow{AD}-\overrightarrow{AB}$$

であるから，線分APとBDが直交することより，

$$\overrightarrow{AP}\cdot\overrightarrow{BD}=0$$

$(\overrightarrow{AB}+t\overrightarrow{AD})\cdot(\overrightarrow{AD}-\overrightarrow{AB})=0$

$(1-t)\overrightarrow{AB}\cdot\overrightarrow{AD}-|\overrightarrow{AB}|^2+t|\overrightarrow{AD}|^2=0$

$|\overrightarrow{AB}|=\sqrt{2}$，$|\overrightarrow{AD}|=\sqrt{3}$ と(1)の結果より，

$(1-t)\cdot 1-2+3t=0 \qquad \therefore \quad t=\boldsymbol{\frac{1}{2}}$ ……**答**

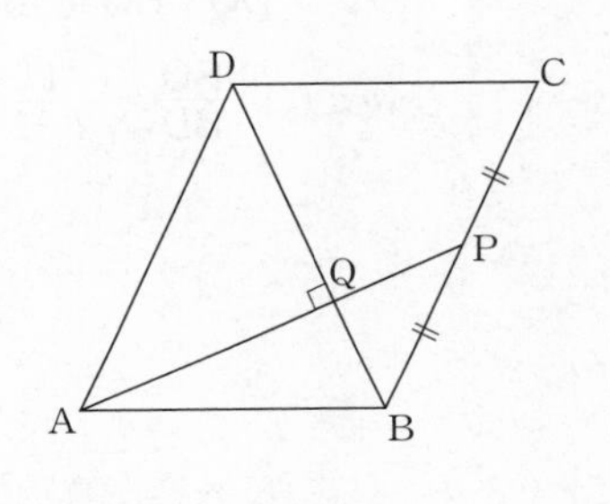

(3)　点Qは直線AP上の点なので，$\overrightarrow{AQ}=k\overrightarrow{AP}$ を満たす実数kが存在する．$t=\frac{1}{2}$のとき，②から

$\overrightarrow{AQ}=k\overrightarrow{AP}$

$=k\left(\overrightarrow{AB}+\frac{1}{2}\overrightarrow{AD}\right)$

$=k\overrightarrow{AB}+\frac{k}{2}\overrightarrow{AD}$ ……③

また，点Qは直線BD上の点でもあるので，次を満たす実数 l が存在する．

$\overrightarrow{AQ}=\overrightarrow{AB}+l\overrightarrow{BD}=\overrightarrow{AB}+l(\overrightarrow{AD}-\overrightarrow{AB})=(1-l)\overrightarrow{AB}+l\overrightarrow{AD}$ ……④

$\overrightarrow{AB}$，$\overrightarrow{AD}$は$\vec{0}$でなく，平行でないので，③，④より

$\begin{cases} k=1-l \\ \frac{k}{2}=l \end{cases}$ すなわち $(k,\ l)=\left(\frac{2}{3},\ \frac{1}{3}\right)$

$l=\frac{1}{3}$ より，④から，点Qは線分BDを1：2に内分する．$\boldsymbol{\frac{BQ}{BD}=\frac{1}{3}}$ ……**答**

詳説 EXPLANATION

▶(1)は，いわゆる「ベクトルの面積公式」から導いてもよいでしょう．

別解

(1)　平行四辺形の面積が $\sqrt{5}$ なので，①より，

$\sqrt{5}=\sqrt{2\cdot 3-(\overrightarrow{AB}\cdot\overrightarrow{AD})^2}$

$(\sqrt{5})^2=\left\{\sqrt{6-(\overrightarrow{AB}\cdot\overrightarrow{AD})^2}\right\}^2$

$5=6-(\overrightarrow{AB}\cdot\overrightarrow{AD})^2$

$(\overrightarrow{AB}\cdot\overrightarrow{AD})^2=1$

$\angle DAB$は鋭角なので，$\overrightarrow{AB}\cdot\overrightarrow{AD}>0$ である．

したがって　$\boldsymbol{\overrightarrow{AB}\cdot\overrightarrow{AD}=1}$ ……**答**

▶三角形の相似が見えてしまえば，(3)はベクトルをもち出すまでもありません．こういったことに気づかなくても解けてしまうのがベクトルの良いところ，ともいえます．

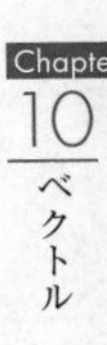

別解

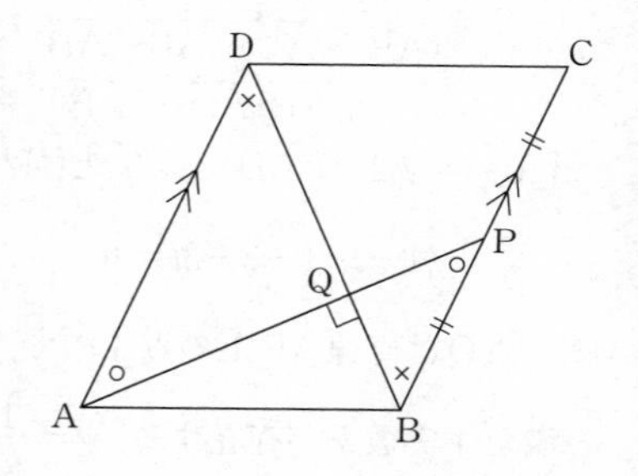

(3) $t=\dfrac{1}{2}$ より，$\mathrm{BP}=\dfrac{1}{2}\mathrm{BC}$ である．

ここで，$\triangle\mathrm{ADQ}\backsim\triangle\mathrm{PBQ}$ から，

$$\mathrm{DQ}:\mathrm{BQ}=\mathrm{AD}:\mathrm{PB}=2:1$$

ゆえに，$\dfrac{\mathrm{BQ}}{\mathrm{BD}}=\dfrac{1}{2+1}=\boldsymbol{\dfrac{1}{3}}$ ……**答**

94. 平面上の点の位置ベクトル③

〈頻出度 ★★★〉

三角形ABCにおいて，AB＝2，AC＝3，BC＝4とする．また，三角形ABCの内接円の中心をI，外接円の中心をPとする．

(1) 実数s，tにより，$\overrightarrow{\mathrm{AI}}=s\overrightarrow{\mathrm{AB}}+t\overrightarrow{\mathrm{AC}}$ の形で表せ．

(2) 実数x，yにより，$\overrightarrow{\mathrm{AP}}=x\overrightarrow{\mathrm{AB}}+y\overrightarrow{\mathrm{AC}}$ の形で表せ．　（早稲田大 改題）

着眼 VIEWPOINT

三角形の五心，とりわけ内心，外心に関する問題は頻出です．

(1)は，「内心が角の二等分線の交点であること」を用いればよいでしょう．角の二等分線の性質から線分比がわかるので，位置ベクトルを求めるのに抵抗はないはずです．一方，(2)は不慣れだとやや手が動きにくいでしょう．外心を「辺の垂直二等分線の交点」と見ても，「各頂点へ等距離」と見ても問題なく解けますが，そのために$\overrightarrow{\mathrm{AP}}=x\overrightarrow{\mathrm{AB}}+y\overrightarrow{\mathrm{AC}}$を“代入”することに慣れておきたいです．なお，内積の定義から計算できれば，(2)もあっさりと解決します．（☞詳説）

解答 ANSWER

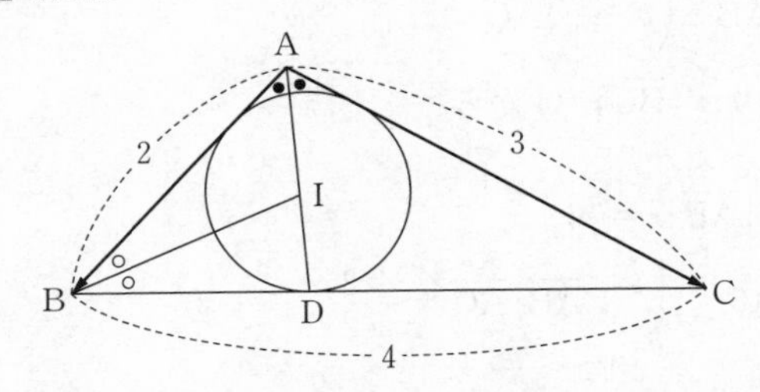

(1) 直線AIと辺BCの交点をDとする．線分ADは∠BACの二等分線だから，

$$\mathrm{BD}:\mathrm{DC}=\mathrm{AB}:\mathrm{AC}=2:3$$

ゆえに，$\mathrm{BD}=\dfrac{2}{5}\mathrm{BC}=\dfrac{8}{5}$ である．

また，線分BIは∠ABCの二等分線だから，

$$\mathrm{AI}:\mathrm{ID}=\mathrm{BA}:\mathrm{BD}=2:\frac{8}{5}=5:4$$

したがって，

$$\overrightarrow{\mathrm{AI}}=\frac{5}{9}\overrightarrow{\mathrm{AD}}$$

$$=\frac{5}{9}\cdot\frac{3\overrightarrow{AB}+2\overrightarrow{AC}}{5}$$

$$=\frac{\mathbf{1}}{\mathbf{3}}\overrightarrow{\mathbf{AB}}+\frac{\mathbf{2}}{\mathbf{9}}\overrightarrow{\mathbf{AC}} \quad \cdots\cdots \text{答}$$

(2) $\overrightarrow{AB}$, $\overrightarrow{AC}$は$\vec{0}$ でなく，平行ではないので，実数x，yにより

$$\overrightarrow{AP}=x\overrightarrow{AB}+y\overrightarrow{AC} \quad \cdots\cdots①$$

と表せる．

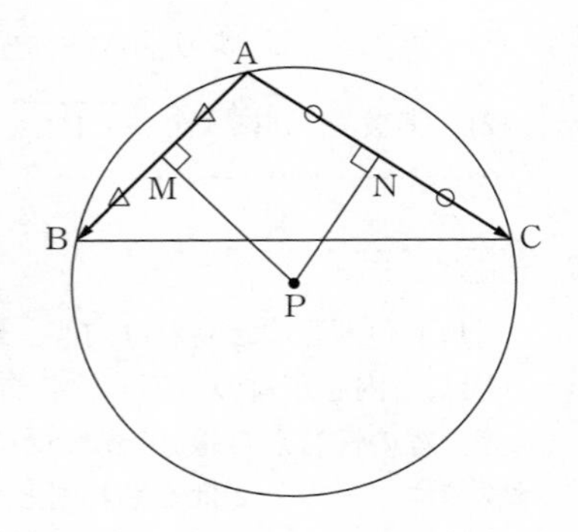

ここで，辺AB，ACの中点をそれぞれM，Nとする．三角形の外心は，各辺の垂直二等分線の交点である．すなわち，$AB\perp MP$，$AC\perp NP$から，

$$\overrightarrow{AB}\cdot\overrightarrow{MP}=0,\ \overrightarrow{AC}\cdot\overrightarrow{NP}=0 \quad \cdots\cdots②$$

が成り立つ．

ここで，①より

$$\overrightarrow{MP}=\overrightarrow{AP}-\overrightarrow{AM}=\left(x-\frac{1}{2}\right)\overrightarrow{AB}+y\overrightarrow{AC}$$

$$\overrightarrow{NP}=\overrightarrow{AP}-\overrightarrow{AN}=x\overrightarrow{AB}+\left(y-\frac{1}{2}\right)\overrightarrow{AC}$$

また，$\overrightarrow{BC}=\overrightarrow{AC}-\overrightarrow{AB}$ であり，$|\overrightarrow{BC}|=4$ から

$$|\overrightarrow{AC}-\overrightarrow{AB}|^2=4^2$$
$$|\overrightarrow{AC}|^2-2\overrightarrow{AB}\cdot\overrightarrow{AC}+|\overrightarrow{AB}|^2=16$$
$$3^2-2\overrightarrow{AB}\cdot\overrightarrow{AC}+2^2=16 \qquad \therefore\quad \overrightarrow{AB}\cdot\overrightarrow{AC}=-\frac{3}{2} \quad \cdots\cdots③$$

したがって，②から

$$\begin{cases}\overrightarrow{AB}\cdot\left\{\left(x-\frac{1}{2}\right)\overrightarrow{AB}+y\overrightarrow{AC}\right\}=0\\[2mm] \overrightarrow{AC}\cdot\left\{x\overrightarrow{AB}+\left(y-\frac{1}{2}\right)\overrightarrow{AC}\right\}=0\end{cases}$$

$$\begin{cases}\left(x-\frac{1}{2}\right)|\overrightarrow{AB}|^2+y\overrightarrow{AB}\cdot\overrightarrow{AC}=0\\[2mm] x\overrightarrow{AB}\cdot\overrightarrow{AC}+\left(y-\frac{1}{2}\right)|\overrightarrow{AC}|^2=0\end{cases}$$

$|\overrightarrow{AB}|=2$，$|\overrightarrow{AC}|=3$，③より，

$$\begin{cases} 2^2\left(x-\dfrac{1}{2}\right)-\dfrac{3}{2}y=0 \\ -\dfrac{3}{2}x+3^2\left(y-\dfrac{1}{2}\right)=0 \end{cases}$$

$$\begin{cases} 8x-3y=4 \\ 3x-18y=-9 \end{cases}$$

これを解いて，$(x,\ y)=\left(\dfrac{11}{15},\ \dfrac{28}{45}\right)$

したがって，$\overrightarrow{\mathrm{AP}}=\dfrac{\mathbf{11}}{\mathbf{15}}\overrightarrow{\mathbf{AB}}+\dfrac{\mathbf{28}}{\mathbf{45}}\overrightarrow{\mathbf{AC}}$ ……**答**

詳説 EXPLANATION

▶(2)は，「外心から 3 頂点までの距離が等しい」と考えても解決します．

別解

(2)　③までは「解答」と同じ．

$|\overrightarrow{\mathrm{AP}}|=|\overrightarrow{\mathrm{BP}}|=|\overrightarrow{\mathrm{CP}}|$

（＝ 外接円の半径）

が成り立つことから

$$\begin{cases} |\overrightarrow{\mathrm{AP}}|=|\overrightarrow{\mathrm{BP}}| \\ |\overrightarrow{\mathrm{AP}}|=|\overrightarrow{\mathrm{CP}}| \end{cases}$$

$$\begin{cases} |\overrightarrow{\mathrm{AP}}|=|\overrightarrow{\mathrm{AP}}-\overrightarrow{\mathrm{AB}}| \\ |\overrightarrow{\mathrm{AP}}|=|\overrightarrow{\mathrm{AP}}-\overrightarrow{\mathrm{AC}}| \end{cases}$$

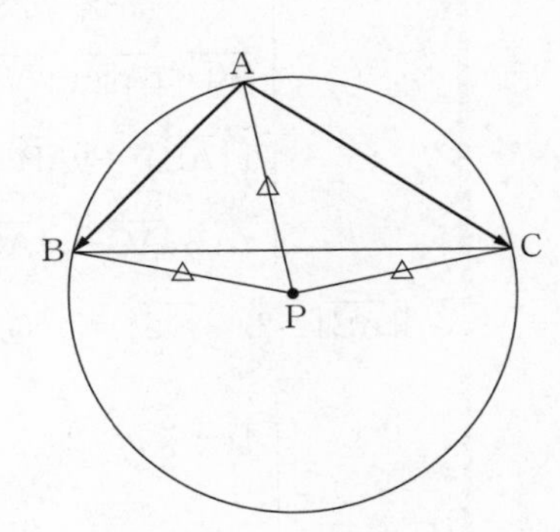

実数 x，y を用いて

$\overrightarrow{\mathrm{AP}}=x\overrightarrow{\mathrm{AB}}+y\overrightarrow{\mathrm{AC}}$ と表すとき，

$$\begin{cases} |x\overrightarrow{\mathrm{AB}}+y\overrightarrow{\mathrm{AC}}|=|(x-1)\overrightarrow{\mathrm{AB}}+y\overrightarrow{\mathrm{AC}}| \\ |x\overrightarrow{\mathrm{AB}}+y\overrightarrow{\mathrm{AC}}|=|x\overrightarrow{\mathrm{AB}}+(y-1)\overrightarrow{\mathrm{AC}}| \end{cases}$$

それぞれ，両辺を 2 乗して

$$\begin{cases} x^2|\overrightarrow{\mathrm{AB}}|^2+2xy\overrightarrow{\mathrm{AB}}\cdot\overrightarrow{\mathrm{AC}}+y^2|\overrightarrow{\mathrm{AC}}|^2 \\ \qquad =(x-1)^2|\overrightarrow{\mathrm{AB}}|^2+2(x-1)y\overrightarrow{\mathrm{AB}}\cdot\overrightarrow{\mathrm{AC}}+y^2|\overrightarrow{\mathrm{AC}}|^2 \\ x^2|\overrightarrow{\mathrm{AB}}|^2+2xy\overrightarrow{\mathrm{AB}}\cdot\overrightarrow{\mathrm{AC}}+y^2|\overrightarrow{\mathrm{AC}}|^2 \\ \qquad =x^2|\overrightarrow{\mathrm{AB}}|^2+2x(y-1)\overrightarrow{\mathrm{AB}}\cdot\overrightarrow{\mathrm{AC}}+(y-1)^2|\overrightarrow{\mathrm{AC}}|^2 \end{cases}$$

$|\overrightarrow{\mathrm{AB}}|=2$，$|\overrightarrow{\mathrm{AC}}|=3$，③を代入する．

以下，「解答」と同じ．

▶(2)で，内積の定義から $\overrightarrow{\mathrm{AP}}$ に関する式を立てられれば，やや楽に計算できます．

別解

(2)　「解答」と同様に点M, Nを定める．また，③を求めるところは「解答」と同じ．

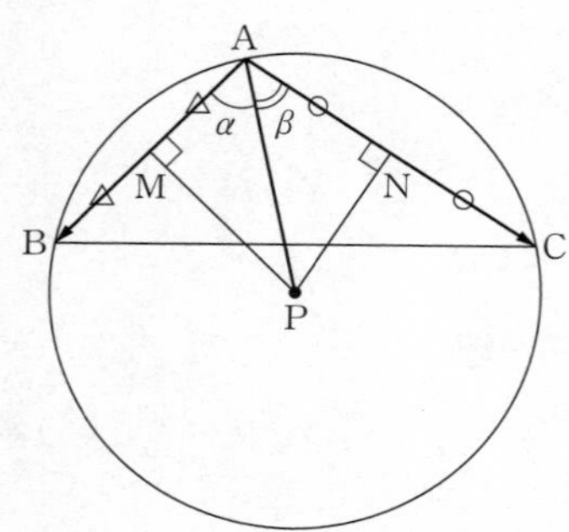

$\angle\text{BAP}=\alpha$，$\angle\text{CAP}=\beta$ とする．このとき

$$\begin{aligned}\overrightarrow{\text{AB}}\cdot\overrightarrow{\text{AP}}&=|\overrightarrow{\text{AB}}||\overrightarrow{\text{AP}}|\cos\alpha\\&=|\overrightarrow{\text{AB}}||\overrightarrow{\text{AM}}|\\&=2\cdot1=2\end{aligned}$$

$$\begin{aligned}\overrightarrow{\text{AC}}\cdot\overrightarrow{\text{AP}}&=|\overrightarrow{\text{AC}}||\overrightarrow{\text{AP}}|\cos\beta\\&=|\overrightarrow{\text{AC}}||\overrightarrow{\text{AN}}|\\&=3\cdot\frac{3}{2}=\frac{9}{2}\end{aligned}$$

したがって，実数 x，y を用いて $\overrightarrow{\text{AP}}=x\overrightarrow{\text{AB}}+y\overrightarrow{\text{AC}}$ と表すとき，

$$\begin{cases}\overrightarrow{\text{AB}}\cdot(x\overrightarrow{\text{AB}}+y\overrightarrow{\text{AC}})=2\\[2mm]\overrightarrow{\text{AC}}\cdot(x\overrightarrow{\text{AB}}+y\overrightarrow{\text{AC}})=\dfrac{9}{2}\end{cases}$$

$$\begin{cases}x|\overrightarrow{\text{AB}}|^2+y\overrightarrow{\text{AB}}\cdot\overrightarrow{\text{AC}}=2\\[2mm]x\overrightarrow{\text{AB}}\cdot\overrightarrow{\text{AC}}+y|\overrightarrow{\text{AC}}|^2=\dfrac{9}{2}\end{cases}$$

$|\overrightarrow{\text{AB}}|=2$，$|\overrightarrow{\text{AC}}|=3$，③より，

$$\begin{cases}4x-\dfrac{3}{2}y=2\\[2mm]-\dfrac{3}{2}x+9y=\dfrac{9}{2}\end{cases}$$

$$\begin{cases}8x-3y=4\\3x-18y=-9\end{cases}$$

以下，「解答」と同じ．

95. ベクトルの等式条件と内積

〈頻出度 ★★★〉

平面上に△ABCがあり，その外接円の中心をOとする．この外接円の半径は1であり，かつ $2\overrightarrow{OA}+3\overrightarrow{OB}-3\overrightarrow{OC}=\vec{0}$ を満たす．

(1) $\overrightarrow{OA}\cdot\overrightarrow{OB}$ を求めよ．

(2) $\overrightarrow{AB}\cdot\overrightarrow{AC}$ を求めよ．

(3) △ABCの面積を求めよ．

（南山大 改題）

着眼 VIEWPOINT

非常によく出題される，ベクトルの等式条件から図形の面積を求める問題です．基本的には，面積を求めるために線分の長さを求める，内積を求める，ということを機械的に「式で進める」方向でよいでしょう．

解答 ANSWER

$$2\overrightarrow{OA}+3\overrightarrow{OB}-3\overrightarrow{OC}=\vec{0} \quad \cdots\cdots①$$

△ABCの外接円の中心がOなので，

$$|\overrightarrow{OA}|=|\overrightarrow{OB}|=|\overrightarrow{OC}|=1 \quad \cdots\cdots②$$

(1) ①より，$|2\overrightarrow{OA}+3\overrightarrow{OB}|=|3\overrightarrow{OC}|$ が成り立つ．両辺を2乗して

$$|2\overrightarrow{OA}+3\overrightarrow{OB}|^2=|3\overrightarrow{OC}|^2$$

$$2^2|\overrightarrow{OA}|^2+2\cdot6\overrightarrow{OA}\cdot\overrightarrow{OB}+3^2|\overrightarrow{OB}|^2=3^2|\overrightarrow{OC}|^2$$

②より

$$4+12\overrightarrow{OA}\cdot\overrightarrow{OB}+9=9 \qquad \therefore\ \overrightarrow{OA}\cdot\overrightarrow{OB}=\mathbf{-\frac{1}{3}} \quad \cdots\cdots③ 答$$

(2) ①より，$|2\overrightarrow{OA}-3\overrightarrow{OC}|^2=|-3\overrightarrow{OB}|^2$ となるので，

$$4+9-12\overrightarrow{OA}\cdot\overrightarrow{OC}=9 \quad すなわち \quad \overrightarrow{OA}\cdot\overrightarrow{OC}=\frac{1}{3} \quad \cdots\cdots④$$

①より，$|3\overrightarrow{OB}-3\overrightarrow{OC}|^2=|-2\overrightarrow{OA}|^2$ となるので，

$$9+9-18\overrightarrow{OB}\cdot\overrightarrow{OC}=4 \quad すなわち \quad \overrightarrow{OB}\cdot\overrightarrow{OC}=\frac{7}{9} \quad \cdots\cdots⑤$$

②，③，④，⑤より，

$$\begin{aligned}\overrightarrow{AB}\cdot\overrightarrow{AC}&=(\overrightarrow{OB}-\overrightarrow{OA})\cdot(\overrightarrow{OC}-\overrightarrow{OA})\\&=\overrightarrow{OB}\cdot\overrightarrow{OC}-\overrightarrow{OA}\cdot\overrightarrow{OB}-\overrightarrow{OA}\cdot\overrightarrow{OC}+|\overrightarrow{OA}|^2\\&=\frac{7}{9}-\left(-\frac{1}{3}\right)-\frac{1}{3}+1=\mathbf{\frac{16}{9}}\end{aligned} \quad \cdots\cdots 答$$

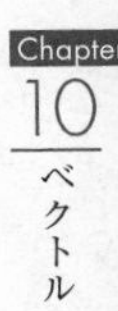

(3) ②，③，④より，

$$|\overrightarrow{AB}|^2=|\overrightarrow{OB}-\overrightarrow{OA}|^2$$
$$=|\overrightarrow{OB}|^2-2\overrightarrow{OA}\cdot\overrightarrow{OB}+|\overrightarrow{OA}|^2=\frac{8}{3}$$
$$|\overrightarrow{AC}|^2=|\overrightarrow{OC}-\overrightarrow{OA}|^2$$
$$=|\overrightarrow{OC}|^2-2\overrightarrow{OA}\cdot\overrightarrow{OC}+|\overrightarrow{OA}|^2=\frac{4}{3}$$

(2)の結果と合わせて，求める面積は

$$\triangle ABC=\frac{1}{2}\sqrt{|\overrightarrow{AB}|^2|\overrightarrow{AC}|^2-(\overrightarrow{AB}\cdot\overrightarrow{AC})^2}$$
$$=\frac{1}{2}\sqrt{\frac{8}{3}\cdot\frac{4}{3}-\left(\frac{16}{9}\right)^2}$$
$$=\boldsymbol{\frac{2\sqrt{2}}{9}}$$ ……答

詳説 EXPLANATION

▶「3点A，B，CがOを中心とする半径1の円周上にある」という情報だけで△ABCの図をかくと，例えば次の図のような状況も考えられます．

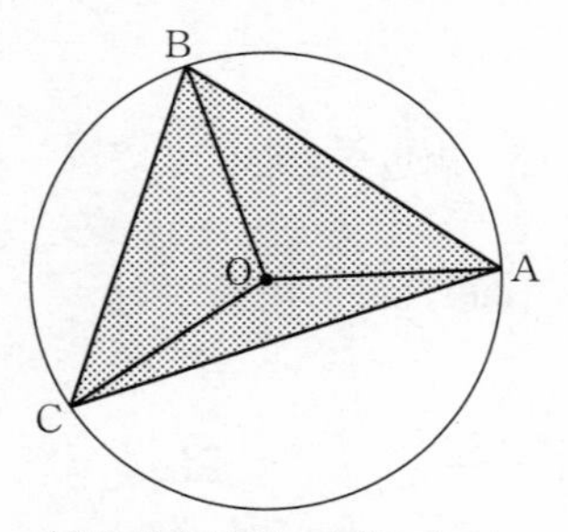

（点Oが△ABCの内部にある）

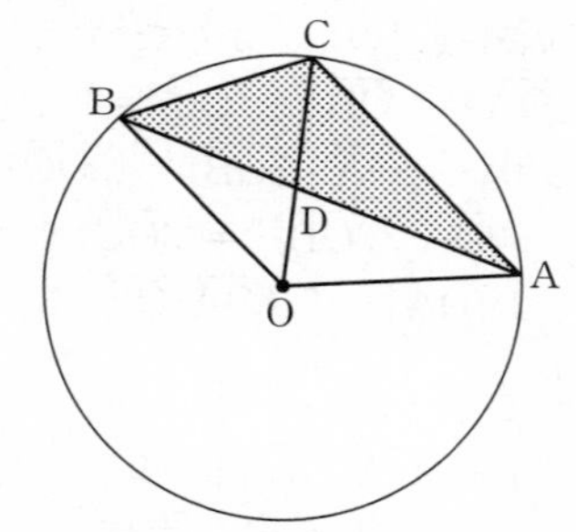

（点Oが△ABCの外部にある）

このように「点Oが△ABCの内部にある」と勘違いしてしまうと，

$$\triangle ABC=\triangle OAB+\triangle OBC+\triangle OCA$$

と式を立ててしまいかねません（もちろん，正しくない）．この問題では，①から

$$\overrightarrow{OC}=\frac{2\overrightarrow{OA}+3\overrightarrow{OB}}{3}=\frac{5}{3}\cdot\frac{2\overrightarrow{OA}+3\overrightarrow{OB}}{3+2}$$

と考えれば，点Cは「辺ABを3：2に内分する点をDとするとき，線分ODを5:2に外分する点」であることがわかり，Oは△ABCの外側であることがわかります．したがって，

$$\triangle ABC=\triangle OAC+\triangle OBC-\triangle OAB$$

が正しく，これより計算することも可能です．

▶やや巧妙（？）ですが，次のように辺と辺の関係が見えれば，容易に面積を求められます．

別解

(3)　①より，

$$2\overrightarrow{OA}=3(\overrightarrow{OC}-\overrightarrow{OB}) \quad \therefore \quad 2\overrightarrow{OA}=3\overrightarrow{BC}$$

これより，四角形OACBはOA∥BCである台形である．

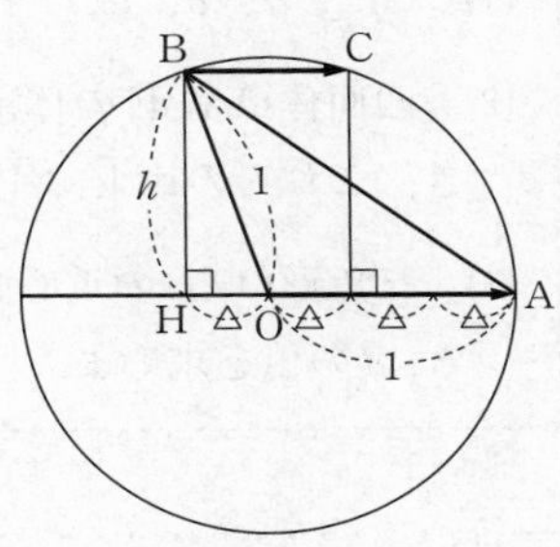

図のように，点Bから直線OAに垂線BHを下すと，その長さhは

$$h=\sqrt{OB^2-OH^2}$$

$$=\sqrt{1^2-\left(\frac{1}{3}\right)^2}=\frac{2\sqrt{2}}{3}$$

△ABCの底辺をBCとみて，その面積は

$$\triangle ABC=\frac{1}{2}\cdot\frac{2}{3}\cdot\frac{2\sqrt{2}}{3}=\boldsymbol{\frac{2\sqrt{2}}{9}} \quad \cdots\cdots 答$$

Chapter 10 ベクトル

96. 空間上の点の位置ベクトル

〈頻出度 ★★★〉

平行六面体 OAFB－CEGD を考える．tを正の実数とし，辺OCを $1:t$ に内分する点をMとする．また三角形ABMと直線OGの交点をPとする．さらに $\overrightarrow{OA}=\vec{a}$，$\overrightarrow{OB}=\vec{b}$，$\overrightarrow{OC}=\vec{c}$ とする．

(1) $\overrightarrow{OP}$ を $\vec{a}$，$\vec{b}$，$\vec{c}$，t を用いて表せ．

(2) 四面体OABEの体積を V_1 とし，四面体OABPの体積を V_2 とするとき，これらの比 $V_1:V_2$ を求めよ．

(3) 三角形OABの重心をQとする．直線FCと直線QPが平行になるとき，tの値を求めよ．

（鹿児島大）

着眼 VIEWPOINT

平面ベクトル，空間ベクトル，などと分けて扱うこともありますが，すべきことは平面でも空間でも変わりません．点の位置を決める条件を１つずつ式で表し，計算を進める，が大原則です．平面と空間との大きな違いは,「空間における平面の扱い方」です．

点が平面上にある条件（共面条件）

同一直線上にない3点A，B，Cと点Pについて

（点Pが平面ABC上にある）

$\Leftrightarrow$ （$\overrightarrow{AP}=\alpha\overrightarrow{AB}+\beta\overrightarrow{AC}$ を満たす実数の組 $(\alpha,\ \beta)$ が存在する）

$\Leftrightarrow$ （$\overrightarrow{OP}-\overrightarrow{OA}=\alpha(\overrightarrow{OB}-\overrightarrow{OA})+\beta(\overrightarrow{OC}-\overrightarrow{OA})$ を満たす実数の組 $(\alpha,\ \beta)$ が存在する）

$\Leftrightarrow$ （$\overrightarrow{OP}=s\overrightarrow{OA}+t\overrightarrow{OB}+u\overrightarrow{OC}$ かつ $s+t+u=1$ を満たす実数の組 $(s,\ t,\ u)$ が存在する）

「点がある平面上にあること」「直線がある平面と垂直に交わること」のベクトルによる表し方，この点に注意して練習しましょう．

解答 ANSWER

(1)　$\overrightarrow{OG}=\overrightarrow{OA}+\overrightarrow{AF}+\overrightarrow{FG}=\vec{a}+\vec{b}+\vec{c}$ である．

点Pは直線OG上なので，ある実数kを用いて，次のように表せる．

$$\overrightarrow{OP}=k\overrightarrow{OG}=k\vec{a}+k\vec{b}+k\vec{c}\quad\cdots\cdots①$$

また，点Pは平面ABM上の点なので，実数v，wにより次のように表せる．

$$\begin{aligned}\overrightarrow{OP}&=\overrightarrow{OA}+v\overrightarrow{AB}+w\overrightarrow{AM}\\&=\overrightarrow{OA}+v(\overrightarrow{OB}-\overrightarrow{OA})+w(\overrightarrow{OM}-\overrightarrow{OA})\\&=(1-v-w)\overrightarrow{OA}+v\overrightarrow{OB}+w\overrightarrow{OM}\\&=(1-v-w)\vec{a}+v\vec{b}+\frac{w}{1+t}\vec{c}\quad\cdots\cdots②\end{aligned}$$

$\vec{a}$，$\vec{b}$，$\vec{c}$ は $\vec{0}$ でなく，どの2つも平行でなく，同一平面上にないので，①，②より

←「$\vec{a}$，$\vec{b}$，$\vec{c}$ は1次独立なので」としてもよい．

$$\begin{cases}k=1-v-w\\k=v\\k=\dfrac{w}{1+t}\end{cases}\qquad\therefore\quad(k,\ v,\ w)=\left(\frac{1}{t+3},\ \frac{1}{t+3},\ \frac{t+1}{t+3}\right)$$

したがって，①より　$\boldsymbol{\overrightarrow{OP}=\dfrac{1}{t+3}(\vec{a}+\vec{b}+\vec{c})}$　……答

(2)　四面体OABGの体積をV_3とする．四面体OABEと四面体OABGは，△OABを底面に見たときの高さが等しいことより，$V_1=V_3$である．また，(1)より，$OP=\dfrac{1}{t+3}OG$である．四面体OABGと四面体OABPは，△OABを底面に見たときの高さをそれぞれh_3，h_2とすれば，$h_3:h_2=OG:OP$である．

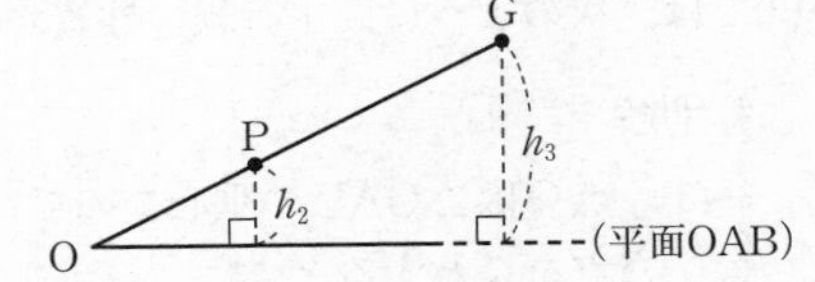

ゆえに，$V_2=\dfrac{1}{t+3}V_3$なので，

求める体積比は

$$V_1:V_2=V_1:\frac{1}{t+3}V_3=V_1:\frac{1}{t+3}V_1=\boldsymbol{(t+3):1}\quad\cdots\cdots答$$

(3)　$\overrightarrow{FC}=\vec{c}-(\vec{a}+\vec{b})=-\vec{a}-\vec{b}+\vec{c}$,

点Qが三角形OABの重心であることに注意して，

$$\overrightarrow{QP}=\overrightarrow{OP}-\overrightarrow{OQ}$$

Chapter 10 ベクトル

$$=\frac{1}{t+3}(\vec{a}+\vec{b}+\vec{c})-\frac{1}{3}(\vec{a}+\vec{b})$$

$$=\left(\frac{1}{t+3}-\frac{1}{3}\right)\vec{a}+\left(\frac{1}{t+3}-\frac{1}{3}\right)\vec{b}+\frac{1}{t+3}\vec{c}$$

$\overrightarrow{FC}/\!/\overrightarrow{QP}$ となるのは，$\overrightarrow{QP}=s\overrightarrow{FC}$ となる実数 s が存在するときである．つまり，

$$\begin{cases}\dfrac{1}{t+3}-\dfrac{1}{3}=-s\\[2mm]\dfrac{1}{t+3}=s\end{cases}$$

これを解いて，$(s,\ t)=\left(\frac{1}{6},\ 3\right)$，である．求める値は　$\boldsymbol{t=3}$　……答

詳説 EXPLANATION

▶ベクトルの共面条件を利用して，(1)を説明することもできます．多少，計算を簡潔にはできますが，「2本のベクトル $\overrightarrow{AB}$，$\overrightarrow{AM}$ で平面ABMを作っている」という感覚（両手を広げて平面を作るようなイメージ）がないうちに，無理に使うと混乱します．**ベクトルの基本は与えられた図形のうえで経路をたどること**です．

$$\overrightarrow{OP}=k(\vec{a}+\vec{b}+\vec{c})$$
$$=k\vec{a}+k\vec{b}+k\vec{c}\quad（ここまでは「解答」と同じ）$$
$$=k\vec{a}+k\vec{b}+(1+t)k\cdot\frac{1}{1+t}\vec{c}$$
$$=k\vec{a}+k\vec{b}+(1+t)k\overrightarrow{OM}\quad\cdots\cdots(*)$$

点Pは平面ABM上の点なので，(*)の係数の和が1である．したがって

$$k+k+(1+t)k=1\qquad\therefore\quad k=\frac{1}{t+3}$$

以降は，「解答」と同じ．

▶(3)では，次のように，平行線の性質から幾何的に考えることもできるでしょう．

別解

(3)　点Qは△OABの重心なので，OQ : OF＝1 : 3 である，OGとCFの交点をRとすると，

$$\mathrm{OP}:\mathrm{OR}=1:3,\ \mathrm{OP}:\mathrm{OG}=1:6$$

(2)より，OP : OG＝1 : $(t+3)$ であるから，

$t+3=6$ より，$\boldsymbol{t=3}$　……答

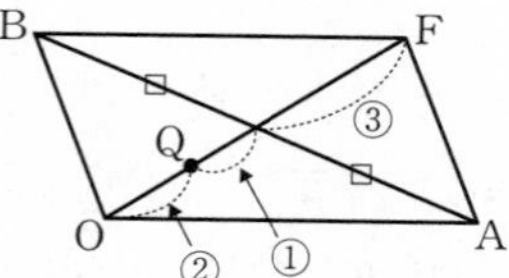

97. 垂線を下ろした点

〈頻出度 ★★★〉

Oを原点とする座標空間に3点O(0, 0, 0), A(2, 1, −2), B(1, −2, 1)があり, O, A, Bの定める平面をαとする. また, α上にない点Pからαに引いた垂線とαの交点をHとする.

(1) $\cos\angle \mathrm{AOB}$を求めよ.

(2) $\triangle \mathrm{OAB}$の面積Sを求めよ.

(3) $\overrightarrow{\mathrm{HP}}=(a,\ b,\ c)$とおくとき, a, bをそれぞれcで表せ.

(4) Pの座標が(9, 7, 9)のとき, $\overrightarrow{\mathrm{OH}}=s\overrightarrow{\mathrm{OA}}+t\overrightarrow{\mathrm{OB}}$を満たす$s$, tの値を求め, Hの座標を求めよ.

(南山大)

着眼 VIEWPOINT

平面上に下ろした垂線と, 平面との交点を調べる問題です.

平面と直線の垂直条件

平面π上に定点Hと, $\vec{b}\neq\vec{0}$, $\vec{c}\neq\vec{0}$, $\vec{b}\not\parallel\vec{c}$を満たす$\vec{b}$, $\vec{c}$を定める.
また, π上にない点Aをとる.
このとき, 次が成り立つ.

$$\overrightarrow{\mathbf{AH}}\perp\vec{b}\quad\text{かつ}\quad\overrightarrow{\mathbf{AH}}\perp\vec{c}\ \Rightarrow\ \overrightarrow{\mathbf{AH}}\perp\pi$$

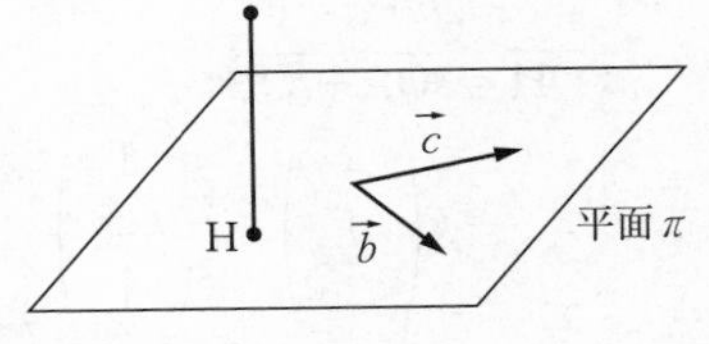

(3)で上記の関係を用い, 得られた関係式を(4)で用いればよいでしょう.

なお,「座標空間の……」という問題文ですが, 座標軸をかいて考える必要はないでしょう. 空間における平面や直線の方程式を積極的に用いるわけではありませんから, 与えられた点が同一直線上に, 同一平面上にあるか否か, 直線同士が垂直に交わるか否か, などが読みとれる程度の図をかいて考えましょう.

解答 ANSWER

(1) $\overrightarrow{\mathrm{OA}}=(2,\ 1,\ -2)$, $\overrightarrow{\mathrm{OB}}=(1,\ -2,\ 1)$より,

$$\overrightarrow{\mathrm{OA}}\cdot\overrightarrow{\mathrm{OB}}=2-2-2=-2$$

$$|\overrightarrow{\mathrm{OA}}||\overrightarrow{\mathrm{OB}}|=\sqrt{9}\cdot\sqrt{6}=3\sqrt{6}$$

したがって, $\overrightarrow{\mathrm{OA}}\cdot\overrightarrow{\mathrm{OB}}=|\overrightarrow{\mathrm{OA}}||\overrightarrow{\mathrm{OB}}|\cos\angle\mathrm{AOB}$から

$$\cos\angle\mathrm{AOB}=\frac{\overrightarrow{\mathrm{OA}}\cdot\overrightarrow{\mathrm{OB}}}{|\overrightarrow{\mathrm{OA}}||\overrightarrow{\mathrm{OB}}|}=\frac{-2}{3\sqrt{6}}=-\frac{\sqrt{6}}{9}$$ ……答

Chapter 10 ベクトル

(2)
$$S=\frac{1}{2}\sqrt{|\overrightarrow{\mathrm{OA}}|^2|\overrightarrow{\mathrm{OB}}|^2-(\overrightarrow{\mathrm{OA}}\cdot\overrightarrow{\mathrm{OB}})^2}$$
$$=\frac{1}{2}\sqrt{(3\sqrt{6})^2-(-2)^2}=\boldsymbol{\frac{5\sqrt{2}}{2}}\quad\cdots\cdots\text{答}$$

(3) $\begin{cases}\overrightarrow{\mathrm{HP}}\perp\overrightarrow{\mathrm{OA}}\\ \overrightarrow{\mathrm{HP}}\perp\overrightarrow{\mathrm{OB}}\end{cases}$ より，$\begin{cases}\overrightarrow{\mathrm{HP}}\cdot\overrightarrow{\mathrm{OA}}=0\\ \overrightarrow{\mathrm{HP}}\cdot\overrightarrow{\mathrm{OB}}=0\end{cases}$ である．

ここで，$\overrightarrow{\mathrm{HP}}=\begin{pmatrix}a\\b\\c\end{pmatrix}$ より

$$\overrightarrow{\mathrm{HP}}\cdot\overrightarrow{\mathrm{OA}}=\begin{pmatrix}a\\b\\c\end{pmatrix}\cdot\begin{pmatrix}2\\1\\-2\end{pmatrix}=2a+b-2c,$$
$$\overrightarrow{\mathrm{HP}}\cdot\overrightarrow{\mathrm{OB}}=\begin{pmatrix}a\\b\\c\end{pmatrix}\cdot\begin{pmatrix}1\\-2\\1\end{pmatrix}=a-2b+c$$

である．つまり，次が成り立つ．

$$\begin{cases}2a+b-2c=0\\a-2b+c=0\end{cases}\quad\text{すなわち}\quad a=\boldsymbol{\frac{3}{5}c},\ b=\boldsymbol{\frac{4}{5}c}\quad\cdots\cdots\text{①答}$$

(4)
$$\overrightarrow{\mathrm{OH}}=s\overrightarrow{\mathrm{OA}}+t\overrightarrow{\mathrm{OB}}$$
$$=s\begin{pmatrix}2\\1\\-2\end{pmatrix}+t\begin{pmatrix}1\\-2\\1\end{pmatrix}$$
$$=\begin{pmatrix}2s+t\\s-2t\\-2s+t\end{pmatrix}\quad\cdots\cdots\text{②}$$

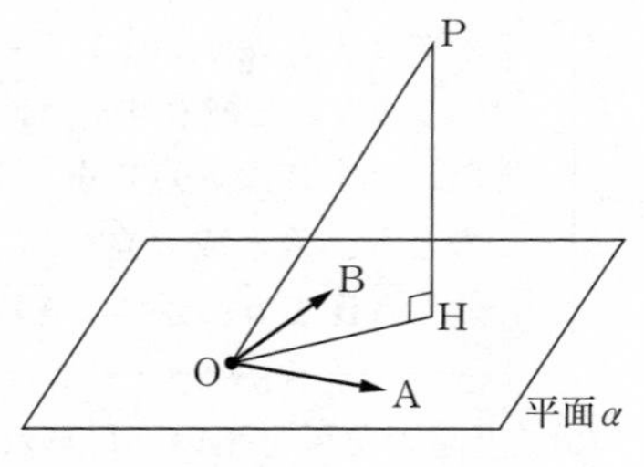

ここで，P(9，7，9) であることと②より

$$\overrightarrow{\mathrm{HP}}=\overrightarrow{\mathrm{OP}}-\overrightarrow{\mathrm{OH}}$$
$$=\begin{pmatrix}9-2s-t\\7-s+2t\\9+2s-t\end{pmatrix}\quad\cdots\cdots\text{③}$$

①より，$\overrightarrow{\mathrm{HP}}=\begin{pmatrix}a\\b\\c\end{pmatrix}$ について $5a=3c$，$5b=4c$ が成り立つので，③と合わせて，次が成り立つ．

$$\begin{cases}5(9-2s-t)=3(9+2s-t)\\5(7-s+2t)=4(9+2s-t)\end{cases}$$

$\begin{cases} 16s+2t=18 \\ -13s+14t=1 \end{cases}$ すなわち $(s,\ t)=(\mathbf{1},\ \mathbf{1})$ ……**答**

したがって，②より，Hの座標は **H(3, −1, −1)** ……**答**

詳説 EXPLANATION

▶「解答」では，$\overrightarrow{\mathrm{HP}}$ は平面 α に垂直なベクトルです．このベクトルと $\overrightarrow{\mathrm{OP}}$ との内積から，点Hの座標を求めることもできます．いわゆる，「正射影ベクトル」と呼ばれているもの（……(**)）ですが，次のように導きながら解くとよいでしょう．

別解

(4) ①より，$\overrightarrow{\mathrm{HP}}=\dfrac{c}{5}\begin{pmatrix}3\\4\\5\end{pmatrix}$ なので，$\vec{n}=\begin{pmatrix}3\\4\\5\end{pmatrix}$ とすれば $\overrightarrow{\mathrm{HP}}\,/\!/\,\vec{n}$ であり，

$\vec{n}$ は α に垂直なベクトルの1つである．

$\overrightarrow{\mathrm{OP}}=\begin{pmatrix}9\\7\\9\end{pmatrix}$ であり，$\overrightarrow{\mathrm{OP}}\cdot\vec{n}>0$ なので，

$\overrightarrow{\mathrm{OP}}$ と $\vec{n}$ のなす角 θ は鋭角である．

つまり，$|\overrightarrow{\mathrm{OR}}|=|\overrightarrow{\mathrm{OP}}|\cos\theta$ である．

このとき，

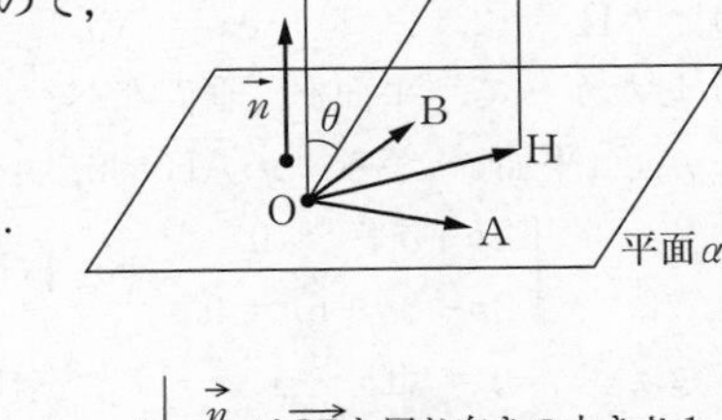

$$\overrightarrow{\mathrm{HP}}=|\overrightarrow{\mathrm{OP}}|\cos\theta\cdot\frac{\vec{n}}{|\vec{n}|}$$

⇐ $\dfrac{\vec{n}}{|\vec{n}|}$ は $\overrightarrow{\mathrm{OR}}$ と同じ向きの大きさ1のベクトル

$$=\frac{|\overrightarrow{\mathrm{OP}}||\vec{n}|\cos\theta}{|\vec{n}|^2}\vec{n}$$

$$=\frac{\overrightarrow{\mathrm{OP}}\cdot\vec{n}}{|\vec{n}|^2}\vec{n} \quad \cdots\cdots(**)$$

$$=\frac{9\cdot3+7\cdot4+9\cdot5}{3^2+4^2+5^2}\begin{pmatrix}3\\4\\5\end{pmatrix}=\begin{pmatrix}6\\8\\10\end{pmatrix}$$

$$\overrightarrow{\mathrm{OH}}=\overrightarrow{\mathrm{RP}}+\overrightarrow{\mathrm{PH}}=\begin{pmatrix}9-6\\7-8\\9-10\end{pmatrix}=\begin{pmatrix}3\\-1\\-1\end{pmatrix}$$

したがって，**H(3, −1, −1)** ……**答**

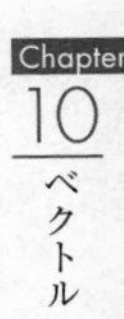

98. 座標空間における四面体

〈頻出度★★★〉

座標空間に4点A(1, 1, 0), B(3, 2, 1), C(4, −2, 6), D(3, 5, 2)がある．以下の問いに答えよ．

(1) 3点A，B，Cの定める平面をαとする．点Dから平面αに下ろした垂線と平面αの交点をPとする．線分DPの長さを求めよ．

(2) 四面体ABCDの体積を求めよ．

（北九州市立大 改題）

着眼 VIEWPOINT

座標空間を題材とした問題の中では，よく出題されるテーマです．内積の計算，点が平面上にある条件，垂直条件などへの理解をまとめて問われる問題です．さまざまな説明の方法があり（☞詳説），誘導のされ方も多種多様なので，いずれもできた方がよいでしょう．ここでは，平面の方程式を導く方法から考えてみます．

解答 ANSWER

(1) $\overrightarrow{AB}=(2,\ 1,\ 1)$，$\overrightarrow{AC}=(3,\ -3,\ 6)$ ……①

したがって，平面αに垂直なベクトルの1つを$\vec{n}=(p,\ q,\ r)$とすれば，$\vec{n}\perp$(平面α)から，$\vec{n}\cdot\overrightarrow{AB}=0$，$\vec{n}\cdot\overrightarrow{AC}=0$である．つまり

$$\begin{cases}2p+q+r=0\\3p-3q+6r=0\end{cases}\quad \text{すなわち}\quad r=-p,\ q=-p \quad \cdots\cdots②$$

②から，$\vec{n}=(1,\ -1,\ -1)$とすれば，$\vec{n}\perp\alpha$である．したがって，平面α上の任意の点をQ$(x,\ y,\ z)$とすれば，$\vec{n}\cdot\overrightarrow{AQ}=0$が成り立つことから

$$1\cdot(x-1)+(-1)\cdot(y-1)+(-1)\cdot(z-0)=0$$

$$x-y-z=0 \quad \cdots\cdots③$$

③は，座標空間における平面αの方程式である．

ここで，$\overrightarrow{DP}$と$\vec{n}$が平行であることから，Oを原点とすると，実数tを用いて次のように表せる．

$$\overrightarrow{OP}=\overrightarrow{OD}+t\vec{n}=(3+t,\ 5-t,\ 2-t)$$

点Pは平面α上の点なので，③より

$$(3+t)-(5-t)-(2-t)=0 \qquad \therefore\ t=\frac{4}{3}$$

したがって，線分DPの長さは

$$|\overrightarrow{DP}|=|t\vec{n}|=|t||\vec{n}|=\frac{4}{3}\cdot\sqrt{1^2+(-1)^2+(-1)^2}=\boldsymbol{\frac{4\sqrt{3}}{3}} \quad \cdots\cdots\text{答}$$

(2) ①より

$$\triangle ABC = \frac{1}{2}\sqrt{|\overrightarrow{AB}|^2|\overrightarrow{AC}|^2-(\overrightarrow{AB}\cdot\overrightarrow{AC})^2}$$

$$= \frac{1}{2}\sqrt{(\sqrt{6})^2(3\sqrt{6})^2-9^2} = \frac{9\sqrt{3}}{2}$$

したがって，(1)の結果と合わせて，求める体積をVとして，

$$V = \frac{1}{3}\cdot\triangle ABC\cdot|\overrightarrow{DP}| = \frac{1}{3}\cdot\frac{9\sqrt{3}}{2}\cdot\frac{4\sqrt{3}}{3} = \mathbf{6}$$ ……答

詳説 EXPLANATION

▶地道に計算するのであれば，これまでの問題のように「点Pの位置を定める条件」を式に直してもよいでしょう．つまり，「点Pは平面α上にある」「$\overrightarrow{DP}\perp\overrightarrow{AB}$」「$\overrightarrow{DP}\perp\overrightarrow{AC}$」を1つずつ式に直して，

$$\overrightarrow{OP} = \overrightarrow{OA} + (x\overrightarrow{AB}+y\overrightarrow{AC}), \qquad \overrightarrow{DP}\cdot\overrightarrow{AB} = 0, \qquad \overrightarrow{DP}\cdot\overrightarrow{AC} = 0$$

が成り立ちます．第1式からPの座標を実数x，yを用いて表せるので，第2式，第3式に代入すれば，x，yの連立方程式を得られます．実質的には「解答」と同じことですが，この方が馴染みがあるという人も多いでしょう．

▶問題94のように，内積の図形的な性質を考えれば，次のようにDPの長さを求めることもできます．いわゆる，「正射影ベクトル」を考えることと同じです．

別解

(1) $\vec{n} = (1,\ -1,\ -1)$を求めるところまでは「解答」と同じ．

ここで，DPの長さ$|\overrightarrow{DP}|$について考える．$\overrightarrow{AD}$と$\vec{n}$のなす角をθとする．$\overrightarrow{AD} = (2,\ 4,\ 2)$であり，
$\overrightarrow{AD}\cdot\vec{n} = -4 < 0$であることから，
これらのなす角θは鈍角である．
つまり，右の図の関係にある．
したがって，$\vec{n}$の逆ベクトル

$$\vec{m} = -\vec{n} = (-1,\ 1,\ 1)$$

と$\overrightarrow{AD}$のなす角をβとするとき，

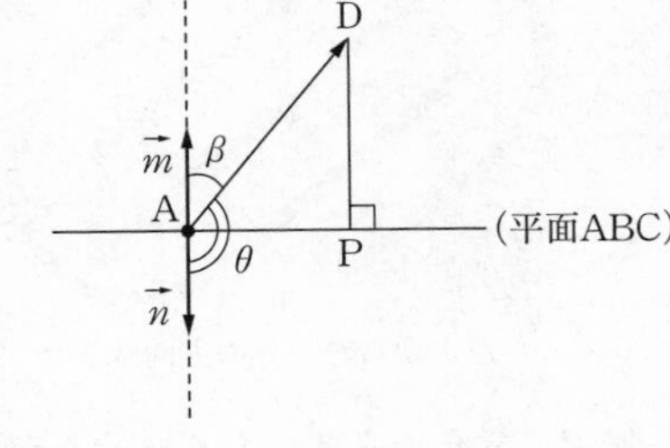

$$|\overrightarrow{DP}| = |\overrightarrow{AD}|\cos\beta = \frac{|\vec{m}||\overrightarrow{AD}|\cos\beta}{|\vec{m}|} = \frac{\vec{m}\cdot\overrightarrow{AD}}{|\vec{m}|} = \frac{\mathbf{4}}{\sqrt{\mathbf{3}}}$$ ……答

▶次の定理を知っている人であれば，(2)の計算は楽に行えます．

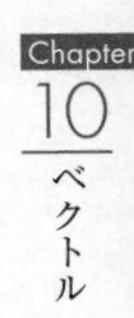

点と平面の距離の公式

座標空間において，平面 $ax+by+cz+d=0$（ただし，$a^2+b^2+c^2 \neq 0$）と点 $(x_0,\ y_0,\ z_0)$ との距離を L とすると，L は，

$$L=\frac{|ax_0+by_0+cz_0+d|}{\sqrt{a^2+b^2+c^2}} \quad \cdots\cdots(*)$$

上の「解答」は，点と平面の距離の公式を「導きつつ解いている」のと，ほとんど同じです．点の座標と平面の式を文字でおいたまま，同様に計算すれば(*)の式は導けます．

▶飛び道具のような方法ですが，次の公式があります．

サラスの公式（行列式）

4 点 O$(0,\ 0,\ 0)$，A$(x_1,\ y_1,\ z_1)$，B$(x_2,\ y_2,\ z_2)$，C$(x_3,\ y_3,\ z_3)$ を頂点とする四面体の体積 V は

$$V=\frac{1}{6}|y_1z_2x_3+z_1x_2y_3+x_1y_2z_3-z_1y_2x_3-x_1z_2y_3-y_1x_2z_3|$$

導き方はさまざまで，例えば上の点と平面の距離の公式などを用いて計算する，などで得られます．次のように，縦に成分をかいたベクトルを横に並べ，斜めに積をとる方法がよく知られています．

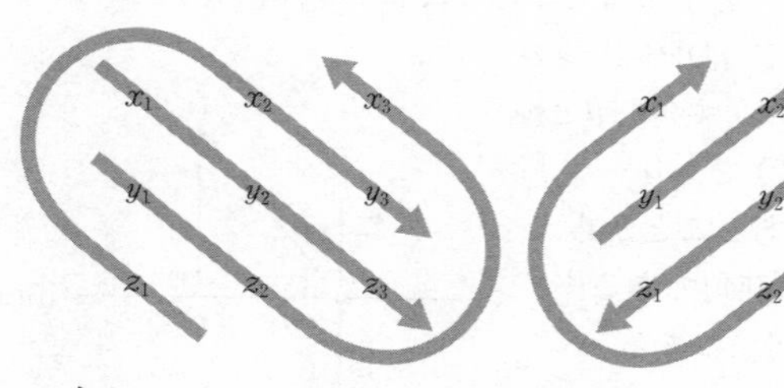

左上から右下への方向は⊕　　右上から左下への方向は⊖

無理に覚える必要はありませんが，極端に試験時間が短い大学を受ける人などは，参考にしてもよいかもしれません．

99. 球と平面の共通部分

〈頻出度 ★★★〉

座標空間において，原点Oと点A(1, 1, 2) を通る直線を l とする．また，点B(3, 4, −5) を中心とする半径7と半径6の球面をそれぞれS_1, S_2とする．このとき，次の問に答えよ．

(1) 球面S_1の方程式を求めよ．

(2) 直線 l と球面S_1の2つの交点のうち原点からの距離が小さい方をP_1, 大きい方をP_2とする．$\overrightarrow{\mathrm{OP}_1}=t_1\overrightarrow{\mathrm{OA}}$, $\overrightarrow{\mathrm{OP}_2}=t_2\overrightarrow{\mathrm{OA}}$ と表すとき，t_1, t_2の値をそれぞれ求めよ．

(3) 点Qを直線 l 上の点とするとき，2点Q，Bの距離の最小値を求めよ．

(4) 球面S_2とxy平面が交わってできる円Cの半径rの値を求めよ．

(5) zx平面と接し，xy平面との交わりが(4)で定めた円Cとなる球面は2つある．この2つの球面の中心間の距離を求めよ．

（立教大）

着眼 VIEWPOINT

座標空間において，球面と直線，あるいは球面と平面の位置関係を考える問題はしばしば出題されます．図形同士の位置関係（離れている，接する，交差する）に注意して解きましょう．図をかいて考えることはもちろん大切ですが，座標空間に「正しく」図示することにこだわりすぎないようにしましょう．

解答 ANSWER

(1) 点B(3, 4, −5) を中心とする半径7の球面S_1の方程式は

$$(x-3)^2+(y-4)^2+(z+5)^2=49 \quad \cdots\cdots①\text{答}$$

(2) 原点Oと点A(1, 1, 2) を通る直線 l と，球面S_1の交点をPとおく．

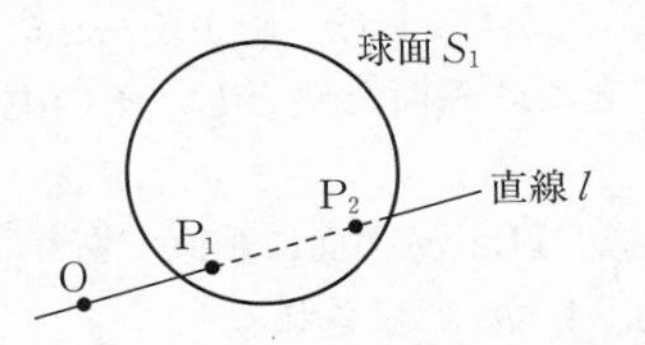

図示するとしても，この程度で十分．③の t に対応して，2点P_1, P_2が決まることがわかればよい．

点Pは直線 l 上にあることから，$\overrightarrow{\mathrm{OP}}=t\overrightarrow{\mathrm{OA}}$ を満たす実数 t が存在する．
したがって，Pの座標は

$$\mathrm{P}(t,\ t,\ 2t) \quad \cdots\cdots②$$

と表せる．原点からの距離は，$\mathrm{OP}=\sqrt{t^2+t^2+4t^2}=\sqrt{6}\,|t|$ である．

ここで，点Pは球面S_1上にあるから，①，②より

$$(t-3)^2+(t-4)^2+(2t+5)^2=49$$

$$6t^2+6t+1=0 \qquad \therefore\ t=\frac{-3\pm\sqrt{3}}{6} \quad \cdots\cdots③$$

③の2つのtの値のうち，$\mathrm{OP}=\sqrt{6}\,|t|$ の値が小さくなる方の値が$t=t_1$，大きくなる方の値が$t=t_2$である．

$$\left|\frac{-3+\sqrt{3}}{6}\right|=\frac{3-\sqrt{3}}{6}<\frac{3+\sqrt{3}}{6}=\left|\frac{-3-\sqrt{3}}{6}\right|$$

したがって，求めるt_1，t_2の値は

$$t_1=\boldsymbol{\frac{-3+\sqrt{3}}{6}},\ t_2=\boldsymbol{\frac{-3-\sqrt{3}}{6}} \quad \cdots\cdots \text{答}$$

(3) ②と同様に，直線l上の点Qの座標は，実数kを用いてQ$(k,\ k,\ 2k)$と表すことができる．このとき

$$\begin{aligned}\mathrm{QB}^2&=(k-3)^2+(k-4)^2+(2k+5)^2\\&=6k^2+6k+50\\&=6\left(k+\frac{1}{2}\right)^2+\frac{97}{2}\geqq\frac{97}{2}\end{aligned}$$

等号は$k=-\dfrac{1}{2}$で成り立つ．したがって，2点Q，Bの距離の最小値は

$$\sqrt{\frac{97}{2}}=\boldsymbol{\frac{\sqrt{194}}{2}} \quad \cdots\cdots \text{答}$$

(4) S_2は点B$(3,\ 4,\ -5)$を中心とする半径6の球面だから，S_2の方程式は

$$(x-3)^2+(y-4)^2+(z+5)^2=36$$

$z=0$を代入すると

$$(x-3)^2+(y-4)^2=11 \quad \cdots\cdots④$$

これが，球面S_2とxy平面が交わってできる円Cの，xy平面での方程式である．

したがって，求める値は，　$r=\boldsymbol{\sqrt{11}}$ ……答

(5) 円Cの中心をGとすると，Gの座標は，④から，G$(3,\ 4,\ 0)$(……⑤)である．

zx平面と接し，xy平面との交わりが円Cとなる球面をS_3とし，その中心をH，半径をRとする．

S_3とxy平面との交わりが円Cなので，直線GHはxy平面に垂直であり，⑤から，S_3の中心Hの座標は実数hを用いてH$(3,\ 4,\ h)$と表される．

S_3がzx平面と接することから，S_3の半径Rは$R=4$．また，円C上の任意の点をIとすると，△IGHについて

$$\mathrm{IG}=r=\sqrt{11},\ \mathrm{GH}=|h|,\ \mathrm{HI}=R=4,\ \angle\mathrm{IGH}=90^\circ$$

である．△IGHに三平方の定理を用いる．$HI^2=IG^2+GH^2$ より，

$$16=11+h^2 \qquad \therefore \quad h=\pm\sqrt{5}$$

ゆえに，条件を満たす球面は2つあり，中心の座標はそれぞれ $T_1(3,\ 4,\ \sqrt{5})$，$T_2(3,\ 4,\ -\sqrt{5})$ である．

したがって，この2つの球面の中心間の距離は

$$T_1T_2=\sqrt{5}-(-\sqrt{5})=\mathbf{2\sqrt{5}} \quad \cdots\cdots \text{答}$$

詳説 EXPLANATION

▶(3)は，次のように図形的に考察してもよいでしょう．

別解

(3)　(2)において，②で $t=t_1$，$t=t_2$ とした点が，それぞれ P_1，P_2 であり，

$$P_1(t_1,\ t_1,\ 2t_1),\ P_2(t_2,\ t_2,\ 2t_2)$$

である．2点Q，Bの距離が最小になるのは，$PQ\perp l$ のとき，すなわちQが線分 P_1P_2 の中点のときである．このときのQの座標は，

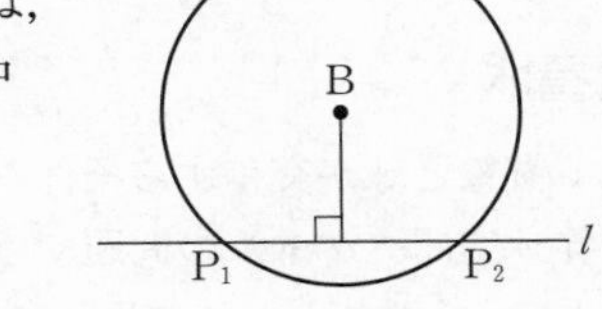

$$Q\left(\frac{t_1+t_2}{2},\ \frac{t_1+t_2}{2},\ t_1+t_2\right)$$

である．(2)の結果から，$t_1+t_2=-1$ なので，$Q\left(-\frac{1}{2},\ -\frac{1}{2},\ -1\right)$．

したがって，2点Q，Bの距離の最小値は

$$\sqrt{\left(3+\frac{1}{2}\right)^2+\left(4+\frac{1}{2}\right)^2+(-5+1)^2}=\mathbf{\frac{\sqrt{194}}{2}} \quad \cdots\cdots \text{答}$$

また，P_1, P_2 の長さが t_1，t_2 から決まることに気づけば，次のように解けます．

別解

(3)　(2)の t_1，t_2 に対応する点が，それぞれ P_1，P_2 である．

$t_2<t_1<0$ に注意すると，

$$P_1P_2=\sqrt{6}\,(t_1-t_2)=\sqrt{2}$$

つまり，P_1，P_2 の中点をMとすれば，$P_1M=\frac{1}{2}P_1P_2=\frac{1}{\sqrt{2}}$ である．

したがって，2点Q，Bの距離の最小値は

$$BM=\sqrt{BP_1{}^2-P_1M^2}=\sqrt{7^2-\left(\frac{1}{\sqrt{2}}\right)^2}=\mathbf{\frac{\sqrt{194}}{2}} \quad \cdots\cdots \text{答}$$

100. 点光源からの球の影

〈頻出度★★★〉

空間に球面S：$x^2+y^2+z^2-4z=0$と定点A(0, 1, 4)がある．次の問いに答えよ．

(1) 球面Sの中心Cの座標と半径を求めよ．

(2) xy平面上に点B(4, −1, 0)をとるとき，直線ABと球面Sの共有点の座標を求めよ．

(3) 直線AQと球面Sが共有点をもつように点Qがxy平面上を動く，このとき，点Qの動く範囲を求めて，それをxy平面上に図示せよ．

（立命館大 改題）

着眼 VIEWPOINT

直線と球が交差する条件や，平面との共有点に関する問題です．成分の計算を伴う空間ベクトルの問題では，比較的よく出題されるテーマです．「道なりに和をとる」感覚さえあれば決して難しくはありません．(3)では，点Oから出発して，O，A，Qと点をたどる感覚で式を立てていきましょう．

解答 ANSWER

(1) 球面Sの式は

$$x^2+y^2+(z-2)^2=2^2 \quad \cdots\cdots①$$

①より，球面Sの中心の座標は**C(0, 0, 2)**，半径は**2** ……答

(2)

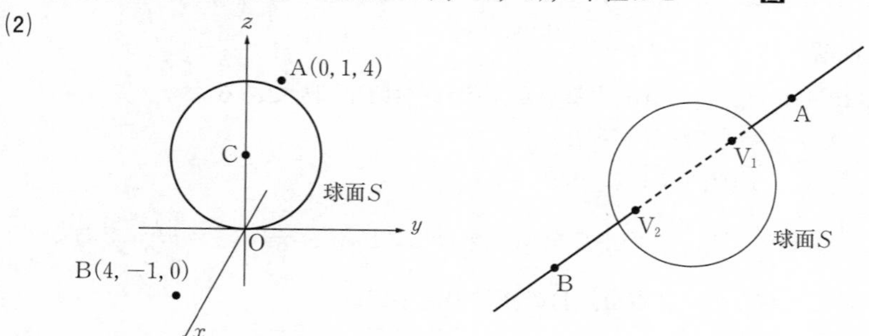

$\overrightarrow{AB}=\begin{pmatrix}4-0\\-1-1\\0-4\end{pmatrix}=\begin{pmatrix}4\\-2\\-4\end{pmatrix}=2\begin{pmatrix}2\\-1\\-2\end{pmatrix}$である．$\vec{d}=\begin{pmatrix}2\\-1\\-2\end{pmatrix}$とする．直線AB

と球面Sの共有点をVとすると，実数uにより

$$\overrightarrow{\mathrm{OV}}=\overrightarrow{\mathrm{OA}}+u\vec{d}$$
$$=\begin{pmatrix}0\\1\\4\end{pmatrix}+u\begin{pmatrix}2\\-1\\-2\end{pmatrix}=\begin{pmatrix}2u\\1-u\\4-2u\end{pmatrix}$$

つまり，$\mathrm{V}(2u,\ 1-u,\ 4-2u)$(……②) と表される．点Vは$S$上なので，①に代入して，

$$(2u)^2+(1-u)^2+(2-2u)^2=4$$
$$(u-1)(9u-1)=0$$
$$u=\frac{1}{9},\ 1$$

②より，共有点の座標は $\left(\boldsymbol{\frac{2}{9}},\ \boldsymbol{\frac{8}{9}},\ \boldsymbol{\frac{34}{9}}\right)$，**(2, 0, 2)** ……**答**

(3) 点Qの座標を$(X,\ Y,\ 0)$とおくと，$\overrightarrow{\mathrm{AQ}}=\begin{pmatrix}X-0\\Y-1\\0-4\end{pmatrix}=\begin{pmatrix}X\\Y-1\\-4\end{pmatrix}$である．直線AQと球面$S$との共有点をRとすると，実数$k$により

$$\overrightarrow{\mathrm{OR}}=\overrightarrow{\mathrm{OA}}+k\overrightarrow{\mathrm{AQ}}$$
$$=\begin{pmatrix}0\\1\\4\end{pmatrix}+k\begin{pmatrix}X\\Y-1\\-4\end{pmatrix}=\begin{pmatrix}kX\\1+k(Y-1)\\4-4k\end{pmatrix}$$

つまり，$\mathrm{R}(kX,\ 1+k(Y-1),\ 4-4k)$と表される．点Rは$S$上なので，①に代入して，

$$(kX)^2+\{1+k(Y-1)\}^2+(2-4k)^2=4$$
$$\{X^2+(Y-1)^2+16\}k^2+2(Y-9)k+1=0 \quad \cdots\cdots④$$

直線AQと球面Sが共有点をもつ条件は，④を満たす実数kが存在することである．つまり，Qの存在する範囲をWとすると，

$$(X,\ Y)\in W \iff ④\text{を満たす実数}k\text{が存在する}$$

ここで，$X^2+(Y-1)^2+16\geqq 16>0$なので，④はkの2次方程式である．したがって，④の判別式をDとすると，実数kが存在する条件は$D\geqq 0$である．つまり，

$$(Y-9)^2-X^2-(Y-1)^2-16\geqq 0$$
$$Y\leqq -\frac{1}{16}X^2+4$$

したがって，点Qの動く範囲は，

$$y \leqq -\frac{1}{16}x^2+4 \quad \text{かつ} \quad z=0$$

であり，これを xy 平面に図示すると下図の網目部分である．ただし，境界をすべて含む．

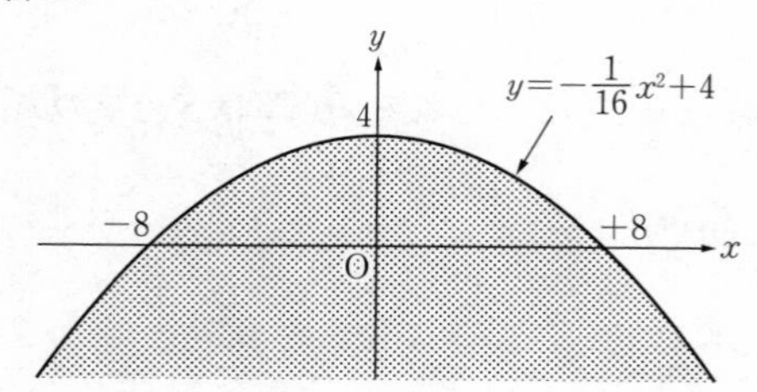

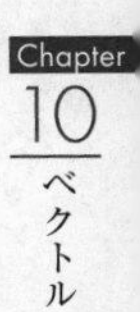
Chapter
10
ベクトル

メモ MEMO

索引 INDEX

▶この索引には，目次にある各章・各問題（1～100）のタイトル，および本文中にある定義・定理など（四角枠部分）のタイトルを50音順に掲載しています。「**小さい太字**」は定義・定理などのタイトルです。

あ

か

さ

た

な

は

ま

や

ら

わ

【訂正のお知らせはコチラ】

本書の内容に万が一誤りがございました場合は，東進 WEB 書店（https://www.toshin.com/books/）の本書ページにて随時お知らせいたしますので，こちらをご確認ください。☞

※未掲載の誤植はメール <books@toshin.com> でお問い合わせください。

文系数学Ⅰ・A/Ⅱ・B+C 最重要問題100

発行日：2023 年　12 月 25 日　　初版発行

著者：寺田英智
発行者：永瀬昭幸

編集担当：八重樫清隆
発行所：株式会社ナガセ

〒 180-0003 東京都武蔵野市吉祥寺南町 1-29-2
出版事業部（東進ブックス）
TEL：0422-70-7456 ／ FAX：0422-70-7457
URL：http://www.toshin.com/books（東進 WEB 書店）
※訂正のお知らせや東進ブックスの最新情報は上記ホームページをご覧ください。

編集主幹：森下聡吾
編集協力：太田涼花　佐藤誠馬　山下芽久
入試問題分析：土屋岳弘　森下聡吾　清水梨愛　井原穣　日野まほろ
校閲：村田弘樹
組版・制作協力：㈱明友社
印刷・製本：三省堂印刷㈱

Printed in Japan
ISBN978-4-89085-944-3　C7341

東進の合格の秘訣が次ページに

合格の秘訣1 全国屈指の実力講師陣

東進の実力講師陣
数多くのベストセラー参考書を執筆!!

東進ハイスクール・東進衛星予備校では、そうそうたる講師陣が君を熱く指導する！

本気で実力をつけたいと思うなら、やはり根本から理解させてくれる一流講師の授業を受けることが大切です。東進の講師は、日本全国から選りすぐられた大学受験のプロフェッショナル。何万人もの受験生を志望校合格へ導いてきたエキスパート達です。

英語

本物の英語力をとことん楽しく！日本の英語教育をリードするMr.4Skills.

安河内 哲也先生 [英語]

100万人を魅了した予備校界のカリスマ。抱腹絶倒の名講義を見逃すな！

今井 宏先生 [英語]

爆笑と感動の世界へようこそ。「スーパー速読法」で難解な長文も速読即解！

渡辺 勝彦先生 [英語]

雑誌『TIME』やベストセラーの翻訳も手掛け、英語界でその名を馳せる実力講師。

宮崎 尊先生 [英語]

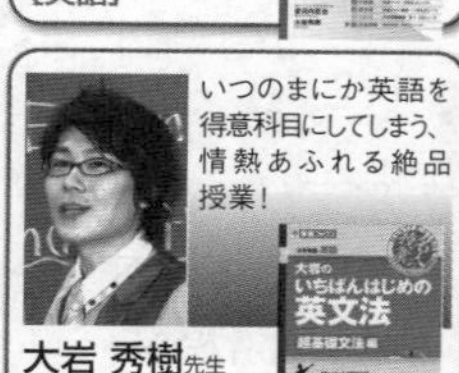

いつのまにか英語を得意科目にしてしまう、情熱あふれる絶品授業！

大岩 秀樹先生 [英語]

全世界の上位5％(PassA)に輝く、世界基準のスーパー実力講師！

武藤 一也先生 [英語]

関西の実力講師が、全国の東進生に「わかる」感動を伝授。

慎 一之 先生 [英語]

数学

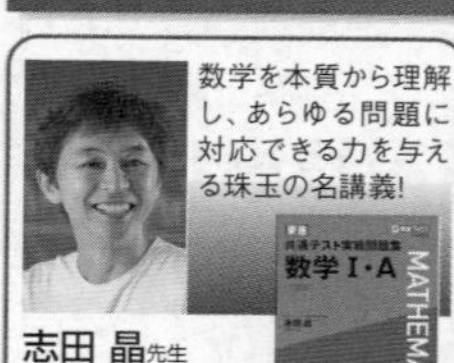

数学を本質から理解し、あらゆる問題に対応できる力を与える珠玉の名講義！

志田 晶先生 [数学]

論理力と思考力を鍛え、問題解決力を養成。多数の東大合格者を輩出！

青木 純二先生 [数学]

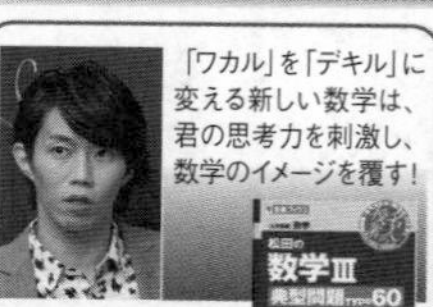

「ワカル」を「デキル」に変える新しい数学は、君の思考力を刺激し、数学のイメージを覆す！

松田 聡平先生 [数学]

予備校界を代表する講師による魔法のような感動講義を東進で！

河合 正人先生 [数学]

WEBで体験

東進ドットコムで授業を体験できます！

実力講師陣の詳しい紹介や、各教科の学習アドバイスも読めます。

www.toshin.com/teacher/

国語

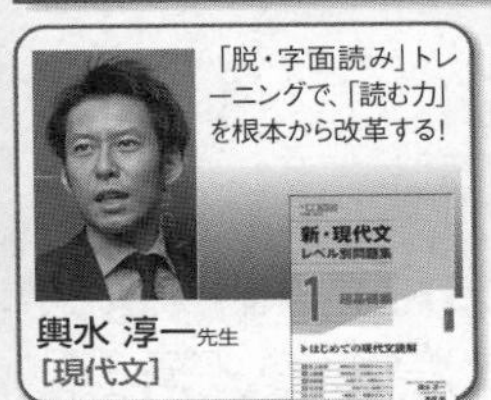

「脱・字面読み」トレーニングで、「読む力」を根本から改革する！

輿水 淳一先生
[現代文]

明快な構造板書と豊富な具体例で必ず君を納得させる！「本物」を伝える現代文の新鋭。

西原 剛先生
[現代文]

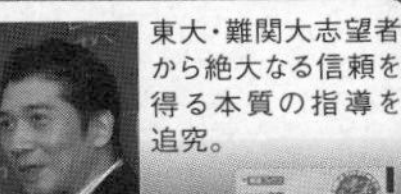

東大・難関大志望者から絶大なる信頼を得る本質の指導を追究。

栗原 隆先生
[古文]

ビジュアル解説で古文を簡単明快に解き明かす実力講師。

富井 健二先生
[古文]

縦横無尽な知識に裏打ちされた立体的な授業に、グングン引き込まれる！

三羽 邦美先生
[古文・漢文]

幅広い教養と明解な具体例を駆使した緩急自在の講義。漢文が身近になる！

寺師 貴憲先生
[漢文]

文章で自分を表現できれば、受験も人生も成功できますよ。「笑顔と努力」で合格を！

石関 直子先生
[小論文]

理科

正しい道具の使い方で、難問が驚くほどシンプルに見えてくる！

宮内 舞子先生
[物理]

化学現象を疑い化学全体を見通す"伝説の講義"は東大理三合格者も絶賛。

鎌田 真彰先生
[化学]

「なぜ」をとことん追究し「規則性」「法則性」が見えてくる大人気の授業！

立脇 香奈先生
[化学]

「いきもの」をこよなく愛する心が君の探究心を引き出す！生物の達人。

飯田 高明先生
[生物]

地歴公民

歴史の本質に迫る授業と、入試頻出の「表解板書」で圧倒的な信頼を得る！

金谷 俊一郎先生
[日本史]

つねに生徒と同じ目線に立って、入試問題に対する的確な思考法を教えてくれる。

井之上 勇 先生
[日本史]

"受験世界史に荒巻あり"と言われる超実力人気講師！世界史の醍醐味を。

荒巻 豊志先生
[世界史]

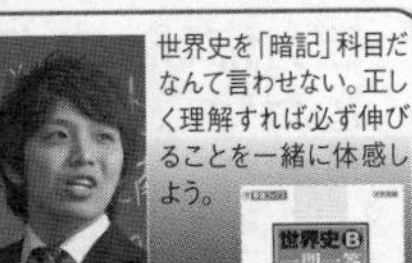

世界史を「暗記」科目だなんて言わせない。正しく理解すれば必ず伸びることを一緒に体感しよう。

加藤 和樹先生
[世界史]

どんな複雑な歴史も難問も、シンプルな解説で本質から徹底理解できる。

清水 裕子先生
[世界史]

わかりやすい図解と統計の説明に定評。

山岡 信幸先生
[地理]

政治と経済のメカニズムを論理的に解明しながら、入試頻出ポイントを明確に示す。

清水 雅博先生
[公民]

「今」を知ることは「未来」の扉を開くこと。受験に留まらず、目標を高く、そして強く持て！

執行 康弘先生
[公民]

合格の秘訣2 基礎から志望校対策まで合格に必要なすべてを網羅した

学習システム

映像によるIT授業を駆使した最先端の勉強法

高速学習

一人ひとりのレベル・目標にぴったりの授業

東進はすべての授業を映像化しています。その数およそ1万種類。これらの授業を個別に受講できるので、一人ひとりのレベル・目標に合った学習が可能です。1.5倍速受講ができるほか自宅からも受講できるので、今までにない効率的な学習が実現します。

現役合格者の声

東京大学 文科一類
早坂 美玖さん
東京都 私立 女子学院高校卒

私は基礎に不安があり、自分に合ったレベルから対策ができる東進を選びました。東進では、担任の先生との面談が頻繁にあり、その都度、学習計画について相談できるので、目標が立てやすかったです。

1年分の授業を最短2週間から1カ月で受講

従来の予備校は、毎週1回の授業。一方、東進の高速学習なら毎日受講することができます。だから、1年分の授業も最短2週間から1カ月程度で修了可能。先取り学習や苦手科目の克服、勉強と部活との両立も実現できます。

先取りカリキュラム

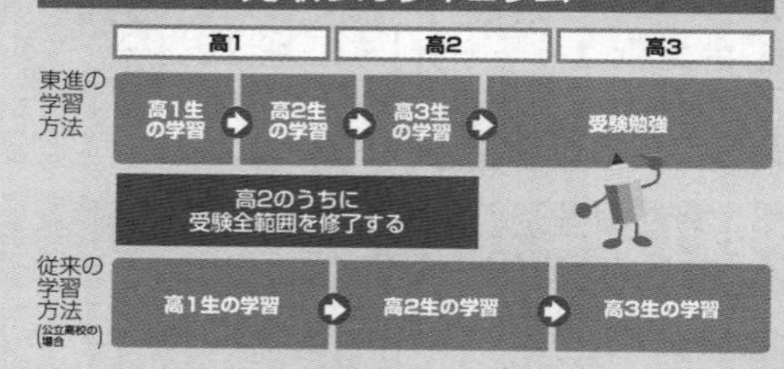

目標まで一歩ずつ確実に

スモールステップ・パーフェクトマスター

自分にぴったりのレベルから学べる 習ったことを確実に身につける

高校入門から最難関大までの12段階から自分に合ったレベルを選ぶことが可能です。「簡単すぎる」「難しすぎる」といったことがなく、志望校へ最短距離で進みます。

授業後すぐに確認テストを行い内容が身についたかを確認し、合格したら次の授業に進むので、わからない部分を残すことはありません。短期集中で徹底理解をくり返し、学力を高めます。

パーフェクトマスターのしくみ

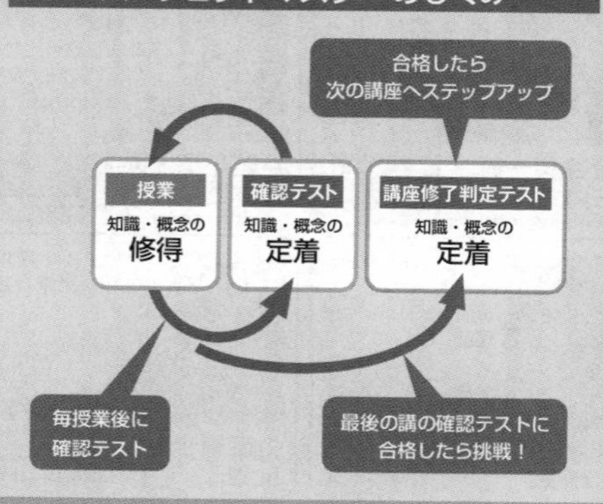

現役合格者の声

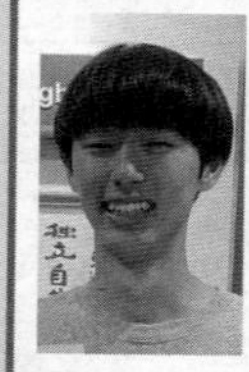

東北大学 工学部
関 響希くん
千葉県立 船橋高校卒

受験勉強において一番大切なことは、基礎を大切にすることだと学びました。「確認テスト」や「講座修了判定テスト」といった東進のシステムは基礎を定着させるうえでとても役立ちました。

徹底的に学力の土台を固める

高速マスター基礎力養成講座

高速マスター基礎力養成講座は「知識」と「トレーニング」の両面から、効率的に短期間で基礎学力を徹底的に身につけるための講座です。英単語をはじめとして、数学や国語の基礎項目も効率よく学習できます。オンラインで利用できるため、校舎だけでなく、スマートフォンアプリで学習することも可能です。

現役合格者の声

早稲田大学 基幹理工学部
曽根原 和奏さん
東京都立 立川国際中等教育学校卒

演劇部の部長と両立させながら受験勉強をスタートさせました。「高速マスター基礎力養成講座」はおススメです。特に英単語は、高3になる春までに完成させたことで、その後の英語力の自信になりました。

東進公式スマートフォンアプリ

東進式マスター登場！

（英単語／英熟語／英文法／基本例文）

スマートフォンアプリでスキマ時間も徹底活用！

1）スモールステップ・パーフェクトマスター！

頻出度（重要度）の高い英単語から始め、1つのSTAGE（計100語）を完全修得すると次のSTAGEに進めるようになります。

2）自分の英単語力が一目でわかる！

トップ画面に「修得語数・修得率」をメーター表示。
自分が今何語修得しているのか、どこを優先的に学習すべきなのか一目でわかります。

3）「覚えていない単語」だけを集中攻略できる！

未修得の単語、または「My単語（自分でチェック登録した単語）」だけをテストする出題設定が可能です。
すでに覚えている単語を何度も学習するような無駄を省き、効率良く単語力を高めることができます。

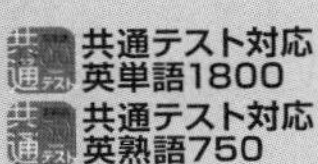

共通テスト対応英単語1800
共通テスト対応英熟語750
英文法750
英語基本例文300

「共通テスト対応英単語1800」2023年共通テストカバー率99.8%！

君の合格力を徹底的に高める

志望校対策

第一志望校突破のために、志望校対策にどこよりもこだわり、合格力を徹底的に極める質・量ともに抜群の学習システムを提供します。従来からの「過去問演習講座」に加え、AIを活用した「志望校別単元ジャンル演習講座」、「第一志望校対策演習講座」で合格力を飛躍的に高めます。東進が持つ大学受験に関するビッグデータをもとに、個別対応の演習プログラムを実現しました。限られた時間の中で、君の得点力を最大化します。

現役合格者の声

京都大学 法学部
山田 悠雅くん
神奈川県 私立 浅野高校卒

「過去問演習講座」には解説授業や添削指導があるので、とても復習がしやすかったです。「志望校別単元ジャンル演習講座」では、志望校の類似問題をたくさん演習できるので、これで力がついたと感じています。

大学受験に必須の演習

過去問演習講座

1. 最大10年分の徹底演習
2. 厳正な採点、添削指導
3. 5日以内のスピード返却
4. 再添削指導で着実に得点力強化
5. 実力講師陣による解説授業

東進×AIでかつてない志望校対策

志望校別単元ジャンル演習講座

過去問演習講座の実施状況や、東進模試の結果など、東進で活用したすべての学習履歴をAIが総合的に分析。学習の優先順位をつけ、志望校別に「必勝必達演習セット」として十分な演習問題を提供します。問題は東進が分析した、大学入試問題の膨大なデータベースから提供されます。苦手を克服し、一人ひとりに適切な志望校対策を実現する日本初の学習システムです。

志望校合格に向けた最後の切り札

第一志望校対策演習講座

第一志望校の総合演習に特化し、大学が求める解答力を身につけていきます。対応大学は校舎にお問い合わせください。

合格の秘訣3 **東進模試**

申込受付中
※お問い合わせ先は付録7ページをご覧ください。

学力を伸ばす模試

本番を想定した「厳正実施」
統一実施日の「厳正実施」で、実際の入試と同じレベル・形式・試験範囲の「本番レベル」模試。
相対評価に加え、絶対評価で学力の伸びを具体的な点数で把握できます。

12大学のべ42回の「大学別模試」の実施
予備校界随一のラインアップで志望校に特化した"学力の精密検査"として活用できます(同日・直近日体験受験を含む)。

単元・ジャンル別の学力分析
対策すべき単元・ジャンルを一覧で明示。学習の優先順位がつけられます。

最短中5日で成績表返却 WEBでは最短中3日で成績を確認できます。※マーク型の模試のみ

合格指導解説授業 模試受験後に合格指導解説授業を実施。重要ポイントが手に取るようにわかります。

2023年度

東進模試 ラインアップ

共通テスト対策
- 共通テスト本番レベル模試 …… 全4回
- 全国統一高校生テスト〈全学年統一部門〉〈高2生部門〉〈高1生部門〉 …… 全2回

同日体験受験
- 共通テスト同日体験受験 …… 全1回

記述・難関大対策
- 早慶上理・難関国公立大模試 全5回
- 全国有名国公私大模試 …… 全5回
- 医学部82大学判定テスト …… 全2回

基礎学力チェック
- 高校レベル記述模試〈高2〉〈高1〉 …… 全2回
- 大学合格基礎力判定テスト …… 全4回
- 全国統一中学生テスト〈全学年統一部門〉〈中2生部門〉〈中1生部門〉 …… 全2回
- 中学学力判定テスト〈中2生〉〈中1生〉 …… 全4回

※ 2023年度に実施予定の模試は、今後の状況により変更する場合があります。
最新の情報はホームページでご確認ください。

大学別対策
- 東大本番レベル模試 …… 全4回
- 高2東大本番レベル模試 全4回
- 京大本番レベル模試 …… 全4回
- 北大本番レベル模試 …… 全2回
- 東北大本番レベル模試 …… 全2回
- 名大本番レベル模試 …… 全3回
- 阪大本番レベル模試 …… 全3回
- 九大本番レベル模試 …… 全3回
- 東工大本番レベル模試 …… 全2回
- 一橋大本番レベル模試 …… 全2回
- 神戸大本番レベル模試 …… 全2回
- 千葉大本番レベル模試 …… 全1回
- 広島大本番レベル模試 …… 全1回

同日体験受験
- 東大入試同日体験受験 …… 全1回
- 東北大入試同日体験受験 …… 全1回
- 名大入試同日体験受験 …… 全1回

直近日体験受験 …… 各1回
- 京大入試 直近日体験受験
- 北大入試 直近日体験受験
- 阪大入試 直近日体験受験
- 九大入試 直近日体験受験
- 東工大入試 直近日体験受験
- 一橋大入試 直近日体験受験

2023年 東進現役合格実績
難関大グループ現役合格史上最高続出！

現役生のみ！講習生を含まず！

東大現役合格実績日本一[※1] 5年連続800名超！

※1 2022年の東大現役合格実績を公表している予備校の中で東進の853名が最大（2022年JDnet調べ）。

東大845名

文科一類	121名	理科一類	311名
文科二類	111名	理科二類	126名
文科三類	107名	理科三類	38名
		学校推薦	31名

現役合格者の36.9%が東進生！

東進生現役占有率 845/2,284 **36.9%**

全現役合格者(前期+推薦)に占める東進生の割合

2023年の東大全体の現役合格者は2,284名。東進の現役合格者は845名。東進生の占有率は36.9%。現役合格者の2.8人に1人が東進生です。

学校推薦型選抜も東進！

東大31名 推薦入試での東進生現役占有率 36.4%

現役推薦合格者の36.4%が東進生！

法学部	5名	薬学部	1名
経済学部	3名	医学部医学科の75.0%が東進生!	
文学部	1名		
教養学部	2名	医学部医学科	3名
工学部	10名	医学部健康総合科学科	1名
理学部	3名		
農学部	2名		

医学部も東進 日本一[※2]の実績を更新!!

※2 2022年の国公立医・医現役合格実績を公表している予備校の中で東進の1,032名が最大（2022年JDnet調べ）

国公立医・医 1,064名 昨対+32名

2023年の国公立医学部医学科全体の現役合格者は未公表のため、仮に昨年の現役合格者数(推定)を分母として東進生占有率を算出すると、東進生の占有率は29.4%。現役合格者の3.4人に1人が東進生です。

東進生現役占有率 29.4%

旧七帝大＋東工大・一橋大・神戸大 4,703名 昨対+91名

東京大	845名
京都大	472名
北海道大	468名
東北大	417名
名古屋大	436名
大阪大	617名
九州大	507名
東京工業大	198名
一橋大	195名
神戸大	548名

早慶 5,741名 昨対+63名

早稲田大 3,523名　慶應義塾大 2,218名

上理 4,687名 昨対+394名

上智大 1,739名　東京理科大 2,948名

明青立法中 17,520名 昨対+492名

明治大 5,294名　青山学院大 2,216名　立教大 2,912名　法政大 4,193名　中央大 2,905名

関関同立 13,655名 昨対+1,022名

関西学院大 2,861名　関西大 2,918名　同志社大 3,178名　立命館大 4,698名

私立医・医 727名 昨対+101名

日東駒専 10,945名 昨対+934名 史上最高!

産近甲龍 6,217名 昨対+132名 史上最高!

国公立大 17,154名 昨対+652名

国公立 総合・学校推薦型選抜も東進！

国公立医・医 318名 昨対+16名

旧七帝大＋東工大・一橋大・神戸大 446名 昨対+31名

東京大	31名
京都大	16名
北海道大	13名
東北大	120名
名古屋大	92名
大阪大	59名
九州大	41名
東京工業大	25名
一橋大	7名
神戸大	42名

ウェブサイトでもっと詳しく　東進　検索

2023年3月31日締切

各大学の合格実績は、東進ネットワーク（東進ハイスクール、東進衛星予備校、早稲田塾）の現役生のみ、高3時在籍者のみの合同実績です。一人で複数合格した場合は、それぞれの合格者数に計上しています。

※2023年4月現在

文系
数学 I・A/II・B＋C
最重要問題
100

【別冊付録】
問題編

問題 第1章 **数と式，関数，方程式と不等式**

数学 I II
解説頁 P.8
問題数 19問

1. 値の計算

〈頻出度 ★★★〉

[1] $x=\dfrac{\sqrt{3}-\sqrt{2}}{\sqrt{3}+\sqrt{2}}$，$y=\dfrac{\sqrt{3}+\sqrt{2}}{\sqrt{3}-\sqrt{2}}$ のとき，$x+y$ の値と x^3+y^3 の値を求めなさい．

（秋田大）

[2] α を 2 次方程式 $x^2-5x-1=0$ の正の解とする．このとき，次の値を求めよ．

$$\alpha-\frac{1}{\alpha},\ \alpha^2+\frac{1}{\alpha^2},\ \alpha+\frac{1}{\alpha},\ \alpha^3-\frac{1}{\alpha^3},\ \alpha^3+\frac{1}{\alpha^3}$$

（青山学院大 改題）

[3] $\dfrac{2+\sqrt{3}}{2-\sqrt{3}}+\dfrac{4}{\sqrt{5}-1}$ の整数部分 a，小数部分 b を求めよ．

（日本大）

2. 因数分解

〈頻出度 ★★★〉

[1] $2x^2+3xy-2y^2-10x-5y+12$ を因数分解せよ． （京都産業大）

[2] $yz^2-y^2z+2xyz-xy^2+x^2y-x^2z-xz^2$ を因数分解せよ． （名古屋経済大）

[3] $x^3(y-z)+y^3(z-x)+z^3(x-y)$ を因数分解せよ． （福島大）

3. 解と係数の関係①

〈頻出度 ★★★〉

2次方程式 $x^2-2x+4=0$ の2つの解を α, β とする．このとき，次の問いに答えなさい．

(1) 多項式 x^3+8 を実数を係数とする1次式と2次式の積に因数分解しなさい．

(2) $\alpha^2+\beta^2$ の値を求めなさい．

(3) $\alpha^3+\beta^3$ の値を求めなさい．

(4) (1)を利用して，$\alpha^{10}+\beta^{10}$ の値を求めなさい．

(福島大)

4. 解と係数の関係②

〈頻出度 ★★★〉

3次方程式 $x^3+2x^2+3x+4=0$ の3つの解を α, β, γ とするとき，次の問いに答えよ．

(1) $\alpha^2+\beta^2+\gamma^2$ の値 S を求めよ．

(2) $\alpha^2\beta^2+\beta^2\gamma^2+\gamma^2\alpha^2$ の値 T を求めよ．

(3) 3次方程式 $x^3+px^2+qx+\gamma=0$ が $\alpha^2+\beta^2$, $\beta^2+\gamma^2$, $\gamma^2+\alpha^2$ を解にもつように定数 p, q, γ の値を定めよ．

(成蹊大)

5. 展開式の係数

〈頻出度 ★★★〉

(1) $(2x^2-1)^{10}+(3x^2+1)^{10}$ の展開式における x^2 の係数を求めよ．

(2) $(x^2-x-1)^{10}$ の展開式における x^6 の係数を求めよ．

(国際医療福祉大)

6. 2次関数の最大・最小①

〈頻出度 ★★★〉

aを実数とする．$1 \leqq x \leqq 5$ で定義された関数 $f(x) = -x^2 + ax + a^2$ がある．次の問いに答えよ．

(1) $f(x)$ の最大値を a を用いて表せ．

(2) $f(x)$ の最小値が11となる a の値を求めよ．

(3) $f(x)$ の最小値が正となる a の値の範囲を求めよ．

（名城大）

7. 2次関数の最大・最小②

〈頻出度 ★★☆〉

t を実数とする．関数 $f(x) = (2-x)|x+1|$ に対して，$t \leqq x \leqq t+1$ における $f(x)$ の最大値を M とする．

(1) $y = f(x)$ のグラフの概形をかけ．

(2) M を求めよ．

（芝浦工業大 改題）

8. 2次関数の最大・最小③

〈頻出度 ★★☆〉

aを正の定数とする．$0 \leqq x \leqq 1$ における関数 $f(x) = |x(x-2a)|$ の最大値を M とする．次の問いに答えよ．

(1) $a = \dfrac{1}{2}$ のとき，M の値を求めよ．

(2) M を a の式で表せ．

(3) $M = \dfrac{1}{2}$ のとき，a の値を求めよ．

（岐阜聖徳学園大）

9. $f(x,\ y)$ の最大・最小

〈頻出度 ★★☆〉

[1] 実数 x, y が $x^2-2x+y^2=1$ を満たすとき，$x+y$ のとり得る値の範囲を求めよ．

（頻出問題）

[2] 実数 x, y が $x^2+xy+y^2=3$ を満たしている．$x+xy+y$ のとり得る値の範囲を求めよ．

（頻出問題）

10. 2次方程式の解の配置①

〈頻出度 ★★★〉

2次方程式 $x^2-2ax+2a+3=0$ (……①) について，次の問いに答えよ．

(1) ①が正の解と負の解を1つずつもつように，定数 a の値の範囲を求めよ．

(2) ①が異なる2つの実数解をもち，その2つがともに1以上5以下であるように，定数 a の値の範囲を求めよ．

（頻出問題）

11. 2次方程式の解の配置②

〈頻出度 ★★★〉

m は実数とする．x の2次方程式 $x^2-(m+2)x+2m+4=0$ の $-1 \leqq x \leqq 3$ の範囲にある実数解がただ1つであるとき，m の値の範囲を求めよ．ただし，重解の場合，実数解の個数は1つと数える．

（信州大）

12. 3次方程式が重解をもつ条件

〈頻出度 ★★☆〉

a を定数とするとき，x の3次方程式について，次の問いに答えよ．

$$x^3+(a-1)x^2+x+3-a=0 \quad \cdots\cdots ①$$

(1) 任意の a の値に対し，方程式①がもつ解を1つ求めよ．

(2) 方程式①の3つの解のうちのちょうど2つが等しくなるような a の値をすべて求めよ．

（立命館大 改題）

13. 高次方程式の虚数解

〈頻出度 ★★★〉

a, bを実数, iを虚数単位とする.

$x=a+\sqrt{5}\,i$が$x^3-ax^2+x+b=0$の解であるような$(a,\ b)$と, そのときの実数解を求めよ.

(福岡大 改題)

14. 不等式の成立条件

〈頻出度 ★★★〉

実数a, bを定数とし, 関数$f(x)=(1-2a)x^2+2(a+b-1)x+1-b$を考える. 次の問いに答えなさい.

(1) すべての実数xに対して$f(x)\geqq 0$が成り立つような実数の組$(a,\ b)$の範囲を求め, 座標平面上に図示しなさい.

(2) $0\leqq x\leqq 1$を満たす, すべての実数xに対して$f(x)\geqq 0$が成り立つような実数の組$(a,\ b)$の範囲を求め, 座標平面上に図示しなさい.

(兵庫県立大)

15. 剰余の決定

〈頻出度 ★★★〉

[1] 整式$P(x)$を$(x-2)(x-3)$で割ったときの余りが$11x-11$で, $x-1$で割ったときの余りが6である. このとき, $P(x)$を$(x-1)(x-2)(x-3)$で割ったときの余りを求めよ.

(東京女子大)

[2] 整式$P(x)$を$(x-1)^2$で割ると1余り, $x-2$で割ると2余る. このとき, $P(x)$を$(x-1)^2(x-2)$で割ったときの余り$R(x)$を求めなさい.

(兵庫県立大)

16. 多項式の決定

〈頻出度 ★★★〉

2つの整式$f(x)$，$g(x)$は，次の3つの条件を満たす．

$$\begin{cases} f(1)=0 \\ f(x^2)=x^2f(x)+x^3-1 \\ f(x+1)+(x-1)\{g(x-1)-1\}=2f(x)+\{g(1)\}^2+1 \end{cases}$$

このとき，$f(x)$，$g(x)$を求めよ．

（上智大 改題）

17. 任意と存在

〈頻出度 ★★★〉

aを実数の定数とし，関数$f(x)$，$g(x)$を$f(x)=(2-a)(ax^2+2)$，$g(x)=-2ax+(a-2)^2$と定める．

(1) すべての実数xに対して$f(x)=g(x)$が成り立つためのaの条件を求めよ．

(2) 少なくとも1つの実数xに対して$f(x)=g(x)$が成り立つためのaの条件を求めよ．

(3) すべての実数xに対して$f(x)>g(x)$が成り立つためのaの条件を求めよ．

(4) 少なくとも1つの実数xに対して$f(x)>g(x)$が成り立つためのaの条件を求めよ．

（東京工科大）

18. 不等式の証明（相加平均・相乗平均の大小関係）　〈頻出度 ★★★〉

次の問いに答えなさい.

(1)　等式 $a^3+b^3=(a+b)^3-3ab(a+b)$ を証明しなさい.

(2)　$a^3+b^3+c^3-3abc$ を因数分解しなさい.

(3)　$a>0$, $b>0$, $c>0$ のとき，不等式 $a^3+b^3+c^3 \geqq 3abc$ を証明しなさい．さらに，等号が成り立つのは $a=b=c$ のときであることを証明しなさい.

(4)　$a>0$, $b>0$, $c>0$ のとき，不等式 $\dfrac{a+b+c}{3} \geqq \sqrt[3]{abc}$ を証明しなさい.

また，この式の等号が成り立つ条件を求めなさい.　（山口大 改題）

問題 第2章

図形と三角比

数学 I
解説頁 P.54
問題数 8問

19. 正弦定理・余弦定理の利用

〈頻出度 ★★★〉

[1] 台形ABCDにおいて，辺ADと辺BCが平行で，三角形ABCは辺ABの長さが1で∠BACを頂角とする直角二等辺三角形であり，BD＝BCを満たしているとする．このとき，∠ABC＞∠DBCである．

(1) sin∠DBCを求めよ．

(2) 辺CDの長さを求めよ．

(3) 辺ADの長さを求めよ．

（明治大 改題）

[2] 鋭角三角形ABCにおいて，$AB=\sqrt{3}+1$，$\angle ABC=45°$ とし，△ABCの外接円の半径を$\sqrt{2}$とする．また，∠BACの二等分線と辺BCとの交点をDとする．

(1) cos∠ACBを求めよ．

(2) CDの長さを求めよ．

(3) △ACDの面積を求めよ．

（富山大）

20. 円に内接する四角形

〈頻出度 ★★★〉

円に内接する四角形ABCDにおいて，AB＝5，BC＝4，CD＝4，DA＝2とする．また，対角線ACとBDの交点をPとおく．

(1) 三角形APBの外接円の半径をR_1，三角形APDの外接円の半径をR_2とするとき，$\dfrac{R_1}{R_2}$の値を求めよ．

(2) ACの長さを求めよ．

(3) APの長さを求めよ．

（千葉大 改題）

21. 重なった三角形と線分比

〈頻出度 ★★★〉

三角形ABCにおいて，辺ABを3：2に内分する点をD，辺ACを5：3に内分する点をEとする．また，線分BEとCDの交点をFとする．このとき，次の問いに答えよ．

(1) CF：FDを求めよ．

(2) 4点D，B，C，Eが同一円周上にあるとする．このとき，AB:ACを求めよ．さらに，この円の中心が辺BC上にあるとき，AB:AC:BCを求めよ．

（香川大）

22. 複数の円と半径

〈頻出度 ★★★〉

半径1で線分ABを直径とする円C_1の中心を点Oとし，半径rで中心を点Pとする円C_2は円C_1の内部にあり，点Oで直線ABに接しているとする．また，点Aから円C_2に引いた接線で直線ABとは異なる接線の接点をCとし，直線ACが円C_1と交わる点で点Aとは異なる点をDとする．△ABDの内接円を円C_3とする．次の問いに答えよ．

(1) $\angle \mathrm{OAP} = \theta$とする．$\cos\theta$を$r$を用いて表せ．

(2) 線分OCおよび線分ADの長さをrを用いて表せ．

(3) △ABDの面積Sをrを用いて表せ．

(4) △ABDの内接円C_3の半径Rをrを用いて表せ．

(5) 円C_2と円C_3が一致するときのrを求めよ．

（同志社大）

23. 三角形に内接する三角形

〈頻出度 ★★★〉

三角形ABCの辺AB，BC，CAの長さをそれぞれ1，2，$\sqrt{3}$とする．点P，Q，Rがそれぞれ辺AB，BC，CA上を，PQ＝QR＝RPを満たしながら動くとする．以下の問いに答えよ．

(1) ∠APRをθとおく．ただし，点Pが点Aに一致するときは$\theta=\frac{\pi}{2}$，点Rが点Aに一致するときは$\theta=0$と定める．線分PQの長さをθを用いて表せ．

(2) 線分PQの長さの最小値を求めよ．

（九州大）

24. 三角錐，三角形と内接円

〈頻出度 ★★★〉

三角錐OABCはAB＝7，BC＝8，CA＝6，$\left(\frac{\mathrm{OC}}{\mathrm{OB}}\right)^2=\frac{7}{8}$を満たす．点Oを通り直線BCに垂直な平面$\alpha$が，三角形ABCの内心Ｉを通る．平面$\alpha$と直線BCの交点をKとする．点Oより平面ABCに垂線OHを下ろしたとき，HK＝$2\sqrt{2}$ IKが成り立つ．

(1) 三角形ABCの面積Sを求めよ．

(2) IKを求めよ．

(3) BKを求めよ．

(4) OBを求めよ．

(5) 三角錐OABCの体積Vを求めよ．

（名古屋工業大）

25. 錐体の内接球

〈頻出度 ★★★〉

四角錐OABCDにおいて，底面ABCDは1辺の長さ2の正方形で $OA=OB=OC=OD=\sqrt{5}$ である．

(1) 四角錐OABCDの高さを求めよ．

(2) 四角錐OABCDに内接する球 S の半径を求めよ．

(3) 内接する球 S の表面積と体積を求めよ．

（千葉大）

26. 錐体の外接球

〈頻出度 ★★★〉

空間内に $AB=3$，$BC=4$，$CA=5$ を満たす定点A，B，Cと，$PB=PC=6$ を満たし，3点A，B，Cを通る平面上にはない動点Pがある．線分BCの中点をM，線分CAの中点をN，△PBCの外心をOとする．

(1) 線分OPの長さを求めよ．

(2) $\angle MNO$ が直角になるときの $\cos\angle PMN$ の値を求めよ．

(3) 4点P，A，B，Cを通る球の半径の最小値を求めよ．

（群馬大）

問題 第3章

三角関数，指数・対数関数

数学	Ⅱ
解説頁	P.78
問題数	10問

27. 三角比の計算

〈頻出度 ★★★〉

1　$\sin^2\theta=\cos\theta$ であるとき $\dfrac{1}{1+\cos\theta}+\dfrac{1}{1-\cos\theta}$ の値を求めよ．

（駒澤大）

2　$0<\theta<\pi$ とする．$\cos\theta-\sin\theta=\dfrac{2}{5}$ のとき，$\tan\theta$ の値を求めよ．

（神戸薬科大）

3　$0<\theta<\pi$ とする．$\cos\theta=\dfrac{3}{4}$ のとき，$\cos 2\theta$，$\sin\dfrac{\theta}{2}$ の値を求めよ．

（東海大）

28. 三角関数の方程式，不等式

〈頻出度 ★★★〉

1　$0\leqq x<2\pi$ において $\sin x+\sin 2x+\sin 3x=0$ を満たす x は全部で何個あるか．

（明治大）

2　方程式 $\cos^2 2x+\cos^2 x=\sin^2 2x+\sin^2 x\ (0\leqq x\leqq\pi)$ の解を求めよ．

（日本大）

3　$0\leqq\theta<2\pi$ のとき，不等式，$\sin 2\theta\geqq\cos\theta$ を満たす θ の範囲を求めよ．

（金沢工大）

4　$0\leqq\theta<2\pi$ とする．不等式 $|(\cos\theta+\sin\theta)(\cos\theta-\sin\theta)|>\dfrac{1}{2}$ を満たす θ の範囲を求めよ．

（専修大）

29. 三角関数の最大・最小

〈頻出度 ★★★〉

1　関数 $f(\theta)=9\sin^2\theta+4\sin\theta\cos\theta+6\cos^2\theta$ の最大値を求めよ．また，$f(\theta)$ が最大値をとるときの θ に対し，$\tan\theta$ を求めよ．

（星薬科大）

2　$0\leqq\theta\leqq\pi$ のとき，関数 $y=4\sqrt{2}\cos\theta\sin\theta-4\cos\theta-4\sin\theta$ の最大値，最小値と，それぞれの値をとるときの θ を求めよ．

（関西医科大）

〈頻出度 ★★★〉

30. 三角関数のおき換え①

$f(\theta)=\dfrac{1}{\sqrt{2}}\sin 2\theta-\sin\theta+\cos\theta$ $(0\leqq\theta\leqq\pi)$ を考える.

(1) $t=\sin\theta-\cos\theta$ とおく. $f(\theta)$ を t の式で表せ.

(2) $f(\theta)$ の最大値と最小値，およびそのときの θ の値を求めよ.

(3) a を実数の定数とする. $f(\theta)=a$ となる θ がちょうど2個であるような a の範囲を求めよ.

(北海道大)

〈頻出度 ★★★〉

31. 三角関数のおき換え②

実数 a, b に対し, $f(\theta)=\cos 2\theta+2a\sin\theta-b$ $(0\leqq\theta\leqq\pi)$ とする. 次の問いに答えよ.

(1) 方程式 $f(\theta)=0$ が奇数個の解をもつときの a, b が満たす条件を求めよ.

(2) 方程式 $f(\theta)=0$ が4つの解をもつときの点 $(a,\ b)$ の範囲を ab 平面上に図示せよ.

(横浜国立大)

〈頻出度 ★★★〉

32. 指数関数のおき換え①

$f(x)=2^{3x}+2^{-3x}-4(2^{2x}+2^{-2x})$ とする. x が実数全体を動くとき，次の問いに答えよ.

(1) 2^x+2^{-x} のとりうる値の範囲を求めよ.

(2) $t=2^x+2^{-x}$ とおく. $f(x)$ を t で表せ.

(3) $f(x)$ が最小となるような x と，そのときの $f(x)$ の値を求めよ.

(大阪市立大　改題)

33. 指数関数のおき換え② 〈頻出度 ★★★〉

a を実数とする．方程式 $4^x-2^{x+1}a+8a-15=0$ について，次の問いに答えよ．

(1) この方程式が実数解をただ1つもつような a の値の範囲を求めよ．

(2) この方程式が異なる2つの実数解 α，β をもち，$\alpha \geqq 1$ かつ $\beta \geqq 1$ を満たすような a の値の範囲を求めよ． (弘前大)

34. 対数方程式，不等式 〈頻出度 ★★★〉

[1] 方程式 $\log_{\sqrt{7}}(x-5)-\log_7(x+9)=1$ を解け． (岩手大)

[2] 不等式 $(\log_2 2x)\left(\log_{\frac{1}{2}}\dfrac{4}{x}\right) \leqq 4$ を解け． (青山学院大)

35. 対数不等式を満たす点の存在範囲 〈頻出度 ★★☆〉

不等式 $\log_x y < 2+3\log_y x$ の表す領域を座標平面上に図示せよ． (宮崎大)

36. 桁数，最高位の決定 〈頻出度 ★★★〉

[1] $\log_{10}2=0.301030$，$\log_{10}3=0.477121$ として，次の問いに答えよ．

(1) 2^{2018} の桁数を求めよ．

(2) 2^{2018} の一の位の数字を求めよ．

(3) 2^{2018} の最高位の数字を求めよ． (立命館大 改題)

[2] 同じ品質のガラス板を7枚重ねて光を透過させたら，光の強さがはじめの $\dfrac{1}{6}$ 倍になった．透過した光の強さをはじめの $\dfrac{1}{1000}$ 倍以下にするためには，このガラス板を少なくとも何枚重ねればよいか，ただし，$\log_{10}2=0.301$，$\log_{10}3=0.477$ とする． (北九州市立大 改題)

問題 第4章 図形と方程式

数学 Ⅱ
解説頁 P.106
問題数 10問

37. 線分の長さの和の最大値

〈頻出度 ★★★〉

座標平面上において，放物線 $y=x^2$ 上の点をP，
円 $(x-3)^2+(y-1)^2=1$ 上の点をQ，直線 $y=x-4$ 上の点をRとする.

(1) QRの最小値を求めよ.

(2) PR+QR の最小値を求めよ.

（早稲田大）

38. 円の共有点を通る図形の式

〈頻出度 ★★★〉

2つの円 $(x-1)^2+(y-2)^2=4$, $(x-4)^2+(y-6)^2=r^2$ について，次の設問に答えよ．ただし，rは正の定数とする.

(1) 2つの円が交点をもたないための r の必要十分条件を求めよ.

(2) $r=4$ のとき，2つの円の交点を通る直線の方程式を求めよ.

(3) $r=6$ のとき，2つの円の交点，及び原点を通る円の方程式を求めよ.

（頻出問題）

39. 2つの円の共通接線

〈頻出度 ★★★〉

次の2つの円

$$x^2+y^2=1 \quad \cdots\cdots ① \qquad x^2+y^2-2kx+3k=0 \quad \cdots\cdots ②$$

について，次の問いに答えよ．ただし，kは実数の定数とする.

(1) ②が円の方程式を表すための k の値の範囲を求めよ.

(2) $k=4$ のとき，円①，②の共通接線の方程式をすべて求めよ.

（早稲田大 改題）

40. 曲線と線分の共有点

〈頻出度 ★★★〉

放物線 $y=x^2+ax+b$ が，2点 $(-1,\ 1)$，$(1,\ 1)$ を結ぶ線分と，ただ1つの共有点をもつような点 $(a,\ b)$ の範囲を座標平面上に図示せよ．

（青山学院大）

41. 線分の長さに関する条件

〈頻出度 ★★★〉

xy 平面における2つの放物線 $C:y=(x-a)^2+b$，$D:y=-x^2$ を考える．

(1) C と D が異なる2点で交わり，その2交点の x 座標の差が1となるように実数 a，b が動くとき，C の頂点 $(a,\ b)$ の軌跡を図示せよ．

(2) 実数 a，b が(1)の条件を満たすとき，C と D の2交点を結ぶ直線は，放物線 $y=-x^2-\dfrac{1}{4}$ に接することを示せ．

（東北大）

42. 2直線の交点の軌跡

〈頻出度 ★★★〉

2直線 $x-ty=0$ と $tx+y=2$ の交点をPとする．t がすべての実数値をとって変化するとき，点Pの軌跡を求めよ．

（中央大）

43. 領域の図示

〈頻出度 ★★★〉

1 $(x^2-y-1)(x-y+1)(y-1)<0$ を満たす点 $(x,\ y)$ の領域を図示せよ．

（名古屋市立大）

2 不等式 $1\leqq||x|-2|+||y|-2|\leqq3$ の表す領域を xy 平面上に図示せよ．

（大阪大）

44. 領域と最大・最小①

〈頻出度 ★★★〉

xy平面上で，連立不等式 $y \geqq 0$，$x+y \leqq 4$，$3x+y \leqq 6$，$y-2x \leqq 6$ が表す領域をDとする．このとき，次の問いに答えよ．

(1) 領域Dを図示せよ．

(2) 点$(x,\ y)$が領域D上の点全体を動くとき，$x+2y$ の最大値とそのときの x，y の値を求めよ．また，$x+2y$ の最小値とそのときの x，y の値を求めよ．

(3) 点$(x,\ y)$が領域D上の点全体を動くとき，$3x^2-2y$ の最大値とそのときの x，y の値を求めよ．また，$3x^2-2y$ の最小値とそのときの x，y の値を求めよ．

（同志社大）

45. 領域と最大・最小②

〈頻出度 ★★★〉

不等式$(x-6)^2+(y-4)^2 \leqq 4$ の表す領域を点P$(x,\ y)$が動くものとする．

(1) x^2+y^2 の最大値を求めよ．

(2) $\dfrac{y}{x}$の最小値を求めよ．

(3) $x+y$ の最大値を求めよ．

（早稲田大）

46. 直線の通過領域

〈頻出度 ★★☆〉

aを実数として，xy平面における直線 $y=ax+1-a^2$ を考える．このとき，以下の設問に答えよ．

(1) aがすべての実数を動くとき，直線 $y=ax+1-a^2$ が通る点全体が表す領域を図示せよ．

(2) aが 0 以上の実数全体を動くとき，直線 $y=ax+1-a^2$ が通る点全体が表す領域を図示せよ．

（東京女子大 改題）

微分・積分

数学	II
解説頁	P.136
問題数	10問

47. 3次関数の最大値・最小値

〈頻出度 ★★☆〉

関数$f(x)=x^3-3x^2-3x+1$について，次の問いに答えなさい．

(1) 方程式$f(x)=0$の実数解をすべて求めなさい．

(2) $f(x)$の増減，極値を調べ，$y=f(x)$のグラフをかきなさい．

(3) 関数$y=|f(x)|$の$-1\leqq x\leqq 4$における最大値を求めなさい．

（山形大）

48. 関数$f(x)$が極値をもつ条件

〈頻出度 ★★★〉

xの関数$f(x)=x^3-ax^2+b$について，以下の問いに答えよ．

(1) 関数$f(x)$が極値をもつための実数a，bの条件を求めよ．またこのとき，極小値をa，bを用いて表せ．

(2) 関数$f(x)$が区間$0\leqq x\leqq 1$の範囲で，常に正の値をとるようなa，bの条件を求めたうえで，点$(a,\ b)$の存在範囲をab平面上に図示せよ．

（西南学院大）

49. 3次方程式の解の配置

〈頻出度 ★☆☆〉

aを実数の定数とする．$f(x)=x^3-ax^2+\dfrac{1}{3}(a^2-4)x$とおくとき，以下の各問に答えよ．

(1) 定数aの値にかかわらず関数$y=f(x)$は必ず極値をもつことを証明せよ．

(2) 3次方程式$f(x)=0$が$-1<x<2$の範囲に相異なる3個の実数解をもつように，定数aの値の範囲を求めよ．

（茨城大）

50. 3次方程式の解同士の関係

〈頻出度 ★★★〉

関数 $f(x)=x^3+\frac{3}{2}x^2-6x$ について，

(1) 関数 $f(x)$ の極値をすべて求めよ．

(2) 方程式 $f(x)=a$ が異なる3つの実数解をもつとき，定数 a のとりうる値の範囲を求めよ．

(3) a が(2)で求めた範囲にあるとし，方程式 $f(x)=a$ の3つの実数解を α, β, $\gamma\,(\alpha<\beta<\gamma)$ とする．$t=(\alpha-\gamma)^2$ とおくとき，t を α, γ, a を用いず β のみの式で表し，t のとりうる値の範囲を求めよ．　(関西学院大)

51. 曲線の外の点から曲線に引く接線

〈頻出度 ★★★〉

関数 $y=f(x)=\frac{x^3}{3}-4x$ のグラフについて，

(1) このグラフ上の点 $(p,\ f(p))$ における接線の方程式を求めよ．

(2) a を実数とする．点 $(2,\ a)$ からこのグラフに引くことのできる接線の本数を求めよ．

(3) このグラフに3本の接線を引くことができる点全体からなる領域を求め，図示せよ．　(名古屋市立大)

52. 円弧などで囲まれた図形の面積

〈頻出度 ★★★〉

xy 平面内の領域 $x^2+y^2\leqq 2$, $|x|\leqq 1$ で，曲線 C：$y=x^3+x^2-x$ の上側にある部分の面積を求めよ．　(京都大)

53. 3次関数のグラフと共通接線の囲む図形

〈頻出度 ★★☆〉

$f(x)=x^3$, $g(x)=x^3-4$ とし，曲線 $C_1: y=f(x)$ と曲線 $C_2: y=g(x)$ の両方に接する直線を l とする．このとき，以下の問いに答えよ．

(1) 直線 l の方程式を求めよ．

(2) C_2 と l とで囲まれた部分の面積 S を求めよ．

（福井大 改題）

54. 放物線で囲まれた図形の面積

〈頻出度 ★★★〉

a，b を実数とする．座標平面上に $C_1: y=x^2$ と $C_2: y=-x^2+ax+b$ がある．C_2 が点 $(1,\ 5)$ を通るとき，C_1，C_2 で囲まれる部分の面積 S が最小になる $(a,\ b)$ を求めよ．また，S の最小値を求めよ．

（頻出問題）

55. 曲線と2接線の囲む部分の面積

〈頻出度 ★★★〉

放物線 $y=x^2$ 上の2点 $(t,\ t^2)$，$(s,\ s^2)$ における接線 l_1，l_2 が垂直に交わっているとき，以下の問いに答えよ．ただし，$t>0$ とする．

(1) l_1 と l_2 の交点の y 座標を求めよ．

(2) 直線 l_1，l_2 および放物線 $y=x^2$ で囲まれた図形の面積 J を t の式で表せ．

(3) (2)で定めた J の最小値を求めよ．

（信州大 改題）

56. 定積分で表された関数の最小値

〈頻出度 ★☆☆〉

$x \geqq 0$ において，関数 $f(x)$ を $f(x)=\int_x^{x+2}|t^2-4|\,dt$ とするとき，次の問いに答えよ．

(1) $f(2)=\int_2^4 (t^2-4)\,dt$ の値を求めよ．

(2) $f(x)$ を求めよ．

(3) $f(x)$ の最小値を求めよ．

（北里大 改題）

数列

数学	B
解説頁	P.164
問題数	12問

57. 等差数列，等比数列に関する条件と和の計算

〈頻出度 ★★★〉

初項が5である等差数列 $\{a_n\}$ と，初項が2である等比数列 $\{b_n\}$ がある $(n=1,\ 2,\ 3,\ \cdots)$，数列 $\{c_n\}$ が $c_n=a_n-b_n$，$c_2=5$，$c_3=1$，$c_4=-31$ で定められるとき，次の問いに答えよ．

(1) 数列 $\{a_n\}$ の公差 d と数列 $\{b_n\}$ の公比 r を求めよ．

(2) 数列 $\{c_n\}$ の一般項を求めよ．

(3) 数列 $\{c_n\}$ の初項から第 n 項までの和 S_n を求めよ．

(岩手大)

58. 階差数列と一般項

〈頻出度 ★★★〉

数列 $\{a_n\}$，$\{b_n\}$ は次の条件を満たしている．

$a_1=-15$，$a_3=-33$，$a_5=-35$，
$\{b_n\}$ は $\{a_n\}$ の階差数列，
$\{b_n\}$ は等差数列

また，$S_n=\sum_{k=1}^{n} a_k$ とする．

(1) 一般項 a_n，b_n を求めよ．

(2) S_n を求めよ．

(3) S_n が最小となるときの n を求めよ．

(和歌山大)

59. 等差数列をなす項と和の計算

〈頻出度 ★★★〉

等差数列 $\{a_n\}$ が次の 2 つの式を満たすとする．

$$a_3+a_4+a_5=27,\ a_5+a_7+a_9=45$$

初項 a_1 から第 n 項 a_n までの和 $a_1+a_2+\cdots\cdots+a_n$ を S_n とする．このとき，次の問いに答えよ．

(1) 数列 $\{a_n\}$ の初項 a_1 を求めよ．また，一般項 a_n を n を用いて表せ．

(2) S_n を n を用いて表せ．

(3) $\displaystyle\sum_{k=1}^{n}\left(\frac{1}{S_{2k-1}}+\frac{1}{S_{2k}}\right)$ を n を用いて表せ．

(4) $\displaystyle\sum_{k=1}^{n}\frac{1}{(k+1)S_k}$ を n を用いて表せ．

(山形大　改題)

60. 格子点の数え上げ

〈頻出度 ★★★〉

以下の問いに答えよ．

(1) 2 つの不等式 $3x+y\geqq 36$ と $x^2+y\leqq 36$ を同時に満たす自然数の組 $(x,\ y)$ の個数を求めよ．

(2) n を自然数とする．2 つの不等式 $nx+y\geqq 4n^2$ と $x^2+y\leqq 4n^2$ を同時に満たす自然数の組 $(x,\ y)$ の個数を n を用いて表せ．

(奈良女子大)

61. 和から一般項を求める

〈頻出度 ★★★〉

初項から第 n 項までの和 S_n が

$$S_n=\frac{1}{6}n(n+1)(2n+7)\quad (n=1,\ 2,\ 3,\ \cdots)$$

で表される数列 $\{a_n\}$ がある．

(1) $\{a_n\}$ の一般項を求めよ．

(2) $\displaystyle\sum_{k=1}^{n}\frac{1}{a_k}$ を求めよ．

(北海道大)

62. 群数列

〈頻出度 ★★★〉

3で割って1余る数を4から始めて順番に図のように上から並べていく．例えば4行目には，左から22，25，28，31の4つの数が並ぶことになる．このように数を並べていくとき，次の問いに答えよ．

4
7　10
13　16　19
22　25　28　31
・　・　・　・　・
⋮

(1) 10行目の左から4番目の数を求めよ．

(2) 2020は何行目の左から何番目の数かを求めよ．

(3) n行目に並ぶ数の総和を求めよ．

（高知大）

63. 2項間漸化式

〈頻出度 ★★★〉

1 数列 $\{a_n\}$ を，

$$a_1=1,\ a_{n+1}=3a_n+2n-4\quad (n=1,\ 2,\ 3,\ \cdots)$$

により定める．数列 $\{a_n\}$ の一般項を求めなさい．

（秋田大）

2 次の条件によって定まる数列 $\{a_n\}$ の一般項を求めよ．

$$a_1=1,\ a_{n+1}=\frac{a_n}{3^n a_n+6}\quad (n=1,\ 2,\ 3,\ \cdots)$$

（福井大）

64. 和と項の漸化式

〈頻出度 ★★★〉

数列 $\{a_n\}$ は $\displaystyle\sum_{k=1}^{n} a_n=-2a_n+2^{n+1}\quad (n=1,\ 2,\ 3,\ \cdots)$ を満たしている．次の問いに答えよ．

(1) 初項 a_1 を求めよ．

(2) a_{n+1} を a_n を用いて表せ．

(3) 数列 $\{a_n\}$ の一般項を求めよ．

（和歌山大）

65. 3項間漸化式

〈頻出度 ★★★〉

数列 $\{a_n\}$ は $a_1=1$, $a_2=2$, $a_{n+2}-2a_{n+1}-3a_n=0$ $(n=1, 2, 3, \cdots)$ を満たすとし，数列 $\{b_n\}$, $\{c_n\}$ を $b_n=a_{n+1}+a_n$, $c_n=a_{n+1}-3a_n$ $(n=1, 2, 3, \cdots)$ と定める．自然数 n に対して，以下の問いに答えよ．

(1) b_{n+1} を b_n の式で表せ．

(2) c_{n+1} を c_n の式で表せ．

(3) b_n と c_n をそれぞれ n の式で表せ．

(4) a_n を n の式で表せ．

（大阪府立大）

66. 連立漸化式

〈頻出度 ★★★〉

n は自然数とする．$a_1=1$, $b_1=3$, $a_{n+1}=5a_n+b_n$, $b_{n+1}=a_n+5b_n$ によって定められている数列 $\{a_n\}$, $\{b_n\}$ がある．以下の問いに答えよ．

(1) a_2, b_2, a_3, b_3 を求めよ．

(2) a_n+b_n, a_n-b_n の一般項をそれぞれ求めよ．

(3) a_n, b_n の一般項をそれぞれ求めよ．

（島根大）

67. 和の計算の工夫（和の公式の証明）

〈頻出度 ★★★〉

以下の問いに答えよ．答えだけでなく，必ず証明も記せ．

(1) 和 $1+2+\cdots+n$ を n の多項式で表せ．

(2) 和 $1^2+2^2+\cdots+n^2$ を n の多項式で表せ．

(3) 和 $1^3+2^3+\cdots+n^3$ を n の多項式で表せ．

（九州大）

68. 漸化式と数学的帰納法

〈頻出度 ★★★〉

数列 $\{a_n\}$ が，$a_2=6$ であり，以下の関係を満たすとき，次の(1)，(2)，(3)に答えよ．

$$(n-1)a_{n+1}=(n+1)(a_n-2) \quad (n=1,\ 2,\ 3,\ \cdots)$$

(1) a_1 を求めよ．

(2) a_3，a_4，a_5，a_6 を求めよ．

(3) 一般項 a_n を推測し，それを数学的帰納法によって証明せよ．（宮城大）

問題 第7章

場合の数と確率

数学 A
解説頁 P.198
問題数 11問

69. 順列

〈頻出度 ★★★〉

[1] 5個の数字0, 1, 3, 5, 7から異なる数字を3個選んで3桁の整数を作るとき，次の問いに答えよ．

(1) 整数は何個あるか．　(2) 3の倍数は何個あるか．

(3) 6の倍数は何個あるか．　(4) 15の倍数は何個あるか．　(名城大)

[2] 2個の文字A，Bを重複を許して左から並べて7文字の順列を作る．次の条件を満たす順列はそれぞれいくつあるか答えなさい．

(1) Aが5個以上現れる．

(2) AABBがこの順に連続して現れる．

(3) Aが3個以上連続して現れる．　(首都大)

70. 順列と組み合わせ

〈頻出度 ★★★〉

8人を4組に分けることを考える．なお，どの組にも1人は属するものとする．

(1) 2人ずつ4組に分ける場合の数は何通りか．

(2) 1人，2人，2人，3人の4組に分ける場合の数は何通りか．

(3) 4組に分ける場合の数は何通りか．

(4) ある特定の2人が同じ組に入る場合の数は何通りか．　(帝京大 改題)

71. 組分けに帰着

〈頻出度 ★★★〉

Kを3より大きな奇数とし，$l+m+n=K$を満たす正の奇数の組$(l,\ m,\ n)$の個数Nを考える．ただし，例えば，$K=5$のとき，$(l,\ m,\ n)=(1,\ 1,\ 3)$と$(l,\ m,\ n)=(1,\ 3,\ 1)$とは異なる組とみなす．

(1) $K=99$のとき，Nを求めよ．

(2) $K=99$のとき，$l,\ m,\ n$の中に同じ奇数を2つ以上含む組$(l,\ m,\ n)$の個数を求めよ．

(3) $N>K$を満たす最小のKを求めよ．

（東北大）

72. 確率の計算①

〈頻出度 ★★★〉

座標平面上の点Pは，原点$(0,\ 0)$から出発し，1枚の硬貨を投げて表が出ればx軸の正の方向に1だけ進み，裏が出ればy軸の正の方向に1だけ進む．

(1) 硬貨を3回投げたとき，点Pが点$(3,\ 0)$にある確率を求めよ．

(2) 硬貨を10回投げたとき，点Pが点$(7,\ 3)$にある確率を求めよ．

(3) 硬貨を10回投げたとき，点Pが点$(3,\ 1)$を通って，点$(5,\ 5)$にある確率を求めよ．

(4) 硬貨を10回投げたとき，点Pが点$(3,\ 3)$を通らずに，点$(6,\ 4)$にある確率を求めよ．

(5) 点Pが点$(2,\ 2)$に到達したら点Pは原点に戻るものとして，次の問いに答えよ．

(i) 硬貨を10回投げたとき，点Pのx座標が6以上となる確率を求めよ．

(ii) 硬貨を10回投げたとき，点Pが点$(5,\ 5)$にあったという条件のもとで，点Pが点$(3,\ 4)$を通っていた条件つき確率を求めよ．

（山形大）

73. 確率の計算②

〈頻出度 ★★★〉

1から12までの数がそれぞれ1つずつ書かれた12枚のカードがある．これら12枚のカードから同時に3枚のカードをとり出し，書かれている3つの数を小さい順に並べかえ，$X<Y<Z$ とする．このとき，以下の問いに答えよ．

(1) $3 \leqq k \leqq 12$ のとき，$Z=k$ となる確率を，k を用いて表せ．

(2) $2 \leqq k \leqq 11$ のとき，$Y=k$ となる確率を，k を用いて表せ．

(3) $2 \leqq k \leqq 11$ のとき，$Y=k$ となる確率が最大になる k の値を求めよ．

（中央大）

74. 確率の計算③

〈頻出度 ★★★〉

1から9までのそれぞれの数字が1つずつ書かれた9枚のカードがある．この中から無作為に4枚のカードを同時にとり出し，カードに書かれた4個の数の積を X とおく．

(1) X が奇数になる確率を求めよ．

(2) X が3の倍数になる確率を求めよ．

(3) X が6の倍数になる確率を求めよ．

（津田塾大 改題）

75. 確率と漸化式

〈頻出度 ★★★〉

数直線上に動く点Pが，最初原点の位置にある．１個のさいころを繰り返し投げ，１回投げるごとにさいころの出た目に応じて次の操作を行う．

・さいころの出た目が奇数のときは，点Pを＋1だけ移動させる．

・さいころの出た目が2または4のときは，点Pを動かさない．

・さいころの出た目が6のときは，点Pが原点の位置になければ点Pを原点に移動させ，点Pが原点の位置にあれば動かさない．

さいころをn回投げた後に点Pが原点にある確率をp_nとする．

(1) p_1とp_2をそれぞれ求めよ．

(2) $n \geqq 1$のとき，p_{n+1}をp_nを用いて表せ．

(3) p_nをnの式で表せ．

（青山学院大）

76. 条件つき確率（原因の確率）

〈頻出度 ★★★〉

ある感染症の検査について，感染していると判定されることを陽性といい，また，感染していないと判定されることを陰性という．そして，ここで問題にする検査では，感染していないのに陽性（偽陽性）となる確率が10％あり，感染しているのに陰性（偽陰性）となる確率が30％ある．全体の20％が感染している集団から無作為に１人を選んで検査するとき，以下の問いに答えよ．なお，(1)〜(4)では，１回だけこの検査を行うものとする．

(1) 検査を受ける者が感染していない確率を求めよ．

(2) 検査を受ける者が感染しており，かつ陽性である確率を求めよ．

(3) 検査を受ける者が陽性である確率を求めよ．

(4) 検査の結果が陽性であった者が実際に感染している確率を求めよ．

(5) １回目の検査で陰性であった者に対してのみ，２回目の検査を行うものとする．このとき，１回目または２回目の検査で陽性と判定された者が，実際には感染していない確率を求めよ．

（成蹊大）

77. 期待値①

〈頻出度 ーーー〉

文字A, B, C, D, Eが1つずつ書かれた5個の箱の中に，文字A, B, C, D, E が書かれた5個の玉を1個ずつでたらめに入れ，箱の文字と玉の文字が一致した組の個数を得点とする．得点がkである確率をp_kで表すとき，次の問いに答えよ．

(1) p_3を求めよ．

(2) p_2を求めよ．

(3) 得点の期待値を求めよ．

（東北学院大）

78. 期待値②

〈頻出度 ーーー〉

1，2，…，nと書かれたカードがそれぞれ1枚ずつ合計n枚ある．ただし，nは3以上の整数である．このn枚のカードからでたらめに抜きとった3枚のカードの数字のうち最大の値をXとする．次の問いに答えよ．

(1) $k=1$，2，…，nに対して，$X=k$である確率p_kを求めよ．

(2) $\sum_{k=1}^{n} k(k-1)(k-2)$ を求めよ．

(3) Xの期待値を求めよ．

（名古屋市立大）

79. 期待値③

〈頻出度 ーーー〉

1枚の硬貨を表を上にしておく．ここで「1個のさいころを振り，1，2，3，4，5のいずれかの目が出れば硬貨を裏返し，6の目が出れば硬貨をそのままにする」という試行を何回か繰り返す．すべての試行を終えたとき，硬貨の表が上であれば1点，裏が上であれば-1点が得点となるものとしよう．

(1) この試行を3回で終えたときの得点の期待値を求めよ．

(2) この試行をn回で終えたときの得点の期待値をnの式で表せ．

（慶應義塾大）

問題 第8章 整数

数学 A
解説頁 P.232
問題数 9問

80. 最小公倍数と最大公約数

〈頻出度 ★★★〉

1 和が96，最大公約数が24となる2個の自然数の組 $(a,\ b)$（ただし，$a \leqq b$）を求めよ．

（産業医科大）

2 自然数 a，b，c が次の条件をすべて満たすとする．

(ア) $a > b > c$

(イ) a，b の最大公約数は10．最小公倍数は140

(ウ) a，b，c の最大公約数は2

(エ) b，c の最小公倍数は60

このとき，自然数の組 $(a,\ b,\ c)$ をすべて求めよ．

（福岡大 改題）

81. 素因数分解の応用（約数の個数）

〈頻出度 ★★★〉

ある自然数の3乗になっている数を立方数と呼ぶことにする．例えば，$1=1^3$，$8=2^3$，$216=6^3=2^3\cdot 3^3$ などは立方数である．自然数 $m=25920$ について，次の問いに答えよ．

(1) mn が立方数となる最小の自然数 n を求めよ．

(2) m の正の約数の個数を求めよ．

(3) m の正の約数で，かつ立方数でもあるものの個数を求めよ．

(4) $2^k m$ の正の約数で，かつ立方数であるものが12個となるような自然数 k のうち，最大のものを求めよ．

（岩手大）

82. 素因数の数え上げ

〈頻出度 ★★★〉

m，n を自然数とする．

(1) $30!$ が 2^m で割り切れるとき，最大の m の値を求めよ．

(2) $125!$ は末尾に 0 が連続して何個並ぶか．

(3) $n!$ が 10^{40} で割り切れる最小の n の値を求めよ．

（立命館大）

83. 余りの計算

〈頻出度 ★★★〉

1 2010^{2010} を 2009^2 で割った余りを求めよ．

（琉球大）

2 $(100.1)^7$ の 100 の位の数字と，小数第 4 位の数字を求めよ．

（上智大）

84. 等式を満たす整数の組

〈頻出度 ★★★〉

1 等式 $3n+4=(m-1)(n-m)$ を満たす自然数の組 $(m,\ n)$ をすべて求めよ．

（学習院大）

2 $55x^2+2xy+y^2=2007$ を満たす整数の組 $(x,\ y)$ をすべて求めよ．

（立命館大）

3 $a^4=b^2+2^c$ を満たす正の整数の組 $(a,\ b,\ c)$ で a が奇数であるものを求めよ．

（横浜国立大）

4 方程式 $xyz=x+y+z$ を満たす自然数の組は何組あるか．

（頻出問題）

85. 1次不定方程式 $ax+by=c$ の整数解

〈頻出度 ★★★〉

方程式 $7x+13y=1111$ を満たす自然数 x，y に対して，次の問いに答えよ．

(1) この方程式を満たす自然数の組 $(x,\ y)$ はいくつあるか求めよ．

(2) $s=-x+2y$ とするとき，s の最大値と最小値を求めよ．

(3) $t=|2x-5y|$ とするとき，t の最大値と最小値を求めよ．

（鳥取大）

86. mの倍数であることの証明

〈頻出度 ★★★〉

pは奇数である素数とし，$N=(p+1)(p+3)(p+5)$ とおく．

(1) Nは48の倍数であることを示せ．

(2) Nが144の倍数になるようなpの値を，小さい順に5つ求めよ．

（千葉大）

87. ピタゴラス数の性質

〈頻出度 ★★★〉

自然数の組(x, y, z)が等式$x^2+y^2=z^2$を満たすとする．

(1) すべての自然数nについて，n^2を4で割ったときの余りは0か1のいずれかであることを示せ．

(2) xとyの少なくとも一方が偶数であることを示せ．

(3) xが偶数，yが奇数であるとする．このとき，xが4の倍数であることを示せ．

（早稲田大）

88. 有理数・無理数に関する証明

〈頻出度 ★★★〉

以下の問いに答えよ．

(1) $\sqrt{3}$は無理数であることを証明せよ．

(2) 有理数a，b，c，dに対して，$a+b\sqrt{3}=c+d\sqrt{3}$ならば，$a=c$かつ$b=d$であることを示せ．

(3) $(a+\sqrt{3})(b+2\sqrt{3})=9+5\sqrt{3}$を満たす有理数$a$，$b$を求めよ．

（鳥取大）

データの分析

数学	I
解説頁	P.254
問題数	2問

89. 分散の基本的な性質

〈頻出度 ★★★〉

[1] あるクラスにおいて，10点満点のテストを実施したところ，そのテストの平均値が6，分散が4であった．このテストの点数を2倍にして10を加えて30点満点にしたデータの平均値，分散，標準偏差を求めよ．

（大阪医科大 改題）

[2] 20個の値からなるデータがある．そのうちの15個の値の平均値は10で分散は5であり，残りの5個の値の平均値は14で分散は13である．このデータの平均値と分散を求めよ．

（信州大）

90. 共分散と相関係数

〈頻出度 ★★★〉

20人の学生が2回の試験を受験した．1回目の試験は10点満点で，2回目の試験は20点満点である．これらの試験得点に対し，1回目の試験得点を4倍，2回目の試験得点を3倍に換算した試験得点を計算し，これらの得点の合計から100点満点の総合得点を算出した．下の表は，もとの試験得点，換算した試験得点，総合得点から計算された数値をまとめたものである．表にはそれぞれの得点から計算された，平均値，中央値，分散，標準偏差と，1回目の試験得点と2回目の試験得点から計算された共分散と相関係数を記入する欄がある．

下の表中の［ア］～［コ］に入る数値を求めよ．なお，表に示された数値だけでは求められない場合は，数値ではなく×を記入すること．

注意：表の一部の数値は（　）として，意図的に記入していない．

	もとの試験得点		換算した試験得点		総合得点
	1回目	2回目	1回目	2回目	
平均値	6	11	［ウ］	33	［ク］
中央値	6.5	11.5	26	［エ］	［ケ］
分散	9	25	［オ］	（　）	［コ］
標準偏差	［ア］	（　）	（　）	［カ］	（　）
共分散	13.5		（　）		
相関係数	［イ］		［キ］		

（関西医科大）

ベクトル

数学	C
解説頁	P.260
問題数	10問

91. 条件を満たす平面上の点の存在範囲

〈頻出度 ★★★〉

平面上に3点A，B，Cがあり，$|2\overrightarrow{AB}+3\overrightarrow{AC}|=15$，$|2\overrightarrow{AB}+\overrightarrow{AC}|=7$，$|\overrightarrow{AB}-2\overrightarrow{AC}|=11$ を満たしている．次の問いに答えよ．

(1) $|\overrightarrow{AB}|$，$|\overrightarrow{AC}|$，内積 $\overrightarrow{AB}\cdot\overrightarrow{AC}$ の値を求めよ．

(2) 実数 s，t が $s\geqq 0$，$t\geqq 0$，$1\leqq s+t\leqq 2$ を満たしながら動くとき，$\overrightarrow{AP}=2s\overrightarrow{AB}-t\overrightarrow{AC}$ で定められた点Pの動く部分の面積を求めよ．

（横浜国立大）

92. 平面上の点の位置ベクトル①

〈頻出度 ★★★〉

平行四辺形ABCDにおいて，$\overrightarrow{AB}=\vec{a}$，$\overrightarrow{AD}=\vec{b}$ とおき，$|\vec{a}|=4$，$|\vec{b}|=5$，$|\overrightarrow{AC}|=6$ であるとする．また，辺BCを $1:4$ に内分する点をE，辺ABを $s:(1-s)$ に内分する点をFとし（ただし，$0<s<1$），線分AEと線分DFの交点をPとするとき，次の問いに答えよ．

(1) $\vec{a}$ と $\vec{b}$ の内積 $\vec{a}\cdot\vec{b}$ の値を求めよ．

(2) $\overrightarrow{AP}$ を $\vec{a}$，$\vec{b}$ および s で表せ．

(3) 平行四辺形ABCDの2本の対角線ACとBDの交点をQとする．$\overrightarrow{PQ}$ が $\vec{b}$ と平行であるとき，s の値および $|\overrightarrow{AP}|$ の値を求めよ．

（岩手大）

93. 平面上の点の位置ベクトル②

〈頻出度 ★★★〉

面積$\sqrt{5}$の平行四辺形ABCDについて$AB=\sqrt{2}$，$AD=\sqrt{3}$ が成り立っており，$\angle DAB$は鋭角である．このとき，$0<t<1$を満たす実数tに対して，辺BCを$t:1-t$に内分する点をPとする．

(1) 2つのベクトル$\overrightarrow{AB}$と$\overrightarrow{AD}$の内積を求めよ．

(2) 線分APとBDが直交するようなtの値を求めよ．

(3) (2)のとき，APとBDの交点をQとする．長さの比$\dfrac{BQ}{BD}$を求めよ．

（学習院大 改題）

94. 平面上の点の位置ベクトル③

〈頻出度 ★★★〉

三角形ABCにおいて，$AB=2$，$AC=3$，$BC=4$とする．また，三角形ABCの内接円の中心をI，外接円の中心をPとする．

(1) 実数s，tにより，$\overrightarrow{AI}=s\overrightarrow{AB}+t\overrightarrow{AC}$ の形で表せ．

(2) 実数x，yにより，$\overrightarrow{AP}=x\overrightarrow{AB}+y\overrightarrow{AC}$ の形で表せ．

（早稲田大 改題）

95. ベクトルの等式条件と内積

〈頻出度 ★★★〉

平面上に△ABCがあり，その外接円の中心をOとする．この外接円の半径は1であり，かつ$2\overrightarrow{OA}+3\overrightarrow{OB}-3\overrightarrow{OC}=\vec{0}$ を満たす．

(1) $\overrightarrow{OA}\cdot\overrightarrow{OB}$ を求めよ．

(2) $\overrightarrow{AB}\cdot\overrightarrow{AC}$ を求めよ．

(3) △ABCの面積を求めよ．

（南山大 改題）

96. 空間上の点の位置ベクトル

〈頻出度 ★★★〉

平行六面体OAFB－CEGDを考える．tを正の実数とし，辺OCを$1:t$に内分する点をMとする．また三角形ABMと直線OGの交点をPとする．さらに$\overrightarrow{OA}=\vec{a}$, $\overrightarrow{OB}=\vec{b}$, $\overrightarrow{OC}=\vec{c}$とする．

(1) $\overrightarrow{OP}$を$\vec{a}$, $\vec{b}$, $\vec{c}$, tを用いて表せ．

(2) 四面体OABEの体積をV_1とし，四面体OABPの体積をV_2とするとき，これらの比$V_1:V_2$を求めよ．

(3) 三角形OABの重心をQとする．直線FCと直線QPが平行になるとき，tの値を求めよ．

（鹿児島大）

97. 垂線を下ろした点

〈頻出度 ★★☆〉

Oを原点とする座標空間に3点O(0, 0, 0)，A(2, 1, −2)，B(1, −2, 1)があり，O，A，Bの定める平面をαとする．また，α上にない点Pからαに引いた垂線とαの交点をHとする．

(1) $\cos\angle AOB$を求めよ．

(2) △OABの面積Sを求めよ．

(3) $\overrightarrow{HP}=(a,\ b,\ c)$とおくとき，$a$, bをそれぞれcで表せ．

(4) Pの座標が(9, 7, 9)のとき，$\overrightarrow{OH}=s\overrightarrow{OA}+t\overrightarrow{OB}$を満たす$s$, tの値を求め，Hの座標を求めよ．

（南山大）

98. 座標空間における四面体

〈頻出度 ★★★〉

座標空間に4点A(1, 1, 0)，B(3, 2, 1)，C(4, −2, 6)，D(3, 5, 2)がある．以下の問いに答えよ．

(1) 3点A，B，Cの定める平面をαとする．点Dから平面αに下ろした垂線と平面αの交点をPとする．線分DPの長さを求めよ．

(2) 四面体ABCDの体積を求めよ．

（北九州市立大 改題）

99. 球と平面の共通部分

〈頻出度 ★★★〉

座標空間において，原点Oと点A(1, 1, 2)を通る直線をlとする．また，点B(3, 4, −5)を中心とする半径7と半径6の球面をそれぞれS_1，S_2とする．このとき，次の問に答えよ．

(1) 球面S_1の方程式を求めよ．

(2) 直線lと球面S_1の2つの交点のうち原点からの距離が小さい方をP_1，大きい方をP_2とする．$\overrightarrow{OP_1}=t_1\overrightarrow{OA}$，$\overrightarrow{OP_2}=t_2\overrightarrow{OA}$と表すとき，$t_1$，$t_2$の値をそれぞれ求めよ．

(3) 点Qを直線l上の点とするとき，2点Q，Bの距離の最小値を求めよ．

(4) 球面S_2とxy平面が交わってできる円Cの半径rの値を求めよ．

(5) zx平面と接し，xy平面との交わりが(4)で定めた円Cとなる球面は2つある．この2つの球面の中心間の距離を求めよ．

（立教大）

100. 点光源からの球の影

〈頻出度 ★★★〉

空間に球面S:$x^2+y^2+z^2-4z=0$と定点A(0, 1, 4)がある．次の問いに答えよ．

(1) 球面Sの中心Cの座標と半径を求めよ．

(2) xy平面上に点B(4, −1, 0)をとるとき，直線ABと球面Sの共有点の座標を求めよ．

(3) 直線AQと球面Sが共有点をもつように点Qがxy平面上を動く，このとき，点Qの動く範囲を求めて，それをxy平面上に図示せよ．

(立命館大 改題)

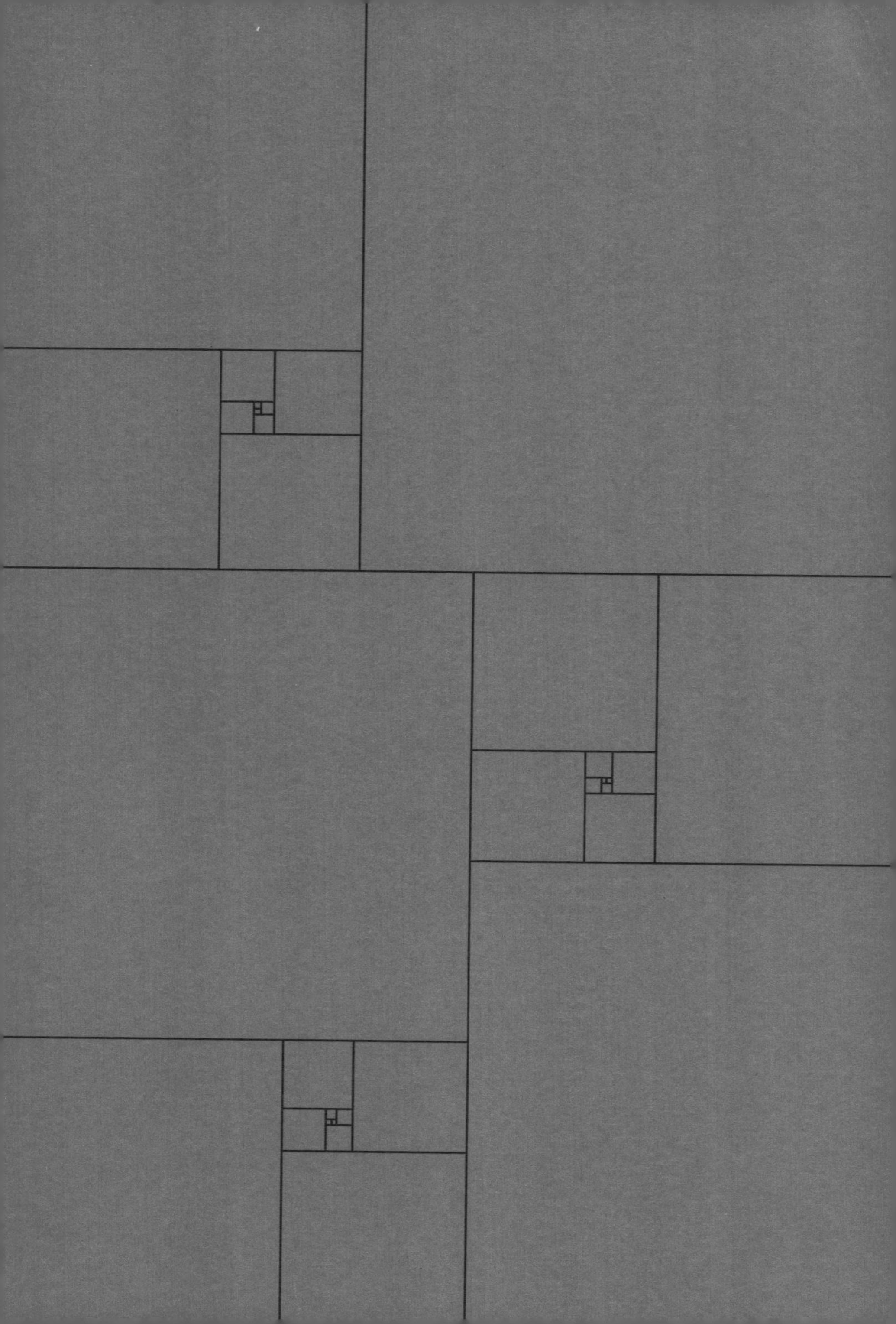